4 桁の原子量表 (^{12}C の相対原子質量＝12)

原子番号	元素名	元素記号	原子量	原子番号	元素名	元素記号	原子量
1	水素	**H**	1.008	60	ネオ[illegible]	[illegible]	[illegible]
2	ヘリウム	**He**	4.003	61	プロメ[illegible]	[illegible]	[illegible]
3	リチウム	**Li**	6.941*	62	サマ[illegible]	[illegible]	[illegible]
4	ベリリウム	**Be**	9.012	63	ユウロ[illegible]	[illegible]	[illegible]
5	ホウ素	**B**	10.81	64	ガドリ[illegible]	[illegible]	[illegible]
6	炭素	**C**	12.01	65	テル[illegible]	[illegible]	[illegible]
7	窒素	**N**	14.01	66	ジスプ[illegible]	**Dy**	[illegible]
8	酸素	**O**	16.00	67	ホルミウム	**Ho**	164.9
9	フッ素	**F**	19.00	68	エルビウム	**Er**	167.3
10	ネオン	**Ne**	20.18	69	ツリウム	**Tm**	168.9
11	ナトリウム	**Na**	22.99	70	イッテルビウム	**Yb**	173.1
12	マグネシウム	**Mg**	24.31	71	ルテチウム	**Lu**	175.0
13	アルミニウム	**Al**	26.98	72	ハフニウム	**Hf**	178.5
14	ケイ素	**Si**	28.09	73	タンタル	**Ta**	180.9
15	リン	**P**	30.97	74	タングステン	**W**	183.8
16	硫黄	**S**	32.07	75	レニウム	**Re**	186.2
17	塩素	**Cl**	35.45	76	オスミウム	**Os**	190.2
18	アルゴン	**Ar**	39.95	77	イリジウム	**Ir**	192.2
19	カリウム	**K**	39.10	78	白金	**Pt**	195.1
20	カルシウム	**Ca**	40.08	79	金	**Au**	197.0
21	スカンジウム	**Sc**	44.96	80	水銀	**Hg**	200.6
22	チタン	**Ti**	47.87	81	タリウム	**Tl**	204.4
23	バナジウム	**V**	50.94	82	鉛	**Pb**	207.2
24	クロム	**Cr**	52.00	83	ビスマス	**Bi**	209.0
25	マンガン	**Mn**	54.94	84	ポロニウム	**Po**	(210)
26	鉄	**Fe**	55.85	85	アスタチン	**At**	(210)
27	コバルト	**Co**	58.93	86	ラドン	**Rn**	(222)
28	ニッケル	**Ni**	58.69	87	フランシウム	**Fr**	(223)
29	銅	**Cu**	63.55	88	ラジウム	**Ra**	(226)
30	亜鉛	**Zn**	65.38*	89	アクチニウム	**Ac**	(227)
31	ガリウム	**Ga**	69.72	90	トリウム	**Th**	232.0
32	ゲルマニウム	**Ge**	72.63	91	プロトアクチニウム	**Pa**	231.0
33	ヒ素	**As**	74.92	92	ウラン	**U**	238.0
34	セレン	**Se**	78.97†	93	ネプツニウム	**Np**	(237)
35	臭素	**Br**	79.90	94	プルトニウム	**Pu**	(239)
36	クリプトン	**Kr**	83.80	95	アメリシウム	**Am**	(243)
37	ルビジウム	**Rb**	85.47	96	キュリウム	**Cm**	(247)
38	ストロンチウム	**Sr**	87.62	97	バークリウム	**Bk**	(247)
39	イットリウム	**Y**	88.91	98	カリホルニウム	**Cf**	(252)
40	ジルコニウム	**Zr**	91.22	99	アインスタイニウム	**Es**	(252)
41	ニオブ	**Nb**	92.91	100	フェルミウム	**Fm**	(257)
42	モリブデン	**Mo**	95.95*	101	メンデレビウム	**Md**	(258)
43	テクネチウム	**Tc**	(99)	102	ノーベリウム	**No**	(259)
44	ルテニウム	**Ru**	101.1	103	ローレンシウム	**Lr**	(262)
45	ロジウム	**Rh**	102.9	104	ラザホージウム	**Rf**	(267)
46	パラジウム	**Pd**	106.4	105	ドブニウム	**Db**	(268)
47	銀	**Ag**	107.9	106	シーボーギウム	**Sg**	(271)
48	カドミウム	**Cd**	112.4	107	ボーリウム	**Bh**	(272)
49	インジウム	**In**	114.8	108	ハッシウム	**Hs**	(277)
50	スズ	**Sn**	118.7	109	マイトネリウム	**Mt**	(276)
51	アンチモン	**Sb**	121.8	110	ダームスタチウム	**Ds**	(281)
52	テルル	**Te**	127.6	111	レントゲニウム	**Rg**	(280)
53	ヨウ素	**I**	126.9	112	コペルニシウム	**Cn**	(285)
54	キセノン	**Xe**	131.3	113	ニホニウム	**Nh**	(278)
55	セシウム	**Cs**	132.9	114	フレロビウム	**Fl**	(289)
56	バリウム	**Ba**	137.3	115	モスコビウム	**Mc**	(289)
57	ランタン	**La**	138.9	116	リバモリウム	**Lv**	(293)
58	セリウム	**Ce**	140.1	117	テネシン	**Ts**	(293)
59	プラセオジム	**Pr**	140.9	118	オガネソン	**Og**	(294)

原子量値の信頼度は，有効数字の 4 桁目で±１以内であるが，＊を付したものは±２以内，†を付したものは±３以内である．また，安定同位体がなく，特定の天然同位体組成を示さない元素については，その元素の代表的な放射性同位体の中から１種を選んでその質量数を（　）の中に表示してある（したがってその値を他の元素の原子量と同等に取扱うことはできない）．

改訂薬学教育モデル・
コアカリキュラム準拠

2

分析科学（第3版）

萩中 淳［編］

化学同人

ベーシック薬学教科書シリーズ 刊行にあたって

平成18年4月から，薬剤師養成を目的とする薬学教育課程を6年制とする新制度がスタートしました．6年制の薬学教育の誕生とともに，大学においては薬学教育モデル・コアカリキュラムに準拠した独自のカリキュラムに基づいた講義が始められています．この薬学コアカリキュラムに沿った教科書もすでに刊行されていますが，ベーシック薬学教科書シリーズは，それとは若干趣を異にした，今後の薬学教育に一石を投じる新しいかたちの教科書であります．薬学教育モデル・コアカリキュラムの内容を十分視野に入れながらも，各科目についてのこれまでの学問としての体系を踏まえたうえで，各大学で共通して学ぶ「基礎科目」や「専門科目」に対応しています．また，ほとんどの大学で採用されているセメスター制に対応するべく，春学期・秋学期各13～15回の講義で教えられるように配慮されています．

本ベーシック薬学教科書シリーズは，薬学としての基礎をとくに重要視しています．したがって，薬学部学生向けの「基本的な教科書」であることを念頭に入れ，すべての薬学生が身につけておかなければならない基本的な知識や主要な問題を理解できるように，内容を十分に吟味・厳選しています．

高度化・多様化した医療の世界で活躍するために，薬学生は非常に多くのことを学ばねばなりません．一つ一つのテーマが互いに関連し合っていることが理解できるよう，また薬学生が論理的な思考力を身につけられるように，科学的な論理に基づいた記述に徹して執筆されています．薬学生および薬剤師として相応しい基礎知識が習得できるよう，また薬学生の勉学意欲を高め，自学自習にも努められるように工夫された教科書です．さらに，実務実習に必要な薬学生の基本的な能力を評価する薬学共用試験(CBT・OSCE)への対応にも有用です．

このベーシック薬学教科書シリーズが，医療の担い手として活躍が期待される薬剤師や問題解決能力をもった科学的に質の高い薬剤師の養成，さらに薬剤師の新しい職能の開花・発展に少しでも寄与できることを願っています．

2007年9月

ベーシック薬学教科書シリーズ
編集委員一同

シリーズ編集委員

まえがき

分析科学の基本的知識と技能は，自然科学のあらゆる学問領域の根幹をなすものであり，それらの修得は薬剤師，薬学研究者にとっても必要不可欠である．薬の専門家として社会のニーズに応えることのできる薬剤師・薬学研究者の養成を目指した「薬学教育モデル・コアカリキュラム」が2004年8月に作成され，2006年4月から薬剤師教育6年制がスタートした．2010年10月に厚生労働省から新薬剤師国家試験出題基準が発表された．その後，薬剤師として求められる〝基本的な資質〟を前提とした学習成果基盤型教育に基づく，「薬学教育モデル・コアカリキュラム（平成25年度改訂版）」（改訂コアカリ）が，2013年12月に作成され，2015年4月から各大学で新カリキュラムが開始された．また，2016年4月に「第十七改正日本薬局方」が施行された．これを機に『分析科学』の改訂版を企画した．2011年に出版した『分析科学（第2版）』の内容，編集方針を踏襲し，改訂コアカリ，新薬剤師国家試験出題基準および「第十七改正日本薬局方」に準拠した内容となっている．

本書は，改訂コアカリの「C2　化学物質の分析」のなかの(1) 分析の基礎，(2) 溶液中の化学平衡，(3) 化学物質の定性分析・定量分析，(4) 機器を用いる分析法，(5) 分離分析法，および(6) 臨床現場で用いる分析技術を網羅した内容となっている．本書の内容は，1章 分析の基礎，2章～7章 化学平衡（総論，酸・塩基平衡，錯体・キレート生成平衡，沈殿平衡，酸化還元平衡，分配平衡），8章 定性分析，9章 定量分析（総論，中和滴定，キレート滴定，沈殿滴定，酸化還元滴定，重量分析），10章 分光分析法（総論，紫外可視吸光度測定法，蛍光光度法，原子吸光光度法・原子発光分析法，赤外吸収スペクトル測定法，旋光度測定法），11章 核磁気共鳴スペクトル測定法，12章 質量分析法，13章 X線分析法，14章 熱分析法，15章 分離分析法（クロマトグラフィー，電気泳動法），16章 臨床現場で用いる分析技術（精度管理，試料の前処理，免疫測定法，酵素を用いた分析法，ドライケミストリー，画像診断技術）となっている．本書は，各章の目標を記載するとともに，改訂コアカリの上記項目の学習目標（SBO）を網羅するように配慮した．また，各章に改訂コアカリに即したSBOを記載し，章末問題でその到達度を確認できるよう編集した．

本書は薬学，薬科学を学ぶ薬学部学生を念頭に書かれているが，薬学以外の分野で分析科学を学ぶ人にとっても役立つものと思われる．

最後に，本書の出版にあたりお世話になった化学同人編集部の皆さまに，心から感謝いたします．

2016年　秋

編者　萩中　淳

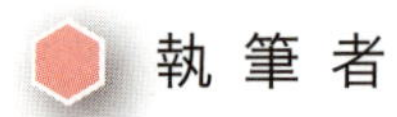

執筆者

	氏名	所属	担当章
	片岡　洋行	（就実大学薬学部 教授）	5, 9.4, 9.6, 10.5, 10.6, 12, 14章
	小林　典裕	（神戸薬科大学 教授）	6, 9.5, 16.1, 16.3〜16.7章
	田和　理市	（前 広島国際大学薬学部 教授）	4, 8, 9.3, 10.1〜10.4章
◎	萩中　　淳	（武庫川女子大学 特任教授）	1, 9.1, 15, 16.2章
	前田　初男	（兵庫医療大学薬学部 教授）	2, 3, 7, 9.2, 11, 13章

（五十音順，◎印は編者）

CONTENTS

4章　錯体・キレート生成平衡　43

5章　沈殿平衡　51

6章　酸化還元平衡　59

7章 分配平衡 67

8章 定性分析 77

9章 定量分析 91

10章 分光分析法 139

11章 核磁気共鳴スペクトル測定法 187

16章 臨床現場で用いる分析技術 263

★本書の章末問題の解答については，化学同人 HP からダウンロードできます．

1 分析科学総論

❖ 本章の目標 ❖

- 分析科学において，何を学ぶかを知る．
- 単位，濃度，およびデータの取扱いについて学ぶ．
- 器具の取扱いについて学ぶ．
- 分析法バリデーションについて学ぶ．

1.1 はじめに

1.1.1 分析科学

自然現象の解明を目的として，自然界に存在するあらゆる物質の組成や状態ならびにその量を明らかにすることを**分析**(analysis)という．「物質の組成や状態」を明らかにすることを**定性分析**(qualitative analysis)，「物質の量」を明らかにすることを**定量分析**(quantitative analysis)という．一方，定性および定量分析は，用いる方法論により，化学分析法，物理分析法，生物分析法に分けることもできる．化学分析法は化学反応を用いて行う分析法であり，物理分析法は機器を用いて行う**機器分析**(instrumental analysis)に代表される．また生物分析法は，生物(動物，植物，微生物など)を用い，**バイオアッセイ**(bioassay)ともいわれている．現在，分析の主流は機器分析であり，多くの分析機器が開発され，自然界に存在するあらゆる物質の分析に利用されている．

本書では，1 章で「分析の基礎」，2 章で「化学平衡総論」，3 章～ 7 章で「酸・塩基平衡」，「錯体・キレート生成平衡」，「沈殿生成平衡」，「酸化還元平衡」，「分配平衡」，8 章で「定性分析」，9 章で「定量分析」について述べ，おもに化学分析法を取り扱う．また，10 章で「分光分析法」，11 章で「核磁気共鳴スペクトル測定法」，12章で「質量分析法」，13章で「X線分析法」，14章で「熱分析法」，15章で「分離分析法」について述べ，おもに物理分析法を取り扱う．

1.1.2 薬学における分析科学

薬学は，医療薬学，創薬科学，生命科学，衛生薬学的な面から社会に貢献するというきわめて重要な学問領域である．分析科学は，医薬品分析あるいは臨床分析の分野で重要な役割を果たしている．

（1）医薬品分析

医薬品はその品質が保証される必要がある．日本薬局方は，医薬品の品質を保証するために，国が定めた公定書である．日本薬局方収載の医薬品の**確認試験**(identification test)，**純度試験**(purity test)，**定量法**(assay)は化学分析法，物理分析法，生物分析法を用いて行われている．

一方，薬物投与後の吸収，分布，代謝，排泄などを明らかにするため，ならびに薬物の血中濃度測定のために分析科学の役割は重要である．

確認試験
医薬品または医薬品中に含有されている主成分などを，その特性に基づいて確認するために必要な試験．

純度試験
医薬品中の混在物を試験するために行うものであり，医薬品の純度を規定する試験．

定量法
医薬品の組成，成分の含量，含有単位などを物理的，化学的または生物学的方法によって測定する試験法．

（2）臨床分析

いろいろな分析技術に基づいた化学検査を医療あるいは臨床の現場に提供することは，非常に重要である．本書では，16章で「臨床現場で用いる分析技術」について述べる．

1.2 物理量と単位

分析科学のなかで用いられているいろいろな単位について述べる．

1.2.1 国際単位系(SI)

物理量は物質の状態を表すために用いられる量であり，物理量は数値と単位の積(物理量＝数値×単位)である．国際単位系〔**SI**(英語でThe International System of Unitesの意)〕では，一つの物理量に対して一つの単位系を規定している．SIは基本単位，補助単位，および誘導単位(組立単位)からなっている．

SI基本単位は七つの物理量に対して，表1.1の名称および記号が用いられている．また，SI補助単位は，平面角および立体角に対して定義されている．SI誘導単位(SI基本単位およびSI補助単位以外の単位)は，SI基本単位およびSI補助単位の乗除，微分，積分あるいはその組合せで導くことができる．分析科学に関連する体積，密度，モル濃度に対して，m^3，$kg\,m^{-3}$ および $mol\,m^{-3}$ の単位がそれぞれ用いられている．また，10の累乗倍または10の累乗分の1を表す位取り接頭語を用い，単位の前につけて表す．表1.2に示した接頭語が使用されている．

表 1.1 SI 基本単位

物理量	単位の名称	単位の記号
長さ	メートル(meter)	m
質量	キログラム(kilogram)	kg
時間	秒(second)	s
電流	アンペア(ampere)	A
熱力学的温度	ケルビン(kelvin)	K
物質の量	モル(mole)	mol
光度	カンデラ(candela)	cd

ケルビン(K)
温度のSI単位. 1Kは水の三重点(水, 氷, 水蒸気が共存する温度)の1/273.16と定義されている. 絶対零度は0K, 水の三重点は273.15Kである. セルシウス温度t(単位は℃)はケルビン温度Tと$t = T - 273.15$の関係がある.

表 1.2 SI 接頭語

大きさ	接頭語		記号	大きさ	接頭語		記号
10^{-1}	デシ	deci	d	10	デカ	deca	da
10^{-2}	センチ	centi	c	10^{2}	ヘクト	hecto	h
10^{-3}	ミリ	milli	m	10^{3}	キロ	kilo	k
10^{-6}	マイクロ	micro	μ	10^{6}	メガ	mega	M
10^{-9}	ナノ	nano	n	10^{9}	ギガ	giga	G
10^{-12}	ピコ	pico	p	10^{12}	テラ	tera	T
10^{-15}	フェムト	femto	f	10^{15}	ペタ	peta	P
10^{-18}	アト	atto	a	10^{18}	エクサ	exa	E

1.2.2 濃度の単位

『第十七改正日本薬局方』(略して日局17)のなかで, 濃度はさまざまな形で表示される.

(1) 質量百分率, 体積百分率

質量百分率は溶液100g中に含まれる溶質の質量(g)を表し, 「%」の記号を用いる. **体積百分率**は溶液100mL中に含まれる溶質の容量(mL)を表し, 「vol%」の記号を用いる. また, **質量対容量百分率**は溶液100mL中に含まれる溶質の質量(g)を表し, 「w/v%」の記号を用いる.

(2) モル濃度, 質量モル濃度

モル濃度は「mol/L」の記号を用い, 溶液1L中に含まれる溶質のモル数を表し, **質量モル濃度**は「mol/kg」の記号を用い, 溶媒1kg中に含まれる溶質のモル数を表している.

(3) そ の 他

日局17でしばしば用いられる濃度の表示法として, (1→5), (1→100), (1→1000)などがある. 固形の薬品では1gを, 液状の薬品では1mLを溶媒に溶かして全量を5mL, 100mL, 1000mLにすることを示している. これは, 採取量を示すものではなく, 割合を示している.

質量百万分率は**ppm**〔part(s) per million〕で表され, 100万分の1($1/10^6$)

を意味している．質量十億分率は **ppb**〔part(s) per billion〕で表され，10 億分の 1(1/10^9) を意味している．また，1 兆分の 1(1/10^{12}) を表す質量 1 兆分率 **ppt**〔part(s) per trillion〕も用いられている．

1.3 器具の取扱い

SBO 分析に用いる器具を正しく使用できる．（知識・技能）

分析用器具にはさまざまな器具があるが，ここでは定量分析に必要な天秤および化学用体積計の取扱いについて述べる．

1.3.1 天 秤

定量分析あるいはその他で試料の質量を精密に〝はかる″ことを秤量という．そのためには，はかり（天秤）(balance) が用いられる．表 1.3 に示すように，その秤量精度からはかりには，化学はかり (chemical balance)，セミミクロ化学はかり (semimicrochemical balance)，ミクロ化学はかり (microchemical balance) などがある．**感量**とは誤差を含まないではかることができる最小の質量であり，**実感量**（読取限度）とは感量の 10 分の 1 の質量をいう．質量をはかるときには実感量の桁まで読み取る．化学分析において〝精密に量る″とは，通常その物質の質量の 1000 分の 1 の桁までの実感量のはかりを用いて量ればよい．したがって，物質 0.1 g を精密に量るには，感量 1 mg のはかり（化学はかり）を用いて，実感量 0.1 mg まで量ればよい．

化学はかりは，アナログ式の直示天秤からデジタル式の電子天秤に移行している．電子天秤は，質量を電流あるいは電圧として取り出し，デジタル的に質量値を表示する．

表 1.3 はかりの種類と性能

はかり	最大秤量 (g)	感量 (mg)	実感量 (mg)	標準偏差 (mg)
化学はかり	100 ～ 200	1	0.1	0.05 ～ 0.1
セミミクロ化学はかり	10 ～ 50	0.1	0.01	0.01
ミクロ化学はかり	10 ～ 20	0.01	0.001	0.003
調剤はかり（上皿はかり）	100 ～ 200	10	1	1

1.3.2 化学用体積計

化学用体積計には，**メスフラスコ** (volumetric flask)，メスシリンダー，**ホールピペット** (volumetric pipette)，メスピペット，**ビュレット** (burette) などがある（図 1.1）．メスフラスコおよびメスシリンダーは，容器に液体を入れたときの体積が表示体積である，**受用**（ウケヨウ）の容器であり，ホールピペット，メスピペット，ビュレットは，容器から液体を出したときの体積が表示体積である，**出用**（ダシヨウ）の容器である．

それぞれの体積計で，測定値の許容される誤差（**体積許容差**，**公差**）が決められている．また，体積計の体積は，液温が 20 ℃のときのものであり，外側に表示された目盛り線（標線）も 20 ℃を標準温度としている．

化学体積計内の液面は表面張力で，水平に対して凹になったり凸になったりする．その湾曲した表面のことを**メニスカス**（meniscus）という．眼の位置をメニスカスの高さと同じにして，液量を読む．

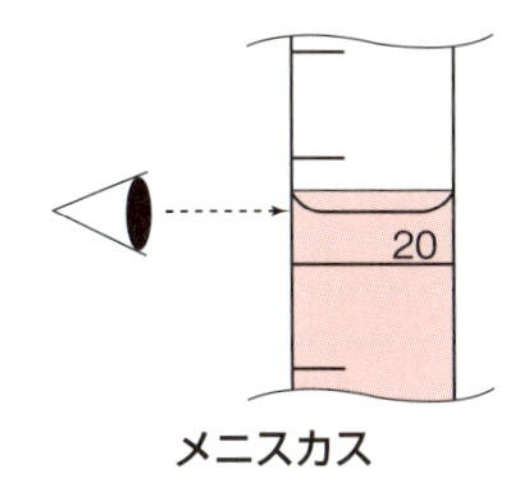

メニスカス

（1）メスフラスコ

メスフラスコ（図 1.1a）は一定体積の標準液（あるいは試料溶液）を調製するのに用いる．溶質を溶媒に溶かして標準液を調製する場合，または，ある濃度の標準液の一定量を取り溶媒を加えて希釈する場合に用いる．首の回りに細い線で，標線が表示されている．液面のメニスカスの下端が標線と接するように標線合せを行う．5 mL から 5 L のメスフラスコがあり，100 mL のメスフラスコの公差は，精度の高い A クラスで± 0.1 mL，B クラスで± 0.2 mL である．

（2）ホールピペット

ピペットは，全量に対して一つの標線をつけたホールピペット（図 1.1b）と一定量ごとに目盛りをつけたメスピペットがある．いずれも一定量の標準液（あるいは試料溶液）を容器に量り取るのに用い，ホールピペットのほうが精密である．25 mL のホールピペットの公差は，A クラスで± 0.03 mL，B クラスで± 0.06 mL である．ピペットは口で試料を吸い上げる方法もあるが，危険な試料は安全ピペッター（図 1.1c）で吸い上げる．

ホールピペットの面のメニスカスの下端が標線と接するように標線を合わせ，量り取った試料の流出後，吸入口をふさぎ，球部を手のひらで温めて先端に残った試料を排出する．1 ～ 2 分後に，先端に再びたまるのは加えない．

（3）ビュレット

ビュレット（図 1.1d）は，ストップコック（止め栓）を備えた均一な大きさの目盛り線付きの長い管で，滴定に用いられる．容量は 1 mL ～ 100 mL のものまである．一般に，25 mL または 50 mL のものがよく用いられ，0.1 mL までの目盛りがついていて，最小目盛りの 10 分の 1 である 0.01 mL までを目測で読む．25 mL および 50 mL のビュレットで，公差は，A クラスで± 0.05 mL，B クラスで± 0.1 mL である．

ビュレットを垂直にして，眼の位置をメニスカスの高さと同じにして，メニスカスの下端の標準液の液量を読む．ストップコックは，ガラス製のものとテフロン製のものがあり，前者では滑りをよくするために軽く潤滑油（グリース）を塗っておくが，後者ではその必要はない．また，ストップコック

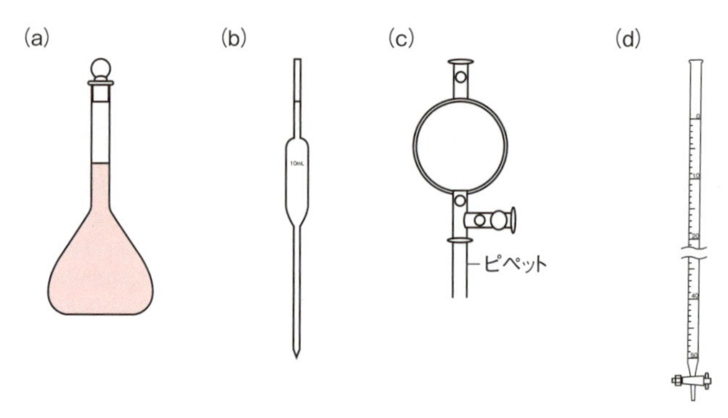

図 1.1 化学用体積計
(a) メスフラスコ，(b) ホールピペット，(c) 安全ピペッター，(d) ビュレット．

は全開せず，穏やかに滴加する．

(4) 滴定操作

一般に，滴定操作は次のように行う．① 三角フラスコあるいはコニカルビーカーに，ホールピペットを用いて一定量の試料溶液(被滴定液)を量り取る．必要があれば，指示薬を加える．② ビュレットに標準液(滴定液)を満たし，被滴定液の入った容器は，滴定液と被滴定液がよく混和するように絶えず撹拌するようにして滴定を行う．③ 滴定終点近くでは，できるだけ少量の滴定液を加え，指示薬の色の変化(あるいは溶液の電気化学的性質の変化)を観察し，滴定終点を知る．

1.4 分析データの取扱い

SBO 測定値を適切に取り扱うことができる．(知識・技能)

一般に，分析して得られた測定値には誤差(偏りやばらつき)が含まれている．そこで，分析を行うときは一連の実験操作を数回行い，個々の測定値をデータとして統計学的に処理し，その偏りやばらつきの程度を評価することが行われている．以下に，分析データの取扱いについて述べる．

1.4.1 有効数字とその計算

(1) 有効数字

実験で得られる測定値には，誤差が含まれている．たとえば，最小目盛が 0.1 mL のビュレットを用いて滴定する場合は，最小目盛の 10 分の 1 である 0.01 mL の桁まで目測し，24.98 mL のような測定値を得る．この測定値の最後の 1 桁には誤差が含まれている．滴定値，秤量値などを表す数値において，確実に保証されている数字全部に，不確実な数字を 1 桁加えたものを**有効数字**(significant figure)という．したがって，前述の例では有効数字は 4 桁となる．

一方，87600 あるいは 0.01234 のようなときの有効数字の桁数は明瞭ではない．前者では，8.76×10^4，8.760×10^4，あるいは 8.7600×10^4 と表示してゼロの有効性，すなわち有効数字の桁数を明らかにする．有効数字は，それぞれ 3，4 および 5 桁となる．また，後者では 1.234×10^{-2} のように表示することにより，小数点以下 1 桁目の 0 は有効数字に含まれず，有効数字は 4 桁であることが明瞭となる．

（2）数値の丸め方

測定値を用いて計算を行い，多くの桁数をもつ数値が得られたとき，有効数字を考慮して数値を整理する．この操作を数値を丸めるという．日局 17 の通則では，「医薬品の試験において，n 桁の数値を得るには，通例，$(n + 1)$ 桁まで数値を求めた後，$(n + 1)$ 桁目の数値を四捨五入する」ことにより行う．数値を丸める操作は一連の計算の最後に 1 回行うのが原則である．これは，丸め誤差を避けるためである．一般的には，計算の各過程では有効数字より少なくとも 1 桁以上多く取り計算を行い，最後に四捨五入して有効数字の桁数に整理する．

（3）加減乗除での有効数字の取扱い

加減算においては，有効数字は各数値のうちの小数点以下の桁数が最も少ない数値に支配される．乗除算においては，各数値のなかで有効数字の桁数の最も少ない数値に支配される．

1.4.2 誤　差

測定値と真の値との差を**誤差**(error)という．真の値は，測定値から求めることはできないので，通例，純物質の理論値(分子式や原子量から計算した値)や標準物質(分析値の基準となる物質)あるいは認証標準物質(標準物質認証書のついた標準物質)(16.2.2 項参照)の特性値あるいは認証値を用いる．しかし，単純な操作ミスによる誤差だけでなく，どんな熟練者でも避けられない誤差もあり，真の値と測定値の間に誤差がでてしまうことは避けられない．誤差は**系統誤差**(systematic error)と**偶然誤差**(random error)に分類される．

（1）系統誤差

系統誤差とは，繰返しの実験時に一定の方向に生じる誤差(正の誤差あるいは負の誤差)であり，原因が解明できる誤差のことで，確定誤差ともいわれる．系統誤差として，計量器の不正確さによる誤差(器差)，実験する方法それ自体に原因のある誤差(方法誤差)，分析操作の未熟さによる誤差(操作誤差)，測定者の癖により起こる誤差(個人誤差)などがある．

（2）偶然誤差

偶然誤差とは，同じ試料を繰り返し分析しても一定の方向だけでなくランダムに生じ，予測できない誤差のことで，不確定誤差ともいわれる．一般的には，ばらつきといわれる誤差であり，同一試料を繰り返し分析し，得られた測定値の平均をとることにより，偶然誤差の影響を少なくすることができる．

1.4.3 真度と精度

(1) 真　度

真度(accuracy/trueness)とは，分析法で得られる測定値の偏りの程度のことで，真の値と測定値の総平均との差で表される．すなわち，測定値と真の値との一致の程度のことである．

(2) 精　度

精度(precision)とは，均質の検体から採取した複数の試料を繰り返し分析して得られる一連の測定値の一致の程度(ばらつきの程度)のことであり，測定値の分散，標準偏差または相対標準偏差(1.4.4 項参照)で表される．

精度は，繰返し条件が異なる三つのレベルで評価され，**併行精度**(repeatability)，**室内再現精度**(intermediate precision)，**室間再現精度**(reproducibility)で評価される．

① 併行精度

併行精度とは，試験室，試験者，装置，器具，および試薬のロットなどの分析条件を変えずに，均質の検体から採取した複数の試料を短時間内に繰り返し分析するときの精度である．

② 室内再現精度

室内再現精度とは，同一試験室内で，試験日時，試験者，装置，器具，および試薬のロットなどの一部またはすべての分析条件を変えて，均質の検体から採取した複数の試料を繰り返し分析するときの精度である．

③ 室間再現精度

室間再現精度とは，試験室を変えて，均質の検体から採取した複数の試料を繰り返し分析するときの精度である．

1.4.4 標 準 偏 差

ある実験を無限回繰り返したときに得られる，無限個の測定値の集まりを**母集団**(population)という．横軸に測定値を，縦軸にその頻度をプロットすると，その分布は図 1.1 に示す**正規分布**(normal distribution，ガウス分布)となることが知られている．この母集団の分布の広がり(測定値のばらつき)を示す σ が**標準偏差**(standard deviation)で表され，この二乗を(**母**)**分散**(variance)という．

$$\sigma = \sqrt{\frac{\sum (x_i - \mu)^2}{N}} \tag{1.1}$$

ここで，分布の中心μは母平均(無限個の測定値の平均値)，x_iは個々の測定値，Nは無限の測定回数(十分に大きな測定回数)である．正規分布曲線においては，図1.2に示すように，$\mu \pm \sigma$の範囲に測定値の68.3%が，$\mu \pm 2\sigma$の範囲に95.4%が，$\mu \pm 3\sigma$の範囲に99.7%が存在することを示している．

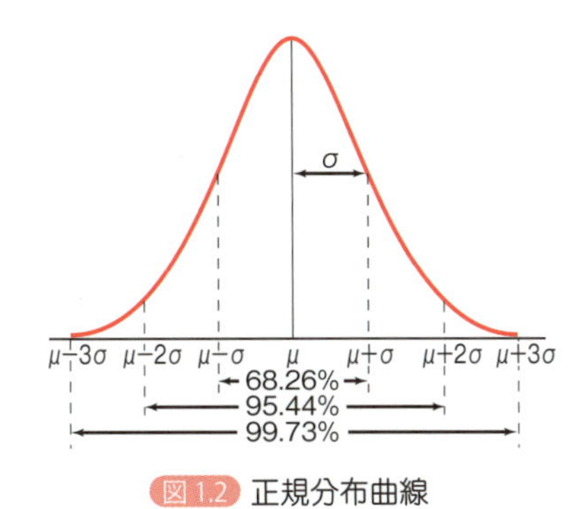

図1.2 正規分布曲線

実際の実験での有限個の測定値から統計量を求めるには，まず母集団から無作為にn個の標本を取りだしたと考え，その平均値(標本平均)$\bar{x}$を母平均の代わりに用いる．また，測定回数Nの代わりに$n-1$を用い，母集団の標準偏差の推定値(標本標準偏差)sを求め，このsを標準偏差として用いる．このsの二乗を不偏分散Vという．

$$\bar{x} = \frac{\sum x_i}{n} \tag{1.2}$$

$$V = \frac{\sum (x_i - \bar{x})^2}{n-1} \tag{1.3}$$

$$s = \sqrt{V} = \sqrt{\frac{\sum (x_i - \bar{x})^2}{n-1}} \tag{1.4}$$

また，標準偏差の平均値に対する割合(百分率)を**相対標準偏差**(relative standard deviation)または**変動係数**(coefficient of variation)という．

$$\text{相対標準偏差(\%)} = \left(\frac{\text{標準偏差}}{\text{平均値}}\right) \times 100 \tag{1.5}$$

1.4.5 かけ離れた測定値の棄却検定

測定値のなかにかけ離れた値(異常値)がある場合に，その値を得る過程に明らかなミスがあれば棄却してよい．しかし，原因不明の異常値の場合には，

COLUMN　優れた定量分析法を確立するのは難しい！

「なにが」，「どこに」，「どれだけ」あるかを調べるのが，分析科学であるといわれている．「なにが」を調べるのが定性分析で，「どれだけ」を調べるのが定量分析である．しかし，定量分析はやっかいである．定量分析を行うためには，定量分析法を確立する必要がある．確立された方法がよい方法であるか否かは，その方法が正確に（真度），再現性（精度）よく分析対象物質を定量できるかどうかによる．血液中に 5.0 ppb の濃度で，ある農薬が含まれているとする．分析法A～Cで分析を行い，表のような結果を得たとする．どの分析法が一番よいか．分析法Aのように，再現性よく定量できたとしても，真の値と違っていては意味がない．分析法Bのように，正確に定量できたとしても，再現性が悪くてはどうしようもない．分析法Cは，正確に，再現性よく定量できる優れた方法である．優れた定量分析法を確立するのは難しい！

分析法	測定値
A	4.5, 4.4, 4.6, 4.5, 4.5
B	4.0, 5.0, 6.0, 4.5, 5.5
C	5.0, 5.1, 4.9, 5.0, 5.0

棄却してよいかどうかの検定を行い決定する．

（1）平均誤差による方法

4～8個の測定値のうち異常値が1個のときに適用できる．異常値を除いた測定値から求めた平均値と各測定値との差（残差）を求め，さらにその平均値（平均残差）を求める．異常値と平均値の差が平均残差の4倍を超える異常値は棄却してよい．

（2）標準偏差による方法

先に述べたように，$\mu \pm 3\sigma$ の範囲には 99.7％の測定値が存在する．測定値の平均値から，標準偏差（s）の3倍以上外れた測定値は棄却してよい．

（3）Q 検 定

Q 検定では，

$$Q_0 = \frac{|\text{異常値} - \text{最近接値}|}{(\text{最大値} - \text{最小値})} \quad (1.6)$$

で Q_0 を求め，その臨界値（表 1.4）と等しいとき，あるいは大きいときに異常値として棄却できる．

表 1.4 Q 検定

データ数 n	Q の臨界値		
	$\alpha=0.1$	$\alpha=0.05$	$\alpha=0.01$
3	0.941	0.970	0.994
4	0.765	0.829	0.926
5	0.642	0.710	0.821
6	0.560	0.625	0.740
7	0.507	0.568	0.680
8	0.468	0.526	0.634
9	0.437	0.493	0.598
10	0.412	0.466	0.568

α：有意水準(危険率).

1.5 分析法バリデーション

医薬品の製造においては，医薬品の製造管理および品質管理に関する基準(good manufacturing practice，GMP)として，万一の過誤，汚染を防ぐための製造設備基準が定められている．バリデーションは，このGMPで定めた製造設備基準が所期の目的どおり機能しているかどうかを検証・記録するプロセスである．厚生労働省のGMPによれば，バリデーションとは「製造所の構造設備，ならびに手順，工程，その他の製造管理および品質管理の方法が期待される結果を与えることを検証し，これを文書とすることをいう」と定義されている．このなかで，医薬品の試験法に用いるバリデーションを**分析法バリデーション**(analytical methods validation)という．

SBO 分析法のバリデーションについて説明できる.

分析法バリデーション
医薬品の試験法に用いる分析法が，分析法の誤差が原因で生じる試験の判定の誤りの確率が許容できる程度であることを科学的に立証すること.

1.5.1 分析法バリデーションとは

日局17において，分析法バリデーションは「医薬品の試験法に用いる分析法が，分析法を使用する意図に合致していること，すなわち，分析法の誤差が原因で生じる試験の判定の誤りの確率が許容できる程度であることを科学的に立証することである」と定義されている．分析法の能力は，次に示す**分析能パラメータ**(validation characteristics)により表される．通常は，それらの分析能パラメータを評価基準として，分析法の妥当性を示す.

1.5.2 分析能パラメータ

分析能パラメータとしては，真度，精度，特異性，検出限界，定量限界，直線性，および範囲などを用いる.

(1) 真度および精度

これらのパラメータについては1.4.3項を参照.

(2) 特 異 性

特異性(specificity)とは，試料中に共存すると考えられる物質の存在下で，分析対象物質を正確に測定する能力のことで，分析法の識別能力を表す．

(3) 検 出 限 界

検出限界(detection limit)とは，試料に含まれる分析対象物質の検出可能な最低の量または濃度のことである．検出限界では定量できるとは限らない．

(4) 定 量 限 界

定量限界(quantitation limit)とは，試料に含まれる分析対象物質の定量可能な最低の量または濃度のことである．通例，測定値の精度は，相対標準偏差で表して10%程度である．

(5) 直 線 性

直線性(linearity)とは，分析対象物質の量または濃度に対して直線関係にある測定値を与える分析法の能力のことである．

(6) 範 囲

範囲(range)とは，適切な精度および真度を与える，分析対象物質の下限および上限の量または濃度に挟まれた領域のことである．

1.5.3 分析法を適用する試験法の分類

試験法は，その目的によりタイプⅠ～タイプⅢに分類することができ，試験法の使用目的によって適切な分析能パラメータを選択して評価を行う*．

表1.5に試験のタイプ別に検討が必要な分析能パラメータを示す．

＊ タイプⅠは確認試験法，タイプⅡは純度試験法，タイプⅢは医薬品中の成分の量を測定するための試験法および溶出試験法のように，有効成分を測定する試験法である．

表1.5 試験法のタイプと検討が必要な分析能パラメータ

分析能パラメータ ＼ タイプ	タイプⅠ	タイプⅡ		タイプⅢ
		定量試験	限度試験	
真度	−	+	−	+
精度				
併行精度	−	+	−	+
室内再現精度	−	− a)	−	− a)
室間再現精度	−	+ a)	−	+ a)
特異性 b)	+	+	+	+
検出限界	−	−	+	−
定量限界	−	+	−	−
直線性	−	+	−	+
範囲	−	+	−	+

−：通例評価する必要がない．
+：通例評価する必要がある．
a) 分析法および試験法が実施される状況に応じて，室内再現精度または室間再現精度のうち一方の評価を行う．日本薬局方に採用される分析法バリデーションでは，通例，後者を評価する．
b) 特異性の低い分析法の場合には，関連する他の分析法により補うこともできる．

章末問題

1. 次の物理量を( )の単位で表せ.

a. 50 m(μm)　b. 5 μm(cm)

c. 6 kg(mg)　d. 6 ng(μg)

e. 5 mmol(pmol)

2. 次の測定値の有効数字は何桁か.

a. 54.3　b. 5.432　c. 0.0543

d. 0.0054　e. 5.43×10^{-4}

3. 次の測定値の標準偏差および相対標準偏差を求めよ.

5.9, 5.8, 5.7, 5.7, 5.6

4. 次の測定結果のうち, 最大値 1.045 を棄却してよいか.

a. 平均誤差による方法, b. 標準偏差による方法, c. Q 検定により検定せよ.

1.015, 1.018, 1.019, 1.022,

1.023, 1.025, 1.027, 1.045

2 化学平衡総論

❖ 本章の目標 ❖

- 化学平衡と質量作用の法則に基づく平衡定数の基本概念を学ぶ.
- 活量と活量係数を理解し，活量と濃度の関係を学ぶ.
- 活量に影響するイオン強度とその求め方を学ぶ.

夏の暑い日に，缶コーラを開け，コップに注ぐ．飲み口に上がっていく小さな泡を見ているだけでも，暑さが和らぐ．この涼しげな光景は，二酸化炭素(CO_2)がかかわる化学平衡による．コーラだけでなく，生体内においても大活躍している化学平衡について本章でしっかり学んでほしい.

2.1 化学平衡

2.1.1 化学平衡と平衡定数

次式は可逆反応を表している．AとBの反応によりCとDが生成し(正反応)，生成物質であるCとDの反応によりAとBが生成する(逆反応)．このような反応を可逆反応といい，両矢印⇄を用いて記す.

$$A + B \rightleftharpoons C + D$$

可逆反応においてAとBがある程度消費され正反応と逆反応の速度が等しい状態，つまり見掛け上は反応が停止した状態を**平衡状態**(equilibrium state)という．分析化学で扱う可逆反応は一般的に瞬時に平衡状態に達し，反応物質(AやD)と生成物質(CやD)はそれぞれある一定の濃度で存在する状態になる．その結果，一定になった反応物質や生成物質の濃度を測定し，定量分析できる.

いま，正反応の速度定数を k_1，逆反応の速度定数を k_2 とすると，平衡状態では正反応の速度 v_1 と逆反応の速度 v_2 が等しい．平衡状態における物質A，B，C，および D の濃度をそれぞれ[A]，[B]，[C]，および[D]とする．ここで重要な点を次に記す：① [A]および[B]は初期濃度ではない．つまり，平衡状態に到達したときの濃度である，② 化学反応の速度は，速度定数とその反応にかかわるすべての物質(成分)の濃度の積で表される．これらを踏まえると，v_1 および v_2 は

$$v_1 = k_1[A][B] \qquad v_2 = k_2[C][D]$$

で表され，平衡状態では $v_1 = v_2$ であるから

$$k_1[A][B] = k_2[C][D]$$

あるいは，

$$\frac{[C][D]}{[A][B]} = \frac{k_1}{k_2} = K \tag{2.1}$$

となる．平衡状態を表す速度条件から導かれるこの K を**平衡定数**(equilibrium constant)という．この式から気づいてほしいことは，K の分母は正反応にかかわるすべての物質(成分)の濃度の積であり，分子は逆反応にかかわるすべての物質の濃度(成分)の積である．またここで，[A][B]は，a × b を ab と記すように，A と B の濃度積[A] × [B]を簡単な形として表したものである．

これらを踏まえて，次式により表される化学平衡の平衡定数 K は平衡状態における各成分の濃度を用いて

$$A + B \rightleftarrows 2C$$

$$K = \frac{[C]^2}{[A][B]}$$

と表される．ここでは，2C つまり C + C が逆反応であるから，分数の分子は[C] × [C]，つまり $[C]^2$ になることに留意してほしい．

図 2.1 は，ある平衡反応にかかわる物質 X，Y，および Z の濃度変化を反応開始時から継時的に追跡した結果である．この図から，0.4 mol/L の X と 0.2 mol/L の Y が反応し，0.4 mol/L の Z が生成したことがわかる．したがって，この反応は

$$2X + Y \rightleftarrows 2Z$$

と表されると推定できる．平衡に到達したとき，つまり，濃度が一定になったとき，それぞれの濃度は[X] = 0.2 mol/L，[Y] = 0.1 mol/L，[Z] =

0.4 mol/L と図から読み取れるから，平衡定数は，

$$K = \frac{[Z]^2}{[X]^2[Y]} = \frac{[0.4]^2}{[0.2]^2[0.1]} = 40\ \mathrm{L/mol}$$

と求めることができる.

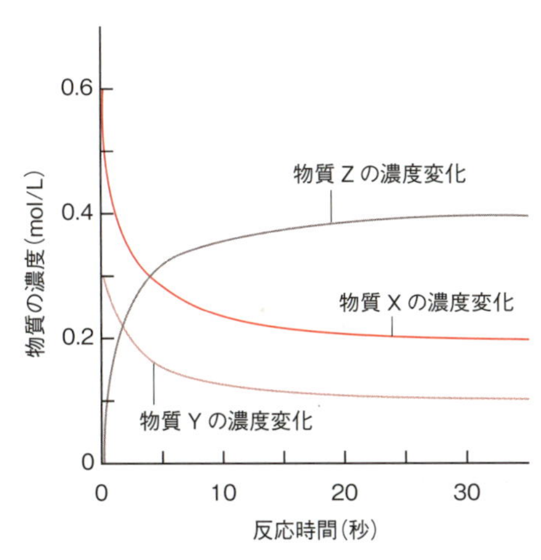

図 2.1 物質 X と Y から物質 Z が生成する平衡反応における [X]，[Y]，および[Z]の反応開始時からの経時変化

2.1.2 質量作用の法則

次の一般式で表される**均一系**(homogeneous system)化学反応の場合，平衡定数は式(2.2)で与えられる.

均 一 系
固体成分を含まず，すべての成分が溶液内に存在する系のこと．酵素分析では酵素反応と検出反応を同時に行う場合を意味する.

$$aA + bB + cC + \cdots\cdots \rightleftarrows pP + qQ + rR + \cdots\cdots$$

$$K = \frac{[P]^p[Q]^q[R]^r\cdots\cdots}{[A]^a[B]^b[C]^c\cdots\cdots} \qquad (2.2)$$

前項で述べたように，すべての反応物質(成分)の平衡状態におけるモル濃度の積を分母に，すべての生成物質(成分)の濃度の積を分子とする比で表される平衡定数 K は厳密には**濃度平衡定数**(molarity equilibrium constant)といい，温度が一定であれば，各物質(成分)の濃度に関係なく，つまり異なる初期濃度で A，B，C などの反応物質を用いても一定である．これを**質量作用の法則**(law of mass action)という.

2.1.3 平衡定数の種類

式(2.3)で表されるように，物質 AB が水に溶けてイオン A^+ とイオン B^- に解離する現象を電離といい，水中で電離する物質を電解質という．弱電解

質は，水溶液中において，その分子自身および解離(電離)により生じた陽イオンと陰イオンからなる平衡状態に達する．この平衡を解離平衡または電離平衡という．

$$AB \rightleftharpoons A^+ + B^- \tag{2.3}$$

この解離(電離)平衡の平衡定数は，質量作用の法則により

$$K = \frac{[A^+][B^-]}{[AB]}$$

となる．この平衡定数 K を**解離定数**(dissociation constant)または**電離定数**(ionization constant)という．3章で取り扱う酸および塩基も電解質であり，弱酸と弱塩基には解離定数が存在する．

配位子の代表であるエチレンジアミン四酢酸イオン($EDTA^{4-}$)と金属イオンとの反応による金属錯体(キレート)の生成は，式(2.4)により表される．このような錯体・キレート生成にかかわる平衡定数Kを，**生成定数**(formation constant)または**安定度定数**(stability constant)という．この平衡定数も質量作用の法則に基づき，以下のように表される．キレート生成の平衡反応は，金属イオンの簡便な分析法であるキレート滴定の原理を理解するために重要である．

$$M^{n+} + EDTA^{4-} \rightleftharpoons M(EDTA)^{n-4} \tag{2.4}$$

$$K = \frac{[M(EDTA)^{n-4}]}{[M^{n+}][EDTA^{4-}]}$$

水に難溶性の塩である塩化銀(AgCl)のけん濁液では，溶けていない塩化銀と，塩化銀が水に溶けて解離して生成する銀イオン(Ag^+)と塩化物イオン(Cl^-)との間に式(2.5)で表される沈殿平衡が成立する．式(2.5)において，AgCl(固)は水に溶けていない固体の塩化銀を表す．この平衡定数も，同様に質量作用の法則に基づき，次式で表される．

$$AgCl(固) \rightleftharpoons Ag^+ + Cl^- \tag{2.5}$$

$$K = \frac{[Ag^+][Cl^-]}{[AgCl(固)]}$$

しかし，固体は，溶液中に存在しないため，濃度(mol/L)の概念が適用できない．そこで，[AgCl(固)]を便宜上一定として取り扱う．この取り決めに従い，[AgCl(固)]を左辺に移項して得られる

$$K[AgCl(固)] = [Ag^+][Cl^-]$$

過呼吸はコーラの泡と同じ？

薬学部共用試験の受験生や解剖実習の受講者などのなかでときどき過呼吸による体調不良を訴えるケースがあるが，過呼吸つまりストレスに起因する呼吸のし過ぎにも，実は平衡反応が大きくかかわっている．過呼吸を考える前に，もう一度，コーラの話に戻ろう．コーラにおける平衡反応を簡単にまとめると

$$CO_2(\text{気}) + H_2O \rightleftharpoons H_2CO_3 \rightleftharpoons HCO_3^- + H^+$$

となる．気体の二酸化炭素(CO_2)が水に溶けると，炭酸(H_2CO_3)が瞬時に生成する．この炭酸は弱酸であり，酸解離平衡が成り立つ．密封系であるアルミ缶の中では，気体の CO_2 の分圧が一定であり，その分圧に対応する平衡状態が成立している．しかし，缶を開け開放系になると，CO_2 の分圧が下がり，この平衡反応は左にずれる．その結果，コーラの中から気体の CO_2 が出ていく．この現象が，コーラをコップに注いだときに観察される涼しげな泡である．

過呼吸は，簡単にいうとこのコーラに観察される現象と同じである．呼吸をし過ぎると，肺においてガス交換つまり血液からの CO_2 の排出と血液への酸素(O_2)の取り込みが亢進される．呼吸をし過ぎて何が悪い！と思うだろうが，血液内ではコーラの中とほぼ同じ平衡が成立している．肺でのガス交換が亢進されると，平衡反応は左に大きくずれる．その結果，ガス交換された血液中の H^+ は少なくなり，血液がアルカリ側に傾く．つまり，アルカローシスである．これに起因し，頭痛や吐き気を催し，気分が悪くなる．平衡反応を踏まえると，コーラの泡と過呼吸を同じようにとらえることができる．日常生活や生命現象の理解に，平衡反応が重要であることを示すよい例である．

における K[AgCl(固)]を新たな平衡定数 $K_{sp,AgCl}$ として定義すると，次式が得られる．

$$K_{sp,AgCl} = [Ag^+][Cl^-]$$

$K_{sp,AgCl}$ を塩化銀の**溶解度積**(solubility product)という．一般に，難溶性塩には溶解度積が存在し，沈殿滴定の原理を理解するうえで重要な平衡定数である．

2.2 濃度と活量の定義

2.2.1 濃　度

カギかっこを用いて[X]のように表される物質(成分)X の濃度は，国際単位系(SI)では mol/dm^3(dm^3 = L)，略称単位では M(= mol/dm^3)で表される単位体積当たりの物質量を示す**モル濃度**(molarity)である．その単位として日局 17 では mol/L が用いられている．

水素イオン濃度[H^+]の指標である pH の「p」は「−log を計算しなさい」という演算子(計算命令)で，pH の「H」は[H^+]を表している．つまり，pH は，溶液中の成分 H^+ の濃度[H^+]の −log を計算した結果を表している．[H^+] = 0.001 mol/L の水溶液の pH は，$-\log 0.001 = -\log(1 \times 10^{-3}) = -\log 1$

pX(= − log X)
分析科学で取り扱う物理量は，一般に 1 以下の非常に小さい値であるため，そのまま使用すると計算や考察には不便である．そこで，物理量(X)の逆数の常用対数（$-\log$ X)に換算して用いる．この換算を行った物理量は，その前に p をつけて表す．なお，対数換算しているため単位がないことに注意．

対数計算の法則
$\log ab = \log a + \log b$
$\log \frac{b}{a} = \log b - \log a$
$\log 1 = 0$
$\log_{10} X = 0.2$ ならば $X = 10^{0.2}$

SBO 活量と活量係数について説明できる．

$-\log 10^{-3} = 0.0 + 3.0 = 3.0$，$[H^+] = 0.00001$ mol/L の水溶液の pH は同様にして 5.0 と計算できる．これらの値は，pH メーターを用いた測定値と一致する．

$[H^+] = 1$ mol/L のとき，その水溶液の pH はいくらになるだろう．pH の定義に従えば，$pH = -\log 1 = 0.0$ のはずである．しかし，実際は 0 より少し大きい．pH メーターを用いて客観的に測定できる pH は，ある濃度の H^+ が示す酸としての機能または効果としてとらえることができる．H^+ 濃度を 100 倍にすれば，その溶液は 100 倍強い酸性を，つまり 2 小さい pH を示すはずである．しかし，そうならない場合がある．このような現象は，H^+ だけでなく，ほかのさまざまな物性においても観察される．一般的に物質の濃度は，その物質が示す機能または効果の大きさとしてとらえることができる．しかし，（物質の濃度）≠（その物質が示す機能や効果の大きさ）となる場合がときにある．なぜだろう．

2.2.2 活　量

物質 A が水に溶けているとは，それぞれの A 分子が水分子に**溶媒和**(solvation)つまり**水和**(hydration)されている状態である．この状態から A の濃度を高くしていくと，A 分子は，水和された形だけでなく，ほかの A 分子と相互作用した形(図 2.2a，A—A 型)で存在するようになる．また，物質 A と物質 B の水溶液において B の濃度を高くしていくと，同様な現象が起こりうる．A 分子または B 分子が単独で水和されて存在していたものが，A 分子と B 分子が相互作用した形(図 2.2b，A—B 型)で存在する可能性もある．A—A 型や A—B 型で存在する A 分子が物質 A として振る舞えないなら，この溶液中においては濃度に比べて物質 A の示す機能が低くなる．こ

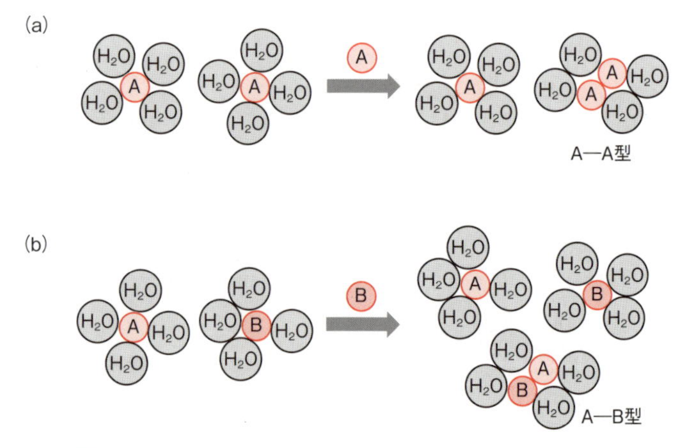

図 2.2 水中における物質 A または物質 B の溶媒和の様子とそれらの溶質間における相互作用の模式図

のような物質(溶質)間の溶液中における相互作用が，(物質の濃度) ≠ (その物質が示す機能や効果の大きさ)という関係を引き起こす．

この現象をより厳密に表現できる物理量が**活量**(activity)である．化合物 X の活量は，一般に a_X で記し，次の式で表される．

$$a_X = \gamma_X c_X \tag{2.6}$$

γ を**活量係数**(activity coefficient)という．(物質の濃度) = (その物質が示す機能や効果の大きさ)が成立するとき，$\gamma_X = 1$ つまり $a_X = [X]$ となる．一方，溶質間の相互作用が強い場合，(物質の濃度) > (その物質が示す機能や効果の大きさ)という関係が成立し，$\gamma_X < 1$ となる．γ_X は一般に 0 ～ 1 の間で変動する(ただし，1 より少し大きな値をとる特殊な場合もある)．pH も本来 (H^+) を用いて $pH = -\log(H^+)$ と定義されるべきである．分析科学で取り扱う希薄溶液では，一般に溶質間の相互作用を無視できる．したがって，本章では，活量ではなく濃度を用いて溶液現象を取り扱うとともに，$pH = -\log[H^+]$ の定義に従う．しかし，厳密には濃度の代わりに活量を用いるべきであることに留意してほしい．

活量の表記
濃度は[ ]を用いて $[H^+]$ と表し，活量は( )を用いて (H^+) と表す．

2.2.3 イオン強度

SBO イオン強度について説明できる．

物質の活量係数に対する共存イオンの影響を評価する尺度として，次式で表される**イオン強度**(ionic strength, I)が用いられる．

$$I = \frac{1}{2}\sum c_i z_i^2 \tag{2.7}$$

ここで，c_i および z_i は溶液中に存在するイオン i の濃度および電荷をそれぞれ表す．たとえば，1×10^{-3} mol/L の塩化ナトリウム(NaCl)水溶液のイオン強度は，Na^+ と Cl^- について考えればよいから，

$$I = \frac{1}{2}\sum(1 \times 10^{-3} \times 1^2 + 1 \times 10^{-3} \times 1^2) = 1 \times 10^{-3}\ \mathrm{mol/L}$$

となり，NaCl の濃度と一致する．一方，1×10^{-3} mol/L の硫酸ナトリウム(Na_2SO_4)水溶液のイオン強度は，Na^+ と SO_4^{2-} について考えればよいから，

$$\begin{aligned} I &= \frac{1}{2}\sum(2 \times 1 \times 10^{-3} \times 1^2 + 1 \times 10^{-3} \times 2^2) \\ &= 3 \times 10^{-3}\ \mathrm{mol/L} \end{aligned}$$

となる．このように，多価イオンからなる塩を含む溶液のイオン強度はその塩の濃度より大きくなる．

章末問題

1． 次の平衡反応について平衡定数 K を求めよ．ただし，すべてを均一系化学反応とする．

a． $A + B + C \rightleftarrows D + E$

b． $2A \rightleftarrows B + C$

c． $A + 3B \rightleftarrows C + 3D$

2． 図①は，ある平衡反応における物質 X と Y の濃度変化を反応開始時から追跡した結果である．以下の問いに答えよ．

a． 物質 X の初期濃度（反応開始時の濃度）と平衡時の濃度を求めよ．

b． 物質 Y の平衡時の濃度を求めよ．

c． この平衡反応を化学反応式により表せ．

d． この平衡反応の平衡定数 K を求めよ．

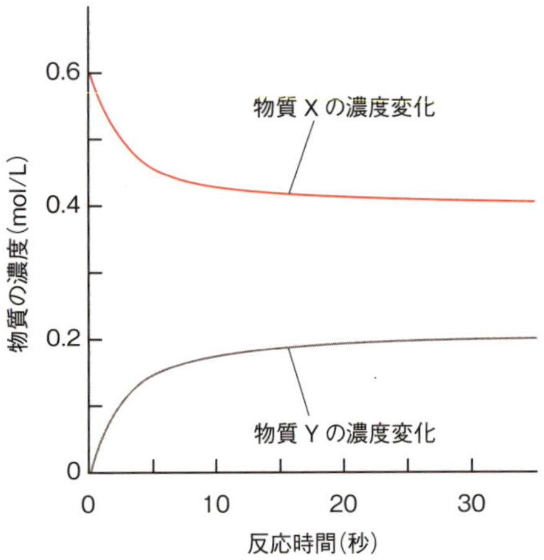

図① 物質 X から物質 Y が生成する平衡反応における[X]および[Y]の反応開始時からの経時変化

3． 次の電解質の水溶液のイオン強度を求めよ．

a． 3.0×10^{-3} mol/L KCl

b． 2.0×10^{-2} mol/L Na_2CO_3

c． 2.0×10^{-2} mol/L Na_2HPO_3

d． 1.0×10^{-3} mol/L CH_3CO_2Na

4． ある薬剤 X の 1.0×10^{-1} mol/L 水溶液における活量係数 γ は 0.50 である．この活量係数の低下は X が二量体（X–X）を形成するためである．薬剤 X が二量体を生成する反応の平衡定数を求めよ．

3 酸・塩基平衡

❖ 本章の目標 ❖

- 酸と塩基の定義および酸・塩基平衡を学ぶ．
- pH の定義とその重要性を学ぶ．
- 酸または塩基である医薬品の水溶液中での挙動を理解するために必要な pH と pK_a の関係を学ぶ．
- 緩衝作用および緩衝溶液について学ぶ．

多くの薬は，病気にかかわる酵素，細胞膜受容体，ポンプ，チャネル，トランスポーターなどのタンパク質をターゲットに開発されている．これらのタンパク質の機能を抑制あるいは促進することにより，薬は効果を示す．この過程の主役は，薬の立体構造だけでなく，水素結合が重要な役割を担う薬物-タンパク質相互作用である．水素結合できる薬には，カルボキシ基などの酸性官能基やアミノ基などの塩基性官能基が存在する．それらの官能基をもつ薬の物性を理解することは，「根拠に基づく医療(evidence-based medicine，EBM)」の実践に重要である．本章では，薬の物性と深くかかわる酸・塩基平衡について学ぶ．

3.1 酸と塩基の定義

1923 年 J. N. Brønsted(ブレンステッド) と T. M. Lowry(ローリー) により提唱された理論が，分析科学で取り扱う**酸**(acid)と**塩基**(base)を理解するために適している．プロトン(水素イオン，H^+)の受け渡しで，酸と塩基を取り扱うのが**ブレンステッド・ローリーの酸・塩基説**(Brønsted-Lowry theory)である．この理論では，酸は H^+ を他の物質に与える物質(**プロトン供与体**，proton donor)であり，他の物質から H^+ を受け取る物質(**プロトン受容体**，proton acceptor)が塩基と定義される．この定義に基づいた酸および塩基をそれぞれ HA および B で

J. N. Brønsted(1879～1947)，デンマークの物理化学者．

表すと，それらの酸と塩基の反応は次のように表される．

$$\mathrm{HA + B \longrightarrow A^- + BH^+} \tag{3.1}$$

この反応の逆反応が存在すれば，それは次のように表される．

$$\mathrm{BH^+ + A^- \longrightarrow B + HA} \tag{3.2}$$

T. M. Lowry（1874～1936），イギリスの物理化学者．

G. N. Lewis（1875～1946），アメリカの物理化学者．

プロトン（proton）
陽子のこと．水素原子が電子を放出すると，H^+になる．H^+は陽子1個だけで構成されるので，プロトンという．

この逆反応では，酸HAがH^+を与えて生成するA^-は塩基として，塩基BがH^+を受け取って生成するBH^+は酸としてはたらく．このことから，A^-をHAの**共役塩基**（conjugate base），BH^+をBの**共役酸**（conjugate acid）という．逆の見方をすると，HAはA^-の共役酸で，BはBH^+の共役塩基でもある．そして，HAとA^-やBとBH^+の組合せを**共役酸・塩基対**（conjugate acid-base pair）という．ブレンステッド・ローリーの酸・塩基説で重要なことをまとめると，

① 酸が酸としてはたらくためにはH^+を受け取る塩基が必要であり，塩基が塩基としてはたらくためにはH^+を与える酸が必要である，
② 酸と塩基の反応は2組の共役酸・塩基対で必ず構成される，
③ H^+の移動は，必ず弱い酸または弱い塩基を生成する方向に進む，

の3点である．酸や塩基を取り扱う場合，非常に重要な基礎概念になる．とくに，③の原理は重要である．たとえば，上述の例でHAに比べてBH^+がきわめて弱い酸のとき，式(3.1)の反応は進行するが，その逆反応である式(3.2)の反応は進行しない．

非共有電子対
結合の形成に関与していない電子対．たとえば，水分子H_2Oの酸素原子は二組の非共有電子対をもつ．

Advanced　ルイスの酸・塩基説

H^+の受け渡しだけでは説明できない酸と塩基の反応がある．このブレンステッド・ローリーの酸・塩基説の問題点を克服するのが，ルイスの酸・塩基説である．より広い意味での酸と塩基の反応をとらえることができるルイスの酸・塩基説では，酸とは**非共有電子対**（unshared electron pair）を受け取る物質で，塩基とは非共有電子対を与える物質である．このように定義される酸および塩基をそれぞれ**ルイス酸**（Lewis acid）および**ルイス塩基**（Lewis base）という．ルイス酸Aとルイス塩基**:**Bの反応は次のようになる．

$$\mathrm{A + {:}B \longrightarrow A{:}B}\ (\text{または } \mathrm{A{-}B}) \tag{3.3}$$

H^+は非共有電子対を受け取るので，ルイス酸である．H^+の受け渡しはできないが，非共有電子対を受け入れることができる空軌道をもつBF_3，$AlCl_3$などの金属化合物やLi^+，Mg^{2+}などの金属イオンもルイス酸である．ルイスの酸・塩基説は，錯体・キレート生成平衡においてとくに重要である．

3.2 pH の定義と重要性

物質 X の濃度は一般にカギかっこを使い，[X]または c_X で表される．たとえば，H^+の濃度は[H^+]と記す．**pH** は[H^+]の逆数の対数つまり $-\log[H^+]$ で定義される．水溶液中では pH 7 で中性であり（水以外の溶媒を用いた場合，中性となる pH は異なるので注意！），pH が 7 より小さくなれば酸性，7 より大きくなればアルカリ性である．水はヒトの 70％程度の質量を占めるため，体液の pH も水溶液中と同様に扱うことができる．細胞内や血液の pH は 7.4 前後である．胃液の pH は 1 ～ 2，膵液の pH は 7 ～ 8 である．つまり，ヒト体液の pH は，強酸性である胃のなかを除き，一般的に中性から弱アルカリ性である．

それでは，体内に入った薬を考えるうえで，ヒトの体液の pH は何に影響するのだろうか．それは，薬の吸収や代謝などであり，それらを考えるうえで pH は考慮すべき重要なファクターである．解熱鎮痛・抗炎症薬であるイブプロフェンを例に考えてみよう．イブプロフェンは酸としてはたらくカルボキシ基（$-CO_2H$）をもつ．その結果，水溶液中ではイブプロフェンは**分子形 1** および**イオン形 1⁻** として存在できる．この **1** と **1⁻** の存在比は，その水溶液の pH により決定される．その様子を図 3.1 に模式的に示す．イブプロフェンは，強い酸性の水溶液では **1** として，弱酸性の水溶液では **1** と **1⁻** の混合物として，中性からアルカリ性の水溶液では **1⁻** として存在する．

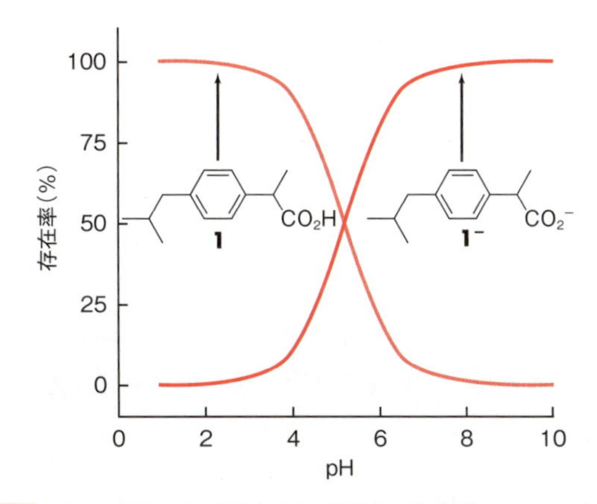

図 3.1 pH の異なる水溶液中におけるイブプロフェンの分子形 **1** とイオン形 **1⁻** の存在率の模式図

分子形 **1** とイオン形 **1⁻** の違いは，分子のなかで最も小さい H^+が結合しているか否かだけである．しかし，この違いは非常に大きな意味をもっている．**1** は**疎水性**（hydrophobicity）が高いが，**1⁻** はイオンであるため**親水性**（hydrophilicity）である．薬の疎水性度は細胞内への取込みに影響を与える．

ある程度の疎水性をもたないと，脂質からなる細胞膜を透過できない．腸管や血中からの薬の吸収は疎水性の高い **1** のほうが一般に有利である．薬の代謝の場合も同様な議論ができる．代謝酵素はさまざまなものがある．**活性サイト**(active site)*がイオン形に有利な酵素や，分子形に有利な酵素がある．したがって，薬の吸収や代謝を理解するためには，その薬の分子形とイオン形の体内での存在比を知る必要がある．この存在比を決める環境因子がpHである．しかし，pHだけでは **1** と **1⁻** の存在比率は決定されない．もう一つの因子はイブプロフェンに固有の定数である pK_a である．**酸解離定数**(acid dissociation constant) K_a の逆数の対数つまり $-\log K_a$ を意味する pK_a は，酸としてはたらく化合物の酸としての強さを示す固有の値である．イブプロフェンの pK_a は5.2である．pH 7.4の水溶液中でイブプロフェンは，$pH - pK_a$ つまり $7.4 - 5.2$ の値2.2から，約1：100の比率で **1** と **1⁻** が存在すると推定できる．どうしてこのような推定ができるのか．本章で学ぶべき一つの目標である．

* 酵素反応が起こる場所．

3.3 酸・塩基平衡

SBO 酸・塩基平衡の概念について説明できる．

3.3.1 弱酸の解離平衡

地球上に生命を生みだした水(H_2O)は生体反応に不可欠なさまざまな役割を担っている．酸・塩基反応においても H_2O の役割は重要である．いま，イブプロフェンのような弱酸HAを水に溶かした場合を考えてみよう．H_2O はブレンステッド・ローリー説における塩基としてはたらき，HAから H^+ を受け取り H_3O^+ になる．これが，H^+ の水中での実体である(H^+ 自体がそのままの形で溶液中では存在しえないことに注意)．一方，HAはプロトンを渡して A^- になる．この酸・塩基反応は次式で表される．

$$HA + H_2O \longrightarrow A^- + H_3O^+ \tag{3.4}$$

H^+ の実体が H_3O^+ であるから，HAの水溶液のpHは H_2O の共役酸である H_3O^+ の濃度で決定される．この H^+ の受け渡しという単純な反応の逆反応は式(3.5)で表される．

$$A^- + H_3O^+ \longrightarrow HA + H_2O \tag{3.5}$$

この逆反応は進行するのであろうか．ここで，ブレンステッド・ローリーの酸・塩基説の3番目の概念を思いだそう．HAを水に溶かしたときに系内に存在する酸はHAと H_3O^+ である．水中で生成する最も弱い酸は H_3O^+ であるから，式(3.4)で表される正反応は進行する．ところが，HAが H_3O^+ に比べて強い酸であっても，その強さの程度が小さい場合，式(3.5)で表される

逆反応も進行する．その結果，弱酸 HA を水に溶かした場合，

$$HA + H_2O \rightleftharpoons A^- + H_3O^+ \tag{3.6}$$

で表される可逆反応になり，H_3O^+の濃度がある値で一定となる平衡状態に到達する．質量作用の法則より，式(3.6)の平衡定数 K は

$$K = \frac{[A^-][H_3O^+]}{[HA][H_2O]}$$

となる．いま，大過剰に存在する水の濃度$[H_2O]$は一定と見なすことができるので，この式は

$$K_a = K[H_2O] = \frac{[A^-][H_3O^+]}{[HA]} \tag{3.7}$$

と変換できる．この K_a を酸解離定数という．

3.3.2 弱塩基の解離平衡

弱塩基 B の水中での酸・塩基反応も同様に扱うことができる．この場合も可逆反応として次式で表される．

$$B + H_2O \rightleftharpoons BH^+ + OH^- \tag{3.8}$$

この場合，弱塩基 B の反応により生成する系内で最も弱い塩基は OH^-である．そして，この OH^-と弱塩基 B との塩基としての強さの差に依存して逆反応は進行し，平衡状態に到達する．**塩基解離定数**(base dissociation constant)K_b は K_a の場合と同様に次のように誘導できる．

$$K_b = K[H_2O] = \frac{[BH^+][OH^-]}{[B]} \tag{3.9}$$

3.3.3 水の解離平衡

水における中性は pH 7 であると述べた．なぜだろう．いま，さまざまな生命現象の場つまり溶媒である水自体の解離平衡を考えよう．水は酸としても塩基としても機能する．この性質をもつ溶媒を**両性溶媒**(amphiprotic solvent)という．両性溶媒である水自体の酸・塩基反応は次式で表され，平衡定数 K_w を同様に誘導できる．

$$H_2O + H_2O \rightleftharpoons H_3O^+ + OH^- \tag{3.10}$$

$$K = \frac{[H_3O^+][OH^-]}{[H_2O]^2}$$

$$K_w = K[H_2O]^2 = [H_3O^+][OH^-]$$

K_wは**水のイオン積**(ion product of water)といわれ，25℃で$K_w = 1 \times 10^{-14}$である．この式をpを用いて表すと，

$$pK_w = pH + pOH = 14$$

となる．その結果，水溶液において中性つまりpH = pOHとなるのはpH 7のときである．

HAの共役塩基A^-の塩基解離平衡の平衡定数K_bは式(3.11)で表される．

$$A^- + H_2O \rightleftharpoons HA + OH^-$$

$$K_b = \frac{[HA][OH^-]}{[A^-]} \tag{3.11}$$

式(3.11)とA^-の共役酸であるHAの酸解離定数を表す式(3.7)を辺々掛け合わせると

$$K_aK_b = \frac{[A^-][H_3O^+]}{[HA]} \times \frac{[HA][OH^-]}{[A^-]} = [H_3O^+][OH^-] = K_w$$

となる．この式の両辺について逆数の対数をとり整理すると

$$pK_a + pK_b = pK_w = 14 \tag{3.12}$$

の関係式が得られる．この式は重要であり次のように使用できる．塩基である$CH_3CH_2NH_2$の水中でのpK_bは3.25であるので，その共役酸である$CH_3CH_2NH_3^+$のpK_aは$14.00 - 3.25 = 10.75$となる．

3.3.4 両性溶媒の解離平衡

溶媒としてしばしば利用される両性溶媒としてはメタノール，エタノール，ギ酸および酢酸がある．いま，これらの両性溶媒をHSを用いて記すと，その酸・塩基解離平衡は

$$HS + HS \rightleftharpoons H_2S^+ + S^-$$

で表され，その平衡定数は水の場合と同様に

$$K = \frac{[H_2S^+][S^-]}{[HS]^2}$$

$$K_{HS} = K[HS]^2 = [H_2S^+][S^-]$$

と誘導できる．K_{HS} を**自己プロトリシス定数**(autoprotolysis constant)という．この式の両辺の逆数の対数をとり整理すると，水の場合と同様に

$$pK_{HS} = p[H_2S^+] + p[S^-]$$

となる．メタノール，エタノール，ギ酸，および酢酸の pK_{HS} の値はそれぞれ 17.2，19.1，6.2，および 14.5 である．これらの値は，それぞれの溶媒中における一般的な pH の変化幅を示している．したがって，たとえばメタノール中における中性は pH 8.6 となり，水中とは異なる．ただし，水中での pH 0 がすべての溶媒での pH 0 とはならない．酢酸溶液中での pH 幅は，水溶液中と比較すると −7 ～ 7.5 となる．

3.3.5 強酸・強塩基の解離

塩酸(HCl)，硫酸(H_2SO_4)，および硝酸(HNO_3)は強酸である．過塩素酸($HClO_4$)も強酸の一つである．強酸とは何か．溶液内に存在する最も弱い塩基に，もっている H^+ をすべて供与できる酸が強酸である．その結果，HCl，H_2SO_4，HNO_3，および $HClO_4$ の水中での解離は次の式で表される．

$$HCl + H_2O \longrightarrow Cl^- + H_3O^+$$
$$H_2SO_4 + H_2O \longrightarrow HSO_4^- + H_3O^+$$
$$HNO_3 + H_2O \longrightarrow NO_3^- + H_3O^+$$
$$HClO_4 + H_2O \longrightarrow ClO_4^- + H_3O^+$$

COLUMN **緑のペスト?!**

「緑のペスト」という言葉を聞いたことがあるだろうか．中国語では「空中鬼」といわれる．pH 5.6 以下の酸性雨のことである．雨だけなく酸性雪や酸性霧もある．石炭や石油などの化石燃料の燃焼や火山活動により発生する硫黄酸化物(SO_x)や窒素酸化物(NO_x)などは大気中で酸素や水と反応することにより硫酸や硝酸などになる．これらの酸を含む雨による森林の立ち枯れが問題となっている．とくにヨーロッパでは酸性雨による森林の被害が大きい．酸性雨が緑のペストといわれる理由がここにある．

酸性雨が及ぼす一番大きな影響は，植物に必要な土壌中の Mg^{2+} や Ca^{2+} を洗い流すこと，ならびに植物に有害な土壌中の不溶性アルミニウムや重金属を水に溶けやすくすることである．これらの酸性雨の影響により植物は必要な栄養素を摂取できないだけでなく，毒性の強い金属を取り込みやすくなり，立ち枯れを起こす．日本では偏西風により東アジアから飛来する大気中の酸性成分の影響が大きいといわれている．酸性雨の影響を軽減する努力が間違いなく必要であるが，私たち一人一人がいったいどのようなことをすべきであるか考えてほしい．

つまり，水溶液中で強酸は完全解離して H_3O^+ という同一の酸として振る舞う．これを**水平化効果**(leveling effect)という．溶かした強酸がすべて H_3O^+ として存在するため，強酸の初期濃度(最初に溶かした強酸の濃度 c_0) $c_0 = [H_3O^+]$ となる．強酸の水溶液の $pH = -\log c_0$ である．

ところがほかの溶媒を用いると状況は変わってくる．たとえば酢酸(CH_3CO_2H)を用いた場合はどうだろう．この溶媒内において最も弱い酸は $CH_3CO_2H_2^+$ である．しかし，この酸は H_3O^+ に比べてはるかに強い酸である．その結果，酢酸中では強酸の水平化効果が観察されず，酸性度の違いが観察されるようになり $HClO_4 > H_2SO_4 > HCl > HNO_3$ の順で弱くなる．一般的に酸や塩基の強さは用いる溶媒によって変化する．この事実を利用したのが後述の非水滴定である．

強塩基についても同様な議論ができるので，自分で考えてみてほしい．

3.4 $[H^+]$ と K_a の関係

SBO pH および解離定数について説明できる．(知識・技能)

3.4.1 弱酸の水溶液のpH

c_0 mol/L の弱酸 HA(酸解離定数が K_a)の水溶液について考える．一般に，弱酸の水溶液の pH は，**解離度**(degree of dissociation)という概念を用いれば簡単に求めることができる．解離度は α で表され，$\alpha = [A^-]/c_0$ と定義される．その結果，平衡濃度は，$[A^-] = \alpha c_0$ となる．この関係に基づくと，平衡濃度は，$[HA] = c_0 - [A^-] = c_0 - \alpha c_0 = (1 - \alpha)c_0$ および $[H_3O^+] = \alpha c_0$ となる．

	HA + H_2O	$\rightleftharpoons$	A^-	+ H_3O^+
初期濃度(mol/L)	c_0		0	0
平衡濃度(mol/L)	$(1-\alpha)c_0$		αc_0	αc_0

これらの平衡濃度を酸解離定数の式(3.7)に代入すると

$$K_a = \frac{[A^-][H_3O^+]}{[HA]} = \frac{\alpha c_0 \times \alpha c_0}{(1-\alpha)c_0} = \frac{\alpha^2}{1-\alpha} \times c_0$$

の関係が得られる．ここで，弱酸では $1 \gg \alpha$ であるから，$1 - \alpha \fallingdotseq 1$ と近似できる．この近似を適用すれば

$$K_a = \alpha^2 c_0$$

となる．これを α について解くと，

$$\alpha = \sqrt{\frac{K_a}{c_0}}$$

が得られる．これを $[H_3O^+] = \alpha c_0$ に代入すると

$$[H_3O^+] = \alpha c_0 = \sqrt{K_a c_0}$$

となる．$pH = -\log[H_3O^+]$ だから，この弱酸 HA の水溶液の pH は

$$pH = -\log\sqrt{K_a c_0} = \frac{1}{2}(-\log c_0 - \log K_a) = \frac{1}{2}(pK_a - \log c_0) \quad (3.13)$$

となる．たとえば，1.0×10^{-2} mol/L 酢酸（$K_a = 1.8 \times 10^{-5}$，$pK_a = 4.74$）水溶液の pH は，式(3.13)から，

$$pH = \frac{1}{2}(4.74 - \log 1.0 \times 10^{-2}) = \frac{1}{2}(4.74 + 2.00) = 3.37$$

となる．

酢酸よりも弱い弱酸であるフェノール（$K_a = 1.0 \times 10^{-10}$，$pK_a = 10.00$）の場合も同様に求めることができる．$1.0 \times 10^{-3}$ mol/L フェノール水溶液ならば，

$$pH = \frac{1}{2}(10.00 - \log 1.0 \times 10^{-3}) = 6.50$$

と求まる．

3.4.2 弱塩基の水溶液のpH

c_0 mol/L の弱塩基 B（塩基解離定数が K_b）の水溶液の pH も同様に計算できる．一般に，弱塩基の水溶液の pH も，解離度という概念を用いれば，簡単に求めることができる．ただし，解離度 $\alpha = [BH^+]/c_0$ と定義される．その結果，平衡濃度は，$[BH^+] = \alpha c_0$ となる．この関係に基づくと，平衡濃度は，$[B] = c_0 - [BH^+] = c_0 - \alpha c_0 = (1 - \alpha)c_0$ および $[OH^-] = \alpha c_0$ となる．

	$B + H_2O \rightleftharpoons$	BH^+	$+ OH^-$
初期濃度(mol/L)	c_0	0	0
平衡濃度(mol/L)	$(1-\alpha)c_0$	αc_0	αc_0

これらの平衡濃度を塩基解離定数の式(3.9)に代入すると

$$K_b = \frac{[BH^+][OH^-]}{[B]} = \frac{\alpha c_0 \times \alpha c_0}{(1-\alpha)c_0} = \frac{\alpha^2}{1-\alpha} \times c_0$$

の関係が得られる．ここで，弱塩基の場合，解離度は非常に小さい，つまり $1 \gg \alpha$ と考えられるため，$1 - \alpha \fallingdotseq 1$ と近似できる．この近似を適用すれば

$$K_b = \alpha^2 c_0$$

となる．これを α について解くと，

$$\alpha = \sqrt{\frac{K_b}{c_0}}$$

が得られる．これを $[OH^-] = \alpha c_0$ に代入すると

$$[OH^-] = \alpha c_0 = \sqrt{K_b c_0}$$

となる．$pH = 14 - pOH$ だから，この弱塩基 B の水溶液の pH は

$$pH = 14 - (-\log\sqrt{K_b c_0}) = 14 - \frac{1}{2}(-\log K_b - \log c_0)$$

$$= 14 - \frac{1}{2}(pK_b - \log c_0) \tag{3.14}$$

となる．弱塩基である，1.0×10^{-1} mol/L アンモニア（$pK_b = 4.74$）水溶液の場合，式(3.14)に与えられた値を代入して計算すると

$$pH = 14.00 - \frac{1}{2}(4.74 - \log 1.0 \times 10^{-2}) = 14.00 - \frac{1}{2}(4.74 + 2.00)$$

$$= 10.63$$

となる．弱塩基の濃度がきわめて低い場合も，式(3.14)が有効である．1.0×10^{-4} mol/L アンモニア（$pK_b = 4.74$）水溶液の場合も

$$pH = 14.00 - \frac{1}{2}(4.74 - \log 1.0 \times 10^{-4})$$

$$= 14.00 - \frac{1}{2}(4.74 + 4.00) = 9.63$$

と求まる．

3.5 緩衝液

3.5.1 緩衝能と緩衝液

SBO 緩衝作用や緩衝液について説明できる.

濃度 c_{HA} の弱酸 HA の水溶液がある．HA の共役塩基である A^- の塩 MA を濃度 c_{MA} になるように加えたとする．式(3.15)のように MA は塩であるため水溶液中で完全解離する．その結果，溶液内の$[A^-]$が増加し，式(3.6)の平衡は$[A^-]$が減少する方向つまり左へ移動する．

$$HA + H_2O \rightleftharpoons A^- + H_3O^+ \tag{3.6}$$

$$K_a = \frac{[A^-][H_3O^+]}{[HA]} \tag{3.7}$$

$$MA \longrightarrow M^+ + A^- \tag{3.15}$$

この平衡状態において，[HA]は c_{HA} から HA が解離して生成する$[H_3O^+]$分だけ低い．一方，$[A^-]$は c_{MA} から HA が解離して生成する$[A^-]$つまり$[H_3O^+]$分だけ高くなる．その結果，HA および A^-の濃度は次の式で与えられる．

$$[HA] = c_{HA} - [H_3O^+]$$
$$[A^-] = c_{MA} + [H_3O^+]$$

これらの式を式(3.7)に代入すると

$$K_a = \frac{(c_{MA} + [H_3O^+])[H_3O^+]}{c_{HA} - [H_3O^+]} \tag{3.16}$$

となる．ここで，$c_{HA} \gg [H_3O^+]$および $c_{MA} \gg [H_3O^+]$が成立すれば，

$$K_a = \frac{c_{MA}}{c_{HA}}[H_3O^+]$$

$$pK_a = -\log\frac{c_{MA}}{c_{HA}} + pH$$

$$pH = pK_a + \log\frac{c_{MA}}{c_{HA}} \tag{3.17}$$

の関係式が誘導できる．式(3.17)は強酸を少量(Δc)加えたとしても $c_{HA} \gg \Delta c$ および $c_{MA} \gg \Delta c$ ならば成立する．つまり，式(3.17)は，c_{MA} と c_{HA} が十分大きければ，弱酸 HA とその共役塩基の塩 MA を含む水溶液の pH は HA の酸解離定数 K_a および c_{MA} と c_{HA} の比によって決定され，外部から少量の酸や塩基を加えても変化しないことを示している．このような性質を**緩衝能**(buffer capacity)といい，緩衝能をもつ溶液を**緩衝液**(buffer solution)という．

弱塩基Bおよびその共役酸であるBH^+の塩BH^+X^-をそれぞれ濃度c_Bおよびc_{BHX}で含む水溶液について同様な関係式が誘導できる．

$$B + H_2O \rightleftharpoons BH^+ + OH^- \tag{3.8}$$

$$K_b = \frac{[BH^+][OH^-]}{[B]} \tag{3.9}$$

$$BH^+X^- \longrightarrow BH^+ + X^- \tag{3.18}$$

式(3.18)を考慮したBの塩基解離平衡状態において[B]と$[BH^+]$は

$$[B] = c_B - [OH^-]$$
$$[BH^+] = c_{BHX} + [OH^-]$$

と表され，これらの式を式(3.9)に代入すると

$$K_b = \frac{(c_{BHX} + [OH^-])[OH^-]}{c_B - [OH^-]}$$

となる．BH^+の酸解離定数をK_aとすると$K_b = K_w/K_a$ならびに$[OH^-] = K_w/[H_3O^+]$であるから，$c_B \gg [OH^-]$および$c_{BHX} \gg [OH^-]$が成立すれば

$$K_b = \frac{c_{BHX}}{c_B}[OH^-] = \frac{c_{BHX}}{c_B} \times \frac{K_w}{[H_3O^+]} = \frac{K_w}{K_a}$$

$$pK_a = \log\frac{c_{BHX}}{c_B} + pH$$

$$pH = pK_a - \log\frac{c_{BHX}}{c_B} \tag{3.19}$$

が誘導できる．式(3.19)はc_Bとc_{BHX}が十分大きければ，弱塩基Bとその共役酸の塩BH^+X^-を含む水溶液は，そのpHがBH^+X^-の酸解離定数K_aおよびc_Bとc_{BHX}の比によって決定される緩衝能をもつ緩衝溶液であることを示している．式(3.17)および式(3.19)を**ヘンダーソン・ハッセルバルヒの式**(Henderson-Hasselbalch equation)という．

3.5.2 緩衝液に用いられる共役酸・塩基対

$[HA] = c_a$および$[A^-] = c_s$となるように弱酸HAとその共役塩基A^-からなる緩衝液を調製する．この緩衝液は，一般に$1/10 \leq c_s/c_a \leq 10$が満たされるときに，緩衝性を示す．この範囲を式(3.17)に代入すると

$$pK_a - 1 \leq pH \leq pK_a + 1$$

が得られる．この式は，緩衝液のpHが用いる共役酸・塩基対のpK_a値±1

の範囲にあることを意味する．したがって，調製したい緩衝液の pH が pK_a 値 ± 1 に納まるような pK_a をもつ共役酸・塩基対を選択する．緩衝液に用いられる共役酸・塩基対の代表例とその pK_a を次に示す．

$CH_3CO_2H/CH_3CO_2^-$：	pK_a = 4.74
$H_3PO_4/H_2PO_4^-$：	pK_a = 2.12
$H_2PO_4^-/HPO_4^{2-}$：	pK_a = 7.21
HPO_4^{2-}/PO_4^{3-}：	pK_a = 12.3
NH_4^+/NH_3：	pK_a = 9.25
$H_3N^+CH_2CO_2H/H_3N^+CH_2CO_2^-$：	pK_a = 2.35
$H_3N^+CH_2CO_2^-/H_2NCH_2CO_2^-$：	pK_a = 9.78
$H_3N^+C(CH_2OH)_3/H_2NC(CH_2OH)_3$：	pK_a = 8.06

たとえば，生理的な pH 7.4 の緩衝液をつくるためには，pK_a から判断して，上記のなかでは $H_2PO_4^-/HPO_4^{2-}$ または $H_3N^+C(CH_2OH)_3/H_2NC(CH_2OH)_3$ がよいといえる．なお，$H_2NC(CH_2OH)_3$ は弱塩基のトリス(ヒドロキシメチル)アミノメタンといわれる化合物であり，$H_3N^+C(CH_2OH)_3$ はその共役酸である．これらの共役酸・塩基対からなる緩衝液は，トリス緩衝液といわれ，中性領域の生化学的な実験にしばしば用いられる．また，表 3.1 にいくつかの緩衝液の成分とその緩衝 pH 領域を示す．

表 3.1 代表的な緩衝液の組成とその緩衝 pH 領域

緩衝液の組成	緩衝 pH 領域
塩酸－塩化カリウム [a]	1.0 ～ 2.2
グリシン－塩酸	2.2 ～ 3.6
フタル酸水素カリウム－塩酸 [a]	2.2 ～ 3.8
フタル酸水素カリウム－水酸化ナトリウム [a]	4.0 ～ 6.2
クエン酸－クエン酸ナトリウム	3.0 ～ 6.2
酢酸－酢酸ナトリウム [a]	3.6 ～ 5.6
クエン酸－リン酸水素二ナトリウム	2.6 ～ 7.0
リン酸二水素カリウム－リン酸水素二ナトリウム [a]	5.8 ～ 8.0
リン酸二水素カリウム－水酸化ナトリウム [a]	5.8 ～ 8.0
トリス(ヒドロキシメチル)アミノメタン－塩酸 [a]	7.2 ～ 9.0
グリシン－水酸化ナトリウム	8.6 ～ 10.6
炭酸ナトリウム－炭酸水素ナトリウム	9.2 ～ 10.6
アンモニア－塩化アンモニア [a]	8.0 ～ 11.0

a) 日局 17 収載の緩衝液.

3.5.3 緩衝液の調製方法

(1) 弱酸とその共役塩基の塩を混合する方法

1.0 mol に相当する CH_3CO_2H と CH_3CO_2Na をそれぞれ量り取り，水を加えて溶かし，全量を 1 L にすれば，式(3.17)に基づき，pH = 4.74 + log 1.0/1.0

= 4.74 の酢酸-酢酸ナトリウム緩衝液を調製できる．また，1.0 mol に相当する CH_3CO_2H と 0.20 mol に相当する CH_3CO_2Na を量り取り，水を加えて溶かし，全量を 1 L にすれば，式(3.17)に基づき，pH = 4.74 + log 0.20/1.0 = 4.74 − log 5.0 = 4.04 の緩衝液を調製できる．実際は，秤量や計量の誤差により理論上の pH からずれていることがある．その場合，pH メーターを用いて pH を測定しながら，酸または塩基を加え，pH を目的とする値に調整した後，全量を 1 L とする．

（2） 弱酸（弱塩基）に強塩基（強酸）を添加する方法

0.20 mol に相当するリン酸二水素ナトリウム（NaH_2PO_4）と 0.10 mol に相当する NaOH を量り取り，水を加えて溶かし，全量を 1 L にする．NaH_2PO_4 は弱酸であり，NaOH は強塩基である．両者を混合すると，以下の反応が起こる．

	$H_2PO_4^-$ +	OH^- ⟶	HPO_4^{2-} + H_2O
反応前（mol）	0.20	0.10	0
反応後（mol）	0.10	0	0.10

その結果，この水溶液中には，弱酸 $H_2PO_4^-$ が 0.10 mol/L で，その共役塩基 HPO_4^{2-} が 0.10 mol/L で含まれる．これらの濃度を式(3.17)に代入すると，pH = 7.21 + log 0.10/0.10 = 7.21 + 0.00 = 7.21 の緩衝液を調製できる．このように，弱酸に強塩基を添加することにより共役塩基を生成すれば，共役塩基の塩を用いることなく，緩衝液を調製できる．

一方，弱塩基に強酸を添加することにより共役酸を生成すれば，共役酸そのものを用いることなく，緩衝液を調製できる．たとえば，0.20 mol に相当する $H_2NC(CH_2OH)_3$ と 0.050 mol に相当する HCl を量り取り，水を加えて溶かし，全量を 1 L にする．$H_2NC(CH_2OH)_3$ は弱塩基であり，HCl は強酸である．両者を混合すると，以下の反応が起こる．

	$H_2NC(CH_2OH)_3$ +	H^+ ⟶	$H_3N^+C(CH_2OH)_3$
反応前（mol）	0.20	0.050	0
反応後（mol）	0.15	0	0.050

その結果，この水溶液中には，弱塩基 $H_2NC(CH_2OH)_3$ が 0.15 mol/L で，その共役酸 $H_3N^+C(CH_2OH)_3$ が 0.050 mol/L で含まれる．これらの濃度を式(3.17)に代入すると，pH = 8.06 + log 0.15/0.050 = 8.06 + log 3.0 = 8.54 の緩衝液を調製できる．

3.6 解離化学種のpH依存性

イブプロフェンのようにカルボキシ基をもつ酸性医薬品 RCO_2H は，分子形 RCO_2H およびイオン形 RCO_2^- として水溶液中に存在する．一方，プロプラノロールのようにアミノ基をもつ塩基性医薬品 $R^1(R^2)NH$ は，分子形 $R^1(R^2)NH$ とイオン形 $R^1(R^2)N^+H_2$ として水溶液中に存在する．解離基をもつ医薬品では，一般に，分子形がイオン形より疎水性が高い．したがって，酸性および塩基性医薬品の pK_a は，それらの溶解度や細胞膜透過性(吸収効率)などを考えるうえで重要な情報になる．イブプロフェンの分子形とイオン形の存在比が水溶液の pH に依存することはすでに述べた(図 3.1 参照)．本節では，弱酸や弱塩基の分子形とイオン形の存在比に対する pH の影響を詳しく説明する．

3.6.1 一価の弱酸の分子形とイオン形の存在比

一塩基酸(H^+1 個を与える酸)であるイブプロフェン($pK_a = 5.2$)を HA で表す．弱酸 HA の K_a を表す式(3.7)の両辺について $-\log$ を取り，整理すると

$$\mathrm{pH} = \mathrm{p}K_a + \log\frac{[\mathrm{A}^-]}{[\mathrm{HA}]} \tag{3.20}$$

となる．イブプロフェンの場合，$pK_a = 5.2$ であるから，この式において，未知数は pH と $[A^-]/[HA]$ である．したがって，pH が決まれば，$[A^-]/[HA]$ がおのずと決まる．式(3.20)に $pK_a = 5.2$ を代入して変形すると

$$\log\frac{[\mathrm{A}^-]}{[\mathrm{HA}]} = \mathrm{pH} - 5.2 \tag{3.21}$$

となる．イブプロフェンの場合，図 3.1 に示すように，分子形 HA は **1** であり，イオン形 A^- は **1⁻** である．式(3.21)から，pH = 5.2 の水溶液では[**1**]：[**1⁻**] = 1：1，pH = 6.2 の水溶液では[**1**]：[**1⁻**] = 1：10，pH = 4.2 の水溶液では[**1**]：[**1⁻**] = 10：1 などと，さまざまな pH の水溶液中におけるイブプロフェンの分子形 **1** とイオン形 **1⁻** の存在比を求めることができる．

いま，イブプロフェンの濃度 c_0 の水溶液について，分子形 **1** の分率を $\alpha_1 = [\mathbf{1}]/c_0$ と，イオン形 **1⁻** の分率を $\alpha_{1^-} = [\mathbf{1}^-]/c_0$ と定義する．これらの分率には，$\alpha_1 + \alpha_{1^-} = 1$ の関係がある．図 3.2 に，pH 1 ～ 10 におけるイブプロフェンの分子形 **1** とイオン形 **1⁻** の分率 α の変化を示す．$\mathrm{pH} = pK_a$ のとき，$\alpha_1 = \alpha_{1^-} = 0.5$ つまり[**1**]：[**1⁻**] = 1：1 となる．$\mathrm{pH} < pK_a = 5.2$ のとき，分子形 **1** の分率が高くなる．そして，$\mathrm{pH} < pK_a - 2 = 3.2$ では，

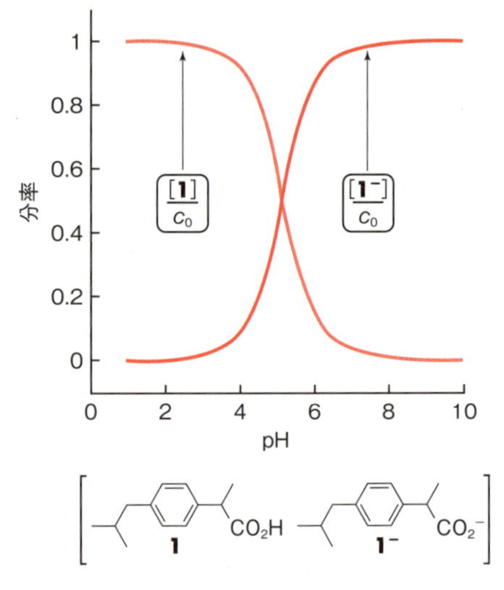

図3.2 pHによるイブプロフェン化学種の分率

イブプロフェンはほとんど分子形**1**として存在する．逆に，pH > pK_aのとき，イオン形**1⁻**の分率が高くなる．そして，pH > pK_a + 2 = 7.2では，イブプロフェンは解離し，ほとんどイオン形**1⁻**として存在する．このように，弱酸HAの分子形HAとイオン形A^-の存在比は，その水溶液のpHとpK_aにより決定される．

3.6.2 一価の弱塩基の分子形とイオン形の存在比

一酸塩基(H^+1個を受け取る塩基)であるプロプラノロール(pK_a = 9.45)をBで表す．弱塩基BのK_bを表す式(3.9)の両辺について−logを取ると

$$\mathrm{p}K_\mathrm{b} = \mathrm{p}[\mathrm{OH}^-] - \log\frac{[\mathrm{BH}^+]}{[\mathrm{B}]}$$

となる．p[OH^-] = 14 − pHならびにpK_b = 14 − pK_aを代入して整理すると

$$\mathrm{pH} = \mathrm{p}K_\mathrm{a} - \log\frac{[\mathrm{BH}^+]}{[\mathrm{B}]} \tag{3.22}$$

前節と同じように考え，式(3.22)にpK_a = 9.45を代入して変形すると

$$\log\frac{[\mathrm{B}]}{[\mathrm{BH}^+]} = \mathrm{pH} - 9.45 \tag{3.23}$$

が得られる．プロプラノロールの場合，図3.3に示すように，分子形Bは

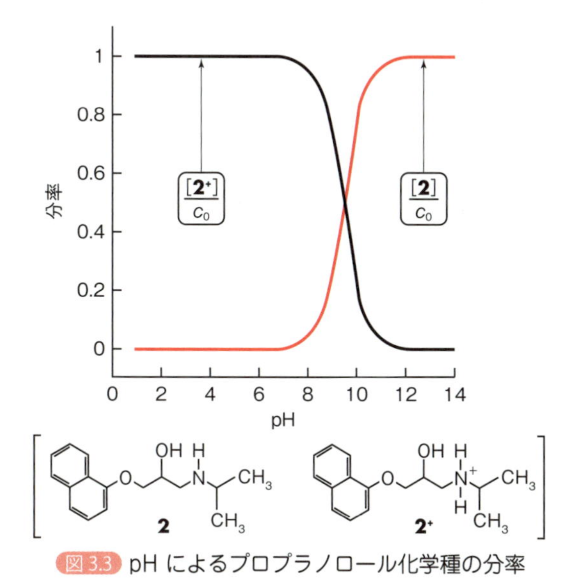

図 3.3 pH によるプロプラノロール化学種の分率

2 であり，イオン形 BH^+ は **2⁺** である．式(3.23)から，pH = 9.45 の水溶液では[**2**]：[**2⁺**]= 1：1, pH = 10.45 の水溶液では[**2**]：[**2⁺**]= 10：1, pH = 8.45 の水溶液では[**2**]：[**2⁺**]= 1：10 などと，さまざまな pH の水溶液中におけるプロプラノロールの分子形 **2** とイオン形 **2⁺** の存在比を求めることができる．

いま，プロプラノロールの濃度 c_0 の水溶液について，分子形 **2** の分率を $\alpha_{\mathbf{2}} = [\mathbf{2}]/c_0$ と，イオン形 BH^+ の分率を $\alpha_{\mathbf{2+}} = [\mathbf{2^+}]/c_0$ と定義する．これらの分率には，$\alpha_{\mathbf{2}} + \alpha_{\mathbf{2+}} = 1$ の関係がある．図 3.3 には，pH 1 ～ 14 におけるプロプラノロールの **2** と **2⁺** の分率 α の変化を示す．pH = pK_a のとき，$\alpha_{\mathbf{2}} = \alpha_{\mathbf{2+}} = 0.5$ つまり[**2**]:[**2⁺**]= 1:1 となる．pH ＜ pK_a = 9.45 のとき，**2⁺** の分率が高くなる．そして，pH ＜ pK_a − 2 = 7.45 では，プロプラノロールはほとんど **2⁺** として存在する．逆に，pH ＞ pK_a = 9.45 のとき，**2** の分率が高くなる．そして，pH ＞ pK_a + 2 = 11.45 では，プロプラノロールはほとんど **2** として存在する．

3.6.3 多価の弱酸の分子形とイオン形の存在比

三塩基酸(H^+3 個を与えることができる酸)であるリン酸(H_3PO_4)を H_3A で表すと第一，第二，および第三解離平衡ならびにそれぞれの酸解離定数(K_{a1}, K_{a2}, K_{a3})は次式で表される．

$$H_3A + H_2O \rightleftharpoons H_2A^- + H_3O^+ \qquad (3.24)$$

$$K_{a1} = \frac{[H_2A^-][H_3O^+]}{[H_3A]} \qquad (3.25)$$

$$H_2A^- + H_2O \rightleftharpoons HA^{2-} + H_3O^+ \quad (3.26)$$

$$K_{a2} = \frac{[HA^{2-}][H_3O^+]}{[H_2A^-]} \quad (3.27)$$

$$HA^{2-} + H_2O \rightleftharpoons A^{3-} + H_3O^+ \quad (3.28)$$

$$K_{a3} = \frac{[A^{3-}][H_3O^+]}{[HA^{2-}]} \quad (3.29)$$

いま，H_3A の初期濃度を c_0 とすると水溶液中に存在する H_3A，H_2A^-，HA^{2-}および A^{3-}のモル分率は，同様にそれぞれ $\alpha_0 = [H_3A]/c_0$，$\alpha_1 = [H_2A^-]/c_0$，$\alpha_2 = [HA^{2-}]/c_0$，および $\alpha_3 = [A^{3-}]/c_0$ と定義される．ここで，$c_0 = [H_3A] + [H_2A^-] + [HA^{2-}] + [A^{3-}]$ である．$pK_{a1} = 2.12$，$pK_{a2} = 7.21$，および $pK_{a3} = 12.32$ であるリン酸の分子形 H_3PO_4 とイオン形 $H_2PO_4^-$，HPO_4^{2-}，および PO_4^{3-} の分率に対する pH の影響を図 3.4 に示す．曲線の交点では，

COLUMN

股のぞき?!

美しい風景だが，天橋立をただ眺めても単なる松林である．しかし，股からのぞくと，天地が逆転して，松林が天に続く道のように見える．これが天橋立のいわれである．

この股のぞきは，薬学部生にとっても重要である．難しい課題に取り組む際，見方を少し変えれば，ヒントが見えてくる．以下の問題で股のぞきを体験してみよう．

> 2.0×10^{-4} mol/L 塩酸の pH を求めよ．ただし，$\log_{10}2 = 0.30$ とする

「簡単簡単，$-\log_{10}2.0 \times 10^{-4} = -\log_{10}2.0 - \log_{10}10^{-4} = -0.30 + 4.00 = 3.70$ やん」

正解．この問題では股のぞきはまったく不要．では，次の問題はどうだろう．

> pH = 5.70 のとき，塩酸の濃度は〔ア〕× 10^{-6}(mol/L)である．空欄〔ア〕に適切な数値を記せ．ただし，$\log_{10}2 = 0.30$ とする

「これも簡単．pH = 5.70 = $-\log_{10}[H^+]$だから$[H^+] = 10^{-5.7}$ mol/L．だから，ん…？」 こんなふうに八方塞がりになったら，股のぞきして，$\log_{10}2 = 0.30$ を対数ではなく指数として考えて $2 = 10^{0.30}$ を導く．これを使えば，$[H^+] = 10^{-5.70} = 10^{-(6-0.30)} = 10^{-6} \times 10^{0.30} = 2.0 \times 10^{-6}$ となり，〔ア〕に入る値，2.0 が求まる．これはどうだろう．

> $pH = pK_a + \log[A^-]/[HA]$に基づき，pH 6.1 緩衝液中におけるイブプロフェン(pK_a = 5.2)の分子形(HA)とイオン形(A^-)の存在比([HA]：[A^-])を求めよ．ただし，$\log_{10}2 = 0.30$ とする

「式に値を入れればよいから，$6.1 = 5.2 + \log[A^-]/[HA]$．これを変形して，$0.9 = \log[A^-]/[HA]$．ここで対数を指数に変えて，$10^{0.9} = [A^-]/[HA]$．ここからは…？」となったら，股のぞきをして，0.9 の分割を考える．すると，$10^{0.9} = 10^{(0.3+0.3+0.3)} = 10^{0.3} \times 10^{0.3} \times 10^{0.3} = 2 \times 2 \times 2 = 8$となる．その結果，[HA]：[$A^-$] = 1：8 と求まる．分析科学にも股のぞきが重要なことがわかったかな．

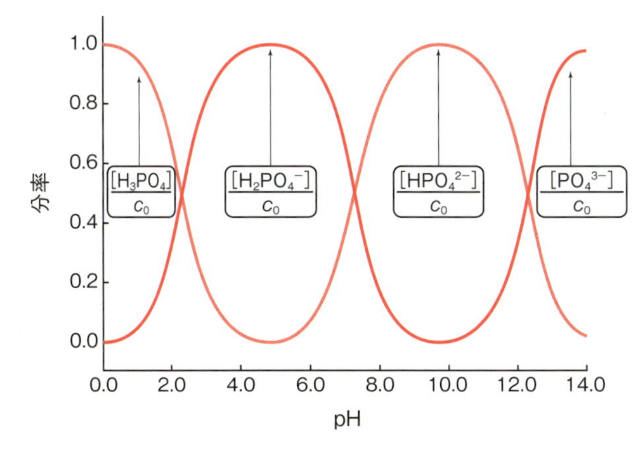

図 3.4 pH によるリン酸化学種の分率

一価の弱酸や弱塩基の場合と同様に，pH = pK_{an} つまりその pK_{an} をもつ弱酸とその共役塩基が 1：1 で存在する．また，どの pH においても，リン酸は 2 種類の分子種としてしか存在しない．たとえば，pH = 2 では分子形 H_3PO_4 とイオン形 $H_2PO_4^-$ だけが存在し，pH = 8 ではイオン形 $H_2PO_4^-$ と HPO_4^{2-} だけが存在する．多価の弱酸の分子形とイオン形の存在比に対する pH の影響も，リン酸と同様に取り扱うことができる．

章末問題

1． 次の酸または塩基の水溶液の pH を求めよ．

a．1.0×10^{-2} mol/L 安息香酸（$K_a = 6.6 \times 10^{-5}$）

b．1.0×10^{-4} mol/L 塩化アンモニウム（$K_a = 5.6 \times 10^{-10}$）

c．1.0×10^{-1} mol/L 酢酸ナトリウム（$K_b = 1.8 \times 10^{-5}$）

2． 0.1 mol/L 酢酸水溶液 25.0 mL に 0.1 mol/L 水酸化ナトリウム水溶液を (a) 0.00 mL，(b) 10.0 mL，(c) 25.0 mL，および (d) 30.0 mL 加えたときの pH を求めよ．なお，酢酸の K_a は 1.8×10^{-5} とする．

3． 1.0 mol/L アンモニア水溶液 25.0 mL に 1.0 mol/L 塩酸 10.0 mL を加えたときの溶液の pH を求めよ．なお，アンモニアの pK_b は 4.74 とする．

4． グリシン（$H_2NCH_2CO_2H$）の酸解離平衡は次の二つの式で表される．それぞれの解離平衡について pK_{a1} = 2.34 および pK_{a2} = 9.60 である．水溶液中でグリシンがほとんど両性イオン $H_3N^+CH_2CO_2^-$ として，つまり電荷をもたない状態で存在する pH を求めよ．

$$H_3N^+CH_2CO_2H + H_2O \rightleftharpoons H_3N^+CH_2CO_2^- + H_3O^+$$

$$H_3N^+CH_2CO_2^- + H_2O \rightleftharpoons H_2NCH_2CO_2^- + H_3O^+$$

5． pH = pK_a + log[A^-]/[HA] に基づき，以下の水溶液におけるイブプロフェン（pK_a = 5.20）の分子形（HA）とイオン形（A^-）の存在比（[HA]：[A^-]）を求めよ．ただし，$\log_{10} 2 = 0.30$ および $\log_{10} 3 = 0.48$ とする．

a．pH 4.60 の緩衝液中

b．pH 5.98 の緩衝液中

4 錯体・キレート生成平衡

❖ 本章の目標 ❖

- 錯体・キレート生成平衡について学ぶ.

4.1 錯体と錯イオン

SBO 錯体・キレート生成平衡について説明できる.

共有結合(covalent bond)は，原子が互いに1個の電子対を共有することによってできる．この場合，原子が互いにそれぞれ1個ずつの電子を供与するか，あるいは結合相手の原子から電子対が供与されることによって共有結合を形成する．後者はルイスの酸・塩基反応であり，結合が生じた後は，プラスかマイナスのイオンになる．一般に，金属イオンは**非共有電子対**(unshared electron pair)を供与する分子やイオンと安定な化合物をつくろうとする化学的性質をもっている．ルイスの酸・塩基説の定義から，この場合，金属イオンは電子を受け取るので酸であり，電子対受容体といわれる．一方，非共有電子対を与えるほうの分子やイオンは塩基であり，電子対供与体といわれる．たとえば，硫酸銅(Ⅱ)($CuSO_4$)水溶液にアンモニア(NH_3)を加えていくと，NH_3 が Cu^{2+} に配位して錯イオンとしてテトラアンミン銅(Ⅱ)イオン$[Cu(NH_3)_4]^{2+}$が生成する．この場合，Cu^{2+} はルイス酸であり，NH_3 はルイス塩基である．

共有結合
2個の原子が電子を共有することによってつくられる化学結合．電子対結合(electron pair bond)ともいわれる．

一般に，**遷移元素**(transition metal)はd軌道またはf軌道などに空位の軌道をもつため，空位の電子軌道が電子対を受容して複数の分子やイオン(配位子という)と結合する性質がある．水溶液中では金属イオンは裸のままでは存在できず，なんらかの分子やイオンと結合した状態にある．たとえば，金属イオンは水中では H_2O 分子によって取り囲まれる〔このような H_2O 分子で囲まれたイオンは**水和イオン**(hydrated ion)，またはアクアイオンとい

遷移元素
周期表の3～11の各族の元素で，原子番号103番までの56個および第7周期の8個(原子番号104番～111番)が該当する．たとえば，不完全なd殻およびf殻をもつFe, Cu, Mo, Ptなどが含まれる．

われる〕．H_2O 分子と金属イオンとの結合の性質および強さ，あるいは取り囲む H_2O 分子の数などは金属イオンの種類によって異なる．

4.2 錯体

電気陰性度
2種類の原子が結合するときに，いずれかの原子が相手の原子の電子を引きつけようとする性質．

分極率
反応時に原子，分子あるいはイオンなどの最外殻にある電子の軌道が外部の電荷(反応相手の正電荷など)の影響によってひずみ(変形)を生じた場合の，軌道のひずみ方の程度を示す尺度をいう．この軌道のひずみはあくまで外部にある要因によって引き起こされ，原子，分子あるいはイオンなどが単独にあるときには生じない．

R. G. Pearson(ピアソン)は**電気陰性度**(electronegativity)と**分極率**(polarizability)に基づいて，配位原子と金属イオンをそれぞれ軟らかい酸・塩基と硬い酸・塩基に分類した．F，O，N などの原子は電気陰性度が大きいので電子と強く結合し，また酸化されにくい(電子を放出しにくい)性質をもつ．これらの原子を含む塩基を硬い塩基とした．逆に，I，S，P などの原子は電気陰性度が小さく，電子と比較的弱く結合しており，酸化されやすく，また分極されやすい．このような塩基を軟らかい塩基とした．酸についても，硬い酸(電荷が大きく，イオン半径の小さいもの)と軟らかい酸(電荷が小さく，イオン半径の大きいもの)を考え，「硬い酸と硬い塩基」あるいは「軟らかい酸と軟らかい塩基」が結合しやすいとした．このような考えを **HSAB**(hard and soft acids and bases)**の概念**という．表 4.1 に HSAB 概念による酸と塩基の分類を示す．

表 4.1 HSAB 概念に基づいたルイス酸・塩基の分類

	酸	塩基
硬い	H^+, Li^+(35.1), Na^+(21.1), K^+(13.6), Be^{2+}(67.8), Mg^{2+}(32.6), Ca^{2+}(19.5), Sr^{2+}(16.3), Mn^{2+}(9.0), Al^{3+}(45.8), Cr^{3+}(9.1), Co^{3+}(8.9), Fe^{3+}(12.1)	OH^-, F^-, Cl^-, CH_3COO^-, SO_4^{2-}, CO_3^{2-}, PO_4^{3-}, H_2O(9.5), NH_3(8.2)
軟らかい	Cu^+(6.3), Ag^+(7.0), Au^+(5.6), Hg^+, Pd^{2+}(6.7), Cd^{2+}(10.3), Pt^{2+}(8.0), Hg^{2+}(7.7)	I^-, SCN^-, CN^-, RS^-, $S_2O_3^{2-}$, CO(7.9), R_3P〔R = CH_3(5.9), C_2H_4(6.2), C_6H_6(5.3)〕R_2S〔R = CH_3(6.0)〕
中間	Fe^{2+}(7.2), Co^{2+}(8.2), Ni^{2+}(8.5), Cu^{2+}(8.3), Zn^{2+}(10.9), Pb^{2+}(8.5)	N_3^-, Br^-, NO_2^-, SO_3^{2-}, $C_6H_5NH_2$(4.4), C_5H_5N(5.0)

(　)内の数値は，Pearson による絶対硬さ(η)．

金属イオンに配位子が結合することを**配位**(coordination)という．**錯体**(complex)または**配位化合物**(coordination compound)は，いくつかのイオンや分子が金属イオンと配位結合をした化合物である．配位子，あるいは金属イオンの電荷によって正または負の電荷をもつようになったものを**錯イオン**(complex ion)といい，多くの場合，水に溶けやすい．金属イオンが受け取れる電子対の数を**配位数**(coordination number)といい，金属イオンに固有な数値である．また，生成した錯体は特有の構造をもつ．ただし，金属の配位数と構造は一つの金属に1種類とは限らず，配位子の種類や反応条件な

表 4.2 金属の配位数と錯体の構造

配位数	立体配置(形状)[a]	形状の名称	おもな実例
2		直線(linear)	$[Ag(NH_3)_2]^+$, $[HgCl_2]$, $[Ag(CN)_2]^-$
3		三角形(triangular plane)	$[HgI_3]^-$ $[Cu\{SP(CH_3)_3\}_3]$
4		正方形(square plane)	$[Ni(CN)_4]^{2-}$, $[Cu(en)_2]^{2+}$ $[Pt(NH_3)_4]^{2+}$, $[AuCl_4]^-$
4		正四面体(tetrahedron)	$[CoCl_4]^{2-}$ $[Cd(CN)_4]^{2-}$ $[Ni(CO)_4]$
5		正方錐(四角錐) (square pyramid)	$[VO(H_2O)_4]^{2+}$ $[SbF_5]^{2-}$ $[InCl_5]^{2-}$
5		三方両錐(三角両錐) (trigonal bipyramid)	$[CuCl_5]^{3-}$, $[Pt(SnCl_3)_5]^{3-}$ $[Fe(CO)_5]$ $Cu(terpy)Cl_2$ (terpy=2,2′,2″−terpyridine)
6		正八面体(octahedron)	$[Co(NH_3)_6]^{3+}$ $[Zn(en)_3]^{2+}$ $[Cr(H_2O)_6]^{3+}$, $[Fe(bpy)_3]^{3+}$ $[Fe(CN)_6]^{4-}$, $[Ti(H_2O)_6]^{3+}$ $[PtCl_6]^{2-}$
7		五方両錐 (pentagonal bipyramid)	$[V(CN)_7]^{4-}$ $[UF_7]^{3-}$ $[VO_2F_5]^{4-}$
8		立方体 (cube)	$[UF_8]^{3-}$ $[NpF_8]^{3-}$

a) ●は中心金属イオンを表し，●は配位子を表す．

どによって変化する．表 4.2 に，金属イオンの配位数と錯体構造を示す．

一つの配位子から金属イオンに与えられる電子対の数，すなわち配位する原子の数によって配位子を分類することができる．NH_3 のように 1 分子に一つの配位原子をもつものを**単座配位子**(monodentate ligand)，分子中に二つ以上の配位原子をもつものを**多座配位子**(multidentate ligand)という．また，金属イオンと多座配位子の錯体を**キレート**(chelate)ともいうことより，多座配位子は**キレート試薬**(chelating reagent)ともいわれる．キレートとはギリシャ語のカニのハサミ(*chela*)という語句に由来している．表 4.3 に代表的な単座配位子と多座配位子を示す.

表 4.3 配位子の種類

(a) 単座配位子

イオン性配位子			中性配位子		
H^-	hydrido	ヒドリド	H_2O	aqua	アクア
O^{2-}	oxo	オキソ	NH_3	ammine	アンミン
OH^-	hydroxo	ヒドロキソ	NO	nitrosyl	ニトロシル
I^-	iodo	ヨード	CO	carbonyl	カルボニル
Br^-	bromo	ブロモ	SO_2	sulfur dioxide	二酸化硫黄
Cl^-	chloro	クロロ	C_5H_5N	pyridine	ピリジン
F^-	fluoro	フルオロ			
CN^-	cyano	シアノ			
SCN^-	thiocyanato	チオシアナト			
NO_2^-	nitro	ニトロ			
ONO^-	nitrito	ニトリト			
NH_2^-	amido	アミド			
NO_3^-	nitrato	ニトラト			
CO_3^{2-}	carbonato	カルボナト			
$S_2O_3^{2-}$	thiosulfato	チオスルファト			
SO_4^{2-}	sulfato	スルファト			

(b) 多座配位子

イオン性配位子		中性配位子	
COO^-–COO^-	オキサラト (oxalato)	$H_2N-CH_2-CH_2-NH_2$	エチレンジアミン (ethylenediamine)
$H_3C-C{=}NOH$ / $H_3C-C{=}NO^-$	ジメチルグリオキシマト (dimethylglyoximato)	$N(CH_2CH_2NH_2)_3$	β,β′,β″-トリアミノトリエチルアミン (β,β′,β″-triamino triethylamine)
(8-キノリノラト構造, N, O^-)	8-キノリノラト (8-quinolinolato)	(1,10-フェナントロリン構造, N, N)	1,10-フェナントロリン (1,10-phenanthroline)
$N(CH_2COO^-)_3$	ニトリロトリアセタト (nitrilotriacetato)	(2,2′-ジピリジン構造, N, N)	2,2′-ジピリジン (2,2′-dipyridine)
$H_2N-CH_2COO^-$	グリシナト (glycinato)		
$(^-OOC-CH_2)_2N-CH_2-CH_2-N(CH_2-COO^-)_2$	エチレンジアミンテトラアセタト (ethylenediamine tetraacetato)		

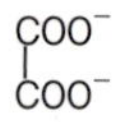

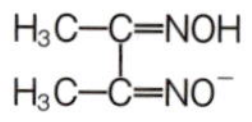

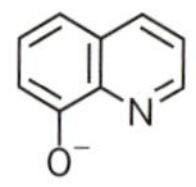

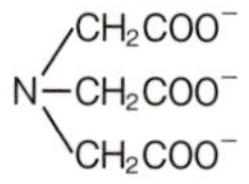

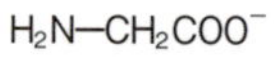

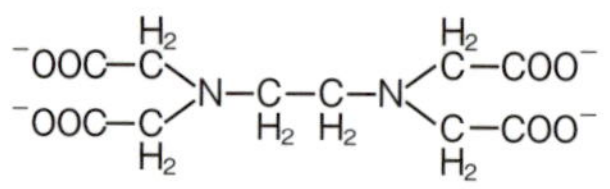

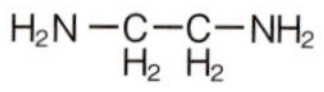

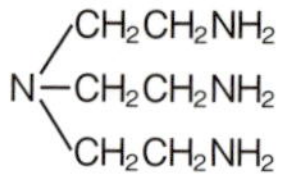

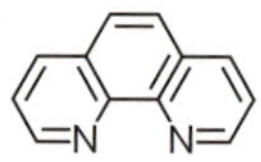

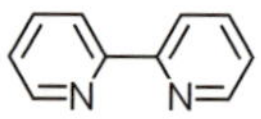

4.3 錯体の構造と安定度

ルイスの酸・塩基反応として，金属イオンと配位子とが反応して金属錯体を生成するとき，金属イオンと配位子とはイオン結合と共有結合によって結合する. イオン結合性が強い場合は錯体は静電的な面から大きい電荷をもち，イオン半径の小さいものほど結合距離の短い安定な錯体となる.

配位子の塩基性は錯体の安定性に影響する．配位子の**酸解離定数**(acid dissociation constant, pK_a)は塩基としての強さを示すから，配位子の pK_a と生成する錯体の安定性との間には比例関係が成り立つ．錯体の安定性は生成定数から知ることができる．表 4.4 に，窒素を配位原子とする単座配位子の NH_3，二座配位子のエチレンジアミン(en)，四座配位子のトリエチレンテトラアミン(trien)の Zn^{2+} および Cu^{2+} 錯体の**全生成定数**(overall formation constant, β_n)(4.4 節参照)または**全安定度定数**(overall stability constant)の対数値を示す．この表から明らかなように，単座配位子の NH_3 よりも多座配位子である en や trien のほうがより安定な錯体を生成する.

1 分子に二つ以上の配位原子をもつ配位子，すなわち二座以上の配位子が一つの金属イオンと結合して生成する環を**キレート環**(chelate ring)という. キレート環として最も小さいものは三員環であるが，原子価角に大きなひずみが生じるため，実際には三員環キレートは存在しない．四員環をつくる配位子には，原子半径の大きい原子(S など)を含むものが多い．六座配位子である**エチレンジアミンテトラアセタト**(ethylenediaminetetraacetato, **EDTA**)は，金属に配位して正八面体錯体を形成し，多数のキレート環が形成される(図 4.1)．キレートで最も安定なものは五員環であり，ついで六員環である. 一般にキレート環が多いほど，キレートの安定性が増す傾向にあるが，この安定性の違いは，おもに錯体生成反応に対するエントロピーによって説明することができる．このようなキレート環形成による安定化を**キレート効果**(chelate effect)あるいは**エントロピー効果**(entropy effect)という.

原子価角
原子から伸びる二つの化学結合のつくる角度.

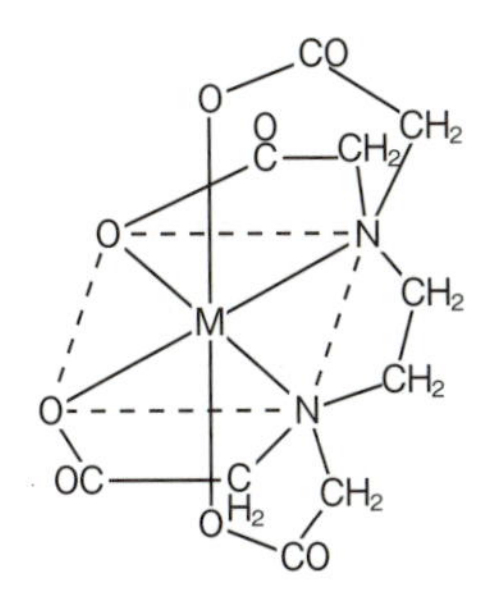

図 4.1 金属・EDTA キレートの構造

表 4.4 単座配位子と多座配位子の錯体の安定性

Zn^{2+}			Cu^{2+}		
NH_3	en[a]	trien[a]	NH_3	en	trien
$\log\beta_1$ 2.4			$\log\beta_1$ 4.1		
$\log\beta_2$ 4.8	$\log\beta_1$ 5.9		$\log\beta_2$ 7.6	$\log\beta_1$ 10.5	
$\log\beta_3$ 7.3			$\log\beta_3$ 10.5		
$\log\beta_4$ 9.5	$\log\beta_2$ 10.7	$\log\beta_1$ 12.1	$\log\beta_4$ 12.5	$\log\beta_2$ 19.5	$\log\beta_1$ 20.9

β_n：全生成定数，$\beta_n = [MX_n]/[M][X]^n$(M：金属イオン，X：配位子).
a) en：エチレンジアミン　$NH_2-CH_2-CH_2-NH_2$(二座配位子)
trien：トリエチレンテトラアミン$(NH_2-CH_2-CH_2-NH-CH_2-)_2$(四座配位子)

Advanced 安定度序列

錯体の結合にはイオン性結合が含まれる．錯体の安定度はその静電的状態に依存するので，金属イオンの電荷の増大とともに安定度は増大する．たとえば，ある一定の配位子についてイオン半径がほぼ同じ場合は，次の順になる．

$$Th^{4+} > Y^{3+} > Ca^{2+} > Na^{+}$$

同じ電荷の場合，イオン半径の小さいイオンのほうが電荷密度が大きいため，安定度が大きくなる．たとえば，遷移元素の Mn から Zn までの二価イオンと任意の配位子との結合による錯体の安定度は次の順で変化し，イオン半径の減少に対応する．

$$Mn^{2+} < Fe^{2+} < Co^{2+} < Ni^{2+} < Cu^{2+} > Zn^{2+}$$

この系列は**アービング・ウィリアムズ**(Irving-Williams)**安定度序列**といわれ，Cu^{2+}を除いて結晶場理論における Mn^{2+}から Zn^{2+}の結晶場安定化エネルギー(CFSE)の順番と一致する．これは，Cu^{2+}はひずんだ八面体構造をとるためであると考えられている(ヤーン・テラー効果)．

	Mn^{2+}	Fe^{2+}	Co^{2+}	Ni^{2+}	Cu^{2+}	Zn^{2+}
CFSE(Dq)	0	4	8	12	6	0

4.4 錯体生成反応

水和した金属イオン $M(H_2O)_m$ と配位子 L から錯体 ML_m (m = 1, 2, …)が生成する反応は，式(4.1)で表される．

$$M(H_2O)_m + mL \rightleftarrows ML_m + mH_2O \tag{4.1}$$

したがって，錯体生成反応は，$M(H_2O)_m$ に配位した H_2O 分子と L との置換反応といえる．この場合，ML_m の生成する置換反応速度は，金属イオンの種類により大きく異なる．

いま，式(4.1)を簡単に表すために，水分子を省略して $M(H_2O)_m$ を M と表すと(簡単にするため，電荷も省略する)，

$$M + mL \rightleftarrows ML_m \tag{4.2}$$

となる．

一般に，M と L とが逐次的に反応して錯体 ML_m を生成するとき，式(4.2)の反応は，次の式(4.3)で表すことができる．

$$
\begin{aligned}
&\mathrm{M} + \mathrm{L} \rightleftarrows \mathrm{ML}\\
&\mathrm{ML} + \mathrm{L} \rightleftarrows \mathrm{ML_2}\\
&\vdots\\
&\mathrm{ML}_{i-1} + \mathrm{L} \rightleftarrows \mathrm{ML}_i\\
&\vdots\\
&\mathrm{ML}_{m-1} + \mathrm{L} \rightleftarrows \mathrm{ML}_m
\end{aligned}
\tag{4.3}
$$

それぞれの錯体生成反応に対する平衡定数は，式(4.4)で与えられる．

$$
\begin{aligned}
K_1 &= \frac{[\mathrm{ML}]}{[\mathrm{L}][\mathrm{M}]}\\
K_2 &= \frac{[\mathrm{ML_2}]}{[\mathrm{L}][\mathrm{ML}]}\\
&\vdots\\
K_i &= \frac{[\mathrm{ML}_i]}{[\mathrm{L}][\mathrm{ML}_{i-1}]}\\
&\vdots\\
K_m &= \frac{[\mathrm{ML}_m]}{[\mathrm{L}][\mathrm{ML}_{m-1}]}
\end{aligned}
\tag{4.4}
$$

この場合の平衡定数 K_1，K_2，K_i，および K_m を**逐次生成定数**(stepwise formation constant)または**逐次安定度定数**(stepwise stability constant)という．また，それぞれの錯体生成反応の平衡定数の積 β_m を全生成定数または全安定度定数という〔式(4.5)〕．

$$
\beta_m = K_1K_2\cdot\cdot\cdot K_i\cdot\cdot\cdot K_m = \frac{[\mathrm{ML}_m]}{[\mathrm{M}][\mathrm{L}]^m} \tag{4.5}
$$

一般に，錯体の逐次生成定数は $K_1 > K_2 > K_3 > \cdot\cdot\cdot > K_m$ の順序となる．

式(4.3)における金属イオンの全濃度を C_M，配位子の全濃度を C_L とすると，それぞれの物質収支(物質のバランス)を表す式は，

$$
\begin{aligned}
C_\mathrm{M} &= [\mathrm{M}] + [\mathrm{ML}] + [\mathrm{ML_2}] + \cdot\cdot\cdot + [\mathrm{ML}_m]\\
C_\mathrm{L} &= [\mathrm{L}] + [\mathrm{ML}] + 2[\mathrm{ML_2}] + \cdot\cdot\cdot + m[\mathrm{ML}_m]
\end{aligned}
\tag{4.6}
$$

となる．化学種 L，M および ML_i($i = 1 \sim m$)の濃度は，逐次生成定数 K_i ($i = 1 \sim m$)から計算できるので，

$$
\begin{aligned}
C_\mathrm{M} &= [\mathrm{M}] + [\mathrm{ML}] + [\mathrm{ML_2}] + \cdot\cdot\cdot + [\mathrm{ML}_m]\\
&= [\mathrm{M}] + K_1[\mathrm{M}][\mathrm{L}] + K_1K_2[\mathrm{M}][\mathrm{L}]^2 + \cdot\cdot\cdot + K_1K_2\cdot\cdot K_m[\mathrm{M}][\mathrm{L}]^m\\
&= [\mathrm{M}](1 + \beta_1[\mathrm{L}] + \beta_2[\mathrm{L}]^2 + \cdot\cdot\cdot + \beta_m[\mathrm{L}]^m)
\end{aligned}
\tag{4.7}
$$

が得られる．

一般に，生成した錯体 ML_m の濃度は，式(4.5)および式(4.7)より

$$[ML_m] = \left(\frac{\beta_m[L]^m}{P}\right) C_M \tag{4.8}$$

となる．ここで，P は

$$P = 1 + \beta_1[L] + \beta_2[L]^2 + \cdots + \beta_m[L]^m \tag{4.9}$$

である．ML_m で表される錯体の化学種の分率 x_{MLm} は，式(4.8)より

$$x_{MLm} = \frac{[ML_m]}{C_M} = \frac{\beta_m[L]^m}{P} \tag{4.10}$$

となる．たとえば，Cu^{2+}-NH_3 系における遊離の Cu^{2+} と生成する各錯体（$[Cu(NH_3)]^{2+}$，$[Cu(NH_3)_2]^{2+}$，$[Cu(NH_3)_3]^{2+}$，$[Cu(NH_3)_4]^{2+}$）の分率と金属イオンに配位していない配位子濃度の関係（分布図）を図 4.2 に示す．

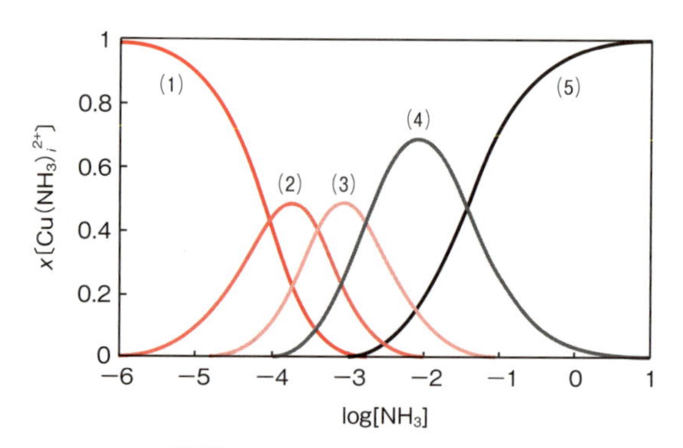

図 4.2 Cu(Ⅱ)-NH_3 錯体の生成率

(1) Cu^{2+}，(2) $[Cu(NH_3)]^{2+}$，(3) $[Cu(NH_3)_2]^{2+}$，(4) $[Cu(NH_3)_3]^{2+}$，(5) $[Cu(NH_3)_4]^{2+}$．

章末問題

1．0.010 mol Cu(Ⅱ)イオンと 0.030 mol en（エチレンジアミン，$H_2NCH_2CH_2NH_2$）を混ぜて全量 1.0 L とした．Cu(Ⅱ)イオンとそれを含むすべての錯体の平衡濃度はそれぞれいくらか．

2．ある金属イオン M^{2+} が配位子 L と 1：1 の錯体を生成する反応において，生成する錯体の生成定数は $K_f = 1.0 \times 10^3\ mol^{-1}\ L$ である．0.10 mol/L の M^{2+} 溶液と 0.20 mol/L の L 溶液をそれぞれ同じ体積混合して平衡に達したときの，錯体を生成していない金属イオン M^{2+} の濃度を求めよ．また，金属イオン濃度に対する錯体の生成割合（生成率）を計算せよ．

5 沈殿平衡

❖ 本章の目標 ❖

• 沈殿平衡について学ぶ.

5.1 沈殿生成と溶解度

SBO 沈殿平衡について説明できる.

沈殿(precipitation)と**溶解**(dissolution)は, 液体から固体および固体から液体への可逆反応であり, 不均一系の化学平衡として考えることができる. 結晶が水に溶けるには, 分子間の結合を切って, イオンまたは溶質が水分子と結合して水和イオンを形成し, 溶媒の水分子と水素結合によってつながり, 水中に保持された状態にならなければならない. この状態のとき, さらに余分のイオンまたは溶質を加えると, イオンまたは溶質どうしの新しい結合ができ, イオン対(分子)を形成して結晶格子をつくり, それが成長して溶媒との水素結合では保持できなくなり結晶が析出してくる. この現象を沈殿生成という.

構成する陽イオンをブレンステッド酸(ルイス酸), 陰イオンをブレンステッド塩基(ルイス塩基)と考えると, 沈殿の生成と溶解は広い意味で酸・塩基反応として説明できる. したがって, 溶液の pH を変化させるなど, 溶液中の酸(陽イオン)や塩基(陰イオン)の濃度を変化させると, 溶液と沈殿との間の平衡が乱れて, 沈殿が生成したり, 溶解したりする.

固体の**溶解度**(solubility)は, 固相と液相が共存している平衡状態における溶液濃度(飽和溶液濃度)であり, 共存する固相の量とは無関係である. 図 5.1 に示すように, 弱電解質の場合, 固体はまず分子形として溶解し, さらに解離を起こしてイオン形となり平衡に達する. このとき, 分子形が飽和濃度となるように固体が溶解する. 溶解度は分子形の飽和濃度とイオン形の飽和濃度の和で表されるため，弱電解質の溶解度は pH により変化する．強電解質の溶解度は，溶液中に分子形がほとんど存在しないため，イオン形の飽和濃度で表される．通常，塩化ナトリウム(NaCl)のような可溶性塩では，溶媒 100 g に溶解しうる溶質の質量(g)で表し，塩化銀(AgCl)のような難溶性塩では，溶液 1L 中に溶けている溶質の物質量(mol)で表す(**モル溶解度**)．

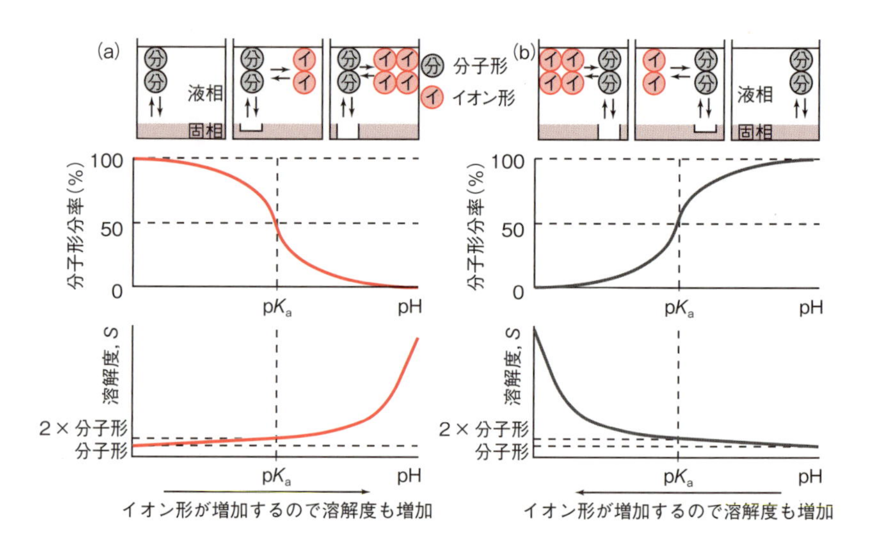

図 5.1 弱電解質からなる塩の溶解度とその pH による変化
(a) 弱酸性物質の場合，(b) 弱塩基性物質の場合．

5.2 溶解度積

水に難溶性の塩(BA)の飽和溶液中では，溶解していない沈殿と溶液中のイオンとは次のような平衡状態(これを**沈殿平衡**という)にある．

$$\mathrm{BA(固体)} \rightleftharpoons \mathrm{BA(溶解)} \rightleftharpoons \mathrm{B^+} + \mathrm{A^-}(溶液中)$$

ここで，BA(固体)からはたえず B^+ と A^- が生じ，また逆に両イオンが結合して BA(固体)を形成する．このように，平衡状態では沈殿の溶解と生成の反応速度が等しく，溶液中に存在する塩の濃度は，温度が定まれば一定の値となる．このときの平衡定数 K は次式により表される．

$$K = \frac{[\mathrm{B^+}][\mathrm{A^-}]}{[\mathrm{BA(固)}]} \tag{5.1}$$

この式で，B^+ と A^- の濃度は BA の溶解度に依存し，BA(固体)の量には依存しない．[BA(固)]の項を K と一緒にした K[BA(固)]は**溶解度積**

(solubility product)K_{sp} といわれ，これは温度一定で物質に固有の定数である(表 5.1).

表 5.1 おもな難溶性塩の溶解度積(25 ℃)

塩	K_{sp}	塩	K_{sp}	塩	K_{sp}
AgCl	1.7×10^{-10}	$CaSO_4$	3.7×10^{-5}	$Fe(OH)_2$	4.8×10^{-17}
AgBr	5.3×10^{-13}	$Ca(OH)_2$	7.9×10^{-6}	$Fe(OH)_3$	2.7×10^{-39}
AgI	8.5×10^{-17}	$CaCO_3$	5.0×10^{-9}	HgS	6.4×10^{-53}
Ag_2SO_4	1.6×10^{-5}	CaC_2O_4	2.6×10^{-9}	$Mg(OH)_2$	5.7×10^{-12}
$Ag_2C_2O_4$	1.1×10^{-11}	$Cd(OH)_2$	5.3×10^{-15}	$Mn(OH)_2$	2.0×10^{-13}
AgSCN	1.0×10^{-12}	CdS	1.4×10^{-29}	NiS	1.1×10^{-21}
Ag_2CrO_4	1.1×10^{-12}	CuCl	1.7×10^{-7}	$PbSO_4$	1.8×10^{-8}
BaC_2O_4	2.0×10^{-8}	CuI	1.3×10^{-12}	$Pb(OH)_2$	1.4×10^{-20}
$BaCO_3$	2.6×10^{-9}	CuC_2O_4	4.4×10^{-10}	PbS	8.8×10^{-29}
$BaSO_4$	1.1×10^{-10}	CuS	1.3×10^{-36}	ZnS	2.9×10^{-25}

$$K[\mathrm{BA}(固)] = [\mathrm{B}^+][\mathrm{A}^-] = K_{sp} \tag{5.2}$$

したがって，K_{sp} は飽和溶液中の各イオンのモル濃度(mol/L)の積になる．一般に，陽イオン B^{n+} と陰イオン A^{m-} からなる難溶性塩 B_mA_n が生成するとき，その溶解度積 K_{sp} は次のように表される．

$$\mathrm{B}_m\mathrm{A}_n \rightleftharpoons m\mathrm{B}^{n+} + n\mathrm{A}^{m-}$$
$$K_{sp} = [\mathrm{B}^{n+}]^m[\mathrm{A}^{m-}]^n \tag{5.3}$$

沈殿が生成するかどうかはイオン濃度の積(イオン積)と溶解度積を比較して予知できる．沈殿が生成するためには，イオン積が溶解度積を超過する必要があり，溶解度積が小さいものほど難溶性で沈殿しやすく，水相の各イオン濃度は低い．したがって，物質の溶解性は溶解度積によって決定され，次の三つに区分される．

$$\left.\begin{array}{ll} [\mathrm{B}^{n+}]^m[\mathrm{A}^{m-}]^n < K_{sp} & \text{不飽和：沈殿を生じない} \\ [\mathrm{B}^{n+}]^m[\mathrm{A}^{m-}]^n = K_{sp} & \text{飽　和：沈殿を生じない} \\ [\mathrm{B}^{n+}]^m[\mathrm{A}^{m-}]^n > K_{sp} & \text{過飽和：沈殿を生じる} \end{array}\right\} \tag{5.4}$$

溶解度積は，溶解度から求めることができる．難溶性塩 B_mA_n の溶解度を S mol/L とすると，溶解した B_mA_n は完全に電離していると見なせるので，B_mA_n が 1 mol/L 溶解すると，m mol の B^{n+} と n mol の A^{m-} が生成する．したがって，溶解度と溶解度積との間には次の関係が成立する．

COLUMN 「とける」とは？

パソコンで「とける」と打って変換してみるとさまざまな漢字がでてくる．解ける，説ける，溶ける，融ける，熔ける，梳けるなど．このなかで物質がとけることを意味するのは解ける，溶ける，融ける，熔けるが相当する．これらに対応する英語は，dissolve（固体を液体にとかす），melt（熱を加えて固体を徐々にとかす），thaw（freeze の反対で，凍ったものに熱を加えてもとの液体または柔らかい状態に戻す．氷や雪がとけるときも使う），fuse（金属などをとかす）であるが，日本語と英語で完全に対応せず微妙なニュアンスで違っている．物質がとけるには，「氷が融ける」，「鉄が熔ける」などのそれ自体がとける場合と，「空気（窒素と酸素）」，「ベンゼン - トルエン系」，「空気が水にとける」，「砂糖が水にとける」，「塩が水にとける」など，二つ以上の気体，液体，固体が自由に混ざってとける場合がある．

ここで，砂糖と塩のとけ方に違いはあるのだろうか．それぞれを水に溶かすと，分子状の結晶である砂糖は非電解質であるため分子の形のままとけるのに対し，イオン結晶である塩（NaCl）は陽イオン Na^+ と陰イオン Cl^- に解離してとける．すなわち，水中では水分子がまわりにいるので，塩の場合イオンが水の衣を着た（水和）状態であり，砂糖の場合は分子中に八つの水に似た構造（ヒドロキシ基）をもち，水になじんでいるのである．

$$[B^{n+}] = mS \text{ mol/L}, \qquad [A^{m-}] = nS \text{ mol/L}$$

$$K_{sp} = [B^{n+}]^m \cdot [A^{m-}]^n = (mS)^m \cdot (nS)^n = m^m \cdot n^n \cdot S^{m+n} \quad (5.5)$$

$$S^{m+n} = \frac{K_{sp}}{m^m \cdot n^n} \qquad \text{したがって，} S = \sqrt[m+n]{\frac{K_{sp}}{m^m n^n}} \quad (5.6)$$

また，$m = n = 1$ のとき，$S = \sqrt{K_{sp}}$ 　$(K_{sp} = S^2)$

5.3 沈殿の生成と溶解に影響を及ぼす諸因子

5.3.1 共通イオン効果

沈殿を構成するイオンと共通なイオンを添加することにより，沈殿の溶解度が減少する現象を**共通イオン効果**（common ion effect）という．たとえば，AgCl の飽和溶液に共通のイオンである Cl^- を含む塩化カリウム（KCl）を加えると，$[Cl^-]$ が増加するため，$K_{sp, AgCl} < [Ag^+][Cl^-]$ で過飽和状態となり，平衡は $Ag^+ + Cl^- \longrightarrow AgCl$（固体）と沈殿生成へ移動し，結果として溶解度が低下する．ただし，Cl^- 濃度が高くなりすぎると，可溶性錯体 $AgCl_n$ の生成により溶解度は上昇に転じる．図 5.2 に共存 KCl 濃度と AgCl のモル溶解度との関係を示す．

5.3.2 異種イオン効果

難溶性塩の構成イオンと無関係な塩が溶液中に溶けていると，一般に沈殿

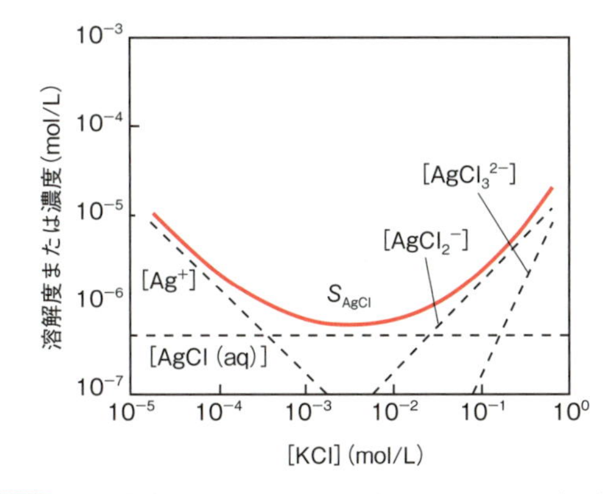

図5.2 KCl 濃度と AgCl のモル溶解度 S_{AgCl} および各化学種のモル濃度との関係

縦軸・横軸とも対数スケール.
『わかりやすい分析化学問題集』, 田中秀治, 嶋林三郎 編, 廣川書店(2003), p.74 より改変.

の溶解度が増す現象を**異種イオン効果**(diverse ion effect)という. たとえば, AgCl の溶解度積 $K_{sp,AgCl}$ を活量, または活量係数と濃度で表した熱力学的溶解度積 $K^\circ_{sp,AgCl}$ は,

$$K^\circ_{sp,AgCl} = a_{Ag^+} \cdot a_{Cl^-} = \gamma_{Ag^+}[Ag^+]\gamma_{Cl^-}[Cl^-] \qquad (4.7)$$

となる. ここで a はイオンの活量, γ は活量係数である. この式から

$$[Ag^+][Cl^-] = \frac{K^\circ_{sp,AgCl}}{(\gamma_{Ag^+} \cdot \gamma_{Cl^-})} \qquad (4.8)$$

が得られる. 活量係数はイオン強度の増大に伴い低下するので, 無関係塩〔たとえば硝酸ナトリウム($NaNO_3$)〕の添加により γ_{Ag^+} と γ_{Cl^-} が減少すると, $K^\circ_{sp,AgCl}$ を一定に保つためには, それぞれのイオンの濃度が増加しなければならない. すなわち, 平衡は AgCl(固体) ⟶ $Ag^+ + Cl^-$ と沈殿溶解へ移動し, AgCl の溶解度が増す.

5.3.3 pH の影響

AgCl などの強酸の塩(塩化物, 臭化物, ヨウ素酸塩など)からなる沈殿は, pH によってその溶解度が大きく変わることはないが, 弱酸の塩(硫化物, 水酸化物, シュウ酸塩, 炭酸塩, リン酸塩, フッ化物など)からなる沈殿は, pH の変化によってその溶解度は大きく変わる(図 5.1 参照). たとえば, 難溶性塩 MX は次のように解離するが, 酸性にするとブレンステッド塩基である X^- がプロトンと反応して HX が生成するため, X^- が減少し反応が右側へ進むことにより, 溶解度は増す.

$$MX \rightleftharpoons M^+ + X^- \qquad K_{sp} = [M^+][X^-]$$

$$HX \rightleftharpoons H^+ + X^- \qquad K_a = \frac{[H^+][X^-]}{[HX]}$$

溶液中の X^- の全濃度を $[X']$ とすると,

$$[X'] = [X^-] + [HX] = [X^-] + \frac{[H^+][X^-]}{K_a}$$

$$= \left(1 + \frac{[H^+]}{K_a}\right)[X^-] = \alpha_x[X^-] \qquad (5.9)$$

が得られる.ここで,$\alpha_x = 1 + [H^+]/K_a$ は $[X^-]$ のプロトン濃度に対する副反応係数であり,$[X^-]$ の代わりに $[X']$ を用いた溶解度積 K_{sp}'(ある pH 条件での**条件付き溶解度積**)は次のように表される.

$$K_{sp}' = [M^+][X'] = [M^+]\alpha_x[X^-] = \alpha_x K_{sp} \qquad (5.10)$$

また,$S = [M^+] = [X']$ であるので,溶解度 S は次のように表される.

$$S = \sqrt{K_{sp}'} = \sqrt{K_{sp}}\sqrt{\alpha_x} = \sqrt{K_{sp}}\sqrt{1 + \frac{[H^+]}{K_a}} \qquad (5.11)$$

したがって,各 pH における溶解度は式(5.11)より求めることができる.すなわち,$pH > pK_a + 2$ のときは $\alpha_x = 1$ より $S = \sqrt{K_{sp}}$,$pH = pK_a$ のときは $\alpha_x = 2$ より $S = \sqrt{2K_{sp}}$ と簡単に表すことができ,pH が pK_a より小さくなると溶解度は急激に大きくなることがわかる.しかし,K_{sp} が十分小さい場合は,強酸性であってもそれほど溶解度は大きくならない.

5.3.4 分別沈殿とマスキング

同じイオンと反応する 2 種以上のイオンが共存するとき,その沈殿の溶解度積に大きな差があれば,これらを別べつに沈殿させ分離することができる.これを**分別沈殿**(fractional precipitation)という.たとえば,AgCl とヨウ化銀(AgI)の溶解度積は,$K_{sp,AgCl} = 1 \times 10^{-10}$,$K_{sp,AgI} = 1 \times 10^{-16}$ で,$K_{sp,AgCl} \gg K_{sp,AgI}$.したがって,最初に溶解度積の小さい AgI の沈殿が生じ,I^- が AgI となって消費され,$I^- \ll Cl^-$ となってから AgCl が沈殿する.

$K_{sp,AgCl} = [Ag^+][Cl^-]$,$K_{sp,AgI} = [Ag^+][I^-]$ より,

$$\frac{[I^-]}{[Cl^-]} = \frac{K_{sp,AgI}}{K_{sp,AgCl}} = 1 \times 10^{-6}$$

すなわち,Ag^+ を少量ずつ加えていくと,理論上 I^- の濃度が Cl^- の濃度の 100 万分の 1 になるまで AgCl の沈殿は生成しない.

一方，2種以上のイオンを含む溶液に錯化剤などを加えて，特定のイオンの沈殿反応を抑えて他のイオンの反応のみを起こさせることを**マスキング**(遮蔽(しゃへい), masking)という．たとえば, Cu^{2+} と Cd^{2+} の混合溶液に硫化水素(H_2S)を加えると，まず硫化銅(Ⅱ)(CuS)(黒)が沈殿し，続いて硫化カドミウム(CdS)(黄)も沈殿してくるが，はじめにシアン化カリウム(KCN)を加えてから H_2S を加えると, Cu^{2+} はマスキングされて, CdS(黄)のみが沈殿するので，両者を分離できる．

5.3.5　その他の要因

水中への電解質の溶解は一般に吸熱反応であるから，水に溶けにくい塩でも，温度が高くなると溶解度は増す．しかし，温度の上昇とともに溶解度が減少する塩類もある．たとえば，硫酸亜鉛六水和物($ZnSO_4 \cdot 6H_2O$)は温度が上昇すると溶解度は増すが，$ZnSO_4 \cdot H_2O$ の溶解度は減少する．また，強電解質は極性が大きく，極性の大きい溶媒に溶けやすく，溶媒の極性が小さくなると溶解度も減少する．一般に水と混じり合うアセトンやエタノールなどの有機溶媒を加えると，誘電率が減少するため，水溶液中よりも溶解度は減少する．ただし，溶媒分子のルイス塩基(電子対供与性)とルイス酸(電子対受容性)としての性質も関与するので，必ずしも誘電率のみで溶解性が説明できるわけではない．

結晶が生成するとき，その粒子表面に過量の陽イオンまたは陰イオンが結合し，粒子が正または負に帯電して反発し合うために，粒子が大きくならず放置しても沈殿しない場合がある．このような液を**コロイド**(colloid)といい，沈殿がコロイド状になると，ろ過や遠心分離が困難になるので，通常コロイド液に電解質を加えて粒子の電荷を中和したり，加熱や攪拌(かくはん)を行って粒子の衝突を助け, 粒子を大きくして沈降させたりする．これを**凝結**(ぎょうけつ)(coagulation)という．また，電解質を吸着して凝結した沈殿を水洗すると，吸着していた電解質が失われてコロイド状に分散することがある．これを**解膠**(かいこう)(peptization)という．一方，沈殿を母液のなかに放置しておくと，溶解度がだんだん小さくなることがある．この現象を**沈殿の熟成**といい，いったん生じた沈殿が溶解しないような不可逆的な変化を**沈殿の老化**という．

イオン濃度の積が溶解度積以下で沈殿を生成しない条件下でも，他の沈殿が生じるとこれに誘われて沈殿することがある．この現象を**誘発沈殿**(induced precipitation)といい，主沈殿の生成と同時に共存物質も沈殿する場合を**共沈**(co-precipitation)，主沈殿を溶液中に放置しておくと時間とともに共存物質も沈殿してくる場合を**後沈**という．誘発沈殿は，吸着，混晶の形成，イオン交換などにより，組成の類似した特定の成分間で強く起こり，主沈殿を不純にする原因となる．

章末問題

1. 次の難溶性塩の溶解度積 K_{sp} を表す式を作成せよ．

a．$AgSCN$　b．HgI_2　c．$MgNH_4PO_4$

d．$Ca_{10}(PO_4)_6(OH)_2$

2. 溶解度が 1.3×10^{-5} mol/L である AgCl と，溶解度が 7.1×10^{-7} mol/L である $Ca_3(PO_4)_2$ の溶解度積 K_{sp} をそれぞれ求めよ．

3. $Al(OH)_3$($K_{sp} = 2.0 \times 10^{-32}$ mol^4/L^4) の水への溶解度はいくらか．また，この水溶液を pH 3, 4，または 5 にすると，いずれの pH のときに沈殿が生じるか．

4. 0.010 mol/L NaCl 溶液中の AgCl($K_{sp} = 1.78 \times 10^{-10}$ mol^2/L^2) の溶解度を求めよ．

5. Pb^{2+} と Zn^{2+} について，それぞれ 0.010 mol/L の溶液に H_2S を飽和させたとき，PbS($K_{sp} = 8.0 \times 10^{-28}$ mol^2/L^2) のみ沈殿させ，ZnS($K_{sp} = 1.2 \times 10^{-23}$ mol^2/L^2) を沈殿させないためには，水素イオン濃度はどの程度の範囲にしなければならないか．ただし，飽和水溶液中の H_2S 濃度は 0.10 mol/L, H_2S の解離定数は $K_{a1} = 9.1 \times 10^{-8}$，$K_{a2} = 1.2 \times 10^{-15}$ とする．また，溶液中に残るイオン濃度が 1.0×10^{-5} mol/L 以下になったとき，完全に沈殿したものと見なす．

6 酸化還元平衡

❖ 本章の目標 ❖

- 酸化還元反応と酸化還元平衡について学ぶ.

6.1 酸化還元反応

SBO 酸化還元平衡について説明できる.

酸化(oxidation)とは，原子，イオンあるいは分子が電子を放出する反応，**還元**(reduction)とは電子を受け取る反応と定義される．酸化と還元は必ず同時に起こる．すなわち，ある物質が電子を放出するためには，その電子を受け取る物質が存在することが必要である．このように，電子の授受を伴う反応を**酸化還元反応**(oxidation–reduction reaction, redox reaction)という．酸化還元反応において，相手の物質を酸化して自らは還元される物質は**酸化剤**(oxidizing agent)，相手の物質を還元して自らは酸化される物質は**還元剤**(reducing agent)である．

いま，酸化剤 Ox_1 と還元剤 Red_2 の次式の酸化還元反応を考える．

$$Ox_1 + Red_2 \rightleftharpoons Red_1 + Ox_2 \qquad (6.1)$$

1 mol の Ox_1 が 1 mol の Red_2 から n mol の電子(e^-)を受け取るとする．この反応は，式(6.2)と式(6.3)の反応が同時に右に進み，Red_2 が放出した電子を Ox_1 が受け取ることにより成立している．

$$Ox_1 + \boxed{ne^-} \rightleftharpoons Red_1 \qquad (6.2)$$

$$Red_2 \rightleftharpoons Ox_2 + \boxed{ne^-} \qquad (6.3)$$

式(6.2)と式(6.3)のように，電子を含む反応を**酸化還元半反応**(以後，**半**

反応と省略）という．また，式(6.2)の Ox_1 と Red_1，式(6.3)の Ox_2 と Red_2 のように，半反応において，電子のやりとりにより互いに入れ替わる一対の酸化剤と還元剤を，**共役酸化還元対**という．たとえば，鉄イオンの半反応〔式(6.4)〕では，Fe^{3+} は酸化剤，Fe^{2+} は還元剤であり，両イオンは共役酸化還元対の関係にある．

$$Fe^{3+} + e^- \rightleftharpoons Fe^{2+} \tag{6.4}$$

そして，半反応に含まれる化学種のうち，酸化剤であるもの〔式(6.4)では Fe^{3+}〕は電子を放出した状態であるから**酸化体**（**酸化型**，oxidized form）であり，還元剤であるもの〔式(6.4)では Fe^{2+}〕は電子を受け取った状態であるから**還元体**（**還元型**，reduced form）であるという．したがって，酸化還元反応を一般式で表すと，

$$\text{酸化体} + ne^- \rightleftharpoons \text{還元体} \tag{6.5}$$

となる．

6.2 酸化還元電位とネルンストの式

酸化還元反応は電子の移動を伴うため，反応の進行を電位の測定により追跡することができる．次のような簡単な酸化還元系を例に説明する．

（a）イオン/金属系

金属でできた電極板を同じ金属のイオンの溶液に浸すと，その溶液のイオン濃度に応じた電位が電極板に現れる．たとえば，Fe^{2+} を含む水溶液に鉄板を浸すと，鉄板と溶液の界面に電位差が生じる．

$$Fe^{2+} + 2e^- \rightleftharpoons Fe \tag{6.6}$$

この反応において，イオンである Fe^{2+} は酸化体，単体である Fe は還元体である．

（b）イオン/イオン系

式(6.4)の Fe^{3+} と Fe^{2+} のように共役酸化還元対の関係にある二つのイオンが共存する溶液に白金など不活性な金属でできた電極を浸すと，白金板と溶液の界面に電位差が生じ，その大きさは両イオンの濃度比に依存する．

以上の(a)，(b)のような系を**半電池**あるいは**単極**といい，Red | Ox と表す．(a)の系では，Fe | Fe^{2+}，(b)の系では，Fe^{2+} | Fe^{3+} である．その電位を**電極電位**（electrode potential），**単極電位**あるいは**酸化還元電位**（oxidation-reduction potential）という．半電池の電位は単独では求めることはできないが，図 6.1a のように**標準水素電極**（normal hydrogen electrode，NHE）を組

(a)

電位差計

V

Pt

Cu

H_2

塩橋

H_2+H^+

Cu^{2+}

Cuの電位

水素電極から見たCuの電位
（測定可能）

Pt（水素電極）の電位
（ここを0 Vとする）

溶液の電位（未知）

(b)

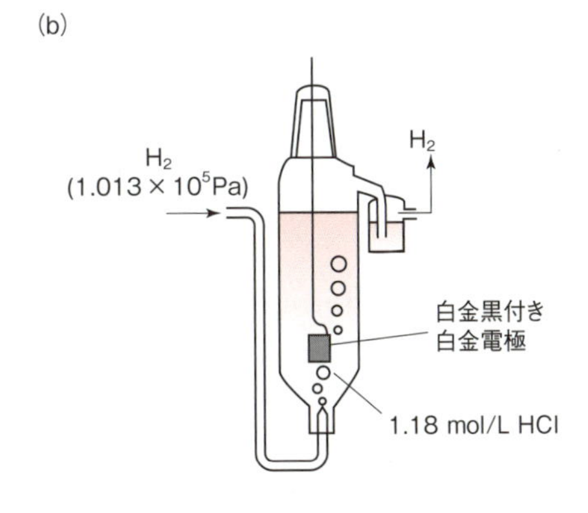

図 6.1 単極電位の測定の原理(a)と標準水素電極(b)

(a) 例として，銅電極($Cu|Cu^{2+}$)の単極電位の測定を示す．このような単極の電極電位を単独で測定することはできないが，標準水素電極と塩橋を用いて接続して電池を形成することにより測定が可能になる．すなわち，塩橋により溶液間の電位は等しくなるので，電位差計により，標準水素電極を 0.000 V としたときの銅電極の電位が求められる．(b) 標準水素電極は，表面に白金黒をつけた白金板を水素イオン H^+ の活量 $a(H^+)$ が 1 である塩酸に浸し，これに水素(H_2)を通気するものである．白金黒は H_2 を吸着しやすく，その表面で次のイオン/単体系の酸化還元平衡が成立している．$2H^+ + 2e^- \rightleftarrows H_2$

み合わせて**電池**を構成し，その**電位差**(**起電力**，electromotive force)*を測定することにより求められる．NHE の構造を，図 6.1b に示す．NHE の半電池式は $H_2(1.013 \times 10^5 \text{Pa}) \mid H^+(a = 1)$ であり，その電極電位をすべての温度で 0.000 V と定めている．ただし取扱いが容易ではないので，日常の測定には，**銀-塩化銀電極**($Ag|AgCl|Cl^-$)を**参照電極**(**比較電極**，reference electrode)として電位を計測することが多い．

* 二つの電極間の電位差．

式(6.4)および式(6.6)では**酸化還元平衡**が成立しているが，このような系の酸化還元電位（ボルト，V）は，次の**ネルンストの式**(Nernst equation)で表される．すなわち，イオン/金属系では，

$$E = E^\circ + \frac{RT}{nF}\ln[\text{Ox}(\text{金属イオン})] \tag{6.7}$$

E は酸化還元電位，E° は**標準酸化還元電位**(standard oxidation-reduction potential)または**標準電極電位**(standard electrode potential)，R は気体定数($8.3145\ \text{J K}^{-1}\text{mol}^{-1}$)，$T$ は絶対温度(K)，n は 1 原子（または原子団）当たりの反応に関与する電子の数，F はファラデー定数($9.6485 \times 10^4\ \text{C mol}^{-1}$)，[Ox]は酸化体である金属イオンの濃度(mol/L)，ln は自然対数を表す．こ

W. H. Nernst(1864 ～ 1941)，ドイツの化学者．〝ネルンスト－エッティングスハウゼン効果〟を発見し，金属電子論の端緒を開いた．〝熱力学第三法則（ネルンストの定理）〟や〝ネルンスト－リンデマンの比熱式〟の発見など，物理化学者として多くの業績を残した．1920 年，ノーベル化学賞を受賞．

れらの式において，$T = 298.15\,\mathrm{K}$(25°C)，$\ln a = 2.303 \log a$ として上記の定数を代入すると，次の式が得られる．ただし，log は常用対数を意味する．

$$E = E^\circ + \frac{0.0592}{n}\log[\mathrm{Ox}(\text{金属イオン})] \tag{6.8}$$

酸化還元電位 E は溶液中の金属イオンの濃度に依存し，1 mol/L のとき $E = E^\circ$ となる．

イオン/イオン系では，酸化還元電位 E は式(6.9)で表される．[Ox]は酸化体の濃度(mol/L)，[Red]は還元体の濃度(mol/L)で，$T = 298.15\,\mathrm{K}$(25°C)の条件下では，式(6.10)に変換することができる．

$$E = E^\circ + \frac{RT}{nF}\ln\frac{[\mathrm{Ox}]}{[\mathrm{Red}]} \tag{6.9}$$

$$E = E^\circ + \frac{0.0592}{n}\log\frac{[\mathrm{Ox}]}{[\mathrm{Red}]} \tag{6.10}$$

イオン/イオン系では，[Ox]と[Red]の比に依存して E が変化する．両者がともに 1 mol/L のとき(あるいは，[Ox] = [Red]のとき)$E = E^\circ$ となる．

標準酸化還元電位 E° は，個々の酸化還元系に固有の値で，酸化あるいは還元されやすさの程度を定量的に表すものである．E° が大きいほど酸化体の酸化力が強く，小さいほど還元体の還元力が強い．

ところで，MnO_4^-/Mn^{2+} 系や $Cr_2O_7^{2-}/Cr^{3+}$ 系のように，水素イオン H^+ が関与する酸化還元反応も多い．たとえば，過マンガン酸カリウム($KMnO_4$)は硫酸酸性の水溶液中で強い酸化剤としてはたらく．

$$\mathrm{KMnO_4} \longrightarrow \mathrm{K^+} + \mathrm{MnO_4^-} \tag{6.11}$$

$$\mathrm{MnO_4^-} + 5\mathrm{e^-} + 8\mathrm{H^+} \rightleftharpoons \mathrm{Mn^{2+}} + 4\mathrm{H_2O} \tag{6.12}$$

このような反応は一般に式(6.13)で表されるが，その酸化還元電位 E は式(6.14)から求められる．

$$a\mathrm{Ox} + n\mathrm{e^-} + m\mathrm{H^+} \rightleftharpoons b\mathrm{Red} + \frac{m}{2}\mathrm{H_2O} \tag{6.13}$$

$$E = E^\circ + \frac{0.0592}{n}\log\frac{[\mathrm{Ox}]^a[\mathrm{H^+}]^m}{[\mathrm{Red}]^b} \tag{6.14}$$

式(6.14)を次のように変形すると，E と pH を関係づける式(6.15)が得られる．

$$E = E^\circ - \frac{0.0592}{n}\log\frac{[\mathrm{Red}]^b}{[\mathrm{Ox}]^a[\mathrm{H}^+]^m}$$

$$= E^\circ - \frac{0.0592}{n}\log\frac{1}{[\mathrm{H}^+]^m} - \frac{0.0592}{n}\log\frac{[\mathrm{Red}]^b}{[\mathrm{Ox}]^a}$$

$$= E^\circ - \frac{0.0592m}{n}\,\mathrm{pH} - \frac{0.0592}{n}\log\frac{[\mathrm{Red}]^b}{[\mathrm{Ox}]^a} \tag{6.15}$$

すなわち，水素イオンの関与する酸化還元反応では，pH が小さいほど酸化還元電位 E が高く，酸化体の酸化力が強い．

6.3 酸化還元反応と平衡定数

酸化還元反応の方向と平衡定数は，関与する半反応の標準酸化還元電位と関係づけて扱うことができる．例として鉄イオンとセリウムイオンの酸化還元反応を取りあげる．それぞれの酸化還元系の半反応と酸化還元電位 E を表す式は次のようになる．

$$\mathrm{Fe^{3+} + e^- \rightleftharpoons Fe^{2+}} \tag{6.16}$$

$$\mathrm{Ce^{4+} + e^- \rightleftharpoons Ce^{3+}} \tag{6.17}$$

$$E_{\mathrm{Fe}} = E^\circ_{\mathrm{Fe}} + 0.0592\log\frac{[\mathrm{Fe^{3+}}]}{[\mathrm{Fe^{2+}}]} \tag{6.18}$$

$$E_{\mathrm{Ce}} = E^\circ_{\mathrm{Ce}} + 0.0592\log\frac{[\mathrm{Ce^{4+}}]}{[\mathrm{Ce^{3+}}]} \tag{6.19}$$

Fe^{3+}/Fe^{2+}系と Ce^{4+}/Ce^{3+}系の標準酸化還元電位を比較すると，

$$E^\circ_{\mathrm{Fe}} = 0.77\ \mathrm{V} < E^\circ_{\mathrm{Ce}} = 1.61\ \mathrm{V}$$

であるが，より E° の数値の大きい Ce^{4+}/Ce^{3+}系の酸化体，すなわち Ce^{4+}が酸化剤として作用する方向に反応は進む．したがって，Fe^{2+}と Ce^{4+}を混合すると次の平衡は大きく右に偏り，反応は左辺から右辺に進む．

$$\mathrm{Fe^{2+} + Ce^{4+} \rightleftharpoons Fe^{3+} + Ce^{3+}} \tag{6.20}$$

式(6.20)の酸化還元反応の平衡定数 K は，次のように定義される．

$$K = \frac{[\mathrm{Fe^{3+}}][\mathrm{Ce^{3+}}]}{[\mathrm{Fe^{2+}}][\mathrm{Ce^{4+}}]} \tag{6.21}$$

反応が平衡状態に達すると，反応液の酸化還元電位は一定になるので，

$$E_{\mathrm{Fe}} = E_{\mathrm{Ce}}$$

よって，次式が成立する．

$$E^\circ_{\mathrm{Fe}} + 0.0592\log\frac{[\mathrm{Fe}^{3+}]}{[\mathrm{Fe}^{2+}]} = E^\circ_{\mathrm{Ce}} + 0.0592\log\frac{[\mathrm{Ce}^{4+}]}{[\mathrm{Ce}^{3+}]} \quad (6.22)$$

これを変形すると次式が得られる．

$$\log\frac{[\mathrm{Fe}^{3+}][\mathrm{Ce}^{3+}]}{[\mathrm{Fe}^{2+}][\mathrm{Ce}^{4+}]} = \log K = \frac{E^\circ_{\mathrm{Ce}} - E^\circ_{\mathrm{Fe}}}{0.0592} \quad (6.23)$$

$E^\circ_{\mathrm{Fe}} = 0.77$，$E^\circ_{\mathrm{Ce}} = 1.61$ を代入すると，$\log K = 14.19$，$K = 1.5 \times 10^{14}$ と算出される．

次の一般式で表される二つの半反応の組合せからなる酸化還元反応について K 値を求めてみよう．

$$\mathrm{Ox}_1 + m\mathrm{e}^- \rightleftharpoons \mathrm{Red}_1 \quad (E_1^\circ) \quad (6.24)$$

$$\mathrm{Ox}_2 + n\mathrm{e}^- \rightleftharpoons \mathrm{Red}_2 \quad (E_2^\circ) \quad (6.25)$$

$E_1^\circ > E_2^\circ$ のとき，次の平衡は右に偏り，反応は左辺から右辺へ進む．

$$n\mathrm{Ox}_1 + m\mathrm{Red}_2 \rightleftharpoons n\mathrm{Red}_1 + m\mathrm{Ox}_2 \quad (6.26)$$

この酸化還元反応の平衡定数 K は次式で表される．

$$K = \frac{[\mathrm{Red}_1]^n[\mathrm{Ox}_2]^m}{[\mathrm{Ox}_1]^n[\mathrm{Red}_2]^m} \quad (6.27)$$

$$\log K = \frac{(E_1^\circ - E_2^\circ)mn}{0.0592} \quad (6.28)$$

すなわち，$(E_1^\circ - E_2^\circ)$ の値が大きいほど平衡定数 K は大きく，酸化還元平衡は生成系に偏り，より定量的に右辺へ進む．

章末問題

1． 次の標準酸化還元電位 $E°$ の値を参考にして，反応 a ～ d の方向を予測せよ．

$H_2O_2 + 2e^- + 2H^+ \rightleftharpoons 2H_2O \quad E° = 1.77\,V$

$Br_2 + 2e^- \rightleftharpoons 2Br^- \quad E° = 1.07\,V$

$Fe^{3+} + e^- \rightleftharpoons Fe^{2+} \quad E° = 0.77\,V$

$I_2(aq) + 2e^- \rightleftharpoons 2I^- \quad E° = 0.62\,V$

a．$2Fe^{3+} + 2I^- \rightleftharpoons 2Fe^{2+} + I_2$

b．$2Br^- + 2Fe^{3+} \rightleftharpoons Br_2 + 2Fe^{2+}$

c．$2Br^- + I_2 \rightleftharpoons Br_2 + 2I^-$

d．$H_2O_2 + 2NaI + H_2SO_4 \rightleftharpoons I_2 + 2H_2O + Na_2SO_4$

2． 次の水溶液の 25 ℃における酸化還元電位 E(V) を計算せよ．

$Ce^{4+} + e^- \rightleftharpoons Ce^{3+}$

$MnO_4^- + 5e^- + 8H^+ \rightleftharpoons Mn^{2+} + 4H_2O$

ただし，標準酸化還元電位 $E°_{Ce} = 1.61\,V$，$E°_{MnO_4} = 1.51\,V$ とする．

a．1.0×10^{-3} mol/L Ce^{4+} と 1.0×10^{-2} mol/L Ce^{3+} を含む水溶液

b．1.0×10^{-2} mol/L Ce^{4+} と 1.0×10^{-3} mol/L Ce^{3+} を含む水溶液

c．2.0×10^{-2} mol/L MnO_4^- と 1.0×10^{-2} mol/L Mn^{2+} を含む pH 1.00 の水溶液

d．2.0×10^{-2} mol/L MnO_4^- と 1.0×10^{-2} mol/L Mn^{2+} を含む pH 5.00 の水溶液

3． 0.10 mol/L Fe^{2+} 水溶液 25.00 mL を，0.10 mol/L Ce^{4+} 水溶液で滴定した．次の滴定点における被滴定液の酸化還元電位 E(V) を求めよ．ただし，標準酸化還元電位 $E°_{Ce} = 1.61\,V$，$E°_{Fe} = 0.77\,V$ とする．

a．0.10 mol/L Ce^{4+} 水溶液 5.00 mL を滴加した点

b．0.10 mol/L Ce^{4+} 水溶液 12.50 mL を滴加した点

c．0.10 mol/L Ce^{4+} 水溶液 25.00 mL を滴加した点

d．0.10 mol/L Ce^{4+} 水溶液 30.00 mL を滴加した点

7 分配平衡

❖ 本章の目標 ❖

- 中性物質，酸性物質，および塩基性物質の分配平衡を学ぶ．
- 分配平衡における分配係数および分配比を学ぶ．
- 分配比が深く関係する抽出率を学ぶ．

SBO 分配平衡について説明できる．

アミノ基をもつ赤色色素，ジエチルエーテル(20 mL)，および 1 mol/L 塩酸(20mL)あるいは 1 mol/L 水酸化ナトリウム水溶液(20 mL)を分液ロートに加えて，振とうしたのち静置した．図 7.1 は静置後の二つの分液ロートの写真である．ジエチルエーテルの密度は水の密度(1.0 g/mL)より小さいため，エーテル相は上層にくる．これを踏まえて考えると，塩酸が水相の場合には，赤色色素が水相に存在している(図 7.1a)が，水酸化ナトリウム水溶液が水相の場合には，赤色色素はエーテル相に存在していること(図 7.1b)がわかる．水相の液性を変えると，一体何が起こったのだろう．本章ではこ

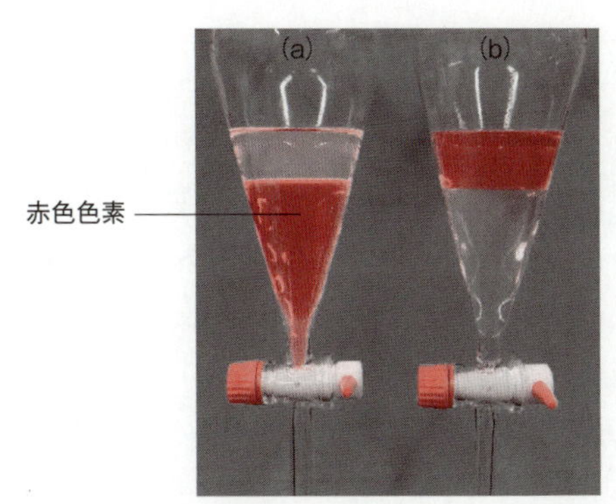

図 7.1 アミノ基をもつ赤色色素，ジエチルエーテル(20 mL)，および 1 mol/L 塩酸(20 mL)(a)または 1 mol/L 水酸化ナトリウム水溶液(20 mL)(b)を分液ロートに加え，震とう・静置した後の様子

の現象を平衡反応の観点から学ぶ.

7.1 分配平衡と分配比/分配係数

薬が体内で薬効を示すためには，細胞膜を透過して細胞内に移行する必要がある．透過すべき細胞膜は脂質で構成されている．したがって，体液(水相)から細胞膜(油相)への薬物の移行の度合いがその体内動態にも影響する．薬物の水相から油相への移行は平衡反応であり，その平衡を**分配平衡**(distribution equilibrium)という．水と水にほとんど溶けないジエチルエーテル，酢酸エチル，1-オクタノール，ジクロロメタン，クロロホルムなどの有機溶媒に物質Xを加えて振り混ぜて静置すると，水相と有機相が分離する．このとき，(水相から有機相へのXの移行速度) = (有機相から水相へのXの移行速度)が成立し，水相と有機相に存在するXの濃度比は，そのXに固有な一定値となる．これが分配平衡である．ただし，その平衡反応のとらえ方は，中性物質，酸性物質，および塩基性物質により異なる．ここではそれぞれの物性に基づいて物質の分配平衡について説明する．

なお，ジエチルエーテル，酢酸エチル，1-オクタノールなどの密度は，水の密度より小さいため，それらと水を用いて分配平衡を観察すると，有機相が上層になる．一方，ジクロロメタン，クロロホルムなどのハロゲン系溶媒の密度は水の密度より大きいため，水との二相系では有機相が下層になる．

7.1.1 中性物質の分配平衡

中性物質Sの分配平衡はいたって簡単にとらえることができる．図7.2aに示すように，Sの分配平衡が成立したとき，式(7.1)のように水相の濃度$[S]_w$に対する有機相の濃度$[S]_o$の比，つまり**分配係数** K_d(distribution coefficient, partition coeficient)を用いて表すことができる．

$$K_d = \frac{[S]_O}{[S]_W} \tag{7.1}$$

K_dは，温度や圧力などの条件が同一ならば，物質に固有の一定値を示す．これを**分配則**(partition law)または**ネルンストの分配律**(Nernst's partition law)という．医薬品の分配係数は，一般に有機溶媒として1-オクタノール(OC)を用いて測定され，K_dではなく，式(7.2)のようにPを用いて表される．ただし，$[S]_{OC}$は分配平衡におけるSのOC中のモル濃度である．

$$P = \frac{[S]_{OC}}{[S]_W} \tag{7.2}$$

P は，その対数($\log P$)の値でしばしば記される．P または $\log P$ の値は，重要な物性の一つとして医薬品のインタビューフォームに記載されることが多い．一般に，$P \geqq 10$ つまり $\log P \geqq 1$ の医薬品は，脂溶性つまり疎水性が高く，肝代謝型薬物に分類される．これは，「肝臓の機能の一つ = 疎水性物質の水溶性物質への代謝」を踏まえれば，合理的に理解できる．一方，$P < 10$ つまり $\log P < 1$ の医薬品は親水性が高く，腎代謝型薬物に分類される．このように $\log P$ の値は薬物の代謝を考えるうえで非常に重要な因子である．

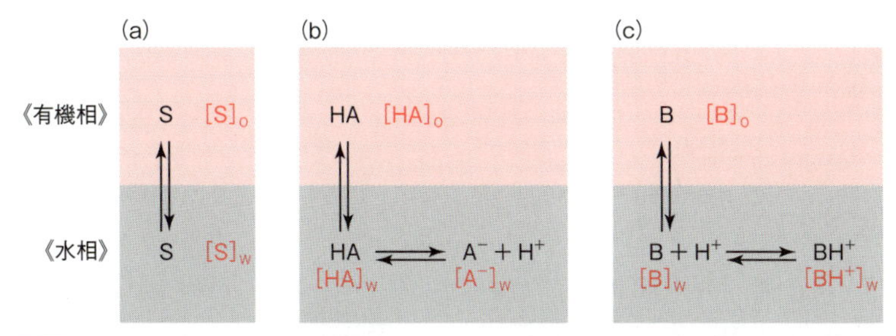

図 7.2 **中性物質 S(a)，酸性物質 HA(b)，および塩基性物質 B(c)の分配平衡**
$[S]_O$，$[HA]_O$，および $[B]_O$ は有機相に，$[S]_W$，$[HA]_W$ および $[B]_W$ は水相に存在するそれぞれの物質の濃度を表し，$[A^-]_W$ と $[BH^+]_W$ は水相中の HA および B のイオン形の濃度を表している．

7.1.2 酸性物質の分配平衡

酸性物質 HA は水中において $HA + H_2O \rightleftharpoons H_3O^+ + A^-$ の酸解離平衡にある．この平衡を構成する化学種のなかで分子形 HA だけが有機相に移行でき，イオン形 A^- は水相にとどまる．図 7.2b に示すように，分配平衡が成立するとき，有機相の HA の濃度を $[HA]_O$，水相の HA および A^- の濃度をそれぞれ $[HA]_W$ および $[A^-]_W$ とすると，HA の分配平衡は中性物質の分配平衡を表すために用いた K_d だけでなく，**分配比 D**(distribution ratio)を用いて次式のように表される．

$$K_d = \frac{[HA]_O}{[HA]_W} \tag{7.3}$$

$$D = \frac{[HA]_O}{[HA]_W + [A^-]_W} \tag{7.4}$$

K_d は酸性物質 HA の水相と有機相の両相に分配する HA の濃度比で表されるのに対して，D は水相中に存在する HA および A^- のモル濃度の総和に対する有機相に存在する HA のモル濃度の比で表される．

D は，K_d，HA の酸解離定数 K_a，および水相の pH を用いて表すことができる．$K_a = [A^-]_W[H^+]/[HA]_W$ の関係式から誘導できる $[A^-]_W =$

$K_a[\mathrm{HA}]_W/[\mathrm{H}^+]$を式(7.4)に代入すると

$$D = \frac{[\mathrm{HA}]_O}{[\mathrm{HA}]_W + \dfrac{K_a[\mathrm{HA}]_W}{[\mathrm{H}^+]}} \tag{7.5}$$

右辺の分母分子を$[\mathrm{HA}]_W$で割ると

$$D = \frac{\dfrac{[\mathrm{HA}]_O}{[\mathrm{HA}]_W}}{1 + \dfrac{K_a}{[\mathrm{H}^+]}} \tag{7.6}$$

式(7.6)および式(7.3)より

$$D = \frac{K_d}{1 + \dfrac{K_a}{[\mathrm{H}^+]}} \tag{7.7}$$

$\mathrm{pH} = -\log[\mathrm{H}^+]$および$\mathrm{p}K_a = -\log K_a$からそれぞれ導ける$[\mathrm{H}^+] = 1/10^{\mathrm{pH}}$および$K_a = 1/10^{K_a}$を，式(7.7)に代入して整理すると

$$D = \frac{K_d}{1 + \dfrac{10^{\mathrm{pH}}}{10^{K_a}}} = \frac{K_d}{1 + 10^{\mathrm{pH} - \mathrm{p}K_a}} \tag{7.8}$$

式(7.8)は，Dが水相のpHの影響を受けることを示している．たとえば，$\mathrm{p}K_a = \mathrm{pH}$ならば，右辺の分母は2となり，$D$は$K_d$のちょうど1/2の値になる．これは，$\mathrm{p}K_a = \mathrm{pH}$のとき，化学種HAと$\mathrm{A}^-$が水相に1：1の濃度比で存在することに起因する．一方，水相のpHが$\mathrm{p}K_a$より小さくなっていくと，Dの値は大きくなっていく．また，pHが$\mathrm{p}K_a$より大きくなっていくと，Dの値は小さくなっていく．そして，$\mathrm{pH} \ll \mathrm{p}K_a$のとき$D = K_d$となる．

7.1.3 塩基性物質の分配平衡

塩基性物質Bの分配平衡も，酸性物質の場合と同様に取り扱える．水中では$\mathrm{B} + \mathrm{H_2O} \rightleftharpoons \mathrm{BH}^+ + \mathrm{OH}^-$の塩基解離平衡が成立する．いま，図7.2cに示すように，分配平衡が成立するとき，有機相のBの濃度を$[\mathrm{B}]_O$，水相のBおよびBH^+の濃度をそれぞれ$[\mathrm{B}]_W$および$[\mathrm{BH}^+]_W$とすると，Bの分配平衡におけるK_dおよびDは

$$K_D = \frac{[\mathrm{B}]_O}{[\mathrm{B}]_W} \tag{7.9}$$

$$D = \frac{[\mathrm{B}]_O}{[\mathrm{B}]_W + [\mathrm{BH}^+]_W} \tag{7.10}$$

Dは，K_d，Bの共役酸BH^+の$\mathrm{p}K_a$，および水相のpHを用いて表すことが

できる．Bの塩基解離定数 $K_b = [BH^+]_W[OH^-]/[B]_W$ の関係式から誘導できる $[BH^+]_W = K_b[B]_W/[OH^-]$ を式(7.10)に代入すると

$$D = \frac{[B]_O}{[B]_W + \dfrac{K_b[B]_W}{[OH^-]}} \tag{7.11}$$

右辺の分母分子を $[B]_W$ で割ると

$$D = \frac{\dfrac{[B]_O}{[B]_W}}{1 + \dfrac{K_b}{[OH^-]}} \tag{7.12}$$

式(7.12)に，Bの K_b とその共役酸 BH^+ の K_a の関係を表す $K_a \cdot K_b = [H^+][OH^-]$ から誘導できる $K_b = [H^+][OH^-]/K_a$ を代入して整理すると

$$D = \frac{K_D}{1 + \dfrac{[H^+]}{K_a}} \tag{7.13}$$

式(7.13)に $[H^+] = 1/10^{pH}$ および $K_a = 1/10^{K_a}$ を代入して整理すると

$$D = \frac{K_D}{1 + \dfrac{10^{pK_a}}{10^{pH}}} = \frac{K_D}{1 + 10^{pK_a - pH}} \tag{7.14}$$

式(7.14)は，塩基性物質Bの D も水相のpHの影響を受けることを示している．酸性物質HAの場合と同様に，$pK_a(= 14 - pK_b) = pH$ ならば，右辺の分母は2となり，D は K_d のちょうど1/2の値になる．これは，$pK_a = pH$ のとき，化学種Bと BH^+ が水相に1：1の濃度比で存在するからである．一方，水相のpHが pK_a より大きくなっていくと，D の値も大きくなっていく．また，pHが pK_a より小さくなっていくと，D の値も小さくなっていく．そして，$pH >> pK_a$ のとき $D = K_d$ となる．図7.1は式(7.14)を「可視化」している．塩基性物質の赤色色素は，強塩基性つまり $pH >> pK_a$ の条件下では有機相に，強酸性つまり $pH << pK_a$ の条件下では水相にほぼ存在する．

7.2 抽出率

合成反応を行えば，一般的な後処理として，水と有機溶媒を加えて生成物を抽出する．でも，1回の操作で有機溶媒を何mL使えばいいのか，何回抽出操作を行えばいいのか悩むこともある．この悩みを解決してくれるのが分配比と関係が深い**抽出率 *E*(%)**(extractability)である．物質Xが有機相と水相に分配したとき，

$$E(\%) = \frac{c_O V_O}{c_O V_O + c_W V_W} \times 100 \tag{7.15}$$

ここで，c_O および c_W は，それぞれ有機相および水相における X のモル濃度，V_O および V_W はそれぞれ有機相および水相の体積である．この式の右辺の分母分子を V_O および c_W で割ると

$$E(\%) = \frac{\frac{c_O}{c_W}}{\frac{c_O}{c_W} + \frac{V_W}{V_O}} \times 100 \tag{7.16}$$

ここで，c_O は有機相に存在する X の分子形の濃度で，c_W は水相に存在する X 由来のすべての化学種の濃度の総和であるから，$D = c_O/c_W$ であり，式(7.16)に代入すると

$$E(\%) = \frac{D}{D + \frac{V_W}{V_O}} \times 100 \tag{7.17}$$

式(7.17)から，E は抽出を行った X の物質量に関係なく，D と有機相と水相の体積比に依存して決まることがわかる．

ジエチルエーテル/水系において $D = 2.0$ である X について，有機相と水相の体積比の影響を，式(7.17)を用いて確認してみよう．水 100 mL とジエチルエーテル 20 mL を用いて，X の抽出操作を行う．$D = 2.0$ および $V_W/V_O = 5.0$ を式(7.17)に代入すると，$E = \{2.0/(2.0 + 5.0)\} \times 100 = 29\%$ となる．次に，水 100 mL とジエチルエーテル 100 mL を用いて，同様に抽出操作を行う．この場合，$E = \{2.0/(2.0 + 1.0)\} \times 100 = 67\%$ となる．有機相の体積を増やせば，抽出率が上がる．

次に，水と有機溶媒に X を加えて，有機相に抽出する場合の抽出回数の影響を考える．M g の X を用いたとし，その抽出率を $E(\%)$ とする．1 回目の抽出後には，有機相と水相に存在する X の質量(g)は次のようになる．

$$\text{有機相}：\mathrm{M} \times \frac{E}{100}$$

$$\text{水相}：\mathrm{M} - \mathrm{M} \times \frac{E}{100} = \mathrm{M}\left(1 - \frac{E}{100}\right)$$

2 回目の抽出では，1 回目の抽出で水相に残った X を抽出することになるから，2 回目の抽出後には，有機相と水相に存在する X の質量は次のようになる．

$$有機相：M\left(1-\frac{E}{100}\right)\times\frac{E}{100}$$

$$水相：M\left(1-\frac{E}{100}\right)-\left[M\left(1-\frac{E}{100}\right)\times\frac{E}{100}\right]=M\left(1-\frac{E}{100}\right)^2$$

同様に考えると，3 回目の抽出後には，有機相と水相に存在する X の質量は次のようになる．

$$有機相：M\left(1-\frac{E}{100}\right)^2\times\frac{E}{100}$$

$$水相：M\left(1-\frac{E}{100}\right)^2-\left[M\left(1-\frac{E}{100}\right)^2\times\frac{E}{100}\right]=M\left(1-\frac{E}{100}\right)^3$$

3 回目までの抽出後の有機相と水相に存在する X の質量を表す式から，すでに気がついていると思うが，n 回目の抽出後には，有機相と水相に存在する

COLUMN インタビューフォームは面白い！

インタビューフォーム(IF)を知っているだろうか．簡単にいうと，医療用医薬品の添付文書には記載されていない情報等を集約した総合的医薬品解説書だ．日本病院薬剤師会が記載要領をつくって，製薬企業に作成を依頼している学術資料である．この説明を読んだら，「難しいことばかりが書いてあるんじゃない」と思うだろう．実際，製薬企業のホームページからダウンロードできる IF は数十ページにもおよび，薬学部生には読む気がまったく起こらない代物だろう．

でも，見ているだけでおもしろいことを感じさせてくれる項目がある．薬学部生におすすめの項目と見るべきポイントは次のとおりである．

① 名称に関する項目：名称の由来，一般名，構造式など

② 有効成分に関する項目：酸・塩基解離定数，分配係数など

③ 薬物動態に関する項目：血漿タンパク結合率，代謝に関する酵素など

以下は，ボルタレン(一般名：ジクロフェナクナトリウム)の IF に記載の上記項目①～③を眺めた薬学部 5 年生 KD くんのつぶやきである．

「ベンゼン環が二つもあるから，かなり疎水性だろうな．思ったとおり，分配係数 P は 13.4 と 10 より大きい．つまり log P は 1 より大きい．$pK_a = 4.0$ だから体内に入ったらイオン形として振る舞うけど，疎水性かつ酸性の肝代謝型薬物だな．それを裏付けるようにアルブミンとの結合率が 99％以上と高い．代謝酵素も CYP2C9 が記載されている．見て感じたとおりだ．」

KD くんのように，本書を活用している薬学部生の諸君には，化学平衡の理論を学ぶだけでなく，平衡定数や平衡にかかわる物性を見たら何かを感じるようになってほしい．

ボルタレン
$C_{14}H_{10}Cl_2NNaO_2$：318.13

X の質量は次のようになる．

$$\text{有機相}：\mathrm{M}\left(1-\frac{E}{100}\right)^{n-1}\times\frac{E}{100}$$

$$\text{水相}：\mathrm{M}\left(1-\frac{E}{100}\right)^{n} \qquad (7.18)$$

式(7.18)から明らかなように，抽出回数つまり n を増やせば，水相に残る物質の量は 0 g に近づき，効果的に物質を有機溶媒により抽出できることがわかる．

式(7.18)を用いて，有機溶媒の量と抽出回数の影響を検討してみる．2.0 g の X の抽出を行う．$D = 4.0$ で水の体積を 150 mL とする．有機溶媒 150 mL を用いて 1 回抽出した場合，式(7.17)より $E = 80\%$ だから，水相に残る X の質量は，$2.0 \times (1 - 0.80)^1 = 0.40$ g となる．一方，有機溶媒 50 mL を用いて 3 回抽出した場合，$E = 57\%$ だから，3 回の抽出操作後に水相に残る X の質量は，$2.0 \times (1 - 0.57)^3 = 0.16$ g となる．用いる有機溶媒の総体積が同じならば，有機溶媒を分割して用い，抽出回数を増やすほうが抽出を効果的に行える．

章末問題

1． 次の薬物を効果的に有機溶媒を用いて抽出したい．1 mol/L 塩酸，水，1 mo/L 水酸化ナトリウム水溶液のなかから，水相として用いるべき溶媒を選べ．

a. (構造式: H_3C, O, N, H, N, O, N, CH_3)

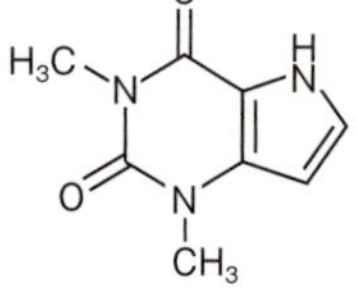

b. (構造式: CO_2Na, H_3C, CH_3)

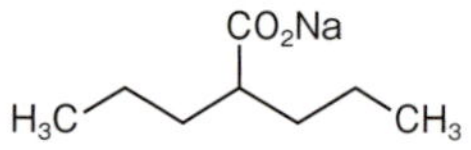

c. (構造式: N, S, Cl, ・HCl)

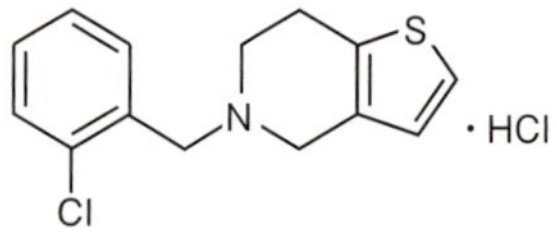

2． 中性物質 X(分子量 200)について，その分配比を求めるため，X 100 mg，水 50 mL および 1-オクタノール 25 mL を用いて実験した．その結果，X は水相および有機相に，それぞれ 20 mg および 80 mg 存在した．分配比を求めよ．

3． 1-オクタノール/水系における分配係数 $\log P = 1.3$ の酸性物質 X($\mathrm{p}K_\mathrm{a} = 4.6$)について，1-オクタノール/緩衝液(pH 7.3)系における分配比を求めよ．ただし，$\log 2 = 0.30$ および $\log 5 = 0.70$ とする．

4． 1-オクタノール/水系における分配係数 $\log P = 2.6$ の塩基性物質 X($\mathrm{p}K_\mathrm{a} = 8.45$)について，1-オクタノール/緩衝液(pH 7.45)系における分配比を求めよ．ただし，$\log 2 = 0.30$ とする．

5. クロロホルム/水系における分配比 D = 2.0 の物質 X 0.1 mol を水 100 mL およびクロロホルム 50 mL に加え，1 回抽出した．以下の問いに答えよ．

a. X の水相と有機相における物質量(mol)を求めよ．

b. X の水相と有機相における濃度(mol/L)を求めよ．

c. この抽出操作の抽出率(%)を求めよ．

d. この抽出操作を 3 回繰り返したとき X の水相における残存率(%)を求めよ．

8 定性分析

❖ 本章の目標 ❖

- 代表的な無機イオンの定性反応について学ぶ.
- 代表的な医薬品の確認試験に用いられる定性反応について学ぶ.
- 代表的な医薬品の純度試験について学ぶ.

無機イオンの分析は, 医薬品の確認試験, 純度試験, および他の試験法などに利用されてきたが, その分析法は大きく二つに分けられる. 医薬品中の無機イオンの分析は, 医薬品をそのまま試料溶液とするか, 灰化して溶液としたあと検出する方法(湿式法)により確認する場合が多い. しかし, 予試験としての**炎色反応**(flame reaction)や**溶球試験**(bead test)などの乾式法も使用される. たとえば, 炎色反応は医薬品の確認試験および純度試験に利用され, 溶球試験はケイ酸を含む医薬品(たとえば, ケイ酸アルミニウム, ケイ酸マグネシウム, 無水ケイ酸)などの確認試験に利用される. 一方, **陽イオン**(cation)および**陰イオン**(anion)を系統分離し, 各イオンについて確認する系統分析法と特異的な反応などを組み合わせる分析法も行われ, 各イオンの確認には**特異試薬**(specific reagent), あるいは**選択的試薬**(selective reagent)が利用される.

灰 化
試料を高温で加熱して有機物を燃焼処理して無機化合物にすること. 金属などの無機物測定の前処理法として用いられる.

溶球試験
金属類の乾式定性分析法であり, 溶球としてホウ砂球, リン塩球が用いられる.

8.1 陽イオン・陰イオンの分類

陽イオンを分類する系統分析法に用いられる方法は, 試薬により各イオンを順次に沈殿して単離し, 六つの族に分類していく分析法である(表 8.1). 一方, 陰イオンについては各イオンそれぞれの個別反応を用いている(表 8.2).

SBO 代表的な無機イオンの定性反応を説明できる.

表 8.1 陽イオンの分離

族	1	2		3	4	5	6
試薬	HCl	H_2S[a]		NH_3	$(NH_4)_2S$	$(NH_4)_2CO_3$	なし
		I	II				
陽イオン	Ag^+ Hg_2^{2+} (Pb^{2+})	Hg^{2+} Pb^{2+} Bi^{3+} Cu^{2+} Cd^{2+}	$As^{3,5+}$ $Sb^{3,5+}$ $Sn^{2,4+}$	Fe^{3+} Cr^{3+} Al^{3+} Mn^{2+}	Ni^{2+} Co^{2+} Zn^{2+} Mn^{2+}	Ba^{2+} Sr^{2+} Ca^{2+}	Mg^{2+} K^+ Na^+ NH_4^+

a) H_2S の代わりに Na_2S と酢酸または NH_4HS と HCl の組合せも利用できる.

表 8.2 陰イオンの分離

族	1	2	3		4	5	6
			I	II			
陰イオン	CO_3^{2-} NO_2^- NO_3^-	CN^- S^{2-} SiO_3^{2-}	SO_4^{2-} SO_3^{2-} $C_2O_4^{2-}$ IO_3^- CrO_4^{2-}	AsO_4^{3-} AsO_3^{3-} PO_4^{3-}	$[Fe(CN)_6]^{4-}$ $[Fe(CN)_6]^{3-}$	$S_2O_3^{2-}$ I^- Br^- SCN^- Cl^-	OCl^- OBr^- F^- ClO_3^- BrO_3^- BO_2^-
	共通の沈殿試薬はない.	CH_3COOHでガス発生,または沈殿生成する.	NaOHアルカリ性で酢酸バリウムで沈殿する. I:酢酸に可溶 II:酢酸に不溶		$Cd(NO_3)_2$で沈殿	CH_3COOAgで沈殿	

8.2 陽イオン・陰イオンの定性反応

8.2.1 炎色反応試験法

炎色反応試験法には,金属塩の炎色反応である**ブンゼン(Bunzen)反応**(表8.3)と,ハロゲン(Cl, Br, I)化合物の炎色反応である**バイルシュタイン(Beilstein)反応**がある.後者は,緑色～青色に発光する.

表 8.3 金属塩の炎色反応

原子(元素)	炎色		輝線の波長/nm
	肉眼観察	コバルトガラス観察	
Na	黄	吸収される	589
K	紫	紅紫	767
Li	深紅	紅	671
Ca	橙赤	淡緑	557, 625
Sr	赤	紅紫	608, 675
Ba	黄緑	黄緑	556, 610, 630
Cu	青緑	淡青	530～550(バンドスペクトル)
B	緑	淡緑	515, 550

8.2.2 金属塩類の定性反応

表 8.4 金属塩類の定性反応

区分	イオン	沈殿，色	錯イオン・備考
水酸化ナトリウム試液を加えると，両性水酸化物をつくるもの	Pb^{2+}, Sb^{3+}, Sb^{5+}, Sn^{2+}, Sn^{4+}, Al^{3+}, Zn^{2+}, Cr^{3+}		
水酸化ナトリウム試液を加えると，難溶性水酸化物をつくるもの	Cu^{2+}, Bi^{3+}, Cd^{2+}, Fe^{2+}, Fe^{3+}, Mn^{2+}, Co^{2+}, Ni^{2+}, Mg^{2+}		
水酸化ナトリウム試液を加えると，金属酸化物をつくるもの	Ag^{+} → Ag_2O(灰褐)，Hg_2^{2+} → HgO + Hg(黒)，Hg^{2+} → HgO(黒)		
水酸化ナトリウム試液と加温すると，気体を発生するもの	NH_4^{+} → NH_3(リトマス紙を青変，ネスラー試液ろ紙を褐変)		
アンモニアと錯イオンをつくるもの	イオン	沈殿，色(NH_3水少量)	アンミン錯イオン
	Ag^{+}	Ag_2O 灰褐	$[Ag(NH_3)_2]^{+}$
	Cu^{2+}	$Cu(OH)_2$ 青	$[Cu(NH_3)_4]^{2+}$ 濃青
	Cd^{2+}	$Cd(OH)_2$ 白	$[Cd(NH_3)_4]^{2+}$
	Zn^{2+}	$Zn(OH)_2$ 白	$[Zn(NH_3)_4]^{2+}$
	Ni^{2+}	$Ni(OH)_2$ 淡緑	$[Ni(NH_3)_4]^{2+}$ 青
	Co^{2+}	$Co(OH)_2$ 青	$[Co(NH_3)_6]^{2+}$ 黄～赤
アンモニア試液を加えると，難溶性水酸化物をつくるもの	Pb^{2+}, Bi^{3+}, Sb^{3+}, Sb^{5+}, Sn^{2+}, Sn^{4+}, Al^{3+}, Fe^{2+}, Fe^{3+}, Cr^{3+}, Mn^{2+}		
硫化ナトリウム試液と難溶性硫化物をつくるもの	Ag^{+}(黒), Pb^{2+}(黒), Cu^{2+}(黒), Bi^{3+}(暗褐), Cd^{2+}(黄～橙), Sn^{2+}(暗褐), Fe^{2+}(黒), Fe^{3+}(黒緑), Ni^{2+}(黒), Co^{2+}(黒), Zn^{2+}(白), Mn^{2+}(肉紅)		
硫化ナトリウム試液とチオ錯イオンをつくるもの	イオン	沈殿，色(NaS試液の少量)	チオ錯イオン
	Sb^{3+}	Sb_2S_3 橙	$[SbS_3]^{3-}$
	Sb^{5+}	Sb_2S_5 橙	$[SbS_4]^{3-}$
	Sn^{4+}	SnS_2 淡黄	$[SnS_3]^{2-}$
	Hg^{2+}	HgS 黒	$[HgS_2]^{2-}$
	As^{3+}	As_2S_3 黄	$[AsS_3]^{3-}$
	As^{5+}	As_2S_5 黄	$[AsS_4]^{3-}$
	Al^{3+}	$Al(OH)_3$白ゲル状(pH 4以上)	$[Al(OH)_4]^{-}$ (pH 10以上)
希塩酸で沈殿するもの	イオン	沈殿，色	備考
	Ag^{+}	$AgCl$ 白	希HNO_3 不溶，NH_3水 可溶$[Ag(NH_3)_2]^{+}$
	Hg_2^{2+}	Hg_2Cl_2 白	NH_3水 黒変 $Hg(NH_2)Cl$↓白 + Hg↓黒
	Pb^{2+}	$PbCl_2$ 白	熱湯 溶解
希硫酸で沈殿するもの	イオン	沈殿，色	備考
	Pb^{2+}	$PbSO_4$ 白	希HNO_3不溶，NaOH試液可溶，CH_3COONH_4試液可溶
	Ba^{2+}	$BaSO_4$ 白	希HNO_3不溶
	Sr^{2+}	$SrSO_4$ 白	希HNO_3不溶

次ページにつづく．

表 8.4 金属塩類の定性反応(つづき)

分類	イオン	沈殿，色	備考
クロム酸カリウム試液で沈殿するもの	イオン	沈殿，色	備　考
	Ag^{+}	Ag_2CrO_4　赤	希HNO_3可溶
	Pb^{2+}	$PbCrO_4$　黄	NH_3水不溶，NaOH試液可溶
	Ba^{2+}	$BaCrO_4$　黄	希HNO_3可溶
ヘキサシアノ鉄(Ⅱ)酸カリウム試液で沈殿するもの	イオン	沈殿，色	備　考
	Zn^{2+}	$Zn_2[Fe(CN)_6]$　白	希HCl不溶，NaOH試液可溶
	Fe^{3+}	$Fe^{III}_4[Fe^{II}(CN)_6]_3$　青	青沈(ベルリンブルー)，希HCl不溶
	Cu^{2+}	$Cu_2[Fe(CN)_6]$　赤褐	希HNO_3不溶，NH_3水可溶 濃青$[Cu(NH_3)_4]^{2+}$
ヨウ化カリウム試液で沈殿するもの	イオン	沈殿，色	備　考
	Hg_2^{2+}	Hg_2I_2　黄	放置→緑， KI試液追加→Hg↓黒
	Hg^{2+}	HgI_2　赤	KI試液追加→溶解$[HgI_4]^{2-}$
	Bi^{3+}	BiI_3　黒	KI試液追加→溶解$[BiI_4]^{-}$橙色
塩酸酸性で水を加えると加水分解して沈殿するもの	イオン	沈殿，色	備　考
	Sb^{3+}	SbOCl　白	＋Na_2S試液→Sb_2S_3↓橙，Na_2S試液追加→溶解
	Sb^{5+}	SbO_2Cl　白	＋$Na_2S_2O_3$試液→溶解→加熱→Sb_2S_3↓赤 ＋Na_2S試液→Sb_2S_5↓橙赤，Na_2S試液追加→溶解
	Bi^{3+}	BiOCl　白	＋Na_2S試液→Bi_2S_3↓暗褐
その他，特殊反応によるもの	イオン	沈殿，色	備　考
	Zn^{2+}	白	C_5H_5N＋NH_4SCN試液
	Ce^{3+}	加熱→黄(Ce^{4+}) $Ce(OH)_3O_2H$　黄～赤褐色	PbO_2(2.5倍量) ＋ HNO_3 H_2O_2試液＋NH_3試液
	K^{+}	$K_2Na[Co(NO_2)_6]$　黄	$Na_3[Co(NO_2)_6]$ 試液
	Na^{+}	$Na_2H_2Sb_2O_7$(ピロアンチモン酸ナトリウム)　白	$K_2H_2Sb_2O_7$試液
	Bi^{3+}	黄	$CS(NH_2)_2$試液
	Mn^{2+}	MnO_4^{-}　赤紫色	希HNO_3酸性 ＋ $NaBiO_3$粉末
	Li^{+}	Li_3PO_4　白	Na_2HPO_4試液
	Mg^{2+}	＋NH_4Cl試液→溶解＋Na_2HPO_4　白 →白$MgNH_4PO_4 \cdot 6H_2O$	$(NH_4)_2CO_3$試液
有機試薬による陽イオンの確認	イオン	確認反応	
	Al^{3+}	NH_3試液→$Al(OH)_3$↓白→＋アリザリンレッドS試液→赤色沈殿↓	
	Fe^{2+}	1,10-フェナントロリン一水和物のエタノール(95)液→濃赤色を呈する 2,2′-ビピリジル→赤色を呈する	
	Fe^{3+}	スルホサリチル酸試液→紫色を呈する	
	Ca^{2+}	シュウ酸アンモニウム試液→CaC_2O_4↓白→希HCl可溶	
	Pb^{2+}	NH_3アルカリ性 ＋ ジチゾン試液(暗緑)→赤色を呈する	
	K^{+}	酒石酸水素ナトリウム試液→酒石酸水素カリウム→白色沈殿(結晶性)，NH_3水，またはNaOH試液 可溶	
	Ni^{2+}	NH_3アルカリ性＋ジメチルグリオキシム試液→紅色沈殿↓	

8.2.3 陰イオンの定性反応

表 8.5 陰イオンの定性反応

<table>
<tr><td>酸化性陰イオンの検出</td><td colspan="4">検出法：希H_2SO_4酸性でKI試液を滴加すると褐色のI_2を析出し，これにデンプン試液を滴加すると青色を呈する．
酸化性陰イオン：ClO^-，ClO_3^-，BrO^-，BrO_3^-，IO_3^-，CrO_4^{2-}，AsO_4^{3-}，$Fe(CN)_6^{3-}$，MnO_4^-，NO_2^-，NO_3^-</td></tr>
<tr><td>還元性陰イオンの検出</td><td colspan="4">検出法：希H_2SO_4酸性で$KMnO_4$試液を滴加すると，$KMnO_4$の赤紫色は脱色する．また，希H_2SO_4酸性でI_2試液を滴加すると，I_2の褐色は脱色(HI)する．
還元性陰イオン：S^{2-}，SO_3^{2-}，$S_2O_3^{2-}$，$Fe(CN)_6^{4-}$，I^-，SCN^-，CN^-，NO_2^-，AsO_3^{3-}，$C_2O_4^{2-}$</td></tr>
<tr><td rowspan="13">酸化還元反応による気体発生反応</td><td>イオン</td><td>試　薬</td><td>生 成 物</td><td>備　考</td></tr>
<tr><td>Cl^-</td><td>H_2SO_4酸性＋$KMnO_4$試液加熱</td><td>Cl_2↑</td><td>湿ったKIデンプン紙→青変</td></tr>
<tr><td>Br^-</td><td>Cl_2試液</td><td>Br_2黄褐</td><td>＋$CHCl_3$→$CHCl_3$層 黄褐色～赤褐色＋フェノール→白↓(トリブロモフェノール)</td></tr>
<tr><td>I^-</td><td>酸性＋$NaNO_2$試液滴加</td><td>I_2 黄褐色</td><td>I_2↓黒変→＋デンプン試液→青色</td></tr>
<tr><td>F^-</td><td>クロム酸・硫酸試液加熱</td><td>HF↑</td><td>液は試験管の内壁を一様にぬらさない(ガラスを腐食する)</td></tr>
<tr><td>BrO_3^-</td><td>HNO_3酸性＋$NaNO_2$試液</td><td>Br_2</td><td>＋$CHCl_3$→$CHCl_3$層 黄色～赤褐色</td></tr>
<tr><td>NO_2^-</td><td>KI試液＋希H_2SO_4滴加</td><td>I_2 黄褐色</td><td>I_2↓黒紫＋$CHCl_3$→$CHCl_3$層 紫色</td></tr>
<tr><td>MnO_4^-</td><td>H_2SO_4酸性＋H_2O_2水
H_2SO_4酸性＋$H_2C_2O_4$試液</td><td>O_2↑
CO_2↑</td><td>泡立ってMnO_4^-の赤紫色が脱色
加温→赤紫色が脱色</td></tr>
<tr><td>$(COO)_2^-$</td><td>H_2SO_4酸性＋$KMnO_4$試液</td><td>CO_2↑</td><td>同上</td></tr>
<tr><td>$C_6H_4(OH)CO_2^-$</td><td>ソーダ石灰</td><td>C_6H_5OH↑</td><td>加熱→フェノール臭</td></tr>
<tr><td>$CH_3CH(OH)CO_2^-$</td><td>H_2SO_4酸性＋$KMnO_4$試液</td><td>CH_3CHO↑</td><td>加熱→アセトアルデヒド臭</td></tr>
<tr><td>グリセロリン酸塩</td><td>$KHSO_4$粉末</td><td>CH_2=CHCHO↑</td><td>加熱→アクロレイン不快臭</td></tr>
<tr><td colspan="4"></td></tr>
<tr><td rowspan="9">希硫酸，または希塩酸による気体発生反応</td><td>イオン</td><td>気　体</td><td colspan="2">備　考</td></tr>
<tr><td>SO_3^{2-}</td><td>SO_2↑</td><td colspan="2">刺激臭，＋Na_2S試液→S↓白～黄</td></tr>
<tr><td>HSO_3^-</td><td>SO_2↑</td><td colspan="2">同上</td></tr>
<tr><td>$S_2O_3^{2-}$</td><td>SO_2↑ ＋ S↓ 白</td><td colspan="2">放置後，黄変</td></tr>
<tr><td>S^{2-}</td><td>H_2S↑</td><td colspan="2">腐卵臭，酢酸鉛紙黒変(PbS析出)</td></tr>
<tr><td>CO_3^{2-}</td><td>CO_2↑</td><td colspan="2">泡立つ，＋$Ca(OH)_2$試液→$CaCO_3$↓白</td></tr>
<tr><td>HCO_3^-</td><td>CO_2↑</td><td colspan="2">同上</td></tr>
<tr><td>NO_2^-</td><td>NO_2↑</td><td colspan="2">黄褐色特異臭，＋$FeSO_4$→暗褐色</td></tr>
<tr><td>CH_3COO^-</td><td>CH_3COOH↑</td><td colspan="2">加温→酢酸臭</td></tr>
</table>

次ページにつづく．

表 8.5 陰イオンの定性反応（つづき）

	イオン	沈殿，色		備　考
硝酸銀試液で沈殿するもの	AsO_3^{3-}	Ag_3AsO_3	黄白	NH_3水または希HNO_3可溶
	AsO_4^{3-}	Ag_3AsO_4	暗赤褐	同上
	PO_4^{3-}	Ag_3PO_4	黄	同上
	Cl^-	$AgCl$	白	希HNO_3不溶，NH_3水可溶$Ag(NH_3)_2Cl$
	Br^-	$AgBr$	黄白	希HNO_3不溶，強NH_3水可溶$Ag(NH_3)_2Br$
	I^-	AgI	黄	希HNO_3不溶，強NH_3水不溶
	CN^-	$AgCN$	白	希HNO_3不溶，NH_3水可溶$Ag(NH_3)_2CN$
	SCN^-	$AgSCN$	白	希HNO_3不溶，NH_3水可溶$Ag(NH_3)_2SCN$
	$S_2O_3^{2-}$	$Ag_2S_2O_3$	白	放置すると黄→褐→Ag_2S↓黒
	$C_4H_4O_6^{2-}$（酒石酸塩）	$Ag_2C_4H_4O_6$	白	HNO_3可溶，NH_3水加温可溶

	イオン	試　液	色	備　考
鉄塩試液による反応	NO_2^-	$CS(NH_2)_2$試液＋希H_2SO_4酸性＋$FeCl_3$試液	暗赤	＋ジエチルエーテル→ジエチルエーテル層赤
	SCN^-	$FeCl_3$試液	赤	希HClを追加しても消えない
	CN^-	$FeSO_4$試液＋ $FeCl_3$試液＋NaOH試液＋希H_2SO_4酸性	青↓	$6CN^- + Fe^{2+} \rightarrow [Fe(CN)_6]^{4-} \rightarrow$ $+Fe^{3+} \rightarrow Fe^{III}_4[Fe^{II}(CN)_6]_3$↓青
	$[Fe(CN)_6]^{4-}$	$FeCl_3$試液	青↓	希HCl不溶
	$[Fe(CN)_6]^{3-}$	$FeSO_4$試液	青↓	希HCl不溶
	CH_3COO^-	$FeCl_3$試液	赤褐	煮沸→赤褐↓＋HCl→可溶黄変
	$C_6H_5COO^-$	$FeCl_3$試液	淡黄赤↓	希HCl→C_6H_5COOH↓白
	$C_6H_4(OH)CO_2^-$	$FeCl_3$試液	赤	希HCl→紫→消える

	イオン	試　液	生成物	備　考
マグネシウム塩試液による反応	CO_3^{2-}	$MgSO_4$試液	$MgCO_3$↓白	希酢酸可溶
	HCO_3^-	$MgSO_4$試液	沈殿しない	煮沸後→$MgCO_3$↓白
	AsO_4^{3-}	NH_3試液＋$MgSO_4$試液	$Mg(NH_4)AsO_4 \cdot 6H_2O$↓白	希HCl可溶
	PO_4^{3-}	NH_3試液＋$MgSO_4$試液	$Mg(NH_4)PO_4 \cdot 6H_2O$↓白	希HCl可溶

	イオン	生成反応
七モリブデン酸六アンモニウム試液による反応	AsO_3^{3-}	希HNO_3酸性，加温→反応しない
	AsO_4^{3-}	希HNO_3酸性，加温→$(NH_4)_3AsO_4 \cdot 12MoO_3 \cdot 6H_2O$↓黄
	PO_4^{3-}	希HNO_3酸性，加温→$(NH_4)_3PO_4 \cdot 12MoO_3 \cdot 6H_2O$↓黄
		NH_3水またはNaOH試液可溶
	$C_3H_5(OH)_2PO_4^{2-}$ グリセロリン酸塩	冷時沈殿しない，煮沸後→$(NH_4)_3PO_4 \cdot 12MoO_3 \cdot 6H_2O$↓黄

	イオン	生成反応
塩化カルシウム試液による反応	$(COO)_2^{2-}$	$Ca(COO)_2$↓白，希酢酸 不溶，希HCl 可溶
	$C_6H_5O_7^{3-}$（クエン酸塩）	$Ca_3(C_6H_5O_7)_2$↓白，NaOH試液 不溶，希HCl 可溶
	$C_3H_5(OH)_2PO_4^{2-}$	冷時沈殿しない，煮沸後→$Ca_3(PO_4)_2$↓ 白

次ページにつづく．

表8.5 陰イオンの定性反応(つづき)

	イオン	生成反応
そのほかの特殊な反応	AsO_3^{3-}	$CuSO_4$試液→$CuHAsO_3$↓緑，＋NaOH試液煮沸→Cu_2O↓赤
	CrO_4^{2-}	H_2SO_4酸性＋酢酸エチル＋H_2O_2試液→酢酸エチル層青色CrO_5
	$Cr_2O_7^{2-}$	同上
	NO_3^-	ジフェニルアミン試液→青色
	CO_3^{2-}	冷時フェノールフタレイン試液1滴→赤色
	HCO_3^-	冷時フェノールフタレイン試液1滴→赤色呈しないか，または淡赤色
	F^-	アリザリンコンプレキソン試液/pH4.3酢酸・酢酸カリウム緩衝液/硝酸セリウム(Ⅲ)試液混液→青紫色キレート
	BO_2^-	HCl酸性溶液で潤したクルクマ試験紙乾燥→赤，＋NH_3試液→青色
	$C_6H_5COO^-$	希HCl→C_6H_5COOH↓白(結晶性)，融点120～124℃
	$C_6H_4(OH)COO^-$	希HCl→$C_6H_4(OH)COOH$↓白(結晶性)，融点159℃
	芳香族第一アミン	酸性＋$NaNO_2$試液2分間放置＋アミド硫酸アンモニウム試液1分放置後＋*N*,*N*-ジエチル-*N'*-1-ナフチルエチレンジアミンシュウ酸試液→赤紫色　アゾ色素
	$CH_3SO_3^-$(メシル酸塩)	NaOH加熱融解→冷後＋希HCl加温→ガス発生，ヨウ素酸カリウムデンプン紙青変 $NaNO_3$，無水Na_2CO_3加熱→冷後＋希HCl→ろ液＋$BaCl_2$→白色沈殿

COLUMN　硫　黄

金属イオンは硫黄と結合しやすい．硫黄は英語で sulfur(または sulphur)と書くが，これはラテン語とまったく同じである．このラテン語は，さらに古くはサンスクリットの「火のもと」を意味する sulvere に由来したもので，長い旅をしてヨーロッパにたどりついた言葉であることがわかる．ドイツ語では Schwefel と書き，一般にはラテン語起源と考えられているが，古代の高地ドイツ語は sweval の形をとっており，中世に swevel の形を経て，現在の Schwefel に至ったといわれる．いずれにしても sulfur と関連がある．なお，フランス語では soufre，イタリア語では zolfo，スペイン語では azufre の形で用いられている．硫黄のギリシャ語は *theion* で，これから多くの「チオ」のついた化合物名が生まれた〔竹本喜一，金岡喜久子，『化学語源ものがたり』，化学同人(1986)〕．

硫黄は，すべての元素のなかで，最も多くの同素体をもっている．固体，液体，気体のかたちで存在し，どの同素体も燃焼すれば二酸化硫黄(亜硫酸ガス)になる．高温に熱すると化学的反応性が強まり，金，白金以外のすべての金属と化学反応して硫化物をつくる．最も一般的な硫化物は，硫化水素(H_2S)である．硫化水素は無色で有毒の気体で，腐卵臭がする．硫黄が塩素と結合すると，その割合によって，二塩化二硫黄(S_2Cl_2)および二塩化硫黄(SCl_2)が生成する．空気中で燃焼すると硫黄は酸素と結合して二酸化硫黄(SO_2)を形成する．これは独特の不快臭のある重い無色の気体であり，湿った空気中ではゆっくり酸化して硫酸となったり，チオ硫酸($H_2S_2O_3$)や亜硫酸(H_2SO_3)といった酸の成分となる．

8.3 純度試験・確認試験

SBO 日本薬局方収載の代表的な医薬品の確認試験を列挙し，その内容を説明できる．
SBO 日本薬局方収載の代表的な純度試験を列挙し，その内容を説明できる．

8.3.1 純 度 試 験

純度試験は医薬品中に含まれる混在物の存在を試験するもので，それぞれの医薬品各条で規定されている．通例，その混在物の種類とその量の限度が規定されている．

① アンモニウム試験法：アンモニウム塩の限度試験．医薬品各条にはアンモニウム(NH_4^+として)の限度がパーセント(%)で付記されている．
② 塩化物試験法：塩化物の限度試験．医薬品各条には塩化物(Cl として)の限度がパーセント(%)で付記されている．
③ 硫酸塩試験法：硫酸塩の限度試験．医薬品各条には硫酸塩(SO_4 として)の限度がパーセント(%)で付記されている．
④ 重金属試験法：重金属の限度試験．医薬品各条には重金属(Pb として)の限度が ppm で付記されている．
⑤ 鉄試験法：鉄の限度試験．医薬品各条には鉄(Fe として)の限度が ppm で付記されている．
⑥ ヒ素試験法：ヒ素の限度試験．医薬品各条にはヒ素(As_2O_3 として)の限度が ppm で付記されている．
⑦ その他：カリウム，ニッケル，硝酸塩・亜硝酸塩・亜硝酸アンモニウム，硝酸性窒素，亜硝酸性窒素，次亜塩素酸塩，臭素酸塩，ヨウ素酸塩などの混在を調べる．

表 8.6 純度試験

塩化物試験法	
定義	塩化物試験法は薬品中に混在する塩化物の限度試験である． 医薬品各条には塩化物(Clとして)の限度をパーセント(%)で(　)内に付記する．
操作法	試液：硝酸銀試液→直射日光を避け 5 分間放置→塩化銀(白色)の混濁生成
背景	黒色
判定	上方または側方から観察
硫酸塩試験法	
定義	硫酸塩試験法は薬品中に混在する硫酸塩の限度試験である． 医薬品各条には，硫酸塩(SO_4として)の限度をパーセント(%)で(　)内に付記する． 試液：塩化バリウム試液
操作法	試液：塩化バリウム試液→10 分間放置→硫酸バリウム(白色)の混濁生成
背景	黒色
判定	上方または側方から観察

次ページにつづく．

表8.6 純度試験(つづき)

重金属試験法	
定義	重金属試験法は薬品中に混在する重金属の限度試験である. この重金属とは，酸性で硫化ナトリウム試液によって呈色する金属性混在物をいい，その量は鉛(Pb)の量として表す. 医薬品各条には重金属(Pbとして)の限界をppmで(　)内に付記する. pH3.0～3.5で黄色～褐黒色の不溶性硫化物を生成する. Pb，Bi，Cu，Cd，Sb，Sn，Hgなどの有害性重金属を対象
操作法	試液：硫化ナトリウム試液→(5分間放置)→硫化鉛(黒色)を生成
背景	白色
判定	上方または側方から観察
硫酸呈色物試験法	
定義	硫酸呈色物試験法は，薬品中に含まれる微量の不純物で硫酸によって容易に着色する物質を試験する方法である.
操作法	あらかじめネスラー管を硫酸呈色物用硫酸でよく洗う. 試料溶液：試料＋硫酸呈色物用硫酸→(15分間放置)→硫酸呈色物 比較液：塩化コバルト(赤)，硫酸銅(青)，塩化第二鉄(黄)溶液の混合物
背景	白色
判定	側方から観察
備考	＊試験温度は20℃を原則とし，これを超えないようにする. ＊呈色には94.5～95.5%硫酸を用いる
アンモニウム試験法	
定義	アンモニウム試験法は，薬品中に混在するアンモニウム塩の限度試験である. 医薬品各条には，アンモニウム(NH_4^+として)の限度をパーセント(%)で(　)内に付記する.
操作法	試料＋水酸化マグネシウム(アルカリ剤)を加えて蒸留 ホウ酸(1→200)20 mL(吸収液)→ホウ酸アンモニウムとして捕集(発色試薬を加えて発色させる) 発色試薬：フェノール・ニトロプルシドナトリウム試液＋次亜塩素酸ナトリウム･水酸化ナトリウム試液→インドフェノール生成 ＊ニトロプルシドナトリウム試液→常温での反応促進剤
背景	白色
判定	上方または側方から観察
備考	蒸留時アルカリ剤としてNaOH溶液を用いると，L-トリプトファン，L-トレオニン，リシン塩酸塩は一部脱アミノ反応を起こすので，塩化マグネシウムを用いる. ＊使用するゴム栓は不純物を防ぐため，NaOH溶液で洗浄する.
鉄試験法	
定義	鉄試験法は，薬品中に混在する鉄の限度試験である. 医薬品各条には鉄(Feとして)の限度をppmで(　)内に付記する.
操作法	①A法：鉄試験用アスコルビン酸溶液＋2, 2′-ビピリジルのエタノール溶液 ②B法：鉄試験用アスコルビン酸溶液＋2, 2′-ビピリジル＋ピクリン酸 ＊アスコルビン酸は三価の鉄を二価の鉄にするための還元剤

次ページにつづく.

表8.6 純度試験(つづき)

ヒ素試験法	
定義	ヒ素試験法は，薬品中に混在するヒ素の限度試験である．その限度は三酸化二ヒ素(As_2O_3として)の量として表す． 医薬品各条には，ヒ素(As_2O_3として)限度をppmで(　　)内に付記する．
操作法	ヒ化水素(AsH_3)への還元→AsH_3の呈色反応 • 臭化第二水銀を用いる方法 • *N*, *N*-ジエチルジチオカルバミド酸銀＋ピリジンを用いる方法

8.3.2 確認試験

確認試験は，日局17に収載された医薬品と同一であることを確認するための定性試験である．この試験では，通例，スペクトル分析に基づく方法および化学反応による方法が利用される．用いられる定性分析法は，医薬品の化学構造と性質に関連している．日局17においては，確認試験として用いられている医薬品の官能基に対する試験法が収載されているが，それぞれの反応の特徴と注意点についての知識が必要となる．

(1) アルコール性ヒドロキシ基

- 硝酸セリウムアンモニウムによる呈色
- キサントゲン酸アルカリ反応
- 多価アルコールの検出(過ヨウ素酸による分解→フクシン亜硫酸による呈色)
- ヨードホルム反応
- エステル化反応(アシルハライド，1-または9-アンスロイルニトリル，酸無水物による誘導化)
- カルバメート化反応

(2) フェノール性ヒドロキシ基

- 塩化鉄(Ⅲ)による呈色
- 亜硝酸と硫酸による呈色〔**リーベルマン(Liebermann)反応**〕
- 4-アミノアンチピリンと酸化剤による呈色
- ジアゾベンゼンスルホン酸による呈色〔**エールリッヒ(Ehrlich)反応**〕
- 2, 6-ジブロモ-*N*-クロロ-1, 4-ベンゾキノンモノイミンによる呈色(ギブスの試薬)

(3) アルデヒド

- フクシン亜硫酸による呈色
- 銀鏡反応〔**トレンス(Tollens)反応**〕
- 4-アミノ-3-ヒドラジノ-5-メルカプト-1, 2, 4-トリアゾール(AHMT)による呈色
- 3-メチル-2-ベンゾチアゾロヒドラジン(MBTH)による呈色

- アセチルアセトンによる呈色〔**ハンチ(Hantzsch)反応**，脂肪族アルデヒド〕
- クロモトロープ酸による呈色
- 1,2-ジアミノナフタレンによる蛍光

(4) アルデヒド，ケトンおよびメチレン

- ペンタシアノニトロシル鉄(Ⅲ)酸ナトリウムとアルカリによる呈色〔**レーガル(Legal)反応**〕
- 1,3-ジニトロベンゼンおよびその誘導体による呈色〔**ジンメルマン(Zimmermann)反応**〕
- 1,2-ナフトキノン-4-スルホン酸カリウムによる呈色
- 4-ジメチルアミノベンズアルデヒドによる呈色〔エールリッヒ(Ehrlich)反応〕
- 2,4-ジニトロフェニルヒドラジンによる呈色
- 1-アゾベンゼン-4-フェニルヒドラジンスルホン酸による検出
- 脂肪族1,2-ジケトンの検出
- 2,6-ジ-*t*-ブチルクレゾール

(5) カルボン酸

- ヒドロキシルアミン，*N,N'*-ジシクロヘキシルカルボジイミドと Fe^{3+} による呈色
- 2-ニトロフェニルヒドラジンによる呈色
- グリース反応による検出
- ベンジルハライドによる誘導体化(エステル化)
- フェナシルハライドによる誘導体化(エステル化)
- 9-アンスリルジアゾメタンによる蛍光誘導体化
- 2-(2,3-ナフタルイミノ)エチルトリフルオロメタンスルホナートによる蛍光誘導体化
- レゾルシノールおよび硫酸との溶融による蛍光誘導体化
- 1,2-ジアミノ-4,5-メチレンジオキシベンゼンによる蛍光誘導体化

(6) カルボン酸誘導体およびニトリル

- エステル，ラクトン，酸無水物
- 酸アミドおよびニトリル

(7) アミン

- 1,4-ベンゾキノンによる呈色
- ペンタシアノニトロシル鉄(Ⅲ)酸ナトリウム(ニトロプルシドナトリウム)およびアセトアルデヒドによる呈色〔脂肪族第二級アミン〕
- クエン酸と無水酢酸による呈色〔脂肪族および芳香族第三級アミン〕
- ジアゾカップリング反応による呈色〔芳香族第一級アミン〕

- ニンヒドリンによる呈色〔α-アミノ酸〕
- 2,4-ジニトロフルオロベンゼンによる呈色〔第一および第二級アミン〕
- フェニルイソチオシアナートによる誘導体化〔第一および第二級アミン〕
- *o*-フタルアルデヒドによる蛍光誘導体化〔第一級アミン〕
- フルオレスカミン(フルオレサミン)による蛍光誘導体化〔第一級アミン〕
- アリールスルホン酸クロリド(ベンゼンスルホン酸クロリド，ダンシルクロリド)による誘導体化〔第一および第二級アミン〕
- ベンゾイルクロリドによる誘導体化〔第一および第二級アミン〕
- 9-フルオレニルメチルクロロホルメートによる蛍光誘導体化〔第一および第二級アミン〕
- ハロゲン化ベンゾフラザンによる蛍光誘導体化〔第一および第二級アミン〕
- 2,4,6-トリニトロフェノール(ピクリン酸)による結晶性アミン塩の生成
- 無水トリフルオロ酢酸による誘導体化

(8) ニトロソ化合物

- フェノールと硫酸による呈色〔**リーベルマン(Liebermann)反応**〕
- ペンタシアノアミノ鉄(II)ナトリウムによるによる呈色

(9) ニトロ化合物

- ニトロソ化合物に変換したのち検出
- シアン化カリウムによる呈色(*m*-ジニトロ化合物)
- アセトンとアルカリによる呈色〔**ヤノブスキー(Janovsky)反応**〕(*m*-ジニトロ化合物)

(10) グアニジノ基

- **ヴォーグス・プロスカウアー(Voges-Proskauer)反応**
- 坂口反応
- ニンヒドリン蛍光
- 9,10-フェナンスラキノンによる蛍光
- ベンゾインによる蛍光

(11) チオール

- 5,5-ジチオビス(2-ニトロ安息香酸)による呈色〔**エルマン(Ellman)反応**〕
- フェナジンメトサルフェートによる呈色
- 酢酸鉛(II)による確認
- モノブロモビマンによるチオールの蛍光誘導体化
- *N*-置換マレイミド誘導体による蛍光
- ハロゲン化ベンゾフラザン誘導体による蛍光
- *o*-フタルアルデヒドとアミンによる蛍光

(12) 糖および炭水化物

- 糖共通の反応
- ヘキソース特有の反応
- ケトース特有の反応
- ペントース特有の呈色
- デオキシアルドース特有の反応
- ウロン酸特有の反応
- アミノ糖特有の反応
- シアル酸特有の反応

章末問題

1. 次の金属イオンのうち，a. アンモニアと錯イオンをつくるものはどれか．また，b. 両性水酸化物をつくるものはどれか．

Al^{3+} Fe^{3+} Zn^{2+} Cd^{2+} Ag^{+} Bi^{3+} Pb^{2+}

2. A 欄の陽イオンの確認試薬として適切な試薬をB 欄からそれぞれ選べ．

A 欄：Al^{3+} Fe^{2+} Fe^{3+} Ca^{2+} Ni^{2+} K^{+}

B 欄：a．1,10-フェナントロリン・エタノール溶液(1→50)
 b．シュウ酸アンモニウム試液
 c．スルホサリチル酸試液
 d．酒石酸水素ナトリウム試液
 e．アリザリンレッドS試液
 f．ジメチルグリオキシム試液

3. 次の文章は医薬品の確認試験について記述したものである．記述内容の正誤について判断せよ．

a．フェノールの水溶液(1→100)10 mL に塩化鉄(Ⅲ)試液1滴を加えると，液は青紫色を呈する．オルト位置換体は一般に弱く呈色するが，メタ位置換体は強く呈色し，パラ位置換体ではカルボキシ基をもつと呈色しない．

b．レボドパの水溶液(1→1000) 5 mL にニンヒドリン試液1 mL を加え，水浴中で3分間加熱するとき，液は紫色を呈する．

c．アンチピリンの水溶液(1→100) 5 mL に亜硝酸ナトリウム試液2滴および希硫酸1 mL を加えると液は濃緑色を呈するが，これは置換反応である．

4. 次の文章は各医薬品の純度試験について記述したものである．記述内容の正誤を判断せよ．

a．エテンザミド0.20 g を薄めたエタノール(2→3)15 mL に溶かし，希塩化鉄(Ⅲ)試液2〜3滴を加えるとき，液が紫色を呈さない場合は，サリチルアミドの混入はない．

b．塩化カルシウム水和物0.5 g を水5 mL に溶かし，希塩酸2滴および硫酸カリウム試液2 mL を加え，10分間放置するとき，液が混濁しない場合は，バリウムの混入はない．

5. 次の記述は，日局抗てんかん薬エトスクシミドの純度試験に関するものである．この試験の対象となる不純物は何か．

「本品1.0 g をエタノール(95)10 mL に溶かし，硫酸鉄(Ⅱ)試液3滴，水酸化ナトリウム試液1 mL および塩化鉄(Ⅲ)試液2〜3滴を加え，穏やかに加温した後，希硫酸を加えて酸性にするとき，15分以内に青色の沈殿を生じないかまたは青色を呈しない．」

9 定量分析

❖ 本章の目標 ❖

- 定量分析の原理および操作法について学ぶ.
- 中和滴定(非水滴定を含む)の原理および操作法について学ぶ.
- キレート滴定の原理および操作法について学ぶ.
- 沈殿滴定の原理および操作法について学ぶ.
- 酸化還元滴定の原理および操作法について学ぶ.
- 重量分析法の原理および操作法について学ぶ.

9.1 定量分析総論

9.1.1 定量分析とは

化学反応式は，反応物質と生成物質に関して定性的な情報を与えるとともに定量的な情報も与える.

$$NH_3 + HCl \longrightarrow NH_4Cl$$

上記の反応式では，アンモニア(NH_3)1 mol と塩酸(HCl)1 mol が反応して 1 mol の塩化アンモニウム(NH_4Cl)が生成するという定量的な情報を与える. 反応が定量的に起これば，反応物質あるいは生成物質の定量を行うことができる.

また，物理的あるいは物理化学的な諸性質(たとえば，吸光度，ピーク面積など)は，物質の量(または濃度)に比例することが知られている. このような関係を利用して，いろいろな物質の定量分析ができる. 通常，検量線を作成して定量を行う. 検量線とは, 標準被検試料の量(または濃度)と応答(＝測定強度，たとえば 吸光度，ピーク面積など)との関係線のことである. 次に，この検量線を用いて，被検試料の応答から被検試料の量(または濃度)を決定する．検量線法には，(絶対)検量線法，内標準法，標準添加法などがある〔10.4.1項(3)および15.2.3項(2)参照〕.

9.1.2 定量分析法の種類

定量分析は，前述の化学分析法，物理分析法，生物分析法に分けることができる．化学分析法は，さらに**重量分析法**(gravimetric analysis)，**容量分析法**(volumetric analysis)および**ガス分析法**(gas analysis)に分けることができる．

(1) 重量分析法

定量したい成分を沈殿，揮発，抽出，および昇華などの分離操作により，試料中に存在している状態のまま，あるいはこれと既知の化学当量関係にある物質に導き，その質量を量ることにより定量する方法である(9.6節参照).

(2) 容量分析法

試料溶液に濃度のわかっている標準液を加え，反応の終点までに加えた標準液の容積から定量する．容量分析法には，中和滴定，キレート滴定，沈殿滴定，酸化還元滴定などがある(9.2～9.5節参照)．化学分析法のなかで，最も繁用される方法である．

(3) ガス分析法

ガス試料を試薬溶液と接触させ，ガスの吸収による減量を測定したり，試料ガスを燃焼させて容積の変化を調べたりするなどの方法で定量する．日局17では，二酸化炭素および酸素の定量に用いられている．ガスクロマトグラフィーの発達で現在はあまり用いられていない．

9.1.3 容量分析法

(1) 標準液の調製と標定

(a) 調 製

容量分析用標準液(標準液)は，濃度が精密に知られた試薬溶液である．標準液には，規定のモル濃度に調製された液を用いる．標準液を規定のモル濃度に近似した濃度にする操作を**調製**(preparation)という．それぞれの標準液につき規定された物質1モルが1000 mL中に正確に含まれるように調製した溶液が1モル濃度溶液であり，1 mol/Lで表す．

(b) 標 定

調製した標準液の規定された濃度n mol/Lからのずれの度合いを，ファクターfにより表す．日局17では，ファクターは，通常，小数点以下3桁とし,必ず0.970～1.030の範囲(±3%の範囲)に入るように規定されている．ファクターを求める操作を**標定**という．標定法には直接法と間接法がある．

① 直接法

標準試薬などの規定された物質の規定量を精密に量り，規定の溶媒に溶かした後，この液を調製した標準液を用いて滴定し，標準液のファクターを求める．

② 間接法

直接に標準試薬など用いない場合，調製した標準液の一定量をとり，ファクター既知の標準液を用いて滴定し，調製した標準液のファクターを求める．

(2) 定量

(a) 直接滴定

試料に直接標準液を加えて反応させ，終点を求める方法を**直接滴定**(direct titration)いう．終点までの標準液の消費量から目的物質の量を求める．

(b) 間接滴定

間接滴定(indirect titration)は，試料に標準液を加えて反応後，それが試料と反応した量を求めることにより試料を定量する方法である．その代表的な方法に**逆滴定**(back titration)がある．逆滴定では，試料に一定過量の標準液を加えて反応させ，未反応の標準液を別の標準液で滴定する．これにより，間接的に試料と反応した標準液の消費量を求めるもので，試料と標準液の反応が遅い場合，滴定の途中で試料の一部が失われる可能性がある場合などに用いられる．

(c) 本試験と空試験

容量分析において，試料を含む被滴定液を用いる試験を本試験，試料を含まない被滴定液を用いて本試験と同じ条件で行う試験を**空試験**(blank test)という．直接滴定では，本試験での標準液の消費量から空試験での標準液の消費量を差し引いて，実際に試料と反応した標準液の消費量を求める．また，逆滴定では，空試験で消費された別の標準液の消費量から本試験で消費された別の標準液の消費量を差し引いて，試料と反応した標準液の消費量に相当する別の標準液の消費量を求める．

(3) 滴定終点検出法

試料と標準液が互いに過不足なく反応した点を**当量点**(equivalence point)という．しかし，理論的に当量点を求めることはできても，実際に正確な当量点を求めることは難しい．そこで，容量分析では当量点の前後で指示薬の色調が変化したり，溶液の電気化学的性質が変化したりするなど，反応が終了したと見なされる点を**終点**(end point)とする．日局 17 では，一般試験法に滴定終点検出法が収載されており，指示薬法と電気的終点検出法がある．

(a) 指示薬法

当量点付近で被滴定液中に溶解した**指示薬**(indicator)の色調が劇的に変化することを利用して終点の検出を行う方法である．

(b) 電気的終点検出法

電気終点検出法として**電位差滴定法**(potentiometric titration)と**電流滴定法**(amperometric titration)が用いられる.

電位差滴定法では，通常，滴加量に対する電位の変化が最大となる点を滴定の終点とする．溶液の電気化学的性質に応じた電位を示す指示電極と，電位の基準とする参照電極との間の電位差を測定する．表 9.1 に滴定の種類と指示電極を示す．参照電極には，通常，銀–塩化銀電極を用いる．電流滴定法では，滴定の進行に伴って変化する微小電流の変化を測定し，滴定曲線の折れ曲り点を与える滴加量を滴定の終点とする．指示電極として二つの同形の白金板または白金線を用い，一定の電圧を電極間に加え，電流値の変化を記録する.

表 9.1 滴定の種類と指示電極

滴定の種類	指示電極
中和滴定(非水滴定を含む)	ガラス電極
沈殿滴定	銀電極(参照電極と試料溶液との間に飽和硝酸カリウム溶液の塩橋を挿入する)
酸化還元滴定(ジアゾ化滴定など)	白金電極
キレート滴定	水銀–塩化水銀(Ⅱ)電極

(4) 対 応 量

一般に，局方では対応量〔規定の標準液 1 mL に対応する医薬品の量(mg)〕を用いて標準液と反応する医薬品の量を表す. 対応量は, 標定後のファクターの計算や医薬品の純度の計算に用いられる.

炭酸ナトリウム(Na_2CO_3)と塩酸(HCl)の反応を例に説明する．Na_2CO_3 と HCl の反応式は，次のとおりである.

$$Na_2CO_3 + 2HCl \rightleftharpoons 2NaCl + H_2CO_3$$

Na_2CO_3 1 mol と HCl 2 mol，すなわち Na_2CO_3 1/2 mol と HCl 1 mol が反応する．1 mol/L HCl 1 mL と反応する Na_2CO_3(分子量：105.99)の質量(mg)は,

$$\begin{aligned} 1\ \text{mol/L HCl}\ 1\ \text{mL} &= \frac{1}{2} \times 105.99(\text{g/mol}) \times 1(\text{mol/L}) \times 1/1000(\text{L}) \\ &\quad \times 1000(\text{mg/g})\ Na_2CO_3 \\ &= 53.00\ \text{mg}\ Na_2CO_3 \end{aligned}$$

である．ここで, 1/2 は反応の係数(HCl 1 mol と反応する Na_2CO_3 の mol 数), 105.99(g/mol)は Na_2CO_3 の分子量*，1(mol/L)は用いた HCl の mol 濃度, 1/1000(L)は 1mol/L HCl 1 mL と反応する Na_2CO_3 の量(g)への換算，1000(mg/g)は Na_2CO_3 の量(mg)への換算である．1/1000(L) × 1000(mg/g) = 1

* 日局 17 では，分子量は小数第 2 位までとし，第 3 位を四捨五入する.

(L・mg/g)の換算係数は，以降の計算においては省略することにする．

一般に，対応量は(反応の係数)×(対応する医薬品の分子量)×(標準液のモル濃度)により求めることができる．これより対応量の計算は上式により求めることにする．したがって，1 mol/L HCl 1 mL と反応する Na_2CO_3 の量(mg)(対応量)は，Na_2CO_3 1/2 mol と HCl 1 mol が反応するので，

$$1\ \mathrm{mol/L\ HCl\ 1\ mL} = \frac{1}{2} \times 105.99 \times 1 = 53.00\ \mathrm{mg\ Na_2CO_3}$$

対応量の数値は，日局 17 では 4 桁の値とすることが規定されており，mg 単位で表す．

9.2 中和滴定

SBO 中和滴定(非水滴定を含む)の原理，操作法および応用例を説明できる．

濃度未知の酸 HA 水溶液を濃度既知の塩基 B 水溶液を用いて中和する場合を考える．B 水溶液を徐々に HA 水溶液に加えていくと，HA と B から塩が生成し，ある容量の B 水溶液を加えたところですべての HA が塩になる．この滴定終点までに使用した B 水溶液の容量から A 水溶液の濃度を決定する．これが**中和滴定**(neutralization titration)である．

9.2.1 強酸の強塩基による滴定曲線

0.1 mol/L 塩酸(HCl)25 mL について 0.1 mol/L 水酸化ナトリウム(NaOH)水溶液を用いて得られた**滴定曲線**(titration curve)を図 9.1(●)に示す．横軸は滴加した NaOH 水溶液の量，縦軸は pH である．この滴定曲線は pH メーターを用いる電位差滴定，つまり，pH を測定しながら滴定したときに得られるものである．

図から明らかなように，NaOH 水溶液を 25 mL 加えた前後に急激な pH 変化が観察される．これを **pH-ジャンプ**(pH-jump)という．この現象から滴定終点を判断するために，観察される pH 変化を色調変化として表現できる試薬，つまり**酸・塩基指示薬**(acid-base indicator)を少量加える．その結果，中和滴定では pH-ジャンプを目でとらえることができる．図 9.1 はフェノールフタレインとメチルレッドの色調が変化する pH 領域を示している．これらの指示薬は観察される pH-ジャンプをとらえるのに適していることがわかる．たとえば，少量のフェノールフタレインを加えた 0.1 mol/L HCl 25 mL について滴定すると，当量点付近までは無色であるが，それを過ぎて NaOH 水溶液を加えると赤紫色に変化する．この色調変化が観察された NaOH 水溶液の滴加量をもって滴定終点とする．滴定終点までの滴加量，滴定対象である酸の水溶液の容量および酸・塩基反応の当量関係に基づき，酸

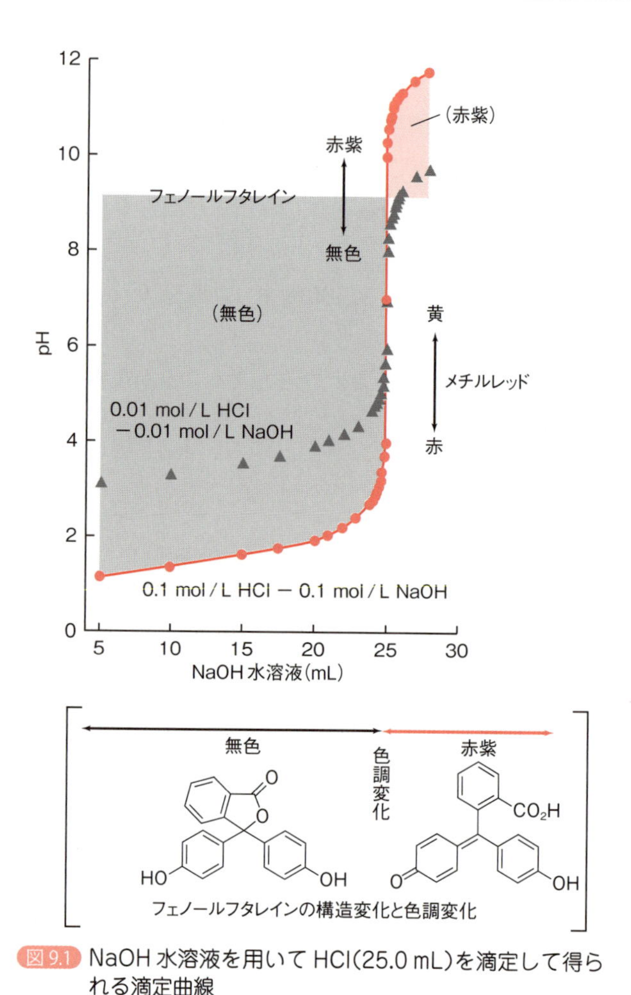

図 9.1 NaOH 水溶液を用いて HCl(25.0 mL)を滴定して得られる滴定曲線

の水溶液の濃度を決定できる．たとえば，0.1 mol/L HCl 25.00 mL について滴定終点まで 25.16 mL の 0.1 mol/L NaOH を滴加した場合，HCl と NaOH 水溶液の中和反応は 1：1 で進行するから，次式で HCl の濃度 c_{HCl} が決定できる．

$$c_{\mathrm{HCl}} = \frac{0.1 \times 25.16}{25.00} = 0.1006 \text{ mol/L}$$

図 9.1 には 0.01 mol/L HCl を 0.01 mol/L NaOH 水溶液で滴定したときの滴定曲線も示してある(▲)．●で示した滴定曲線と見比べてみよう．何が違うだろうか．pH-ジャンプの pH 変化範囲が小さくなっている．HCl の濃度が低くなるにつれ，pH-ジャンプが不明瞭になってくる．その結果，滴定終点が判断しにくくなる．滴定対象の酸の濃度が低くなりすぎると中和滴定ができなくなる．

9.2.2 弱酸の強塩基による滴定曲線

0.1 mol/L 酢酸(K_a = 1.8 × 10^{-5})水溶液を 0.1 mol/L NaOH で中和滴定したときに観察される滴定曲線を図 9.2 に示す．

強酸である HCl について得られた滴定曲線に比べて pH-ジャンプの幅が小さくなっていることに気づくであろう．弱酸である酢酸(CH_3COOH)は HCl と異なり，完全解離していないからである．0.1 mol/L CH_3COOH について観察される pH-ジャンプはフェノールフタレインを指示薬として用いれば目視で正確にとらえることができる．図 9.2 には 0.1 mol/L HA(K_a = 1.0 × 10^{-7})について同様に 0.1 mol/L NaOH を用いて得た滴定曲線も示す．HA の K_a は酢酸のそれより低いため，濃度は同じでも pH-ジャンプの変化幅はさらに小さくなる．その結果，滴定終点の判断が難しい．水溶液中での中和滴定は 10^{-7} 以下の K_a を示す弱酸には適用しにくい．

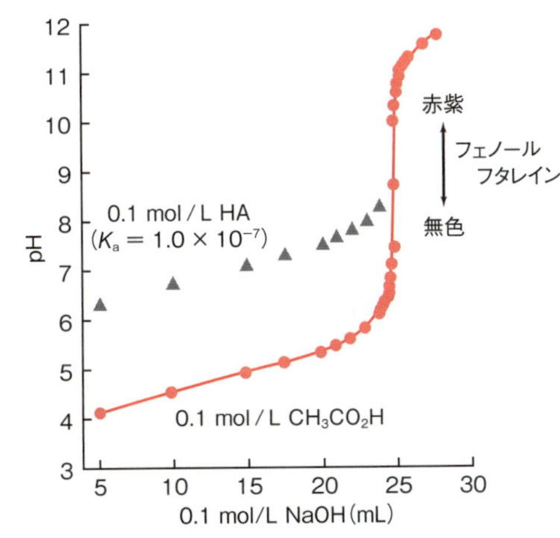

図 9.2 0.1 mol/L NaOH を用いて弱酸(25.00 mL)を滴定して得られる滴定曲線

9.2.3 逆 滴 定

中和反応に比べて分析対象物質と酸または塩基との反応が室温で遅い場合にも中和滴定に基づき定量できる．これを**逆滴定**(back titration)という．中和反応に比べて遅い反応の代表的な例はエステル類の加水分解である．エステル基をもつ医薬品の定量にはしばしば逆滴定が用いられる．たとえば，日局 17 ではアスピリン，注射用アセチルコリン塩化物，ニセリトロール，パラオキシ安息香酸エステル類，抱水クロラールなどの定量法として逆滴定が活用されている．

逆滴定の概念をエステル X をモデルとして図 9.3 に示す．X 1 mol は NaOH 1 mol と反応して加水分解される．この反応を利用して逆滴定を行う．

まず，X に過剰の NaOH 水溶液 C mL を正確に加え 10 分間程度穏やかに煮沸する．冷却した後この反応液について硫酸(H_2SO_4)を用いて中和滴定を行う．滴定量として A mL を得る．別に正確に量り取った NaOH 水溶液 C mL を同様に煮沸した後，H_2SO_4 で滴定する．これを**空試験**(blank test)という．滴定量として B mL を得る．H_2SO_4(B − A)mL が X の加水分解に消費された NaOH 水溶液に相当する．この値から X が定量できる．逆滴定だけでなく，一般的な中和滴定においても空試験を行うことがある．それは定量値の補正が目的である．図 9.3 の逆滴定においても，(C − A)mL という値を使って分析できないことはない．しかし，逆滴定は二つの標準液を用いる．その結果，一つの標準液しか用いない一般的な中和滴定に比べて逆滴定では誤差を生じる可能性がより高くなる．このため，逆滴定には補正を行うための空試験が必須である．

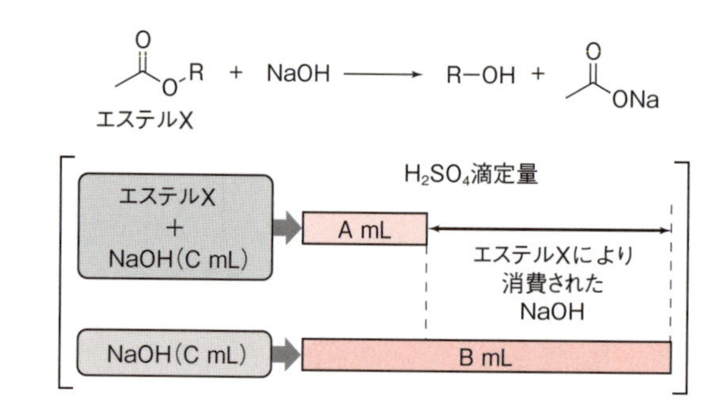

図 9.3 エステルの加水分解を例とする逆滴定による定量原理

9.2.4 非水滴定

図 9.1 や図 9.2 の滴定曲線の比較から明らかなように，強酸と強塩基の組合せで中和滴定すると，より pH-ジャンプが大きい，つまり，より滴定終点の判別が容易である．その結果，定量の精度が上がる．図 9.2 に示したように酸解離定数 $K_a \leq 10^{-7}$ のような水溶液中で非常に弱い酸の中和滴定ではたとえ強塩基を用いても pH-ジャンプが小さくなり，定量が難しい．塩基解離定数 $K_b \leq 10^{-7}$ のような非常に弱い塩基の場合も同様である．一方，医薬品のなかには水に溶けにくいものも多くある．水に溶けにくい医薬品の定量法として水溶液を用いる中和滴定は当然利用できない．これらの問題点を解決するのが酢酸などの有機溶媒を用いる**非水滴定**(nonaqueous titration)である．HCl と過塩素酸($HClO_4$)の酸性度の違いは水溶液中では観察できないが，酢酸溶液中では $HClO_4$ > HCl となることはすでに述べた．

これと同様なことが弱酸や弱塩基でも起こる．酸性溶媒である酢酸中では，水溶液中で弱塩基であったものが強塩基になる．水溶液中で弱酸であったも

のが塩基性溶媒の *N*, *N*-ジメチルホルムアミド中では強酸になる．非水滴定はこれらの現象を利用する．なお，原理および操作法は水溶液を用いる中和滴定と本質的には同じである．

図 9.4 にカフェインの非水滴定の概念図を示す．カフェイン*1 約 0.4 g を無水酢酸/酢酸(100) 混液(6：1，70 mL) に溶かし，0.1 mol/L 過塩素酸*2 により滴定する．この非水滴定においては，終点の判定にクリスタルバイオレットを指示薬として用いる．紫色が緑を経て黄色になるときを滴定終点とする．しかし，クリスタルバイオレットの色調変化は一般に普遍的なものではなく判定が難しい．そのため，電位差滴定が終点の判定によく用いられる．図 9.4 には電位差滴定により得られた滴定曲線の模式図も示す．滴加した $HClO_4$ は，当量点まではカフェインに消費されるが，当量点を過ぎると過量になる．過量になった $HClO_4$ は CH_3CO_2H と反応し $CH_3CO_2H_2^+$ を生成する．この過程において電位が大きくジャンプする．この変化から滴定終点が判定できる．電位差滴定により得られる滴定曲線の縦軸は，水溶液中では電位か

＊1　無水カフェインあるいはカフェイン水和物を乾燥後，精密に測る．

＊2　日局 17 において，非水滴定に用いる過塩素酸標準液は「○ mol/L 過塩素酸」と表示されるが，酢酸(100) を溶媒として調製されている点に留意する．

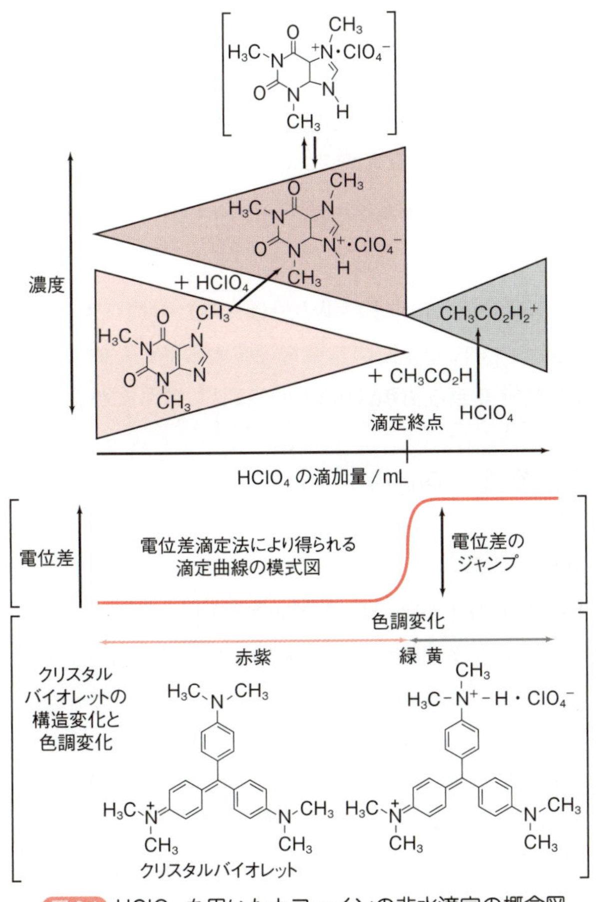

図 9.4　$HClO_4$ を用いたカフェインの非水滴定の概念図

COLUMN

月名の英語表記

中和滴定に用いる指示薬は，いわば二つの顔をもっている．酸性の顔と塩基性の顔である．この二つの顔は化学構造だけでなく色も違うため，私たちはある顔からもう一つの顔へ変わる瞬間を目視によりとらえ滴定終点を判断できる．「指示薬は神様です」といいたいところだが，二つの顔をもつ神がすでにローマ神話に存在する．門の守護神ヤヌスである．頭の前と後ろに二つの顔をもつ二面神ヤヌスは，入り口と出口，過去と未来，ものごとの始まりなどを司る．この神が，1年のはじまりである1月〝January〞の語源である．2月〝February〞は清めの神フェブルウス(Februus)を，3月〝March〞は軍神マルス(Mars)を，4月〝April〞は女神アフロディア(Aphrodite)を，5月〝May〞は豊穣の女神マイアス(Maius)を，6月〝June〞は結婚と出産の神ジュノー(Juno)を語源とするようだ．神の名を起源とするのは6月までで，7月～12月は「○番目」というラテン語が月名に使われていた．しかし，ローマ帝国の礎を築いた終身独裁官カエサルは神と肩を並べるために，7月に自分の名(Julius)を使い〝July〞と命名した．シーザーの没後，彼の相続人で養子のアウグスツス(Augustus)はローマ帝国の初代皇帝につき，シーザーと肩を並べるために，自分の名に基づき8月を〝August〞と命名するとともに，もともと30日だった8月を31日にした．この二つの割込みにもかかわらず，「○番目」という月名がそのまま2カ月分スライドされた．その結果，7番目の月を表す〝September〞が9月に，8番目の月を表す〝October〞が10月に，9番の月を表す〝November〞が11月に，10番目の月を表す〝December〞が12月となり，現在もそのまま使われている．これらの月名は，有機化学でおなじみの接頭辞ヘプタ〝hepta〞，オクタ〝octa〞，ノナ〝nona〞，そしてデカ〝deca〞に相当している．

カエサルとアウグスツスが月名を変更しなければ，月名との関係から有機化合物の命名法はもっと覚えやすかったかもしれない．

ら換算できる pH であるが，非水溶媒中では一般に電位(V)そのものである．これは，水溶液については pH の基準を設定する優れた標準液があるが，非水溶媒の pH を規定できる信頼性の高い一般的な標準液がないためである．

SBO 日本薬局方収載の代表的な医薬品の容量分析を実施できる．(知識・技能)

9.2.5 医薬品分析への応用

(1) 標 準 液

(a) 0.5 mol/L 硫酸

1000 mL 中硫酸(H_2SO_4：98.08)49.04 g を含む．

調製：硫酸 30 mL を水 1000 mL 中にかき混ぜながら徐々に加え，放冷し，次の標定を行う．

標定：炭酸ナトリウム(Na_2CO_3：105.99)(標準試薬)を 500 ～ 650 ℃で 40 ～ 50 分間加熱した後，デシケーター(シリカゲル)中で放冷し，その約 0.8 g を精密に量り，水 50 mL に溶かし，調製した硫酸で滴定し，ファクターを計算する(指示薬法：メチルレッド 3 滴，または電位差滴定法)．ただし，指示薬法の滴定の終点は液を注意して煮沸し，ゆるく栓をして冷却するとき，持続するだいだい色〜だいだい赤色を呈するときとする．電位差滴定は，被滴定液を激しくかき混ぜながら行い，煮沸しない．

0.5 mol/L 硫酸 1 mL ＝ 52.99 mg Na_2CO_3

解説：Na_2CO_3 を用いて，水溶性の塩基性化合物の中和滴定に標準液として広く用いられる H_2SO_4 を標定する．Na_2CO_3 は二酸塩基であるため，二塩基酸である H_2SO_4 1 mol と Na_2CO_3 1 mol が反応する．したがって，0.5 mol/L H_2SO_4 1 mL の対応量は

$$0.5\,\text{mol/L}\ H_2SO_4\ 1\,\text{mL} = 1 \times 105.99 \times 0.5$$
$$= 52.99\,\text{mg}\ Na_2CO_3$$

である．なお，終点近くでの煮沸操作は二酸化炭素の影響を除去するためである．また，電位差滴定法により終点を決定する場合はガラス電極を指示電極として用いる．

（b）1 mol/L 水酸化ナトリウム液

1000 mL 中水酸化ナトリウム（NaOH：40.00）39.997 g を含む．

調製：水酸化ナトリウム 42 g を水 950 mL に溶かし，これを新たに調製した水酸化バリウム八水和物飽和溶液を沈殿がもはや生じなくなるまで滴加し，液をよく混ぜて密栓し，24 時間放置した後，上澄液を傾斜するか，またはガラスろ過器（G3 または G4）を用いてろ過し，次の標定を行う．

標定：アミド硫酸（標準試薬）をデシケーター（減圧，シリカゲル）で約 48 時間乾燥し，その約 1.5 g を精密に量り，新たに煮沸して冷却した水 25 mL に溶かし，調製した水酸化ナトリウム液で滴定し，ファクターを計算する（指示薬法：ブロモチモールブルー試液 2 滴，または電位差滴定法）．ただし，指示薬法の滴定の終点は緑色を呈するときとする．

1 mol/L 水酸化ナトリウム液 1 mL ＝ 97.09 mg $HOSO_2NH_2$

注意：密栓した瓶または二酸化炭素吸収管（ソーダ石灰）をつけた瓶に保存する．長く保存したものは標定し直して用いる．

解説：一酸塩基であるアミド硫酸（$HOSO_2NH_2$：97.09）を用いて，水溶性の酸性化合物の中和滴定に標準液として広く用いられる NaOH を標定する．二酸化炭素の吸収によって生成する Na_2CO_3 は水酸化バリウム八水和物飽和溶液の滴加により炭酸バリウムとして除かれる．標定における煮沸操作も二酸化炭素の影響を除去するためである．なお，電位差滴定法により終点を決定する場合はガラス電極を指示電極として用いる．

（c）0.1 mol/L 過塩素酸

1000 mL 中過塩素酸（$HClO_4$：100.46）10.046 g を含む．

調製：過塩素酸 8.7 mL を酢酸(100)1000 mL 中に約 20℃を保ちながら徐々に加える．約 1 時間放置後，この液 3.0 mL をとり，別途，水分(g/dL)をすみやかに測定する(廃棄処理時には水を加える)．この液を約 20℃に保ちながら，無水酢酸〔(水分(g/dL) − 0.03) × 52.2〕mL を振り混ぜながら徐々に加え，24 時間放置した後，次の標定を行う．

標定：フタル酸水素カリウム(標準試薬)を 105℃で 4 時間乾燥した後，デシケーター(シリカゲル)中で放冷し，その約 0.3 g を精密に量り，酢酸(100)50 mL に溶かし，調製した過塩素酸で滴定する(指示薬法：クリスタルバイオレット試液 3 滴，または電位差滴定法)．ただし，指示薬法の終点は青色を呈するときとする．同様の方法で空試験を行い，補正し，ファクターを計算する．

$$0.1\,\mathrm{mol/L}\ 過塩素酸\ 1\,\mathrm{mL} = 20.42\,\mathrm{mg}\ \mathrm{KHC_6H_4(COO)_2}$$

注意：湿気を避けて保存する．

解説：酢酸中において強い一酸塩基としてはたらくフタル酸水素カリウム〔$KHC_6H_4(COO)_2$：204.22〕を用いて，非水滴定に標準液として広く用いられる $HClO_4$ を標定する．電位差滴定法で終点を判定する場合はガラス電極を指示電極として用いる．無水酢酸を滴加することで溶液中の水が無水酢酸の酢酸への加水分解反応によって消費され，酢酸中の水分を 0.03% 以下にできる．

(2) 医薬品の定量

(a) 炭酸水素ナトリウム

定量法：本品約 2 g を精密に量り，水 25 mL に溶かし，0.5 mol/L 硫酸を滴加し，液の青色が黄緑色に変わったとき，注意して煮沸し，冷後，帯緑黄色を呈するまで滴定する(指示薬：ブロモクレゾールグリン試液 2 滴)．

$$0.5\,\mathrm{mol/L}\ 硫酸\ 1\,\mathrm{mL} = 84.01\,\mathrm{mg}\ \mathrm{NaHCO_3}$$

解説：炭酸水素ナトリウム($NaHCO_3$：84.01)の中和滴定による定量である．一酸塩基である $NaHCO_3$ 1 mol は二塩基酸である H_2SO_4 0.5 mol と反応する．したがって，0.5 mol/L H_2SO_4 1 mL の対応量は

$$0.5\,\mathrm{mol/L}\ \mathrm{H_2SO_4}\ 1\,\mathrm{mL} = 2 \times 84.01 \times 0.5 = 84.01\,\mathrm{mg}\ \mathrm{NaHCO_3}$$

である．なお，中点近くでの煮沸操作は二酸化炭素の影響を除去するためである．

(b) 無水クエン酸

定量法：本品約 0.55 g を精密に量り，水 50 mL に溶かし，1 mol/L 水酸化ナトリウム液で滴定する(指示薬：フェノールフタレイン試液 2 滴)．

1 mol/L 水酸化ナトリウム液 1 mL ＝ 64.04 mg $C_6H_8O_7$

解説：無水クエン酸（$C_6H_8O_7$：192.12）の強塩基による中和滴定である．下式に示すように，三つのカルボキシ基をもつ三塩基酸であるクエン酸 1 mol は NaOH 3 mol と反応する．

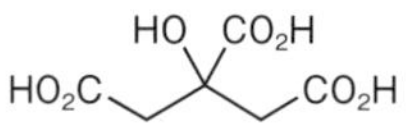

HO CO_2H / HO_2C ─ ─ CO_2H

無水クエン酸
$C_6H_8O_7$：192.12

$$\text{HO}_2\text{C-CH}_2\text{-C(OH)(CO}_2\text{H)-CH}_2\text{-CO}_2\text{H} + 3\,\text{NaOH} \longrightarrow \text{NaO}_2\text{C-CH}_2\text{-C(OH)(CO}_2\text{Na)-CH}_2\text{-CO}_2\text{Na} + 3\,\text{H}_2\text{O}$$

したがって，1 mol/L NaOH 液 1 mL の対応量は

$$1\ \text{mol/L NaOH 液 } 1\ \text{mL} = \frac{1}{3} \times 192.12 \times 1 = 64.04\ \text{mg C}_6\text{H}_8\text{O}_7$$

となる．

（c）アスピリン

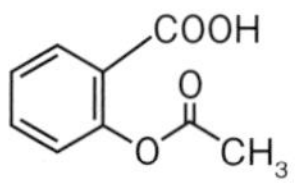

定量法：本品を乾燥し，その約 1.5 g を精密に量り，0.5 mol/L 水酸化ナトリウム液 50 mL を正確に加え，二酸化炭素吸収管（ソーダ石灰）をつけた還流冷却器を用いて 10 分間穏やかに煮沸する．冷後，ただちに過量の水酸化ナトリウムを 0.25 mol/L 硫酸で滴定する（指示薬：フェノールフタレイン試薬 3 滴）．同様の方法で空試験を行う．

COOH / O / O / CH_3

アスピリン
$C_9H_8O_4$：180.16

0.5 mol/L 水酸化ナトリウム液 1 mL ＝ 45.04 mg $C_9H_8O_4$

解説：アスピリン（$C_9H_8O_4$：180.16）の逆滴定による定量である．アスピリンは一つの酢酸エステル基とカルボキシ基をもつ．下式に示すように，エステル基の加水分解とカルボキシ基のけん化に NaOH が消費されるため，アスピリン 1 mol に対して NaOH 2 mol が反応する．

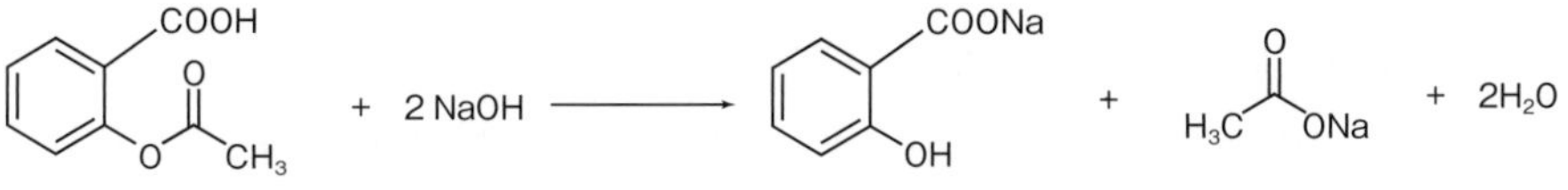

$$\text{アスピリン (COOH, OCOCH}_3\text{)} + 2\,\text{NaOH} \longrightarrow \text{(COONa, OH)} + \text{H}_3\text{C-C(=O)ONa} + 2\text{H}_2\text{O}$$

反応後に過量の NaOH を酸標準液である H_2SO_4 を用いて中和滴定する．H_2SO_4 は二塩基酸であるから 0.5 mol/L NaOH 液 1 mL ＝ 0.25 mol/L H_2SO_4 1 mL × f の関係が成立する．なお，f は 0.25 mol/L H_2SO_4 のファクターである．したがって，本試験および空試験に要した 0.25 mol/L H_2SO_4 の容量を X mL および X_0 mL とすると，$0.5 \times (X_0 - X) \times f \times 1/2 \times 180.16 = 45.04 \times (X_0 - X) \times f$ が $C_9H_8O_4$ の定量値となる．

（d）抱水クロラール

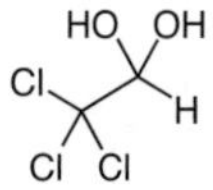

HO OH / Cl / H / Cl Cl

抱水クロラール
$C_2H_3Cl_3O_2$：165.40

定量法：本品約 4 g を共栓フラスコに精密に量り，水 10 mL および正確

に 1 mol/L 水酸化ナトリウム液 40 mL を加え，正確に 2 分間放置し，過量の水酸化ナトリウムを 0.5 mol/L 硫酸で滴定する（指示薬：フェノールフタレイン試薬 3 滴）．同様の方法で空試験を行う．

$$1\ \text{mol/L 水酸化ナトリウム液}\ 1\ \text{mL} = 165.4\ \text{mg}\ C_2H_3Cl_3O_2$$

解説：抱水クロラール（$C_2H_3Cl_3O_2$：165.40）の逆滴定による定量分析である．抱水クロラールは，下式に示すように，水和物を構成するヒドロキシ基が NaOH により脱プロトン化され，クロロメチルアニオンが脱離する．つまり，抱水クロラール 1 mol に対して NaOH 1 mol が反応する．

$$Cl_3C\text{-}CH(OH)_2 + NaOH \longrightarrow CHCl_3 + HCOONa + H_2O$$

この反応後に過量の NaOH を酸標準液である H_2SO_4 を用いて中和滴定する．H_2SO_4 は二塩基酸であるから 1 mol/L NaOH 液 1 mL = 0.5 mol/L H_2SO_4 1 mL × f の関係が成立する．なお，f は 0.5 mol/L H_2SO_4 のファクターである．したがって，本試験および空試験に要した 0.5 mol/L H_2SO_4 の容量を X mL および X_0 mL とすると，$1 \times (X_0 - X) \times f \times 165.40 = 165.4 \times (X_0 - X) \times f$ が抱水クロラールの定量値となる．

（e）ノルアドレナリン

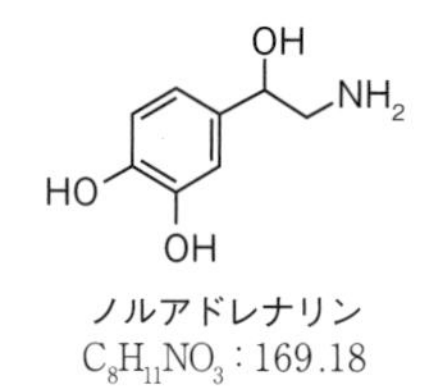

ノルアドレナリン
$C_8H_{11}NO_3$: 169.18

定量法：本品を乾燥し，その約 0.3 g を精密に量り，非水滴定用酢酸 50 mL を加え，必要ならば加温して溶かし，0.1 mol/L 過塩素酸で滴定する（指示薬：クリスタルバイオレット試液 2 滴）．ただし，滴定の終点は液の青紫色が青色を経て青緑色に変わるときとする．同様の方法で空試験を行い，補正する．

$$0.1\ \text{mol/L 過塩素酸}\ 1\ \text{mL} = 16.92\ \text{mg}\ C_8H_{11}NO_3$$

解説：非水溶性で一酸塩基であるノルアドレナリン（$C_8H_{11}NO_3$：169.18）の $HClO_4$ による非水滴定である．用いる酢酸（100）が無水酢酸を含んでいるとノルアドレナリンがアセチル化される．その結果，定量値が低くなることがあるので注意が必要である．なお，ノルアドレナリンのような脂肪族アミンの中和滴定に用いる場合，クリスタルバイオレットは，アルカリ性から酸性への液性の変化に伴い，紫から青紫，青，青緑（当量点），緑を経て黄緑へと変色する．

（f）イソニアジド

イソニアジド
$C_6H_7N_3O$: 137.14

定量法：本品を乾燥し，その約 0.3 g を精密に量り，酢酸（100）50 mL および無水酢酸 10 mL に溶かし，0.1 mol/L 過塩素酸で滴定する（指示薬：p-ナフトールベンゼイン試液 0.5 mL）．ただし，滴定の終点は液の黄色が緑色に変わるときとする．同様の方法で空試験を行い，補正する．

0.1 mol/L 過塩素酸 1 mL ＝ 13.71 mg $C_6H_7N_3O$

解説：非水溶性で二酸塩基であるイソニアジド($C_6H_7N_3O$：137.14)の $HClO_4$ を用いた非水滴定である．ただし，下式に示すように，末端の第一級アミンは，溶媒として用いる無水酢酸*によりアセチル化されるため，本定量法においてイソニアジドは一酸塩基として振る舞う．

* 無水酢酸：アセチル化剤として合成反応に汎用される．第一級アミンと第二級アミンは無水酢酸との反応によりアミドに変換される．第三級アミンとピリジンのような芳香環内の窒素原子とは反応しない．

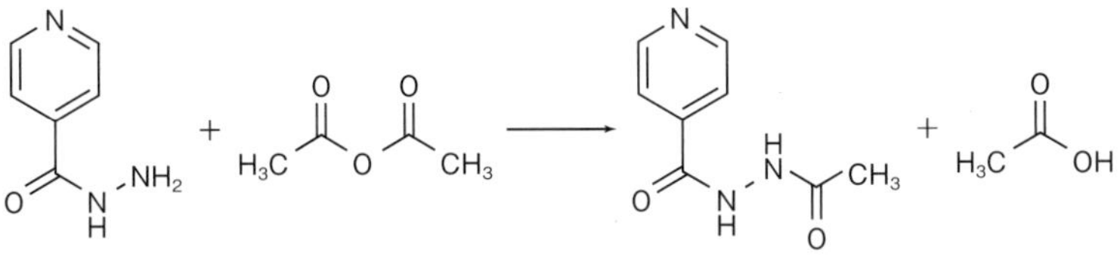

その結果，イソニアジド 1 mol は $HClO_4$ 1 mol と反応する．したがって，0.1 mol/L $HClO_4$ 1 mL の対応量は

0.1 mol/L $HClO_4$ 1 mL ＝ 1 × 137.14 × 1 ＝ 13.71 mg $C_6H_7N_3O$

となる．なお，*p*-ナフトールベンゼインは，クリスタルバイオレットと同様に，日局 17 収載医薬品の非水滴定によく用いられる指示薬である．下式に示すように，その分子形は緑色を，イオン形は黄色を呈する．その結果，$HClO_4$ が過量になった瞬間に黄色から緑色に変化する．

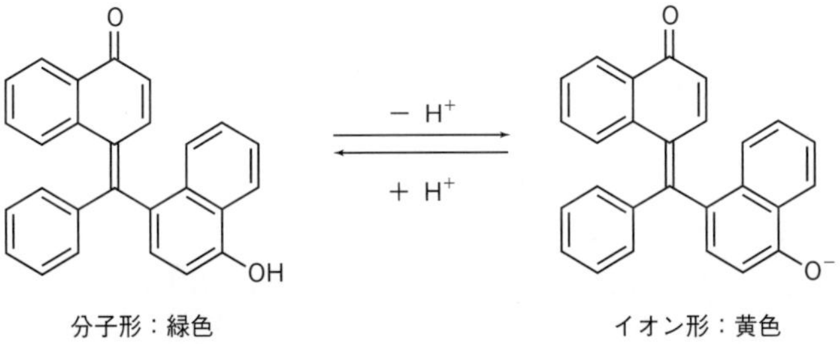

分子形：緑色　　イオン形：黄色

p-ナフトールベンゼイン

(g) ジブカイン塩酸塩

定量法：本品を乾燥し，その約 0.3 g を精密に量り，無水酢酸/酢酸(100)混液(7：3)50 mL に溶かし，0.1 mol/L 過塩素酸で滴定する(電位差滴定法)．同様の方法で空試験を行い，補正する．

0.1 mol/L 過塩素酸 1 mL ＝ 19.00 mg $C_{20}H_{29}N_3O_2 \cdot HCl$

解説：ジブカイン塩酸塩($C_{20}H_{29}N_3O_2 \cdot HCl$：379.92)は，その脂肪族第三級アミンがプロトン化されているため，一酸塩基であると考えがちである．しかし，3 章で述べたように，有機溶媒中では $HClO_4$ は HCl より強い酸である．その結果，下式に示すように，ピリジン環の窒素原子がプロトン化されるだけでなく，HCl 塩が $HClO_4$ 塩に入れ替わる．

$$+ 2HClO_4 \longrightarrow \quad + HCl$$

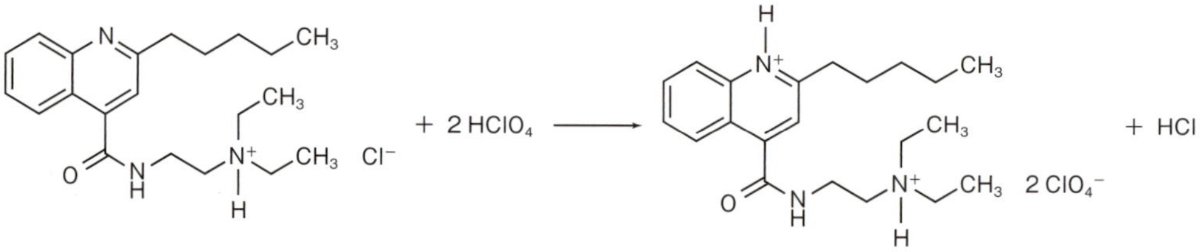

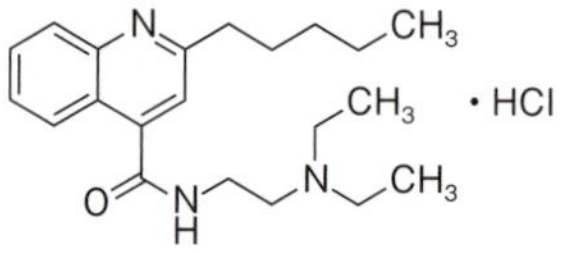

ジブカイン塩酸塩
$C_{20}H_{29}N_3O_2 \cdot HCl$: 379.92

したがって，ジブカイン塩酸塩 1 mol は $HClO_4$ 2 mol と反応し，0.1 mol/L $HClO_4$ 1 mL の対応量は

$$0.1\ \text{mol/L}\ HClO_4\ 1\ \text{mL} = \frac{1}{2} \times 379.92 \times 0.1$$
$$= 19.00\ \text{mg}\ C_{20}H_{29}N_3O_2 \cdot HCl$$

となる．なお，HCl 塩が $HClO_4$ 塩に入れ替わる非水滴定を追い出し滴定ともいう．

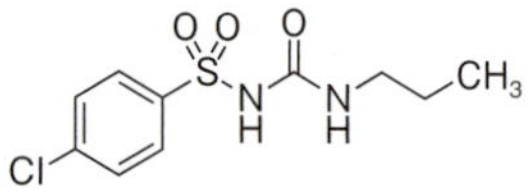

クロルプロパミド
$C_{10}H_{13}ClN_2O_3S$: 276.74

＊ 中和エタノール：エタノール(95)適量にフェノールフタレイン試液 2～3 滴を加え，これに 0.1 mol/L NaOH 液または 0.01 mol/L NaOH 液を，液が淡赤色を呈するまで加えて用時に調製する．

(h) クロルプロパミド

定量法：本品を乾燥し，その約 0.5 g を精密に量り，中和エタノール* 30 mL に溶かし，水 20 mL を加え，0.1 mol/L 水酸化ナトリウム液で滴定する(指示薬：フェノールフタレイン試液 3 滴)．

$$0.1\ \text{mol/L 水酸化ナトリウム液}\ 1\ \text{mL} = 27.67\ \text{mg}\ C_{10}H_{13}ClN_2O_3S$$

解説：非水溶性で一塩基酸であるクロルプロパミド($C_{10}H_{13}ClN_2O_3S$: 276.74)の NaOH 液による中和滴定である．クロルプロパミドには二つの NH 基があるが，スルホニル基(—SO_2—)とカルボニル基(C=O)に挟まれた NH 基のみが酸性官能基である．その結果，$C_{10}H_{13}ClN_2O_3S$ 1 mol は NaOH 1 mol と反応するため，0.1 mol/L NaOH 液 1 mL への対応量は

$$0.1\ \text{mol/L NaOH 液}\ 1\ \text{mL} = 1 \times 276.74 \times 0.1$$
$$= 27.67\ \text{mg}\ C_{10}H_{15}ClN_2O_3S$$

となる．

9.3 キレート滴定

SBO キレート滴定の原理，操作法および応用例を説明できる．

錯体反応を利用する滴定では，多くの金属イオンと安定な 1：1 キレートを生成する性質をもつ ethylenediaminetetraacetic acid(EDTA)，あるいはほかのアミノポリカルボン酸類がしばしば用いられる．EDTA のようなキ

レート試薬を滴定液として用いる金属イオンの滴定は，**キレート滴定**(chelatometry)ともいわれる．EDTAは，その分子中に4個のカルボキシ基のO原子と2個のN原子をもつ(表4.3b参照)．また，EDTA(H_4Yで示す)は4段階の酸解離平衡を示し，その解離定数は式(9.1)で表される．

$$\begin{aligned}
&H_4Y \rightleftharpoons H_3Y^- + H^+ \quad K_1 = \frac{[H_3Y^-][H^+]}{[H_4Y]}\\
&H_3Y^- \rightleftharpoons H_2Y^{2-} + H^+ \quad K_2 = \frac{[H_2Y^{2-}][H^+]}{[H_3Y^-]}\\
&H_2Y^{2-} \rightleftharpoons HY^{3-} + H^+ \quad K_3 = \frac{[HY^{3-}][H^+]}{[H_2Y^{2-}]}\\
&HY^{3-} \rightleftharpoons Y^{4-} + H^+ \quad K_4 = \frac{[Y^{4-}][H^+]}{[HY^{3-}]}
\end{aligned} \tag{9.1}$$

それぞれの酸解離定数は，$pK_1 = 1.99$，$pK_2 = 2.67$，$pK_3 = 6.17$，$pK_4 = 10.26$である．EDTAがキレート滴定液としてしばしば用いられる理由として，ｉ）六座配位子としてはたらき，安定な錯体をつくる，ii）多くの金属イオンと1：1の比で反応する，iii）EDTAおよび生成する金属キレートは水溶性である，iv）EDTA液は無色であり，生成するキレートは無色のものが多い，ｖ）高純度のEDTA(またはその塩)が容易に入手でき，それらは室温で化学的に安定である，などがあげられる．

9.3.1 キレート滴定におけるpHの影響

金属イオンM^{m+}とEDTA(Y^{4-})との反応における生成定数K_{MY}は次の式(9.2)で定義される．

$$M^{m+} + Y^{4-} \rightleftharpoons MY^{m-4} \qquad K_{MY} = \frac{[MY^{m-4}]}{[M^{m+}][Y^{4-}]} \tag{9.2}$$

K_{MY}は解離定数の逆数であり，大きな値をもつものほどその錯体の安定性は高い．キレート滴定に用いられる，おもな金属イオンとキレート試薬との生成定数($\log K_{MY}$)を表9.2に示す．

$[H^+]$が大きくなれば(すなわち，pHが小さいほど) $[Y^{4-}]$は小さくなり，式(9.2)の平衡は左側に移動してキレートが生成する割合が小さくなる．生成定数K_{MY}の比較的小さい，不安定なキレートの生成ほどpHの影響を受けやすい．いま，溶液中で結合していないEDTAの総濃度を$[Y']$とすると，式(9.3)のように表される．

$$[Y'] = [Y^{4-}] + [HY^{3-}] + [H_2Y^{2-}] + [H_3Y^-] + [H_4Y] \tag{9.3}$$

表 9.2 金属イオンとキレート試薬の生成定数($\log K_{MY}$)

キレート試薬	Mg	Ca	Sr	Ba	Cu	Ni	Co	Zn	Cd
EDTA	8.7	10.6	8.6	7.8	18.8	18.6	16.2	16.3	16.5
DTPA	9.0	10.6	9.7	9.6	21.5	20.2	19.3	18.6	18.9
IDA	2.9	2.6	2.2	1.7	10.6	8.2	7.0	7.3	5.7
NTA	5.4	6.4	5.0	4.8	13.0	11.5	10.4	10.7	9.8
CyDTA	10.3	12.5	10.5	8.0	21.3	19.4	18.9	18.7	19.2
GEDTA	5.2	11.0	8.5	8.4	17.0	12.0	12.3	14.5	16.7

式(9.3)を，式(9.1)を用いて書き換えると

$$[\mathrm{Y}'] = [\mathrm{Y}^{4-}]\left[1 + \frac{[\mathrm{H}^+]}{K_4} + \frac{[\mathrm{H}^+]^2}{K_4K_3} + \frac{[\mathrm{H}^+]^3}{K_4K_3K_2} + \frac{[\mathrm{H}^+]^4}{K_4K_3K_2K_1}\right] \tag{9.4}$$

となる．ここで

$$\alpha_{\mathrm{H}} = 1 + \frac{[\mathrm{H}^+]}{K_4} + \frac{[\mathrm{H}^+]^2}{K_4K_3} + \frac{[\mathrm{H}^+]^3}{K_4K_3K_2} + \frac{[\mathrm{H}^+]^4}{K_4K_3K_2K_1} \tag{9.5}$$

とすれば，式(9.4)は$[\mathrm{Y}'] = [\mathrm{Y}^{4-}]\alpha_{\mathrm{H}}$と表される．したがって，ある pH における キレートの生成定数($K_{\mathrm{MY}'}$)は，次式として表すことができる．

$$\begin{aligned} K_{\mathrm{MY}'} &= \frac{[\mathrm{MY}^{m-4}]}{[\mathrm{M}^{m+}][\mathrm{Y}']} \\ &= \frac{[\mathrm{MY}^{m-4}]}{[\mathrm{M}^{m+}][\mathrm{Y}^{4-}]\alpha_{\mathrm{H}}} \\ &= \frac{K_{\mathrm{MY}}}{\alpha_{\mathrm{H}}} \end{aligned} \tag{9.6}$$

ここで定義された$K_{\mathrm{MY}'}$を**条件生成定数**(conditional formation constant)，α_{H}を副反応係数という．さらに，式(9.6)の両辺の常用対数をとると，

$$\log K_{\mathrm{MY}'} = \log K_{\mathrm{MY}} - \log \alpha_{\mathrm{H}} \tag{9.7}$$

となる．ただし，$\log \alpha_{\mathrm{H}}$の値は pH の低下(すなわち，酸性が強くなる)とともに大きくなる．したがって，酸性になるほど$K_{\mathrm{MY}'}$の値は小さくなり，キレートの安定性が小さくなって滴定不可能となる．

一般に，金属イオンの電荷が大きければ，金属イオンの正電荷とH^+の正電荷との反発のためにH^+を放出しやすくなる．一方，H^+濃度の低い(OH^-濃度が高い)場合はキレート生成反応が起こりやすいが，逆に金属の水酸化物あるいは水酸化物塩などを生成して沈殿を生じるといった副反応が起こりやすい．また，金属水酸化物の安定度が金属キレートの安定度より大きい場

合には，キレートは生成しにくい．したがって，キレート生成反応が十分に起こるためには高い pH の溶液中のほうが望ましいが，加水分解反応などの副反応も同時に起こることにも注意する必要がある．図 9.5 から，いろいろな金属イオンの EDTA によるキレート滴定の至適 pH がわかる．

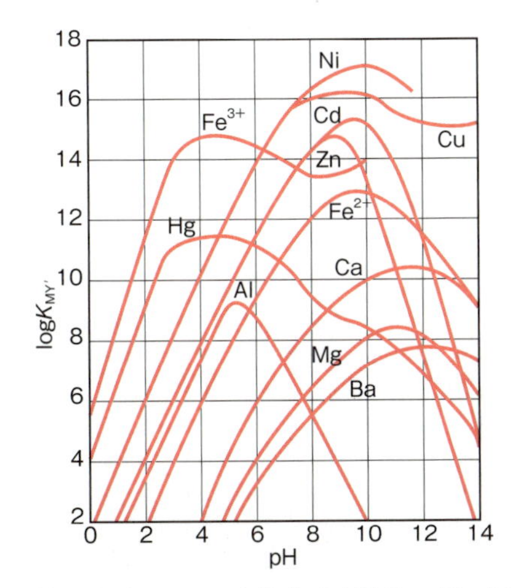

図 9.5 代表的な金属イオンの条件生成定数($\log K_{MY'}$)と pH の関係
『分析化学大系：錯形成反応』，日本分析化学会 編，丸善(1974)，p. 412(図 4.4)より改変．

9.3.2 滴 定 曲 線

滴定曲線(図 9.6)は，金属イオンの初期濃度(C_M)，副反応係数(α_H)，および条件生成定数($K_{MY'}$)などにより決まる．正確な分析をするためには，当量点近傍における濃度(あるいは電位差など)の急激なジャンプが得られるように滴定条件を設定する必要がある．

一方，終点の検出に用いられる指示薬には，指示薬と金属キレートとの色調変化を利用した**金属指示薬**(metal indicator)，酸化還元電位の変化により変色する酸化還元指示薬がある．金属指示薬はキレート試薬の一種であり，金属イオンとキレートを生成することにより変色する．たとえば，エリオクロームブラック T(EBT)を指示薬とし，pH 10 付近で Mg^{2+} を EDTA(H_2Y^{4-})で滴定すれば，当量点では Mg^{2+} と EDTA は定量的(99.9% 以上)に反応する．ここで，EBT を H_2In^- ($H_2In^- \rightleftharpoons HIn^{2-} \rightleftharpoons In^{3-}$)として表すと，pH10 付近の当量点近くでは，$Mg^{2+}$ との錯体 $MgIn^-$ の赤色から，Mg^{2+} が遊離した HIn^{2-} の青色への色の変化が起こる．

エリオクロームブラック T
(EBT)

$$MgIn^- + H_2Y^{2-} \rightleftharpoons MgY^{2-} + HIn^{2-} + H^+$$

(赤色)　　　　　　　　(青色)

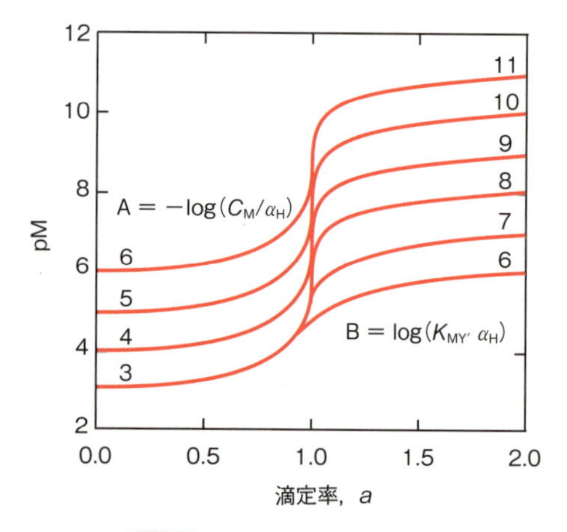

図 9.6 金属イオンの滴定曲線

曲線は$C_M K_{MY'} > 10^6$の場合を示す．$0 < a < 1$のとき，曲線の形は$A = -\log(C_M/\alpha_H)$によって決まり，$pM = A - \log(1-a)$で表される．$1 < a$のとき，曲線は$B = \log(K_{MY'}\alpha_H)$によって決まり，$pM = B + \log(a-1)$で表される．$a = 1$のとき，$pM = (A + B)/2$.
C_M：金属イオンの初期濃度，α_H：副反応係数.

9.3.3 医薬品分析への応用

(1) 標 準 液

(a) 0.02 mol/L エチレンジアミン四酢酸二水素二ナトリウム液

調製：エチレンジアミン四酢酸二水素二ナトリウム二水和物($C_{10}H_{14}N_2Na_2O_8 \cdot 2H_2O$：382.24)7.5 g を水に溶かし，1000 mL とし，次の標定を行う．

標定：亜鉛(標準試薬)を希塩酸で洗い，次に水洗し，さらにアセトンで洗った後，110℃で5分間乾燥した後，デシケーター(シリカゲル)中で放冷し，約0.8 g を精密に量り，希塩酸12 mL および臭素試液5滴を加え，穏やかに加温して溶かし，煮沸して過量の臭素を追いだした後，水を加えて正確に200 mL とする．この液20 mL を正確に量り，NaOH 水溶液(1 → 50)を加えて中性とし，pH 10.7のアンモニア・塩化アンモニウム緩衝液5 mL およびエリオクロムブラック T・塩化ナトリウム指示薬0.04 g を加え，調製したエチレンジアミン四酢酸二水素二ナトリウム液で，液の赤紫色が青紫色に変わるまで滴定し，ファクターを計算する．

0.02 mol/L エチレンジアミン四酢酸二水素二ナトリウム液 1 mL
　= 1.308 mg Zn

注意：ポリエチレン瓶に保存する．

(b) 0.01 mol/L エチレンジアミン四酢酸二水素二ナトリウム液

調製：用時，0.02 mol/L エチレンジアミン四酢酸二水素二ナトリウム液に水を加えて正確に2倍容量とする．

(c) 0.05 mol/L 塩化マグネシウム液

調製：塩化マグネシウム六水和物($MgCl_2 \cdot 6H_2O$：203.30)10.2 g に新たに煮沸し冷却した水を加えて溶かし，1000 mL とし，次の標定を行う．

標定：調製した塩化マグネシウム液 25 mL を正確に量り，水 50 mL，pH 10.7 のアンモニア・塩化アンモニウム緩衝液 3 mL，およびエリオクロムブラック T・塩化ナトリウム指示薬 0.04 g を加え，0.05 mol/L エチレンジアミン四酢酸二水素二ナトリウム液で滴定し，ファクターを計算する．ただし，滴定の終点は，終点近くでゆっくり滴定し，液の赤紫色が青紫色に変わるときとする．

解説：マグネシウムの EDTA キレートは生成定数が小さく，EBT キレートの生成定数との差が小さいため置換反応が遅い．したがって終点付近ではゆっくり滴定したほうがよい．

(d) 0.05 mol/L 酢酸亜鉛液

調製：酢酸亜鉛二水和物〔$Zn(CHCOO)_2 \cdot 2H_2O$：219.50〕11.1 g に水 40 mL および希酢酸 4 mL を加えて溶かし，水を加えて 1000 mL とし，次の標定を行う．

標定：0.05 mol/L エチレンジアミン四酢酸二水素二ナトリウム液 20 mL を正確に量り，水 50 mL，pH 10.7 のアンモニア・塩化アンモニウム緩衝液 3 mL，およびエリオクロムブラック T・塩化ナトリウム指示薬 0.04 g を加え，調製した酢酸亜鉛液で滴定し，ファクターを計算する．滴定の終点は，液の青色が青紫色に変わるときとする．

(2) 医薬品の定量

SBO 日本薬局方収載の代表的な医薬品の容量分析を実施できる．(知識・技能)

(a) 塩化カルシウム水和物

定量法：本品約 0.4 g を精密に量り，水に溶かし，正確に 200 mL とする．この液 20 mL を正確に量り，水 40 mL および 8 mol/L 水酸化カリウム試液 2 mL を加え，さらに NN 指示薬 0.1 g を加えた後，ただちに 0.02 mol/L エチレンジアミン四酢酸二水素二ナトリウム液で滴定する．ただし，滴定の終点は液の赤紫色が青色に変わるときとする．

0.02 mol/L エチレンジアミン四酢酸二水素二ナトリウム液 1 mL
$= 2.940\ \mathrm{mg}\ CaCl_2 \cdot 2H_2O$

解説：EDTA による Ca^{2+} の直接滴定法である．EDTA・Ca の生成定数は 5.1×10^{10} である．指示薬には NN 指示薬を用いる．8 mol/L 水酸化カリウム液を加えて pH 12～13 に調整して滴定する．NN 指示薬は Ca^{2+} とのキレートに用いる金属指示薬で，NN が青色，NN・Ca の色は赤紫色で，鋭敏に変色する．Ca^{2+} 1 mol は EDTA 1 mol と反応する．したがって，0.02 mol/L EDTA 1 mL の対応量は，

COLUMN　中心静脈栄養剤

中心静脈栄養法とは末梢静脈栄養法に対する方法で，消化管を通じての栄養摂取が不可能であったり，なんらかの理由により消化管を休めなければならない患者に対して，鎖骨下静脈などから大静脈まで入れたカテーテルを通した輸液ラインから栄養補給するものである．しかし，腎障害をもつ患者などにおいて，長期間に及ぶ透析および大容量で使用する静脈注射用の栄養剤として**中心静脈栄養**(total parenteral nutrition，TPN)療法を行った場合には，アルミニウムによる中枢神経系や骨などにおける毒性発現が観察されている．また，アルツハイマー型痴呆患者の脳からは健常者よりも数十倍もの濃度のアルミニウムが検出されたことや，国内外においてその土地の地下水中に含まれる高濃度のアルミニウムイオンとアルツハイマー患者数が比例するということなどから，第二次世界大戦後よりアルツハイマー型痴呆症に対するアルミニウム原因説が議論されてきた．この説は現在では一般的に認められていないが，アルミニウムが脳血液関門を通過することから，今日でもいろいろ研究されている．一方，透析患者において透析脳症，脳軟化症，およびアルミニウム骨症が，TPN療法の患者において骨軟化症などの症状が認められている．

このような状況のなかで，アメリカ食品医薬品局(Food and Drug Administration，FDA)は，2004年より，安全性の面から中心静脈栄養(TPN)に使用される非経口剤中に含まれるアルミニウムの規制の実施を計画した．大容量製剤(LVP)の規制値が25 μg/L以下ときわめて低濃度に規制されており，なおかつ測定対象となる注射剤は高濃度のアミノ酸，電解質，糖類などの成分を含有しているため，実際のアルミニウムの測定は非常に難しく，汎用されている原子吸光光度法を用いても，十分な測定結果が得られないとされる．日局17に参考情報「中心静脈栄養剤中の微量アルミニウム試験法」として収載されている．

$$0.02\,\text{mol/L EDTA } 1\,\text{mL} = 1 \times 147.01 \times 0.02 = 2.940\,\text{mg } CaCl_2 \cdot 2H_2O$$

(b) エタンブトール塩酸塩

定量法：本品を乾燥し，その約0.2 gを精密に量り，水20 mLおよび硫酸銅(Ⅱ)試液1.8 mLを加えて溶かし，水酸化ナトリウム試液7 mLを振り混ぜながら加えた後，水を加えて正確に50 mLとし，遠心分離する．その上澄液10 mLを正確に量り，pH 10.0のアンモニア・塩化アンモニウム緩衝液10 mLおよび水100 mLを加え，0.01 mol/Lエチレンジアミン四酢酸二水素二ナトリウム液で滴定する(指示薬：Cu-PAN試液0.15 mL)．ただし，滴定の終点は液の青紫色が淡赤色を経て淡黄色に変わるときとする．同様の方法で空試験を行い，補正する．

0.01 mol/L エチレンジアミン四酢酸二水素二ナトリウム液 1 mL

$$= 2.772\,\text{mg } C_{10}H_{24}N_2O_2 \cdot 2HCl$$

解説：エタンブトールの銅キレート生成反応を利用した定量法である．この定量法では，エタンブトール・銅キレートが NaOH 水溶液中で生成し，過量の Cu^{2+} は $Cu(OH)_2$ として沈殿し，遠心分離により除去されるので，水溶液中のエタンブトール・銅キレート中の銅を EDTA 液により滴定してエタンブトール塩酸塩（$C_{10}H_{24}N_2O_2$・2HCl：277.23）を定量できる．約 pH 10 において，Cu-PAN 試液により，液は青紫色→紫色となり，徐々に赤味を帯びながら，うすい紫赤色→微赤色→無色となる．さらに半滴加えると微黄色となる．Cu-PAN 試液は，使用するときに調製したほうがよい．

9.4 沈 殿 滴 定

SBO 沈殿滴定の原理，操作法および応用例を説明できる．

沈殿滴定（precipitation titration）は，難溶性塩の定量的な生成または消失反応を利用したもので，フッ化物イオンを除くハロゲン化物イオン（Cl^-, Br^-, I^-）や銀イオンなどの定量によく利用される．日局 17 では，生理食塩水やヨードを含む X 線造影剤の分析に用いられている．

9.4.1 滴 定 曲 線

沈殿滴定において，沈殿の溶解度積がわかれば，**滴定曲線**（titration curve）を理論的に作成することができる．実験的には，電位差滴定によって作成することができる．ここでは塩化ナトリウム（NaCl）水溶液を硝酸銀（$AgNO_3$）水溶液で滴定する場合を考える．

$$NaCl + AgNO_3 \longrightarrow AgCl + NaNO_3$$

の反応により AgCl が生成するが，これは難溶性の塩であり，AgCl の溶解度積 $K_{sp,AgCl} = [Ag^+][Cl^-] = 1 \times 10^{-10} mol^2/L^2$ が成り立っている．この式をイオン指数で表すと，次のようになる．

$$-\log[Ag^+] = pAg, \qquad -\log[Cl^-] = pCl$$
$$pK_{AgCl} = pAg + pCl = 10.0$$

0.1 mol/L NaCl v mL を 0.1 mol/L $AgNO_3$ で滴定したときの滴定量を a mL とすると，イオン濃度およびイオン指数は次のようになり，図 9.7 のような滴定曲線が得られる．

① $a = 0$ のとき，$[Cl^-] = 0.1$　すなわち $pCl = 1.0$

② $0 < a < v$ のとき，全量は $(a + v)$ mL で，a mL の分だけ AgCl の沈殿が生成し，$(v - a)$ mL 分の NaCl が残存する．

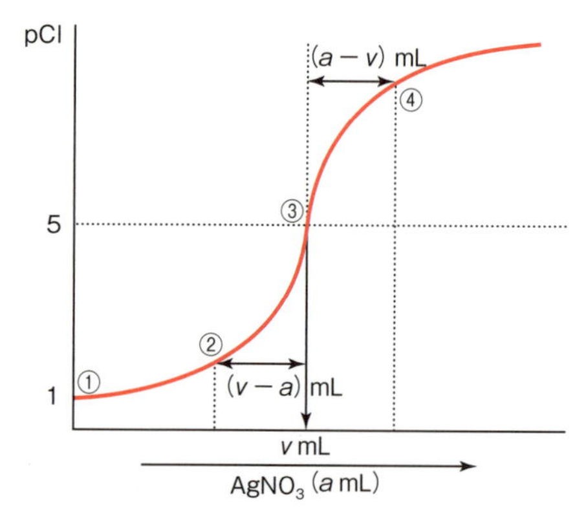

図 9.7 $AgNO_3$ 水溶液による NaCl 水溶液の滴定における滴定曲線

$$[Cl^-] = \frac{0.1 \times (v-a)}{(a+v)}$$

$$pCl = -\log\left[\frac{0.1 \times (v-a)}{(a+v)}\right]$$

③ $a = v$ のときは当量点であり，$[Ag^+][Cl^-] = 1 \times 10^{-10}$，すなわち $[Ag^+] = [Cl^-] = 1 \times 10^{-5}$ なので，pCl = pAg = 5.0 となる．

④ $a > v$ のとき，全量は $(a + v)$ mL で，v mL の分だけ AgCl の沈殿が生成し，$(a - v)$ mL 分の $AgNO_3$ が残存する．

$$[Ag^+] = \frac{0.1 \times (a-v)}{(a+v)}$$

$$pAg = -\log\left[\frac{0.1 \times (a-v)}{(a+v)}\right] \qquad pCl = 10.0 - pAg$$

図 9.7 からわかるように，当量点付近で pCl の飛躍がある．

9.4.2 滴定終点の検出

沈殿滴定では，反応液の導電率や電位差を測定することにより滴定終点を検出する方法もあるが，指示薬を用いる簡便な方法として，モール法，ファヤンス法，フォルハルト法などがある．

(1) モール法

モール法(Mohr's method)は，F. Mohr によって 1856 年に開発された方法で，クロム酸イオン(CrO_4^{2-})を指示薬として Cl^- を $AgNO_3$ 標準液で定量する方法である．滴定液に $K_2Cr_2O_4$ 溶液を指示薬として加え，$AgNO_3$ 標準液を滴加すると，溶解度積の違いから，まず AgCl(白色沈殿)が選択的に沈殿する．AgCl の沈殿が完結し，Cl^- より Ag^+ が過剰になると，CrO_4^{2-} と次の反応が進行し，赤色沈殿が生じるので，これを終点とする．

$$2Ag^+ + CrO_4^{2-} \longrightarrow Ag_2CrO_4\downarrow \text{(赤色沈殿)}$$

しかし，環境への配慮より CrO_4^{2-} の使用は中止され，この方法は現在ほとんど用いられていない．

(2) ファヤンス法

ファヤンス法(Fajans' method)は，K. Fajans によって 1923 年に開発された方法で，表 9.3 のような吸着指示薬を用いる．NaCl 水溶液に $AgNO_3$ 標準液を滴加すると AgCl の白色沈殿を生じるが，AgCl は最初はコロイドとして分散し，AgCl の表面は溶液中に残存する Cl^- を吸着し負に帯電する．このとき指示薬のフルオレセイン(使用可能 pH 7 ～ 10)は負に帯電しており，沈殿と静電気的に反発して溶液中に存在し黄緑色の蛍光を発する．当量点付近では Ag^+ が過剰になった段階で AgCl 沈殿の表面に Ag^+ が吸着して正電荷を帯び，負に帯電したフルオレセインが沈殿に吸着して赤色に着色する(図 9.8)．

(3) フォルハルト法

フォルハルト法(Volhard's method)は，J. Volhard によって 1874 年に開発された方法で，チオシアン酸塩を標準液に用いる Ag^+ の沈殿滴定法である．Ag^+ を含む被滴定液にチオシアン酸アンモニウム(NH_4SCN)標準液を滴加するとチオシアン酸銀(AgSCN)の白色沈殿を生じる．

$$Ag^+ + SCN^- \longrightarrow AgSCN\downarrow$$

表 9.3 沈殿滴定に用いられるおもな吸着指示薬

指示薬	構造式	変色	応用
フルオレセインナトリウム	NaO, O, O, CO_2Na	黄緑色→紅色 pH7 ～ 10	塩化ナトリウム 生理食塩液 注射用アセチルコリン塩化物
テトラブロモフェノールフタレインエチルエステルカリウム	Br, Br, KO, O, Br, Br, $CO_2C_2H_5$	黄色→緑色 pH ～ 4	アミドトリゾ酸 イオタラム酸

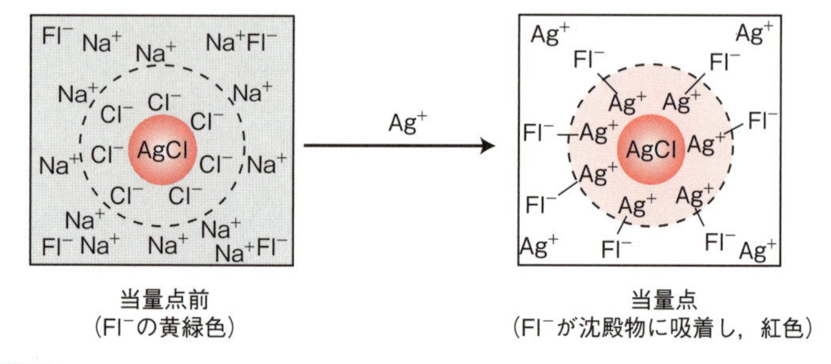

図9.8 当量点における AgCl コロイドへのフルオレセインイオン(Fl⁻)の吸着

AgSCN の K_{sp} は $1.0 \times 10^{-12}\ mol^2/L^2$ であり，指示薬として Fe^{3+} を加えておくと，上記の反応が完結した後，次の反応が進行し，赤色の錯塩が生成する．

$$Fe^{3+} + 6\,SCN^- \longrightarrow [Fe(SCN)_6]^{3-}$$

滴定で生じる AgSCN は吸着性が強く，Ag^+ を吸着している可能性があるので，$[Fe(SCN)_6]^{3-}$ の赤色が生じたら，約 20 秒間激しく振り混ぜ，色が消えなくなったところを終点とする．この方法は，アルカリ性では指示薬の鉄(Ⅲ)イオンが水酸化鉄(Ⅲ)の赤色コロイドをつくり変色の判定が困難なため，硝酸酸性で行わなければならない．また，生成した $[Fe(SCN)_6]^{3-}$ は高温では退色しやすいため，25℃以下で行わなければならない．しかし，この滴定法は Ag^+ の直接滴定として用いられることは少なく，ハロゲン化物イオンなどに一定過剰の $AgNO_3$ 標準液を加えた後，余剰の $AgNO_3$ を NH_4SCN 標準液で逆滴定するために用いられるので，フォルハルトの余剰滴定ともいわれる．Cl^- を定量する場合は，AgCl の溶解度が AgSCN より大きいため，逆滴定の際に AgCl が再溶解して当量点を過ぎても AgSCN の沈殿生成反応が起こり，終点が不明瞭になる．したがって，生成した AgCl をろ過して除去したあとに滴定するか，ニトロベンゼンを添加して AgCl 沈殿表面を被覆してその溶解を防止する必要がある．

(4) リービッヒ・デニジェ法

リービッヒ・デニジェ法(Liebig-Deniges' method)とは，$AgNO_3$ 標準液でシアン化物(CN^-)イオンを滴定する際，指示薬としてヨウ化カリウムを用いて終点を判定する方法である．アンモニアアルカリ性で生成するシアン化銀はアンモニア(NH_3)に溶けるが，当量点をわずかに過ぎると過剰の Ag は NH_3 に不溶のヨウ化銀を生成し，黄色の混濁を生じる．日局 17 では，キョウニン水中のシアン化水素の定量に用いられている．

9.4.3 医薬品分析への応用

SBO 日本薬局方収載の代表的な医薬品の容量分析を実施できる.（知識・技能）

（1）沈殿滴定用標準液

（a）0.1 mol/L 硝酸銀液

1000 mL 中硝酸銀（$AgNO_3$：169.87）16.987 g を含む.

調製：硝酸銀 17.0 g を水に溶かし，1000 mL とし，次の標定を行う.

標定：塩化ナトリウム（標準試薬）を 500 ～ 650 ℃で 40 ～ 50 分間乾燥した後，デシケーター（シリカゲル）中で放冷し，その約 0.15 g を精密に量り，水 50 mL に溶かし，フルオレセインナトリウム試液 3 滴を加え，強く振り混ぜながら，調製した硝酸銀液で液の黄緑色が黄色を経て黄橙色を呈するまで滴定し，ファクターを計算する.

0.1 mol/L 硝酸銀液 1 mL ＝ 5.844 mg NaCl

解説：ファヤンス法，すなわち指示薬にフルオレセインナトリウムを用い，標準試薬として NaCl を用いることにより標定する.

（b）0.1 mol/L チオシアン酸アンモニウム液

1000 mL 中チオシアン酸アンモニウム（NH_4SCN：76.12）7.612 g を含む.

調製：チオシアン酸アンモニウム 8 g を水に溶かし，1000 mL とし，次の標定を行う.

標定：0.1 mol/L 硝酸銀液 25 mL を正確に量り，水 50 mL，硝酸 2 mL および硫酸アンモニウム鉄（Ⅲ）試液 2 mL を加え，振り動かしながら，調製したチオシアン酸アンモニウム液で持続する赤褐色を呈するまで滴定し，ファクターを計算する.

注意：遮光して保存する.

解説：フォルハルト法．指示薬に硫酸アンモニウム鉄（Ⅲ）〔$FeNH_4(SO_4)_2$〕試液を用い，$AgNO_3$ 液を二次標準液として用いる間接法により標定する.

二次標準法
純度の高い標準試薬が得られない場合，調製した標準液と標定済みの既知の濃度の標準液との間での滴定反応により標定する方法.

（2）医薬品の定量

（a）生理食塩水中の NaCl の定量（ファヤンス法）

定量法：本品 20 mL を正確に量り，水 30 mL を加え，強く振り混ぜながら 0.1 mol/L 硝酸銀液で滴定する（指示薬：フルオレセインナトリウム試液 3 滴）.

0.1 mol/L 硝酸銀液 1 mL ＝ 5.844 mg NaCl

（b）イオタラム酸

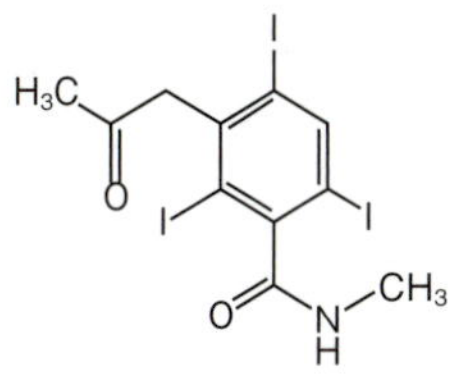

定量法：本品を乾燥し，その約 0.4 g を精密に量り，けん化フラスコに入れ，水酸化ナトリウム試液 40 mL に溶かし，亜鉛末 1 g を加え，還流冷却器をつけて 30 分間煮沸し，冷後，ろ過する．フラスコおよびろ紙を水 50 mL で洗い，洗液は先のろ液に合わせる．この液に氷酢酸 5 mL を加え，0.1 mol/L 硝酸

イオタラム酸
$C_{11}H_9I_3N_2O_4$：613.91

銀液で滴定する(指示薬：テトラブロモフェノールフタレインエチルエステル試液 1 mL)．ただし，滴定の終点は沈殿の黄色が緑色に変わるときとする．

$$0.1\,\mathrm{mol/L}\ 硝酸銀液\ 1\,\mathrm{mL} = 20.46\,\mathrm{mg}\ C_{11}H_9I_3N_2O_4$$

解説：イオタラム酸($C_{11}H_9I_3N_2O_4$：613.91)を亜鉛で還元し，NaI として定量する．イオタラム酸には三つのヨウ素が存在するので，イオタラム酸 1 mol と $AgNO_3$ 3 mol が反応する．したがって，0.1 mol/L $AgNO_3$ 1 mL の対応量は，

$$0.1\,\mathrm{mol/L}\ AgNO_3\ 液\ 1\,\mathrm{mL} = \frac{1}{3} \times 613.91 \times 0.1$$

$$= 20.46\,\mathrm{mg}\ C_{11}H_9I_3N_2O_4$$

本法はファヤンス法であるが，この場合は I^- の滴定に適した指示薬として，テトラブロモフェノールフタレインエチルエステル試液が用いられている．

(c) ブロモバレリル尿素

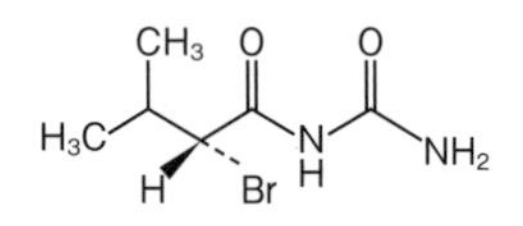

ブロモバレリル尿素
$C_6H_{11}BrN_2O_2$：223.07

定量法：本品を乾燥し，その約 0.4 g を精密に量り，300 mL の三角フラスコに入れ，水酸化ナトリウム試液 40 mL を加え，還流冷却器をつけ，20 分間穏やかに煮沸する．冷後，水 30 mL を用いて還流冷却器の下部および三角フラスコの口部を洗い，洗液を三角フラスコの液と合わせ，硝酸 5 mL および正確に 0.1 mol/L 硝酸銀液 30 mL を加え，過量の硝酸銀を 0.1 mol/L チオシアン酸アンモニウム液で滴定する〔指示薬：硫酸アンモニウム鉄(Ⅲ)試液 2 mL〕．同様の方法で空試験を行う．

$$0.1\,\mathrm{mol/L}\ 硝酸銀液\ 1\,\mathrm{mL} = 22.31\,\mathrm{mg}\ C_6H_{11}BrN_2O_2$$

解説：ブロモバレリル尿素($C_6H_{11}BrN_2O_2$：223.07)はアルカリ中で分解されると，1 mol 当たり 1 mol の Br^- を与える．上記の操作で加えた過剰の $AgNO_3$ を指示薬に $FeNH_4(SO_4)_2$ を用いて NH_4SCN 液で滴定する(フォルハルト法参照)．

(d) 亜硝酸アミル

亜硝酸アミル
$C_5H_{11}NO_2$：117.15

定量法：メスフラスコにエタノール 10 mL を入れて，質量を精密に量り，これに本品約 0.5 g を加え，再び精密に量る．次に 0.1 mol/L 硝酸銀液 25 mL を正確に加え，さらに塩素酸カリウム溶液(1 → 20) 15 mL および希硝酸 10 mL を加え，ただちに密栓して 5 分間激しく振り混ぜる．これに水を加えて正確に 100 mL とし，振り混ぜ，乾燥ろ紙を用いてろ過する．はじめのろ液 20 mL を除き，次のろ液 50 mL を正確に量り，過量の硝酸銀を 0.1 mol/L チオシアン酸アンモニウム液で滴定する〔指示薬：硫酸アンモニウム鉄(Ⅲ)試液 2 mL〕．同様の方法で空試験を行う．

0.1 mol/L 硝酸銀液 1 mL ＝ 35.14 mg $C_5H_{11}NO_2$

解説：亜硝酸アミルが還元性をもつので塩素酸カリウム($KClO_3$)は下記の反応により Cl^-へと変換される．

$$3C_5H_{11}ONO + KClO_3 + 3H_2O \longrightarrow KCl + 3C_6H_5OH + 3HNO_3$$

亜硝酸アミル($C_5H_{11}NO_2$：117.15) 3 mol から Cl^-が 1 mol 生成するので，0.1 mol/L $AgNO_3$ 液 1 mL の対応量は，

$$0.1\,\text{mol/L}\ AgNO_3\ 液\ 1\,\text{mL} = 3 \times 117.15 \times 0.1 = 35.14\,\text{mg}\ C_5H_{11}NO_2$$

過剰の $AgNO_3$ を NH_4SCN 液で滴定する．

9.4.4 酸素フラスコ燃焼法

(1) 原理と試験液調製

酸素フラスコ燃焼法(oxgen flask combustion)とは，ハロゲンおよび硫黄を含む有機化合物を，酸素を満たしたフラスコ中で完全燃焼させ，発生するガスを吸収液に回収し，定量する方法である．

試料を図 9.9 に示すろ紙の中央部に精密に量り取り，折れ線に沿って包み，酸素フラスコの下端に固定した白金製のかごまたは網筒 b に入れる．フラスコ a に吸収液を入れ酸素を充満し，共栓 c のすり合せを水で潤した後，ろ紙の先端に点火してただちにフラスコへ差し込む．燃焼が終わるまで気密を保ち，フラスコ内の白煙が消えるまで 15 ～ 30 分間放置し，検液とする．また，別に試料を用いないで同様に操作した空試験液を調製する．

(2) 医薬品の定量

(a) 塩素または臭素の定量

定量法：フラスコ a の上部に少量の水を入れ，注意して共栓 c をとり，検液をビーカーに移す．2-プロパノール 15 mL で c，b，および a の内壁を洗い，洗液を検液に合わせる．この液にブロモフェノールブルー試液 1 滴を加え，液の色が黄色になるまで希硝酸を滴加した後，2-プロパノール 25 mL を加え，滴定終点検出法の電位差滴定法により 0.005 mol/L 硝酸銀液で滴定する．また，空試験液についても同様に試験を行い，補正する．

0.005 mol/L 硝酸銀液 1 mL ＝ 0.1773 mg Cl
0.005 mol/L 硝酸銀液 1 mL ＝ 0.3995 mg Br

(b) 硫黄の定量

定量法：フラスコ a の上部に少量の水を入れ，注意して共栓 c をとり，メ

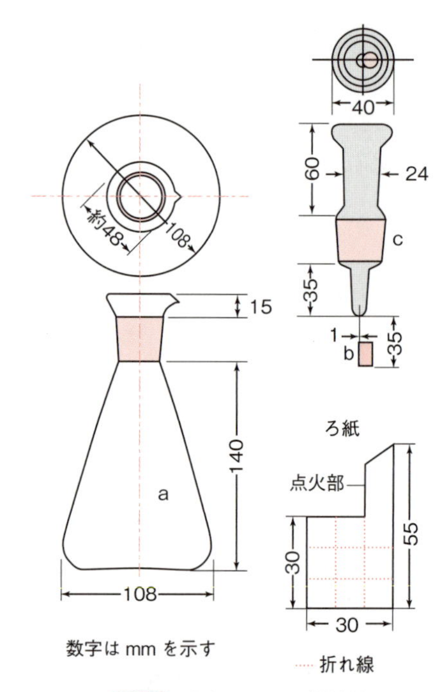

図 9.9 酸素フラスコ燃焼法

(a) 500 mL の無色，肉厚の硬質ガラス製フラスコで，口の上部が受け皿状になっている．ただし，フッ素の定量には石英製のものを用いる．(b) 白金製のかごまたは白金網筒（白金線を用いて栓 c の下端につるす）．(c) 硬質ガラス製の共栓．ただし，フッ素の定量には石英製のものを用いる．

タノール 15 mL で c，b，および a の内壁を洗い込む．この液にメタノール 40 mL を加え，次に 0.005 mol/L 過塩素酸バリウム 25 mL を正確に加え，10 分間放置した後，アルセナゾ(Ⅲ)試液 0.15 mL をメスピペットを用いて加え，0.005 mol/L 硫酸で滴定する．また，空試験液についても同様に試験を行い，補正する．

0.005 mol/L 過塩素酸バリウム液 1 mL ＝ 0.1603 mg S

解説：過酸化水素を使って，燃焼の結果生じる硫黄酸化物を SO_4^{2-} に変える．この SO_4^{2-} に一定過剰の過塩素酸バリウム〔$Ba(ClO_4)_2$〕液を加えて $BaSO_4$ とした後，過剰の $Ba(ClO_4)_2$ を H_2SO_4 で逆滴定している．

(c) サラゾスルファピリジンの定量

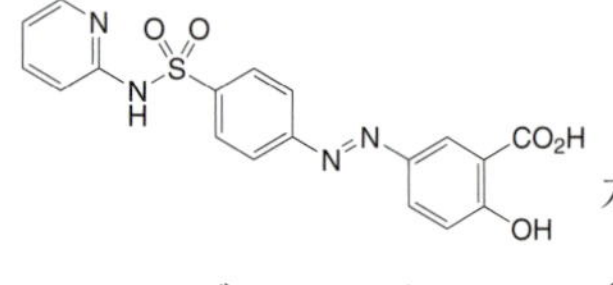

サラゾスルファピリジン
$C_{18}H_{14}N_4O_5S$：398.39

定量法：本品を乾燥し，その約 0.02 g を精密に量り，薄めた過酸化水素水（1 → 40）10 mL を吸収液とし，酸素フラスコ燃焼法の硫黄の定量操作法により試験を行う．

0.005 mol/L 過塩素酸バリウム液 1 mL ＝ 1.992 mg $C_{18}H_{14}N_4O_5S$

解説：この化合物 1 mol より SO_4^{2-} が 1 mol 生成する．

9.5 酸化還元滴定

9.5.1 酸化還元滴定概論

SBO 酸化還元滴定の原理，操作法および応用例を説明できる．

酸化還元滴定 (oxidation–reduction titration) は，酸化剤あるいは還元剤としてはたらく物質を定量する容量分析である．応用範囲が広く，日局 17 収載医薬品のうち，多くの品目の定量法として用いられている．強力な酸化剤である過マンガン酸カリウム ($KMnO_4$) を標準液として用いる**過マンガン酸塩法**と比較的緩和な酸化力をもつヨウ素 (I_2) 標準液で滴定する**ヨウ素法**が代表的な方法である．

9.5.2 滴定曲線

酸化還元滴定では，滴定の進行とともに被滴定液の酸化還元電位 E (6.2 節参照) が変化して，滴定の終点付近では**電位飛躍**が現れる．例として，0.10 mol/L の硫酸鉄 (Ⅱ) ($FeSO_4$) 水溶液 50 mL を 0.10 mol/L の硫酸セリウム (Ⅳ) 〔$Ce(SO_4)_2$〕 水溶液で滴定した場合の滴定曲線を図 9.10 に示す．被滴定液の酸化還元電位 E を下記の方法で計算して求め，横軸に滴加量 (mL)，縦軸に E (V) をとることにより作成したものである．

$FeSO_4$ と $Ce(SO_4)_2$ はほぼ完全に電離するため，0.10 mol/L Ce^{4+} 水溶液を 0.10 mol/L Fe^{2+} 水溶液で滴定するものと見なすことができる．6.3 節で述べたように，Ce^{4+} と Fe^{2+} を混合すると式 (9.8) の反応が定量的に進む．

$$Fe^{2+} + Ce^{4+} \longrightarrow Fe^{3+} + Ce^{3+} \tag{9.8}$$

滴定中の酸化還元電位は，① 滴定開始から当量点以前，② 当量点，③ 当量点以降に分けて計算することができる．

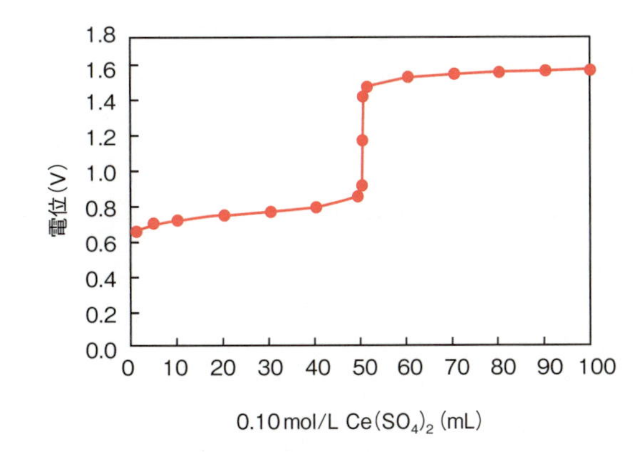

図 9.10 0.10 mol/L 硫酸鉄 (Ⅱ) 水溶液 50 mL を 0.10 mol/L 硫酸セリウム (Ⅳ) 水溶液で滴定した場合の滴定曲線

① **滴定開始から当量点以前**（Ce^{4+}水溶液 a mL を滴加した点）

滴定を始める前に被滴定液中に含まれる Fe^{2+} の物質量は，0.10 × (50/1000) mol である．滴定を開始し，Ce^{4+} 水溶液 a mL を滴加するとき，a mL 中に含まれる Ce^{4+} の物質量は，0.10 × (a/1000) mol であるから，0.10 × (a/1000) mol の Fe^{3+} と Ce^{3+} が新たに生じ，Fe^{2+} は 0.10 × {(50 − a)/1000} mol に減少するものと近似的に考えられる．被滴定液の体積は(50 + a) mL になるので，被滴定液中の Fe^{3+} の濃度は，

$$[Fe^{3+}] = 0.10 \times \frac{a}{1000} \times \frac{1000}{50+a} = \frac{0.10 \times a}{50+a} \quad (9.9)$$

一方，Fe^{2+} の濃度は，

$$[Fe^{2+}] = 0.10 \times \frac{50-a}{1000} \times \frac{1000}{50+a} = \frac{0.10 \times (50-a)}{50+a} \quad (9.10)$$

Fe^{2+} と Fe^{3+} が共存する状態になるので，Fe^{3+}/Fe^{2+} 系の酸化還元電位 E_{Fe} を求めるネルンストの式(6.18)にそれぞれの濃度 $[Fe^{3+}]$，$[Fe^{2+}]$ を代入すると式(9.11)となる．

$$E_{Fe} = E^{\circ}_{Fe} + 0.0592 \log \frac{[Fe^{3+}]}{[Fe^{2+}]} = 0.77 + 0.0592 \log \frac{a}{50-a} \quad (9.11)$$

② **当量点**（Ce^{4+}水溶液 50 mL を滴加した点）

当量点では次式の平衡が成立し，反応により生じた Fe^{3+} と Ce^{3+} に加えて，逆反応により生じるごく微量の Fe^{2+} と Ce^{4+} が存在する．

$$Fe^{2+} + Ce^{4+} \rightleftharpoons Fe^{3+} + Ce^{3+} \quad (6.20)$$

したがって，Fe^{3+}/Fe^{2+} 系，Ce^{4+}/Ce^{3+} 系のそれぞれについて酸化還元電位 E_{Fe} と E_{Ce} を求めることができるが，同一の溶液に発生する電位であるから，当量点における電位を E_{eq} とすれば，$E_{eq} = E_{Fe} = E_{Ce}$ である．

$$E_{eq} = E_{Fe} = E^{\circ}_{Fe} + 0.0592 \log \frac{[Fe^{3+}]}{[Fe^{2+}]}$$

$$E_{eq} = E_{Ce} = E^{\circ}_{Ce} + 0.0592 \log \frac{[Ce^{4+}]}{[Ce^{3+}]} \quad (9.12)$$

$$2E_{eq} = E_{Fe} + E_{Ce} \quad (9.13)$$

したがって，

$$E_{eq} = \frac{1}{2}(E_{Fe} + E_{Ce}) = \frac{1}{2}\left(E^\circ_{Fe} + E^\circ_{Ce} + 0.0592\log\frac{[Fe^{3+}][Ce^{4+}]}{[Fe^{2+}][Ce^{3+}]}\right) \tag{9.14}$$

当量点では $[Ce^{4+}] = [Fe^{2+}]$，$[Ce^{3+}] = [Fe^{3+}]$であるので，これらを式(9.14)に代入すると対数項は消去され，

$$E_{eq} = \frac{1}{2}(E^\circ_{Fe} + E^\circ_{Ce}) \tag{9.15}$$

すなわち，当量点の電位 $E_{eq} = (0.77 + 1.61)/2 = 1.19\,V$ と求められる．

③ **当量点以降**〔Ce^{4+}水溶液$(50 + b)$mL を滴加した点〕

当量点以降では，最初に存在したFe^{2+}はほとんどFe^{3+}に変換されているが，当量点までに生成したCe^{3+}と過剰に滴加されたCe^{4+}が共存する状態になるので，その電位はCe^{4+}/Ce^{3+}系の酸化還元電位E_{Ce}の式から求められる．Ce^{4+}水溶液 b mL(過剰分)に含まれるCe^{4+}の物質量は，$0.10 \times (b/1000)$ mol であり，被滴定液の体積は$(100 + b)$ mL になるので，被滴定液中のCe^{4+}の濃度は，

$$[Ce^{4+}] = 0.10 \times \frac{b}{1000} \times \frac{1000}{100 + b} = \frac{0.10 \times b}{100 + b} \tag{9.16}$$

一方，Ce^{3+}の濃度は，

$$[Ce^{3+}] = 0.10 \times \frac{50}{1000} \times \frac{1000}{100 + b} = \frac{0.10 \times 50}{100 + b} \tag{9.17}$$

E_{Ce}を求めるネルンストの式(6.19)にそれぞれの濃度$[Ce^{4+}]$，$[Ce^{3+}]$を代入すると，式(9.18)となる．

$$E_{Ce} = E^\circ_{Ce} + 0.0592\log\frac{[Ce^{4+}]}{[Ce^{3+}]} = 1.61 + 0.0592\log\frac{b}{50} \tag{9.18}$$

9.5.3 滴定終点の決定法

酸化還元滴定の当量点付近では，溶液の酸化還元電位 E が急激に変化し，電位飛躍が見られる．酸化還元滴定の終点は，電位差法あるいは指示薬法により検出できる．

電位差法の場合は，指示電極として**白金電極**が用いられる．指示薬としては，当量点付近の電位の変化により酸化あるいは還元されて変色する**酸化還元指示薬**(redox indicator)が用いられる．しかし，酸化還元滴定の標準液は，それ自体が強い色をもつものが多く，その色調の変化を追跡することにより

終点を求めることが可能である．たとえば，$KMnO_4$ 水溶液は濃い赤紫色を呈するが，還元されて Mn^{2+} に変化すると無色になる．したがって，過マンガン酸塩法では原則として指示薬は加えず，ごくわずかに過剰に滴加された $KMnO_4$ による淡赤色の呈色により終点を判定する．

ヨウ素滴定では I_2 自体の色に着目して反応を追跡することができる．I_2 の溶液は濃い赤褐色をもつが，還元されて生じる I^- の溶液は無色であるため，この呈色を指標に滴定を行うことも可能である．しかし，実際にはデンプンの水溶液（**デンプン試液**）を指示薬として加え，**ヨウ素デンプン反応**による，より明瞭な呈色を指標に終点を決める場合が多い．ヨウ素分子 I_2 はデンプン試液に含まれるアミロースと**包接化合物**（inclusion compound）を形成し，青～青紫に呈色する．

包接化合物
2種の分子のうち，一つ（ホスト）がトンネル型，層状，または網状構造をつくり，もう一方（ゲスト）がそのすきまに入り込んだ構造をもつものをいう．ホストの空洞の大きさと形状にゲスト分子の構造が適合することが生成の重要な条件になる．ヨウ素デンプン反応では，アミロースがホスト，ヨウ素分子がゲストとして作用する．包接錯体ともいう．

硫酸四アンモニウムセリウム（Ⅳ）〔$Ce(NH_4)_4(SO_4)_4$〕液や二クロム酸カリウム（$K_2Cr_2O_7$）液を標準液として用いる酸化還元滴定では酸化還元指示薬を使用する．酸化還元指示薬は，その酸化体 In_{Ox} と還元体 In_{Red} で異なる色をもつ物質であり，その溶液の酸化還元電位 E は次式で示される．

$$In_{Ox} + ne^- \rightleftarrows In_{Red} \tag{9.19}$$

$$E = E^\circ_{In} + \frac{0.0592}{n}\log\frac{[In_{Ox}]}{[In_{Red}]} \tag{9.20}$$

酸化還元指示薬による呈色は $[In_{Ox}]/[In_{Red}]$ の値で決まる．溶液の電位が指示薬の標準酸化還元電位 E°_{In} よりも高いときは $[In_{Ox}] > [In_{Red}]$ となり酸化体の色を示す．低いときは $[In_{Ox}] < [In_{Red}]$ となり還元体の色が現れ，$E = E^\circ_{In}$ のときは $[In_{Ox}] = [In_{Red}]$ となり中間色になる．したがって，当量点における溶液の電位と同じ程度の E°_{In} をもつ指示薬を用いれば，当量点前後の電位飛躍に対応して溶液の色の変化が観察される．代表的な酸化還元指示薬であるジフェニルアミンの変色機構を図9.11に示す．

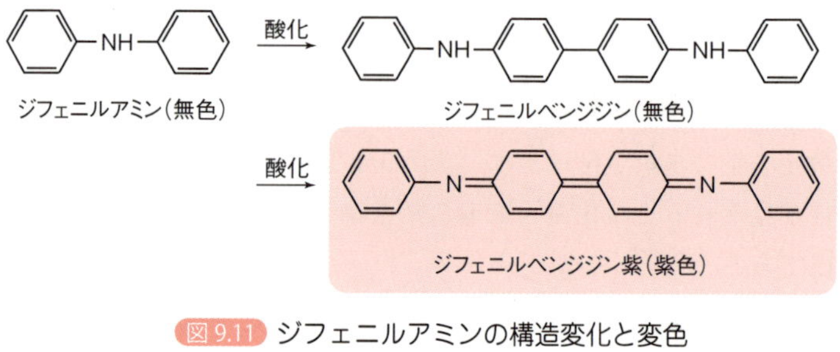

図9.11　ジフェニルアミンの構造変化と変色

9.5.4 医薬品分析への応用

SBO 日本薬局方収載の代表的な医薬品の容量分析を実施できる．（知識・技能）

(1) 過マンガン酸塩法

強い酸化剤である過マンガン酸カリウムの標準液を用いる方法である．

(a) 標 準 液

0.02 mol/L 過マンガン酸カリウム液

1000 mL 中，過マンガン酸カリウム($KMnO_4$：158.03)3.1607 g を含む．

調製：過マンガン酸カリウム 3.2 g を水に溶かし，1000 mL とし，15 分間煮沸して密栓し，48 時間以上放置した後，ガラスろ過器(G3 または G4)を用いてろ過し，次の標定を行う．

標定：シュウ酸ナトリウム(標準試薬)（$Na_2C_2O_4$：134.00)を 150 ～ 200 ℃で 1 ～ 1.5 時間乾燥した後，デシケーター(シリカゲル)中で放冷し，その約 0.3 g を 500 mL の三角フラスコに精密に量り，水 30 mL に溶かし，薄めた H_2SO_4(1 → 20)250 mL を加え，液温を 30 ～ 35 ℃とし，調製した過マンガン酸カリウム液をビュレットに入れ，穏やかにかき混ぜながら，その 40 mL をすみやかに加え，液の赤色が消えるまで放置する．次に 55 ～ 60 ℃に加温して滴定を続け，30 秒間持続する淡赤色を呈するまで滴定し，ファクターを計算する．ただし，終点前の 0.5 ～ 1 mL は注意して滴加し，過マンガン酸カリウム液の色が消えてから次の 1 滴を加える．

0.02 mol/L 過マンガン酸カリウム液 1 mL = 6.700 mg $Na_2C_2O_4$

解説：次の酸化還元反応に基づく標定である．

$$5Na_2C_2O_4 + 2KMnO_4 + 8H_2SO_4 = K_2SO_4 + 5Na_2SO_4 + 2MnSO_4 + 10CO_2 + 8H_2O$$

$Na_2C_2O_4$ 5 mol と $KMnO_4$ 2 mol が反応するので，0.02 mol/L $KMnO_4$ 液 1 mL の対応量は，

$$0.02\ \text{mol/L}\ KMnO_4\ \text{液}\ 1\ \text{mL} = \frac{5}{2} \times 134.00 \times 0.02 = 6.700\ \text{mg}\ Na_2C_2O_4$$

なお，標定は H_2SO_4 酸性条件で行う．塩酸は Cl^- が酸化されるため $KMnO_4$ を過剰に消費し，硝酸はそれ自体が酸化剤であるため使用できない．

(b) 医薬品の定量

オキシドール

定量法：本品 1.0 mL を正確に量り，水 10 mL および希硫酸 10 mL を入れたフラスコに加え，0.02 mol/L 過マンガン酸カリウム液で滴定する．

オキシドール
日局オキシドールは，過酸化水素(H_2O_2：分子量 34.01)2.5 ～ 3.5 w/v％を含む水溶液で，殺菌薬・消毒薬として用いられる．

$$0.02\ \mathrm{mol/L}\ \text{過マンガン酸カリウム液}\ 1\ \mathrm{mL} = 1.701\ \mathrm{mg}\ H_2O_2$$

解説：次の酸化還元反応を利用した定量である．オキシドール中の過酸化水素(H_2O_2)は還元剤としてはたらく．

$$5H_2O_2 + 2KMnO_4 + 3H_2SO_4 = 5O_2 + 2MnSO_4 + K_2SO_4 + 8H_2O$$

H_2O_2 5 mol と $KMnO_4$ 2 mol が反応するので，0.02 mol/L $KMnO_4$ 液 1 mL の対応量は，

$$0.02\ \mathrm{mol/L}\ KMnO_4\ \text{液}\ 1\ \mathrm{mL} = \frac{5}{2} \times 34.01 \times 0.02$$
$$= 1.701\ \mathrm{mg}\ H_2O_2$$

(2) ヨウ素法

I_2 の標準液を酸化剤として用い，還元剤としてはたらく物質を滴定する**ヨージメトリー**(iodimetry)と，I^- の水溶液(実際には KI 試液)を還元剤として用い，酸化剤である物質に過剰に加え，遊離する I_2 をチオ硫酸ナトリウム($Na_2S_2O_3$)の標準液で滴定する**ヨードメトリー**(iodometry)がある．ヨードメトリーでは，I_2 の揮散による誤差を防ぐために，滴定用の容器として**ヨウ素瓶**(図 9.12)を用いることが多い．

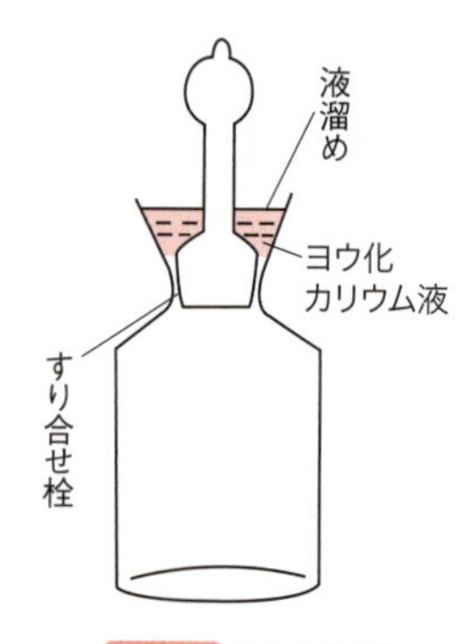

図 9.12 ヨウ素瓶
口の部分が漏斗状になった共栓三角フラスコである．密栓したのち栓のまわりに少量の KI 液を入れておくと，I_2 の蒸気が栓のすきまから逃げても KI 液に溶けて捕捉される．これを滴定前に水で瓶のなかに洗い込むことによってヨードメトリーの誤差を防ぐことができる．

(a) 標 準 液

① 0.1 mol/L チオ硫酸ナトリウム液

1000 mL 中，チオ硫酸ナトリウム五水和物($Na_2S_2O_3 \cdot 5H_2O$：248.18) 24.818 g を含む．

調製：チオ硫酸ナトリウム五水和物 25 g および無水炭酸ナトリウム 0.2 g に新たに煮沸して冷却した水を加えて溶かし，1000 mL とし，24 時間放置した後，次の標定を行う．

標定：ヨウ素酸カリウム(標準試薬)(KIO_3：214.00)を 120 ～ 140 ℃で 1.5 ～ 2 時間乾燥した後，デシケーター(シリカゲル)中で放冷し，その約 50 mg をヨウ素瓶に精密に量り，水 25 mL に溶かし，ヨウ化カリウム 2 g および希硫酸 10 mL を加え，密栓し，10 分間放置した後，水 100 mL を加え，遊離したヨウ素を調製したチオ硫酸ナトリウム液で滴定する(指示薬法，または電位差滴定法：白金電極)．ただし，指示薬法の滴定の終点は液が終点近くで淡黄色になったとき，デンプン試液 3 mL を加え，生じた青色が脱色するときとする．同様の方法で空試験を行い，補正し，ファクターを計算する．

$$0.1\ \mathrm{mol/L}\ \text{チオ硫酸ナトリウム液}\ 1\ \mathrm{mL} = 3.567\ \mathrm{mg}\ KIO_3$$

解説：次の酸化還元反応に基づく標定である．

$$KIO_3 + 5KI + 3H_2SO_4 = 3I_2 + 3K_2SO_4 + 3H_2O$$
$$I_2 + 2Na_2S_2O_3 = 2NaI + Na_2S_4O_6$$

KIO_3 1 mol は $Na_2S_2O_3$ 6 mol に対応するので，0.1 mol/L $Na_2S_2O_3$ 液 1 mL の対応量は，

$$0.1\,\text{mol/L}\ Na_2S_2O_3\ \text{液}\ 1\,\text{mL} = \frac{1}{6} \times 214.00 \times 0.1$$
$$= 3.567\,\text{mg}\,KIO_3$$

KIO_3 の採取量を m g，空試験と本試験に要した 0.1 mol/L $Na_2S_2O_3$ 液の滴定量をそれぞれ A mL，B mL とし，対応量を用いれば，ファクター f は次のように求められる．

$$f = \frac{1000 \times m}{3.567 \times (B-A)}$$

② 0.05 mol/L ヨウ素液

1000 mL 中，ヨウ素(I：126.90)12.690 g を含む．

調製：ヨウ素 13 g をヨウ化カリウム溶液(2 → 5)100 mL に溶かし，希塩酸 1 mL および水を加えて 1000 mL とし，次の標定を行う．

標定：調製したヨウ素液 15 mL を正確に量り，0.1 mol/L チオ硫酸ナトリウム液で滴定し，ファクターを計算する(指示薬法：デンプン試液，または電位差滴定法：白金電極)．ただし，指示薬法の終点は，液が終点近くで淡黄色になったとき，デンプン試液 3 mL を加え，生じた青色が脱色するときとする．

解説：ファクター既知の $Na_2S_2O_3$ 液を二次標準に用いる間接法による標定で，次の酸化還元反応に基づいている．

$$I_2 + 2Na_2S_2O_3 = 2NaI + Na_2S_4O_6$$

0.1 mol/L $Na_2S_2O_3$ 液の滴定量を V mL，ファクターを $f_{Na_2S_2O_3}$ とし，採取した 0.05 mol/L ヨウ素液の体積が 15.00 mL であるならば，ファクター f は次のように求められる．

$$f = \frac{f_{Na_2S_2O_3} \times V}{15.00}$$

KI 溶液は，水に難溶である I_2 を溶けやすくするために加える．I_2 は I^- と次のように反応して三ヨウ化物イオン(I_3^-)を生成し，よく溶けるようになる．また，I_2 は揮発しやすいが I_3^- は揮発しにくい．

$$I_2 + I^- \rightleftharpoons I_3^-$$

(b) 医薬品の定量

① アスコルビン酸

アスコルビン酸
$C_6H_8O_6$(分子量176.12). 日局アスコルビン酸はL-アスコルビン酸 $C_6H_8O_6$ 99.0%以上を含む. ビタミンCであり抗酸化作用をもつ. 壊血病のようなビタミンC欠乏症の予防や治療, および消耗性疾患, 妊産婦, 激しい肉体労働時などのビタミンC補給のために投与される.

定量法：本品を乾燥し, その約0.2gを精密に量り, メタリン酸溶液(1→50)50mLに溶かし, 0.05mol/Lヨウ素液で滴定する(指示薬：デンプン試液1mL).

$$0.05\,\mathrm{mol/L}\ ヨウ素液1\,\mathrm{mL} = 8.806\,\mathrm{mg}\ C_6H_8O_6$$

解説：次の酸化還元反応を利用した定量で, ヨージメトリー(直接滴定)の典型的な例である.

L-アスコルビン酸 + I_2 ⟶ デヒドロアスコルビン酸 + 2HI

$C_6H_8O_6$ 1molと I_2 1molが反応するから, 0.05mol/L I_2 液1mLの対応量は,

$$0.05\,\mathrm{mol/L}\ I_2\ 液1\,\mathrm{mL} = 1 \times 176.12 \times 0.05 = 8.806\,\mathrm{mg}\ C_6H_8O_6$$

メタリン酸は重金属イオンを取り込み, $C_6H_8O_6$ の酸化を防止する安定化剤としてはたらく.

② ジメルカプロール

ジメルカプロール
$C_3H_8OS_2$(分子量124.23). 日局ジメルカプロールは $C_3H_8OS_2$ 98.5～101.5%を含む. 金属イオンに対して強い親和性を示し, 細胞外の酵素のSH基と結合して毒性を示す金属(ヒ素, 水銀, 鉛, 銅など)による中毒において, 解毒薬として投与される.

定量法：本品約0.15gを共栓フラスコに精密に量り, メタノール10mLに溶かし, ただちに0.05mol/Lヨウ素液で, 液が微黄色を呈するまで滴定する. 同様の方法で空試験を行い, 補正する.

$$0.05\,\mathrm{mol/L}\ ヨウ素液1\,\mathrm{mL} = 6.211\,\mathrm{mg}\ C_3H_8OS_2$$

解説：この定量もヨージメトリーであるが, 空試験を行う. ジメルカプロールは I_2 液で酸化され, 分子内ジスルフィド結合を形成する.

ジメルカプロール(および鏡像異性体) + I_2 ⟶ (分子内ジスルフィド) + 2HI

$C_3H_8OS_2$ 1molと I_2 1molが反応するから, 0.05mol/L I_2 液1mLの対応量は,

$$0.05\,\mathrm{mol/L}\ I_2\ 液1\,\mathrm{mL} = 1 \times 124.23 \times 0.05 = 6.211\,\mathrm{mg}\ C_3H_8OS_2$$

ジメルカプロールは水に溶けにくいため，メタノール溶液として滴定する．デンプンはメタノールに溶解しにくいので，本滴定では指示薬を加えず，I_2 自体の着色によって終点を判定する．

③ ホルマリン

定量法：はかり瓶に水 5 mL を入れて質量を精密に量り，これに本品約 1 g を加え，再び精密に量る．次に水を加えて正確に 100 mL とし，その 10 mL を正確に量り，正確に 0.05 mol/L ヨウ素液 50 mL を加え，さらに水酸化カリウム試液 20 mL を加え，15 分間常温で放置した後，希硫酸 15 mL を加え，過量のヨウ素を 0.1 mol/L チオ硫酸ナトリウム液で滴定する（指示薬：デンプン試液 1 mL）．同様の方法で空試験を行う．

$$0.05\,\mathrm{mol/L}\ \text{ヨウ素液}\ 1\,\mathrm{mL} = 1.501\,\mathrm{mg}\ CH_2O$$

解説：ヨージメトリーの逆滴定であり，次の酸化還元反応を利用した定量である．

$$I_2 + 2KOH = KIO + KI + H_2O$$
$$CH_2O + KIO + KOH = HCOOK + KI + H_2O$$
$$KIO + KI + H_2SO_4 = I_2 + K_2SO_4 + H_2O$$
$$I_2 + 2Na_2S_2O_3 = 2NaI + Na_2S_4O_6$$

CH_2O 1 mol は I_2 1 mol に対応するから，0.05 mol/L I_2 液 1 mL の対応量は，

$$0.05\,\mathrm{mol/L}\ I_2\ \text{液}\ 1\,\mathrm{mL} = 1 \times 30.03 \times 0.05 = 1.501\,\mathrm{mg}\ CH_2O$$

ホルマリン
ホルムアルデヒド CH_2O（分子量 30.03）の水溶液で，日局ホルマリンは CH_2O 35.0 ～ 38.0% を含む．歯科用薬原料，殺菌薬・消毒薬として用いられる．ホルマリンの水溶液を減圧蒸留すると CH_2O が重合したパラホルムアルデヒド $(CH_2O)_n$ ができるが，ホルマリンと同様の薬効を示し，同じ原理に基づいて定量される．

④ サラシ粉中の有効塩素

定量法：本品約 5 g を精密に量り，乳鉢に入れ，水 50 mL を加えてよくすり混ぜた後，水を用いて 500 mL のメスフラスコに移し，水を加えて 500 mL とする．よく振り混ぜ，ただちにその 50 mL を正確にヨウ素瓶に取り，ヨウ化カリウム試液 10 mL および希塩酸 10 mL を加え，遊離したヨウ素を 0.1 mol/L チオ硫酸ナトリウム液で滴定する（指示薬：デンプン試液 3 mL）．同様の方法で空試験を行い，補正する．

$$0.1\,\mathrm{mol/L}\ \text{チオ硫酸ナトリウム液}\ 1\,\mathrm{mL} = 3.545\,\mathrm{mg}\ Cl$$

解説：サラシ粉に酸を加えると発生する塩素を有効塩素という．工業品の有効塩素量は 33 ～ 38% である．次の酸化還元反応を利用した定量で，ヨードメトリーの典型的な例である．

$$Ca(OCl)Cl + 2HCl = Cl_2 + CaCl_2 + H_2O$$
$$Cl_2 + 2KI = I_2 + 2KCl$$

サラシ粉
一般的に $Ca(OCl)Cl$ と表されるが，正しくは $CaCl_2 \cdot Ca(OCl)_2 \cdot 2H_2O$ であり，その理論的有効塩素（Cl：35.45）量は 48.9% である．日局サラシ粉は，定量するとき，有効塩素 30.0% 以上を含む．歯科用薬原料，殺菌薬・消毒薬として用いられる．

$$I_2 + 2Na_2S_2O_3 = 2NaI + Na_2S_4O_6$$

Cl 1 mol は $Na_2S_2O_3$ 1 mol に対応するから，0.1 mol/L $Na_2S_2O_3$ 液 1 mL の対応量は，

$$0.1\,\text{mol/L}\ Na_2S_2O_3\ 液\ 1\,\text{mL} = 1 \times 35.45 \times 0.1 = 3.545\,\text{mg Cl}$$

（3） 臭素酸塩法

臭素(Br_2)の標準液を用いる滴定で，フェノールとその誘導体の定量に用いられる．フェノール性ヒロドキシ基はオルト，パラ配向性の電子供与基であるため，臭素による求電子置換反応がオルト位およびパラ位に起こる．一定過量の Br_2 液を作用させたのち，過量の Br_2 を KI との反応により，定量的に I_2 に変換し，これを $Na_2S_2O_3$ 液で滴定する．

（a） 標 準 液

0.05 mol/L 臭素液

1000 mL 中，臭素(Br：79.90) 7.990 g を含む．

調製：臭素酸カリウム 2.8 g および臭化カリウム 15 g を水に溶かし，1000 mL とし，次の標定を行う．

標定：調製した臭素液 25 mL をヨウ素瓶中に正確に量り，水 120 mL，次に塩酸 5 mL をすみやかに加え，ただちに密栓して穏やかに振り混ぜる．これにヨウ化カリウム試液 5 mL を加え，ただちに密栓して穏やかに振り混ぜて 5 分間放置した後，遊離したヨウ素を 0.1 mol/L チオ硫酸ナトリウム液で滴定する．ただし，滴定の終点は液が終点近くで淡黄色になったとき，デンプン試液 3 mL を加え，生じた青色が脱色するときとする．同様の方法で空試験を行い，補正し，ファクターを計算する．

解説：Br_2 は揮発しやすいため，標準液として保存するのは不適当である．しかし，臭素酸カリウム($KBrO_3$)と過量の臭化カリウム(KBr)との混液を用時強酸性にすると，Br_2 を定量的に遊離するので，Br_2 の標準液として用いることができる．本標準液はファクター既知の $Na_2S_2O_3$ 液を二次標準に用いる間接法により標定する．

$$KBrO_3 + 5KBr + 6HCl = 3Br_2 + 6KCl + 3H_2O$$
$$Br_2 + 2KI = I_2 + 2KBr$$
$$I_2 + 2Na_2S_2O_3 = 2NaI + Na_2S_4O_6$$

（b） 医薬品の定量

フェノール

定量法：本品約 1.5 g を精密に量り，水に溶かし正確に 1000 mL とし，この液 25 mL を正確に量り，ヨウ素瓶に入れ，正確に 0.05 mol/L 臭素液 30

フェノール
C_6H_6O（分子量 94.11）．日局フェノールは C_6H_6O 98.0% 以上を含む．歯科用薬原料，局所鎮痒(ちんよう)薬，殺菌薬・消毒薬などとして用いられる．

mL を加え，さらに塩酸 5 mL を加え，ただちに密栓して 30 分間しばしば振り混ぜ，15 分間放置する．次にヨウ化カリウム試液 7 mL を加え，ただちに密栓してよく振り混ぜ，クロロホルム 1 mL を加え，密栓して激しく振り混ぜ，遊離したヨウ素を 0.1 mol/L チオ硫酸ナトリウム液で滴定する（指示薬：デ

COLUMN

美容院の酸化還元反応

解毒薬ジメルカプロールの定量（9.5.4 項（2）b）に見られるように，チオール R−SH は還元剤としてはたらく．したがって，R−SH 自体は容易に酸化されて分子間でジスルフィド結合（S−S 結合）を形成し，R−S−S−R に変化する．そして生成した，R−S−S−R は穏やかな条件で還元すると再びチオールに戻る（式 1）．たとえば，別のチオール化合物 R′−SH を作用させると R−SH が再生する（式 2）

$$2\mathrm{R{-}SH} \underset{\text{還元}}{\overset{\text{酸化}}{\rightleftharpoons}} \mathrm{R{-}S{-}S{-}R} \qquad (1)$$

$$\mathrm{R{-}S{-}S{-}R} + 2\mathrm{R'{-}SH} \rightarrow 2\mathrm{R{-}SH} + \mathrm{R'{-}S{-}S{-}R'} \qquad (2)$$

髪のおしゃれに欠かせないパーマネントウェーブは，このチオールの可逆的な酸化還元反応を原理としている．毛髪の主成分はケラチンといわれる繊維状タンパク質で，SH 基をもつシステイン $HOOCCH(NH_2)CH_2SH$ を多く含む．ケラチンのポリペプチド鎖は毛髪の伸長方向に並び，隣どうしの鎖は S−S 結合で結ばれている．こうしてできる高次構造のため毛髪は一定の形を保ち，曲げても元の形に戻ってしまう．

現在広く普及しているコールドパーマでは，次の手順で曲げた形を固定する（図①）．まず，毛髪をロッドといわれる円筒に巻きつけ，パーマ第一液をふりかける．第一液には還元剤（チオグリコール酸 $HSCH_2COOH$ やシステインなどのチオール）が含まれているため，毛髪が変形した状態でケラチンによる S−S 結合が式（2）のように切断されて多数の SH 基が生じる．そのままの状態で，酸化剤（臭素酸ナトリウム $NaBrO_3$ など）を含むパーマ第二液をかけると，毛髪が変形した状態のまま S−S 結合が形成される．このとき，結合を形成するうえで無理のない距離にある SH 基どうしが反応するので，切断する前とは異なるパターンの結合が起こる．その結果，髪はロッドによる変形を，ロッドを取り除いたあとでもウェーブとして保つことができるようになる．

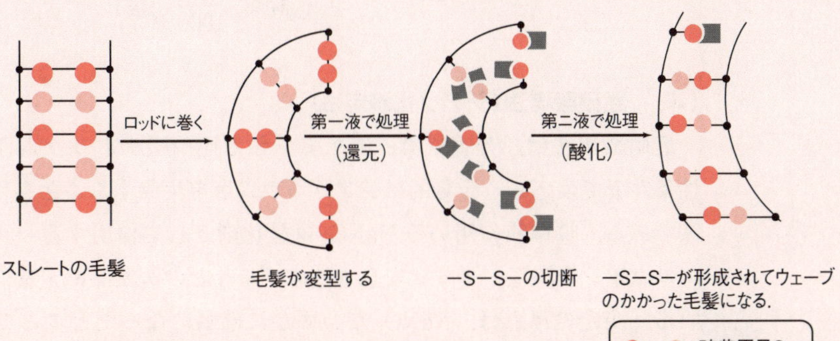

図① パーマネントウェーブができるしくみ

ンプン試液 1 mL）．同様の方法で空試験を行う．

$$0.05\,\mathrm{mol/L}\ 臭素液\ 1\,\mathrm{mL} = 1.569\,\mathrm{mg}\ C_6H_6O$$

解説：逆滴定であり，次の反応を利用した定量である．

$$KBrO_3 + 5KBr + 6HCl = 3Br_2 + 6KCl + 3H_2O$$

$$C_6H_5OH + 3Br_2 \longrightarrow C_6H_2Br_3OH + 3HBr$$

$$Br_2 + 2KI = I_2 + 2KBr$$
$$I_2 + 2Na_2S_2O_3 = 2NaI + Na_2S_4O_6$$

フェノール 1 mol は Br_2 3 mol と反応するから，0.05 mol/L Br_2 液 1 mL に対する対応量は，

$$0.05\,\mathrm{mol/L}\ Br_2\ 液\ 1\,\mathrm{mL} = \frac{1}{3} \times 94.11 \times 0.05 = 1.569\,\mathrm{mg}\ C_6H_6O$$

空試験と本試験に要した 0.1 mol/L $Na_2S_2O_3$ 液の滴定量をそれぞれ A mL，B mL，ファクターを $f_{Na_2S_2O_3}$ とすると，被滴定液中のフェノールの質量 m(g) は，次のように算出される．

$$m(\mathrm{g}) = \frac{1.569}{1000} \times (A - B) \times f_{Na_2S_2O_3}$$

はじめに量り取った試料の質量を M(g) とすると，フェノールの含量(%) は，次のように求められる．

$$フェノールの含量(\%) = \frac{m}{\left(M \times \frac{25}{1000}\right)} \times 100$$

(4) 亜硝酸塩法(ジアゾ化滴定法)

亜硝酸塩法は，芳香族第一級アミン類と亜硝酸ナトリウム($NaNO_2$)が酸性条件下で反応し，定量的にジアゾニウム塩を生成することを利用する滴定法である．標準液に用いる $NaNO_2$ は酸化剤として作用する．サルファ剤，プロカイン塩酸塩，アミノ安息香酸エチルなどの医薬品の定量に適用されている．滴定の終点は，$NaNO_2$ がわずかに過剰になったところであり，その検出には電気滴定法を利用する．

(a) 標 準 液

0.1 mol/L 亜硝酸ナトリウム液

1000 mL 中，亜硝酸ナトリウム($NaNO_2$：69.00)6.900 g を含む．

調製：亜硝酸ナトリウム 7.2 g を水に溶かし，1000 mL とし，次の標定を行う．

標定：ジアゾ化滴定用スルファニルアミド($H_2NC_6H_4SO_2NH_2$：172.21)を 105 ℃で 3 時間乾燥した後，デシケーター(シリカゲル)中で放冷し，その約 0.44 g を精密に量り，塩酸 10 mL，水 40 mL および臭化カリウム溶液(3 → 10) 10 mL を加えて溶かし，15 ℃以下に冷却した後，調製した亜硝酸ナトリウム液で，滴定終点検出法の電位差滴定法または電流滴定法により滴定し，ファクターを計算する．

$$0.1\ \mathrm{mol/L}\ 亜硝酸ナトリウム液\ 1\ \mathrm{mL} = 17.22\ \mathrm{mg}\ H_2NC_6H_4SO_2NH_2$$

解説：次の反応に基づく標定である．

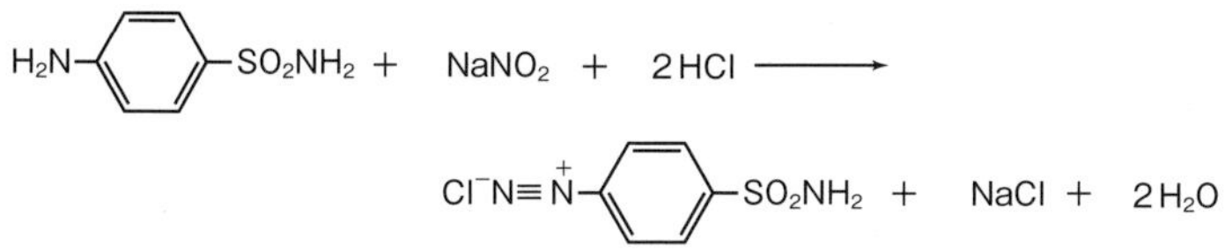

$$H_2N\text{-}C_6H_4\text{-}SO_2NH_2 + NaNO_2 + 2HCl \longrightarrow Cl^- N{\equiv}\overset{+}{N}\text{-}C_6H_4\text{-}SO_2NH_2 + NaCl + 2H_2O$$

$H_2NC_6H_4SO_2NH_2$ 1 mol と $NaNO_2$ 1 mol が反応するから，0.1 mol/L $NaNO_2$ 液 1 mL の対応量は，

$$0.1\ \mathrm{mol/L}\ NaNO_2\ 液\ 1\ \mathrm{mL} = 1 \times 172.21 \times 0.1$$
$$= 17.22\ \mathrm{mg}\ H_2NC_6H_4SO_2NH_2$$

KBr 溶液は，当量点付近の電気的変化を大きくするとともに，ジアゾ化反応を促進させるために加える．

(b) 医薬品の定量

スルファメチゾール

定量法：本品を乾燥し，その約 0.4 g を精密に量り，塩酸 5 mL および水 50 mL を加えて溶かし，さらに臭化カリウム溶液(3 → 10)10 mL を加え，15 ℃以下に冷却した後，0.1 mol/L 亜硝酸ナトリウム液で電位差滴定法または電流滴定法により滴定する．

$$0.1\ \mathrm{mol/L}\ 亜硝酸ナトリウム液\ 1\ \mathrm{mL} = 27.03\ \mathrm{mg}\ C_9H_{10}N_4O_2S_2$$

解説：スルファメチゾール($C_9H_{10}N_4O_2S_2$)は芳香族第一級アミンであり，上記のスルファニルアミドと同様にジアゾ化反応を受ける．

スルファメチゾール 1 mol は $NaNO_2$ 1 mol と反応するから，0.1 mol/L $NaNO_2$ 液 1 mL の対応量は，

スルファメチゾール

$C_9H_{10}N_4O_2S_2$(分子量 270.33)．日局スルファメチゾールは $C_9H_{10}N_4O_2S_2$ 99.0％以上を含む．合成抗菌薬(サルファ剤)である．

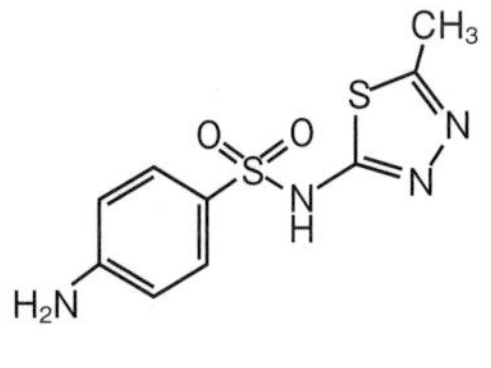

CH3 S N N O O S N H H2N

$$0.1\,mol/L\ NaNO_2 液 1\,mL = 1 \times 270.33 \times 0.1 = 27.03\,mg\ C_9H_{10}N_4O_2S_2$$

9.6 重量分析法

SBO 日本薬局方収載の重量分析法の原理および操作法を説明できる.

重量分析法(gravimetric analysis)は，試料中の目的成分をそのままか，あるいは揮発，沈殿，抽出，昇華などの方法で分離し，その質量を量って定量する方法である．日局 17 に収載されている重量分析法は，分離法の違いによって揮発重量法，沈殿重量法，抽出重量法などに分類される.

重量分析法で秤量する際の基礎となる**恒量**(constant weight)とは，乾燥または強熱した後，引き続きさらに 1 時間乾燥または強熱するとき，前後の秤量差が前回の質量の 0.10%以下であることを示し，生薬においては 0.25%以下とされている．ただし，秤量差が，化学天秤を用いたとき 0.5 mg 以下，セミミクロ化学天秤を用いたとき 0.05 mg 以下，ミクロ化学天秤を用いたとき 0.005 mg 以下の場合は無視しうる量として恒量と見なす.

9.6.1 揮発重量法

揮発重量法(volatilization gravimetry)は，日局 17 の一般試験法では，強熱することによってその構成成分の一部または混在物を失う無機医薬品については強熱減量試験法，強熱するとき揮発せずに残留する物質については強熱残分試験法，乾燥することによって試料中の水分や結晶水の全部または一部が揮発する物質については乾燥減量試験法で試験することが規定されている.

(1) 強熱減量試験法

強熱減量試験法(loss on ignition test)は，試料を医薬品各条に規定する条件で恒量になるまで強熱し，その減量を測定する．たとえば，強熱減量 40.0 ～ 52.0%(1 g，450 ～ 550 ℃，3 時間)と規定するものは，本品約 1 g を精密に量り，450 ～ 550 ℃で 3 時間強熱するとき，その減量が本品 1 g につき 400 ～ 520 mg であることを示す.

(2) 強熱残分試験法

強熱残分試験法(residue on ignition test)は，試料を硫酸存在下で 600 ± 50 ℃で 30 分間強熱して灰化するとき，揮発せずに残留する物質の量を測定する．この試験法は，通例，有機物中に不純物質として含まれる無機物の含量を知るために用いられる．たとえば，医薬品各条に強熱残分 0.1%以下(1 g)と規定するものは，本品約 1 g を精密に量り，600 ± 50 ℃で 30 分間強熱するとき，その残分が本品 1 g につき 1 mg 以下であることを示す.

(3) 乾燥減量試験法

乾燥減量試験法(loss on drying test)は，試料を医薬品各条に規定する条件で乾燥し，その減量を測定する．たとえば，乾燥減量1.0%以下(1 g，105 ℃，4 時間)と規定するものは，本品約 1 g を精密に量り，105 ℃で 4 時間乾燥するとき，その減量が本品 1 g につき 10 mg 以下であることを示す．また，0.5%以下〔1 g，減圧，酸化リン(V)，4 時間〕と規定するものは，本品約 1 g を精密に量り，酸化リン(V)を乾燥剤としたデシケーターに入れ，4 時間乾燥するとき，その減量が本品 1 g につき 5 mg 以下であることを示す．

9.6.2 沈殿重量法

沈殿重量法(precipitation gravimetry)は，沈殿剤を加えて目的物質を沈殿形として沈殿させ，ろ取，乾燥または強熱して秤量形とした後，秤量する方法である．日局 17 収載医薬品の硫黄や硫酸カリウムの定量では，塩化バリウム(沈殿剤)を用いて硫酸バリウム(沈殿形)として沈殿させ，ろ取し，恒量になるまで強熱後，硫酸バリウム(秤量形)として秤量する．一般に，金属の水酸化物，リン酸塩，シュウ酸塩を沈殿形とするときは，それぞれ酸化物，ピロリン酸塩，炭酸塩が秤量形となる．

9.6.3 抽出重量法

抽出重量法(extraction gravimetry)は，適当な溶媒で目的物質を抽出後，溶媒留去し，乾燥後残留物の重量を測定する方法である．日局 17 収載医薬品では，フェニトイン錠(抽出溶媒：エーテル)，フルオレセインナトリウム(抽出溶媒：2-メチル-1-プロパノール/クロロホルム混液)，カリ石ケン中の脂肪酸(抽出溶媒：クロロホルム)などの定量に用いられている．

章末問題

1. 以下は日局 17 収載の酒石酸の定量法である．これに関する記述 a ～ c のうち正しいものはどれか．すべて選べ．

本品を乾燥し，その約 1.5 g を精密に量り，水 40 mL に溶かし，1 mol/L 水酸化ナトリウム液で滴定する[指示薬：(　ア　)試液 2 滴]．

1 mol/L 水酸化ナトリウム液 1 mL = (　イ　) mg $C_4H_6O_6$

H OH
HO_2C CO_2H
H OH

酒石酸

$C_4H_6O_6$: 150.09

a. 酒石酸は，四塩基酸である．

b. 空欄(ア)に入る指示薬は，メチルレッドである．

c. 空欄(ア)に入る適切な数値は75.05である．

2． 以下は日局17収載のグリベンクラミドの定量法である．これに関する記述a～dのうち正しいものはどれか．すべて選べ．

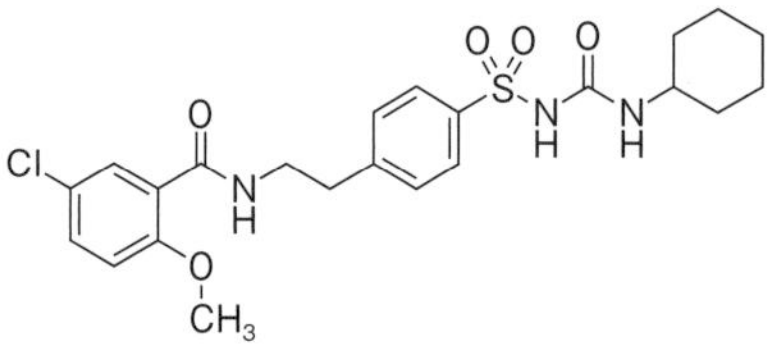

グリベンクラミド
$C_{23}H_{28}ClN_3O_5S$: 494.00

本品を乾燥し，その約0.9 gを精密に量り，*N,N*-ジメチルホルムアミド50 mLに溶かし，0.1 mol/L水酸化ナトリウム液で滴定する（指示薬：フェノールフタレイン試液3滴）．別に*N,N*-ジメチルホルムアミド50 mLに水18 mLを加えた液につき，同様の方法で空試験を行い補正する．

0.1 mol/L水酸化ナトリウム液1 mL＝（　ア　）mg $C_{23}H_{28}ClN_3O_6S$

a. グリベンクラミドと水酸化ナトリウムは1：1で反応する．
b. グリベンクラミドは，水中では弱酸であるが，*N,N*-ジメチルホルムアミド中では強酸になる．
c. 空試験は滴定液に溶けた二酸化炭素の影響を排除するために行う．
d. 空欄（ア）に入る適切な数値は49.40である．

3． 以下は日局17収載のクロフィブラートの定量法である．これに関する記述a～dのうち正しいものはどれか．すべて選べ．

本品約0.5 gを精密に量り，0.1 mol/L水酸化カリウム/エタノール液50 mLを正確に加え，二酸化炭素吸収管（ソーダ石灰）をつけた還流冷却器を用いて水浴中でよくふり混ぜながら2時間加熱する．冷後，直ちに過量の水酸化カリウムを0.1 mol/L塩酸で滴定する（指示薬：フェノールフタレイン試液3滴）．同様の方法で空試験を行う．

0.1 mol/L水酸化カリウム/エタノール液 1 mL＝（　ア　）mg $C_{12}H_{15}ClO_3$

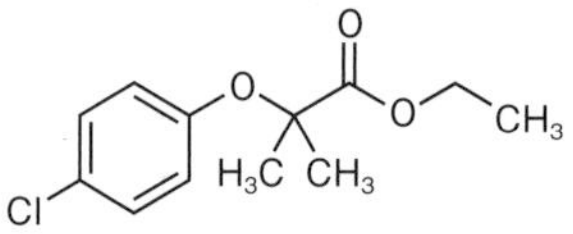

クロフィブラート
$C_{12}H_{15}ClO_3$: 242.70

a. クロフィブラートと水酸化ナトリウムは1：2で反応する．
b. 本定量法は非水滴定に分類される．
c. 空試験における塩酸滴定量は，本試験における塩酸滴定量より必ず多い．
d. 空欄（ア）に入る適切な数値は24.27である．

4． 以下は日局17収載の乳酸の定量法である．これに関する記述a～dのうち正しいものはどれか．すべて選べ．

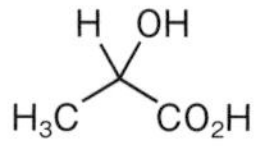

乳酸
$C_5H_6O_3$: 90.08

本品約3 gを三角フラスコ中に精密に量り，正確に1 mol/L水酸化ナトリウム液40 mLを加え，時計皿で覆い，10分間水浴上で加熱し，ただちに過量の水酸化ナトリウムを0.5 mol/L塩酸で滴定する（指示薬：フェノールフタレイン試液3滴）．同様の方法で空試験を行う．

1 mol/L水酸化ナトリウム液1 mL＝（　ア　）mg $C_3H_6O_3$

a. 乳酸と水酸化ナトリウムは1：2で反応する．
b. 水酸化ナトリウム液を加え，水浴上で加熱することにより，乳酸中に混在する無水物やラクチドが加水分解される
c. 水浴上で加熱することなく滴定すると，乳酸の定量値は大きくなる．
d. 空欄（ア）に入る適切な数値は45.04である．

5． 以下は日局17収載の炭酸リチウム（Li_2CO_3：73.89）の定量法である．これに関する記述a～dのうち正しいものはどれか．すべて選べ．

本品を乾燥し，その約1 gを精密に量り，水100 mLおよび0.5 mol/L硫酸50 mLを正確に加え，静かに煮沸して（　ア　）を除き，冷後，

過量の硫酸を 1.0 mol/L 水酸化ナトリウム液で滴定する〔指示薬：(　イ　)試液 3 滴〕. 同様の方法で空試験を行う.

1 mol/L 水酸化ナトリウム液 1 mL = (　ウ　) mg $C_3H_6O_3$

a. 炭酸リチウムと硫酸は, 1：1 で反応する.

b. 空欄(ア)に入る適切な語句は, 二酸化炭素である.

c. 空欄(イ)に入る適切な語句は, フェノールフタレインである.

d. 空欄(ウ)に入る適切な数値は 73.95 である.

6. 以下は日局 17 収載のヨウ化ナトリウム(NaI：149.89)の純度試験(2)アルカリの試験法である. 水酸化ナトリウム(NaOH：40.00)をヨウ化ナトリウム中の混在物とする場合, この方法に基づき許容される水酸化ナトリウム含量はいくらか. ppm 単位で求めよ.

本品 1.0 g を新たに煮沸して冷却した水 10 mL に溶かし, 0.005 mol/L 硫酸 1.0 mL およびフェノールフタレイン試液 1 滴を加えるとき, 液は無色である.

7. 0.1 mol/L の金属イオンを 0.1 mol/L の EDTA で滴定したとき, 生成する錯体の解離度が 0.1% であるとすると, この錯体の条件生成定数はいくらか.

8. キレート滴定において使用する金属指示薬の種類をあげ, 適用できる金属イオンの種類, 至適 pH, 滴定終点における色の変化を説明せよ.

9. 日局 17 収載医薬品アスピリンアルミニウム($C_{18}H_{15}AlO_9$：402.29)中のアルミニウム(Al：26.98)の定量法に関する記述のうち, 0.05 mol/L エチレンジアミン四酢酸二水素二ナトリウム(EDTA)液 1 mL に対応するアルミニウムの mg 数を求めよ.

「本品約 0.4 g を精密に量り, 水酸化ナトリウム試液 10 mL に溶かし, 1 mol/L 塩酸試液を滴加して pH を約 1.0 とし, さらに pH 3.0 の酢酸・酢酸アンモニウム緩衝液 20 mL および Cu-PAN 試液 0.5 mL を加え, 煮沸しながら, 0.05 mol/L EDTA 液で滴定する. ただし, 滴定の終点は液の色が赤色から黄色に変わり, 1 分間以上持続したときとする. 同様の方法で空試験を行い, 補正する.」

10. ヨウ化物イオンを硝酸銀水溶液で滴定するとき, 当量点の pI を求めよ. ただし, AgI の pK_{sp} = 16.1 とする.

11. 酸塩基滴定では, 弱酸と強酸で滴定曲線の形状が異なるが, 沈殿滴定では溶解度積が変わっても, 滴定曲線は基本的に変化しないことを示せ.

12. 日局クロロブタノール($C_4H_7Cl_3O$：分子量 177.46)約 0.1 g を精密に量り, 200 mL の三角フラスコに入れ, エタノール(95) 10 mL に溶かし, 水酸化ナトリウム試液 10 mL を加え, 還流冷却器をつけて 10 分間煮沸する. 冷後, 希硝酸 40 mL および正確に 0.1 mol/L 硝酸銀液 25 mL を加え, よく振り混ぜ, ニトロベンゼン 3 mL を加え, 沈殿が固まるまで激しく振り混ぜた後, 過量の硝酸銀を 0.1 mol/L [A]液で滴定する(指示薬：[B]試液 2 mL). 同様の方法で空試験を行う.

0.1 mol/L 硝酸銀液 1 mL = [C] mg $C_4H_7Cl_3O$

[A]～[C]に入れるべき適当な字句, 数値とこの定量法の名称を答えよ.

13. 日局生理食塩水は, 塩化ナトリウム(NaCl：分子量 58.44)0.85 ～ 0.95 w/v% を含む. 本品 20 mL を正確に量り, 水 30 mL を加え, [A]を指示薬として 0.1 mol/L 硝酸銀液(f = 1.025)で滴定するとき, この硝酸銀液の消費量が[B]～[C]の範囲にあれば局方品として適と判定できる. この定量法は何といわれるか. また, [A]～[C]に入れるべき適当な字句, 数値を答えよ.

14. 硫酸銅五水和物($CuSO_4 \cdot 5H_2O$：249.67)の結晶 0.450 g を砕いて 105 ℃で 4 時間加熱乾燥して再び秤量したところ 0.320 g であった. 揮発した水分は結晶の何 % か. また, それは結晶 1 mol 当たり何 mol か.

15. 日局 0.02 mol/L 過マンガン酸カリウム液は, シュウ酸ナトリウムを標準物質として標定する

〔9.5.4 項(1)(a)参照〕. 次の記述の正誤を判定せよ.

a. 過マンガン酸カリウムは酸化剤, シュウ酸ナトリウムは還元剤として反応する.

b. 反応のモル比は, 過マンガン酸カリウム：シュウ酸ナトリウム = 5：2 である.

c. シュウ酸ナトリウムとの反応は硫酸酸性で行うが, 塩酸または硝酸酸性でもよい.

d. 終点は, デンプン試液を用いて判定する.

16. 0.1 mol/L チオ硫酸ナトリウム液を 9.5.4 項(2)(a)に記した手順で標定した.
ヨウ素酸カリウム 54.00 mg を量り取って, 0.1 mol/L チオ硫酸ナトリウム液で滴定したところ, その消費量は空試験の値を差し引いた後で 15.00 mL であった. この 0.1 mol/L チオ硫酸ナトリウム液のファクター f を求めよ.

17. 0.05 mol/L ヨウ素液を 9.5.4 項(2)(a)に記した手順で標定した. 調製したヨウ素液 15.00 mL を量りとり, ファクター $f = 0.990$ の 0.1 mol/L チオ硫酸ナトリウム液で滴定したところ, 14.90 mL を要した. この 0.05 mol/L ヨウ素液のファクター f はいくらか.

18. 日局ホルマリンの定量〔9.5.4 項(2)(b)参照〕に関する次の記述の正誤を判定せよ.

a. はかり瓶にホルマリンを入れる前に, まず水 5 mL を入れて質量を量るのは, ホルマリンの揮発を防ぐためである.

b. 0.05 mol/L ヨウ素液中のヨウ素 I_2 が, 直接, ホルマリンを酸化する.

c. 0.1 mol/L チオ硫酸ナトリウム液は, 本試験のほうが空試験より多く消費する.

d. 被滴定液中のホルマリン(mg)を求めるためには, 0.05 mol/L ヨウ素液のファクター f が必要である.

19. 日局フェノールを 9.5.4 項(3)(b)に記した手順で定量した. 試料 1.500 g を量りとり, $f = 1.000$ の 0.1 mol/L チオ硫酸ナトリウム液で滴定したところ, 空試験における滴定値は 29.70 mL, 本試験における滴定値は 6.30 mL であった. 被滴定液中のフェノールの質量(mg)を小数点以下第 2 位まで求めよ. また, このフェノールの含量(%)を小数点以下第 1 位まで求めよ.

20. 日局プロカイン塩酸塩($C_{13}H_{20}N_2O_2$・HCl；272.77)は亜硝酸塩法により次のように定量する.
「本品を乾燥し, その約 0.4 g を精密に量り, 塩酸 5 mL および水 60 mL を加えて溶かし, さらに臭化カリウム溶液(3 → 10) 10 mL を加え, 15 ℃以下に冷却した後, 0.1 mol/L 亜硝酸ナトリウム液で滴定する.
0.1 mol/L 亜硝酸ナトリウム液 1 mL = (A) mg $C_{13}H_{20}N_2O_2$・HCl」
次の記述の正誤を判定せよ. なお, プロカイン塩酸塩の構造を以下に示す.

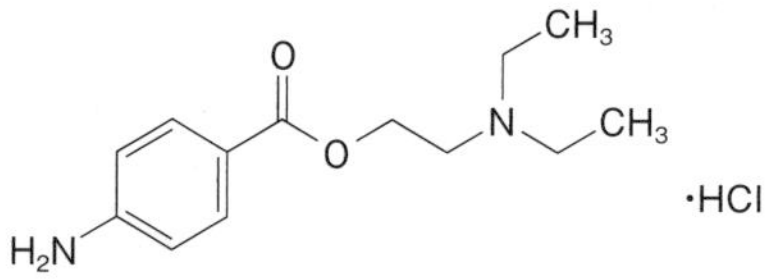

a. この滴定の終点は, 酸化還元指示薬の変色により求める.

b. 臭化カリウム溶液は, 当量点を明瞭にするために加える.

c. 下線部の記述は, 3 mol/L 臭化カリウム溶液を水で 10 倍希釈して用いることを意味する.

d. (A)に入る数値は, 13.64 である.

10 分光分析法

❖ 本章の目標 ❖

- 化学物質，生体分子などの構造を知るため，それらの解析に必要となる分光分析法に関する基本的知識について学ぶ.
- 分光分析法に対する各測定法の原理および解析・測定操作の応用について学ぶ.
- 紫外可視吸光度測定法の原理および測定装置について学ぶ.
- 紫外可視吸収スペクトルによる医薬品の分析と生体分子の解析に必要な基礎知識およびその応用について学ぶ.
- 蛍光光度法の原理および測定装置について学ぶ.
- 蛍光スペクトルによる医薬品の分析と生体分子の解析に必要な基礎知識およびその応用について学ぶ.
- 原子吸光光度法の原理および応用例について学ぶ.
- 原子発光分析法の原理および応用例について学ぶ.
- 赤外吸収(IR)スペクトル測定法の原理および応用例について学ぶ.
- IR スペクトルより得られる情報について学ぶ.
- IR スペクトル上の基本的な官能基の特性吸収について学ぶ.
- 旋光度測定法(旋光分散)の原理および応用について学ぶ.

10.1 総　論

電磁波(electromagnetic wave)は電場と磁場の変化によって形成される波動(波)であり，電場と磁場は互いに直角方向に振動しながら，振動方向に対して直角方向に伝播する(図 10.20 参照). 波動の山から山までの 1 周期分の長さを**波長**(wavelength, λ)という. 波長による電磁波の分類を図 10.1 に示す. 波長の短いほうから，γ 線，X 線，紫外線，可視光線，赤外線，マイクロ波，ラジオ波に分類される. 波長の単位には，m が用いられ，紫外・可視光線では nm，赤外線では μm が使われる. 分光学的には，紫外線から

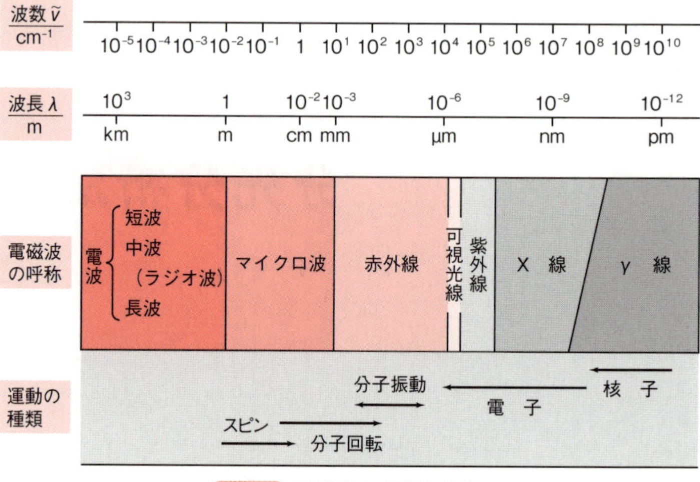

図 10.1 電磁波の種類と特性

赤外線の電磁波を光という．

1秒間当たりの波動の数を**振動数**（周波数）（frequency，υ），1 cm 当たりの波動の数を**波数**（wave number，$\bar{\upsilon}$）という．振動数および波数の単位は，それぞれ Hz および cm^{-1}（カイザー，日局 17 では毎センチメートル）が使われる．電磁波の真空中の速度を c とすると，

$$\upsilon = \frac{c}{\lambda}$$

の関係が成り立つ．また，

$$\bar{\upsilon} = \frac{1}{\lambda}$$

の関係が成り立つ．

電磁波を固有のエネルギーをもつ粒子（**光子**，photon）と考えると，それぞれの電磁波のもつエネルギー（E）は量子化されており，ν に比例する．光子のエネルギーはプランク定数（h）と ν の積として表すことができる．

$$E = h\nu$$

であるから，電磁波のエネルギーは

$$E = \frac{hc}{\lambda}$$

とも表すことができる．すなわち，電磁波のエネルギーは，振動数が大きい

表 10.1 電磁波と物質の相互作用と分析法

電磁波と物質の相互作用	分析法
吸収	X 線吸収分光法，**紫外可視吸光度測定法**，**赤外吸収スペクトル測定法**，**核磁気共鳴スペクトル測定法**，電子スピン共鳴スペクトル測定法，**原子吸光光度法**
発光（蛍光，リン光）	X 線発光分析法，**蛍光光度法**，**原子発光分析法**
散乱（回折）	ラマン分光分析法，比ろう法，**X 線分析法**（X線回折測定法）
屈折	屈折率測定法，**旋光度測定法**（**旋光分散**），円二色性測定法

太字：本書で述べる分析法.

ほど，波長が短いほど大きいといえる.

一方，分子には原子が複数個含まれるために，ｉ）分子内の電子軌道（分子軌道）に加えて，ⅱ）原子間の相対運動（振動および回転運動）も吸収エネルギーに関係する．ｉ）については，分子のなかの電子のもっている**電子エネルギー**（electronic energy，E_e），ⅱ）については，原子相互の**振動エネルギー**（vibrational energy，E_v），および分子全体の**回転エネルギー**（rotationary energy, E_r）により影響される. これらはその分子に固有であり，それぞれ不連続の定まった（すなわち, 量子化された）エネルギー状態をもつ. したがって，分子ごとに一定のエネルギー準位をもつことになる．ここで，エネルギーの大きさは，$E_e > E_v > E_r$ である.

一般に，いろいろな機器分析法を用いて分子構造を解析したり，医薬品の定量・定性分析を行ったりすることは薬学において重要であり，日局 17 の一般試験法にも数多くの分析法が収載されている．この場合，電磁波と物質との相互作用に基づく分析法は，その種類と応用範囲，また得られる情報の多様性と有用性において, いろいろな機器分析法のなかでとくに重要である. 電磁波と物質の相互作用に基づいた代表的な分析法を表 10.1 に示す.

本章では紫外可視吸光度測定法，蛍光光度法，原子吸光光度法・原子発光分析法，赤外吸収スペクトル測定法，および旋光度測定法（旋光分散）について述べる.

10.2 紫外可視吸光度測定法

10.2.1 吸光度と吸収スペクトル

SBO 紫外可視吸光度測定法の原理および応用例を説明できる.

紫外可視吸光度測定法は，200 ～ 800 nm の波長領域の光が物質によって吸収されるときの強度を測定する方法である．物質による各波長における光エネルギーの吸収変化を測定して得られる吸収スペクトルは，**基底状態**（ground state）の電子が**励起状態**（excited state）に遷移することに基づくた

基底状態
定常状態のなかで，最もエネルギーの低いもの.

COLUMN 昆虫の視覚

虫には色の識別ができるのだろうか．たぶんできると考えられている．それでは，虫が見る世界は，私たち人間が見る色彩と同じだろうか．色彩を感じないのであれば，あのような派手な色彩で体を飾る必要がないと思われる．昆虫の種類により異なるが，一般的にいえば，昆虫の視覚がとらえる光の波長は，300 ～ 600 nm で，ヒトよりも100 nm ほど短波長側にずれていることが知られている（ヒトは 380 ～ 780 nm）．つまり，昆虫はヒトには見えない紫外領域の光が見えるというわけである．ヒトには同色にしか見えないモンシロチョウの雄・雌が，紫外線領域で見るとまったく違った色をしており，雄が容易に雌を探しだすことができる．また，多くの植物の花も紫外線を反射することが知られている．昆虫との共存共栄で成り立っている植物の世界では虫による花粉の媒介（受粉）を昆虫に頼るために，いろいろな色を使って昆虫を誘うのである．このように昆虫が見ている世界と私たち人間が見る世界は，大きく異なっている．昆虫にとっては，私たちが見て認識するものとはまったく異なる世界が広がっているのである．生物界の多様性が感じられる．

励起状態
エネルギー的に最も安定な状態以外で，よりエネルギーの高い状態．

電子スペクトル
原子，分子あるいはそれらのイオンが電子状態間遷移をするとき，吸収（あるいは放出）する光のスペクトル．

吸収帯
光源としての光を吸収して帯状の吸収スペクトルを示したもの．

め，**電子スペクトル**（electronic spectrum）ともいわれる．分子のエネルギーは，回転エネルギー，振動エネルギー，および電子エネルギーの三つに分けられる．それぞれのエネルギー変化は，回転スペクトル，振動スペクトル，および電子スペクトル（紫外可視吸収スペクトル）に対応する（図 10.1 参照）．電子の遷移は，回転エネルギーと振動エネルギーの両方の変化によって生じるので，紫外可視領域の光の吸収は広い波長領域において観察される．このように，ある波長領域における吸収を**吸収帯**（absorption band）という．

紫外可視領域の光によって電子が基底状態から遷移状態へ移る場合には，そのエネルギー差に等しいエネルギーが必要である．その際に，光が物質に当たって原子や分子と相互作用するとき，分子中の不安定な状態にある励起電子はすみやかに基底状態に戻ろうとする．

光の通る空間（光路）に分子が数多くあると，それだけ光子と分子との衝突回数が増え，光の強い吸収が見られる．図 10.2 に示すように，強度が I_0 の入射光が透明なセルを通過する場合を考えてみる．光の一部は吸収され，入

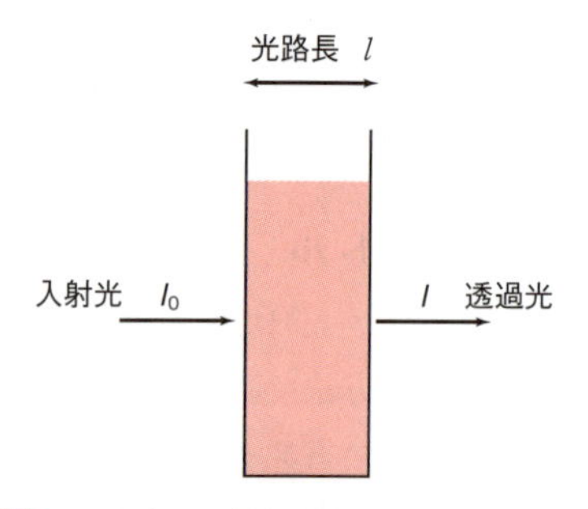

図 10.2 セル中の試料溶液による光の吸収と透過

射光の I_0 より小さい強度 I の透過光がセルからでる．この場合，次式のように入射光と透過光の強度比の常用対数を**吸光度**(absorbance，A)として定義する．

$$A = \log\left(\frac{I_0}{I}\right)$$

I_0 と I はともに単位がカンデラ(cd)であるため，I_0/I は単位のない数値である．A を求めるには，まず光の強度を**光電子増倍管**(photomultiplier)のような電子部品を用いて検出する．そして，得られた入射光の強度と透過光の強度の比から試料の A を計算する．単色光がある物質の溶液を通過するとき，透過光の強度(I)の入射光の強度(I_0)に対する比率を**透過度**(transmittance，t)といい，これを百分率で表したものを**透過率**(percent transmittance，T)という．したがって，透過度の逆数の常用対数が A になる．

$$t = \frac{I}{I_0} \qquad T = \frac{I}{I_0} \times 100 = 100\,t$$

A は光を吸収する物質の濃度，および光が通過する距離である光路長に比例する．**ランベルト・ベールの法則**(Lambert-Beer's law)は，A と光を吸収する物質のモル濃度(c)，光路長(l)と**モル吸光係数**(molar extinction coefficient)(ε)を次式のように関係づけるものである．

$$A = \varepsilon c l$$

日局 17 では，l を 1 cm，c を物質の質量対容量百分率濃度(1 w/v%)に換算した場合の吸光度を**比吸光度**とし，$E^{1\%}_{1\,\mathrm{cm}}$ で表す．

ランベルト・ベールの法則は透過度 t を用いても表され

$$A = -\log t$$

となる．この法則は，ほとんどの物質に対して成り立つことから，分析科学で広く用いられる関係式である．物質中の電子が励起されるには，特定の波長の光が照射されなければならない．すなわち，ε は光の波長および物質の濃度に依存して決まる物質固有の物理定数である．すなわち，物質はある特定の波長の光のみを吸収し，色が決まる．物質に色がついていることは，一つ，あるいは複数の波長で吸光度の極大をもつことを意味している．物質による光の吸収の強さは，波長によって異なるので，波長の異なる光についてそれぞれの A を測定し，得られた A と波長との関係を曲線として描くと，紫外可視吸収スペクトル(以下，吸収スペクトル)が得られる．この吸収スペクトルから，その物質の**吸収極大波長**(absoption maximum wavelength, λ_{max})と**吸収極小波長**(absoption minimum wavelength, λ_{min})が得られる．

10.2.2 分子構造と吸収スペクトル

吸収スペクトルは物質の分子構造と密接な関係をもつ．有機化合物の場合，単結合は結合性のσ軌道に，また二重結合はσ結合性軌道のみならず，π結合性軌道にも電子が満たされている．また，O，N，ハロゲンなどの原子を含む分子には結合とは関係のない電子軌道があり，n軌道といわれる．さらに，電子が満たされない反結合性のσ^*とπ^*軌道も存在する．その関係を図10.3に示す．

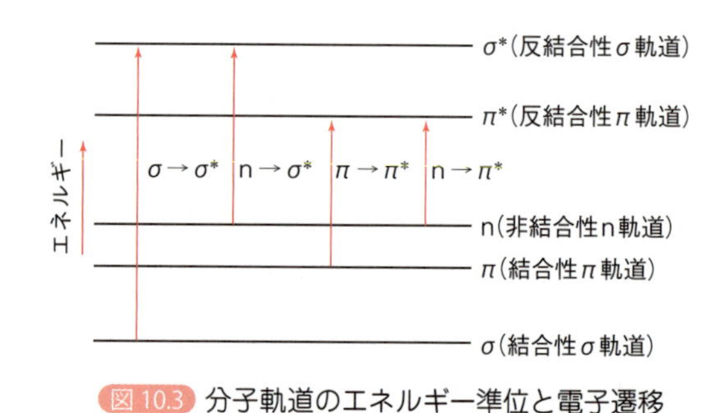

図10.3 分子軌道のエネルギー準位と電子遷移

エネルギー準位
原子や分子がもつ定常状態における，とびとびのエネルギーの値．

光吸収は，こうしたσ，π，n軌道の電子が反結合性軌道へ遷移することによって起こる．このうち，$\sigma-\pi^*$，または$\pi-\sigma^*$は禁制遷移のために観察されない．また，$\sigma-\sigma^*$やn$-\sigma^*$遷移による吸収はエネルギーが大きいため，より短波長の遠紫外領域に現れることが多い．そのため，紫外可視領域での吸収のほとんどは，C=C，C≡C，C=Nなどによる$\pi-\pi^*$遷移，あるいはC=O，C=S，N=Oなどによるn$-\pi^*$遷移に基づくものである．吸収スペクトルの測定対象になるのは，分子内にC=C，C=N，C=O，C=Sなどを共役した形でもつ分子であり，これらを**発色団**(chromophore)という．一方，それだけでは光を吸収しないが，発色団に結合してλ_{max}を長波長側へ移動させるとともに，モル吸光係数を大きくするような原子団(官能基)を**助色団**(auxochrome)という．一般に非共有電子対をもつ原子を含んでいる-OH，$-NH_2$，およびそれらのアルキルおよびアリール誘導体などである．発色団としてはたらく官能基には，紫外可視領域の光を吸収して容易に高エネルギー準位に励起される電子が存在する．発色団の多くは，一つあるいはそれ以上の二重結合，三重結合，芳香環をもつことが多い．多くの発色団は，20 nmあるいはそれ以上の広い波長領域にわたって光を吸収するので，いくつかの吸収ピークが重なることがある．吸収が起こる波長領域は，分子中の発色団以外の部分がどのくらいの電子求引性，あるいは電子供与性

表 10.2 有機化合物の発色団の特性

化合物		吸収極大波長 (λ_{max}/nm)	モル吸光係数 ($\log \varepsilon_{max}$)	遷移の種類
アセトン	$(CH_3)_2C{=}O$	272	1.2	$n-\pi^*$
アセトアルデヒド	$CH_3(H)C{=}O$	305	1.2	$n-\pi^*$
酢酸	$CH_3-C(=O)OH$	203	1.6	$n-\pi^*$
ジアゾメタン	$CH_3-N\equiv N$	435	0.5	$n-\pi^*$
エチレン	$H_2C{=}CH_2$	175	4.0	$\pi-\pi^*$
1, 3-ブタジエン	$H-(CH{=}CH)_2-H$	217	4.3	$\pi-\pi^*$
1, 3, 5-ヘキサトリエン	$H-(CH{=}CH)_3-H$	258	4.9	$\pi-\pi^*$
ベンゼン	C_6H_6	204 254	3.9 2.4	$\pi-\pi^*$
ナフタレン	C_6H_8	220 275 310	5.0 3.8 2.4	$\pi-\pi^*$

をもつかによっても影響を受ける．そのため，赤外吸収スペクトル測定法の場合のように特定の官能基の存在を吸収の波長位置のみから示すことは難しい．

最も代表的な発色団の例を表 10.2 に示す．λ_{max} は，分子内において共役系の二重結合の数が増えるに従って，すなわち共役の程度が増えるにつれて長波長側へ移動し，可視光線を吸収するようになる．共役系を化学的に修飾したり，溶液の pH を変えたりした場合に λ_{max} と ε が大きく変化することがある．λ_{max} が長波長側へ移動することを**深色効果**(bathochromic effect)，またはレッドシフト，この逆の場合を**浅色効果**(hypsochromic effect)，またはブルーシフトという．なお色を濃くする，すなわち ε を大きくする効果を濃色効果，その逆の場合を淡色効果という．共役系における電子遷移にはいろいろあるが，そのうちのいくつかで起こるので，紫外可視吸収スペクトルは赤外吸収スペクトルに比べると著しく単純となる．また，分子内に二つの発色団が共役しない形で存在する場合は，吸収スペクトルはそれぞれの発色団の特異吸収を単に重ね合わせた形になる．

一方，遷移金属イオンを含む化合物では，金属イオンの d 電子や f 電子も光のエネルギー吸収に関係してくる．すなわち，i）$d-d^*$ 遷移や $f-f^*$ 遷移，ii）配位子内の $n-\pi^*$ や $\pi-\pi^*$ 遷移，iii）金属から配位子への電荷移動による遷移の吸収が観察される．このうちとくに，ii）と iii）による吸収は強いので，金属イオンの定量に利用できる．たとえば，図 10.3 が個々の分子軌道のエネルギーを示すのに対し，図 10.4 は分子全体のエネルギー状態を表す．この場合，σ，π，n 軌道に電子が満たされている状態が基底状態 S_0 である．さらに n 軌道の電子が π^* 状態に遷移した状態は S_1 状態，さらに π 軌道の電子が π^* 状態に遷移した状態は S_2 となる．

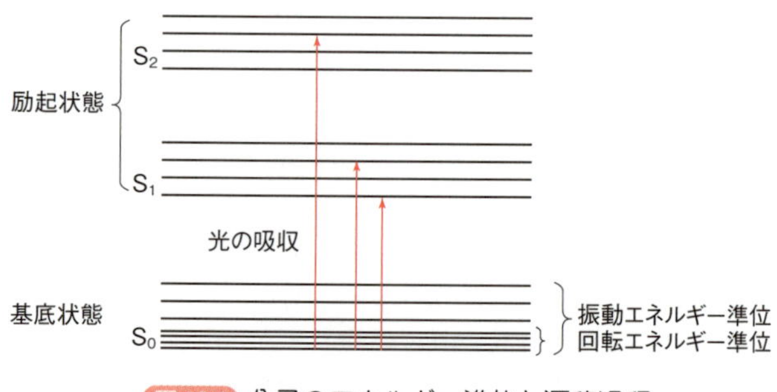

図 10.4 分子のエネルギー準位と遷移過程

参照スペクトル
標準医薬品の紫外可視吸収スペクトルおよび赤外吸収スペクトルが参照スペクトルとして日局 17 に収載されている．

医薬品に対する紫外可視吸光度測定法は，i）ある波長範囲の吸収スペクトルを測定して局方の**参照スペクトル**(reference spectra)と比較する，ii）ある波長範囲の吸収スペクトルを測定して標準品の吸収スペクトルと比較する，あるいはiii）λ_{max} を測定する，iv）二つの特定波長における吸光度の比を計算する，などによって医薬品の同定に利用されている．さらに，λ_{max} における A を測定し，標準溶液などの A と比較することによって，医薬品を定量分析することができる．

Advanced 色の不思議さ

陶磁器の釉(ゆう)薬，美しいステンドグラス，ガラス工芸など無機化合物が発する美しい色が学問発展の糸口となり，今日の無機化学や錯体化学の学問体系が築かれた．陶磁器の釉薬やガラスの着色では，多くの場合，多数の原子やイオンからなる結晶または非晶質体に特定の遷移金属イオンが取り込まれ，周囲の原子またはイオンから受ける力(配位子場)によって d 電子のエネルギー準位が分裂し，その準位間の電子遷移による光吸収が色となって現れる．遷移金属イオンを取り込む母体となる釉薬やガラス成分のもつ配位子場の力は物質によって異なるので，同じ遷移金属イオンを用いても異なる色が現れる．これが陶芸における釉薬の色が微妙に異なる原因である．もう一つの色の原因は，混合原子価状態における電荷移動吸収帯の発現である．化合物を構成するすべてのイオンの酸化数が同じ場合には，電荷移動吸収は起こらないが，たとえば鉄(Ⅱ)イオンと鉄(Ⅲ)イオンが混合したシアン錯体としてのプルシアンブルーのような化合物は独特の電荷移動吸収帯を示し，強い青色に着色する．また，酸化タングステンが示す電気的な刺激による可逆性の色の変化は，タングステン(Ⅵ)イオンとタングステン(Ⅴ)イオンの混合原子価状態における電荷移動吸収に基づく色である．

10.2.3 装置と測定

紫外可視吸光光度計の基本構成は，光源，**分光器**(**モノクロメーター**, monochromater)または光学フィルター，試料部，測光部，記録部からなる．ここで，できるだけ狭い波長範囲の光を得るためには分光器が用いられる．分光光度計は，光源から放射された光を１本のビームとして，測定試料と対照試料を交互に通過させる方式(単光束式)と，光源から放射された光を二分割して，別べつに測定試料と対照試料を通過させる方式(複光束式)に大別される．吸収スペクトルの測定には，目的とする波長範囲を自動的に走査できる複光束式の分光光度計(自記分光光度計という)が一般的に用いられている．

図 10.5 に分光光度計(ダブルビーム型)の構成を示す．この装置は紫外可視両域用であるため，重水素ランプ(紫外用)とタングステンランプ(可視用，最近はハロゲンタングステンランプも用いられる)の二つの光源を備える．分光器は，1 組のレンズ，ミラー，スリットや窓，狭い波長幅の光を分離するためのプリズムや**回折格子**(grating)などの組合せで構成されている．このうち，回折格子を用いる分光器は，入口スリットからの白色光が，一つ目の凹面鏡により回折格子方向に向かって平行な光に変えられる．さらに，回折格子は光を波長ごとに分散し，二つ目の凹面鏡上に反射する．このとき，回折格子は回転台の上に載っているので，角度を変えることができるようにつくられている．反射された光は二つ目の凹面鏡により，出口スリット上で焦点を結ぶ．通常，回折格子の角度を変えると異なった波長の光を選びだす

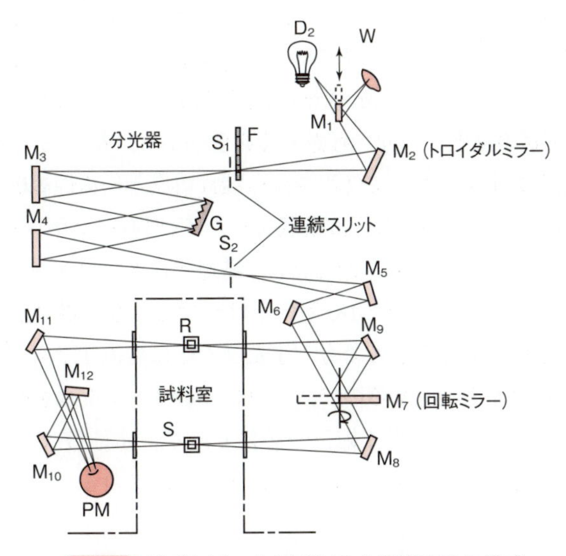

図 10.5 ダブルビーム(複光束)分光光度計の構成

D_2：重水素ランプ，W：タングステンランプ，F：フィルター，S_1，S_2：スリット，G：回折格子，M_1 ～ M_{12}：ミラー，S，R：試料セル，対照セル，PM：光電子増倍管．

ことができるようになっている．試料側セルには目的成分を含む分析試料を，また対照側セルには分析試料を含まない溶媒のみを入れる．それぞれからの透過光を検知器（光電子増倍管）により，光強度に比例した電流に変換する．それらの光電流は増幅された後，吸光度に変換される．また，分光器を用いてセルに照射する光の波長を変化させると，波長-吸光度曲線，すなわち吸収スペクトルを測定することができる．

紫外可視吸光光度法を定性分析に利用する場合には，通常，試料中の光を吸収する数種類の物質の吸収スペクトルの和となる．すなわち，特定の波長における吸光度は，溶液中のそれぞれの物質の吸光度の和を表している．簡単な場合には，吸収極大波長から物質の存在を確認することが可能な場合もあるが，その存在をより確実に示すためには，赤外吸収スペクトル測定法，核磁気共鳴スペクトル測定法などのほかの方法と併せて分析するのが通例である．

10.2.4 溶媒とその選択

紫外可視吸光度測定法では，溶媒は目的とする物質を溶かし，光路のなかに均一に分布させるために使用される．一般に水がよく用いられるが，有機物質を溶かすには，アセトニトリルやジメチルホルムアミド（dimethyl formamide，DMF）のような非プロトン性溶媒が必要な場合もある．また，溶媒は透明である必要がある．しかし，完全に透明である溶媒はなく，溶媒そのものが光を吸収する場合が多い．したがって，測定する波長領域で物質の吸収スペクトルを妨害しない溶媒を選択する必要がある．水や多くの有機溶媒は無色透明に見えるが，実際には，紫外領域にかなり大きな吸収をもつことが多い．とくに，約 250 nm 以下の波長領域で吸収スペクトルを測定するときには，溶媒の選択を十分に考慮する必要がある．表 10.3 と表 10.4 に，紫外可視吸光度測定法において使用される極性溶媒と無極性溶媒の性質を示す．多くの溶媒は，280 nm 以下に吸収をもつ不純物（ベンゼンなど）を含むことが多いので，高純度の溶媒（たとえば，高速液体クロマトグラフィー用，あるいはスペクトル測定用など）を用いなければならない場合がある．しかし，どんなに適切な溶媒を選んでも，またどんなに高純度であっても，溶媒は必ずなんらかの光を吸収するので，溶媒自体のスペクトルを必ず測定し，試料のスペクトルから差し引く補正が必要である．日局 17 では，紫外可視吸光度測定法で使用する溶媒および濃度が規定されている．

表 10.3 極性溶媒

溶　媒	使用できる下限の波長(nm)
水	200
エタノール	220
ジエチルエーテル	210
アセトニトリル	185

表 10.4 無極性溶媒

溶　媒	使用できる下限の波長(nm)
ヘキサン	200
シクロヘキサン	200
ベンゼン	280
四塩化炭素	260
ジオキサン	320

10.2.5 医薬品分析への応用

ウラピジルの確認試験

本品のエタノール(95)溶液(1 → 100000)につき，紫外可視吸光度測定法により吸収スペクトルを測定し，本品のスペクトルと本品の参照スペクトルを比較するとき,両者のスペクトルは同一波長のところに同様の強度の吸収を認める.

10.3 蛍光光度法

10.3.1 蛍光の基本的原理

SBO 蛍光光度法の原理および応用例を説明できる.

物質が吸収したエネルギーのすべて，またはその一部を光として放出する現象を**ルミネッセンス**という．ルミネッセンスには，**蛍光**(fluorescence)と**リン光**(phosphorescence)の 2 種類があり，これらの光を測定して物質の定性分析や定量分析に応用されている.物質に紫外可視領域の光を照射すると，物質は電子状態に相当する強さのエネルギーを吸収して，基底状態(S_0)からさまざまなエネルギー準位の励起状態(S_1, S_2, ……)へと遷移する(図 10.6)．高いエネルギー準位に励起された電子は，衝突や運動などによってそのエネルギーを失いながら，S の最低振動準位にすみやかに遷移する．次に，さらにそのエネルギー準位から S_0 へ遷移して，光としてエネルギーを放出し，蛍光が生じる〔光以外にエネルギーを放出する**無放射遷移**(radiationless transition)を起こす場合もある〕．一般に，物質に吸収された光のエネルギーは，エネルギー準位が S の最低振動準位に遷移する間に一部は熱などとして失われることにより，蛍光は励起光のエネルギーより小さい長波長の光となる(**ストークスの法則**，Stokes' law)．S の寿命は約 10^{-8}

リン光
励起一重項*状態から励起三重項*状態へ無放射遷移した後，この状態から基底状態へ遷移するときに放射される光がリン光である.

* 電子対のスピンが逆平行の場合が一重項，平行の場合が三重項.

無放射遷移
電子的に励起された分子などが，光の放射をせずにエネルギーを失う電子遷移のこと．無放射過程ともいう.

秒であり，蛍光の寿命は短い．

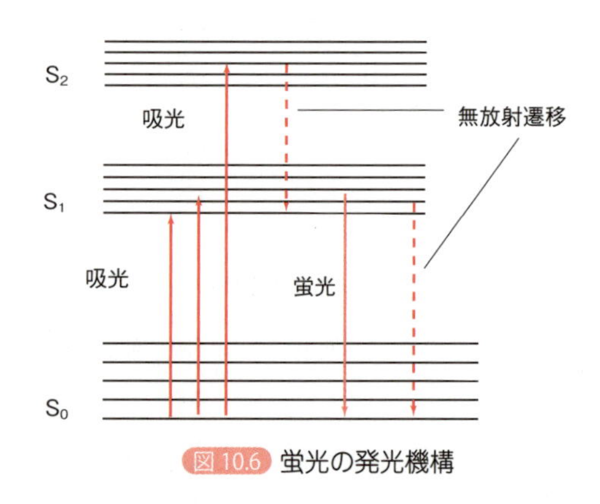

図 10.6 蛍光の発光機構

10.3.2 スペクトル

紫外可視部領域の光を励起光として，その波長を変化させながら物質に入射したとき放出される蛍光の強度を測定すると，励起波長と蛍光強度との関係を示すスペクトルが得られる．これを，**励起スペクトル**(excitation spectrum)という(図 10.7)．一方，一定波長の励起光を試料に入射し，放出される蛍光の強度を広い波長範囲にわたって測定すると，蛍光波長とその強度との関係を示すスペクトルが得られる．これを，**蛍光スペクトル**(fluorescence spectrum)という．励起スペクトルと蛍光スペクトルのそれぞれの極大波長を利用して蛍光強度を測定すれば，高感度分析を行える．ストークスの法則で説明したように，蛍光スペクトルは励起スペクトルよりも長波長側に現れる．また，電子エネルギー準位とともにさまざまな振動および回転エネルギー準位をもった基底状態と励起状態が存在するので，幅広なスペクトルになる．励起スペクトルと蛍光スペクトルの形は左右対称に近い場合が多い(鏡像関係にあるという)．この理由は励起状態と基底状態の振動エネルギー準位が相互に類似するためである．

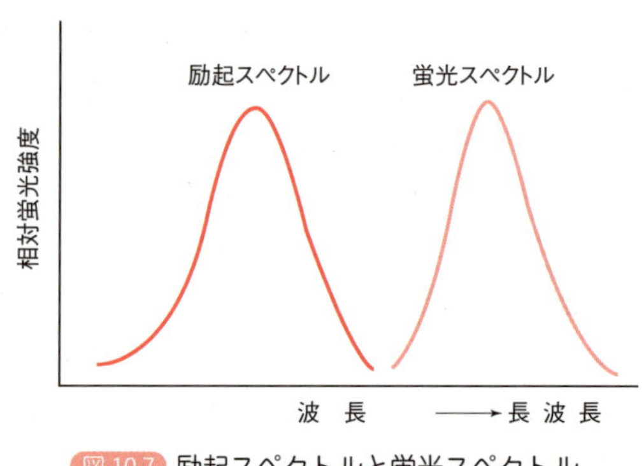

図 10.7 励起スペクトルと蛍光スペクトル

10.3.3 有機蛍光物質の化学構造

蛍光物質は，光を吸収しやすく(モル吸光係数 ε が大きい)，蛍光を放出しやすい〔**蛍光量子収率**(fluorescence quantum yield が大きい)〕．また蛍光物質には，次のような化学構造上の特徴がある．i) 分子中に二重結合をもつ**共役π電子系**(conjugated π electron)がある．ii) (多環性の芳香族化合物などのように)共役系が長く，平面性である．iii) 共役系に蛍光性を増す置換基が結合している．たとえば，-OH，$-NH_2$，$-OCH_3$ などの**電子供与基**(electron-donating group)は蛍光を増大させる．逆に，$-NO_2$，-COOH，$-CH_2COOH$，ハロゲンなどの**電子求引基**(electron attracting group)は蛍光を減少させる．iv) 共役π電子系が平面に固定されていないフェノールフタレインは蛍光を発しないが，ベンゼン環が酸素で架橋され，平面に固定されたフルオレセインは緑色の蛍光を発する．これは，励起エネルギーが分子内の運動で失われにくいためである(図 10.8)．

共 役
分子内に存在する二つ以上の多重結合が互いに一つの単結合を挟んで連なり，相互作用し合う状態．

π 電子系
分子中にいくつかのπ結合をもつ化合物(不飽和炭化水素，芳香族化合物など)．

電子供与基
水素原子よりも結合する原子側に電子を与えやすい置換基．

電子求引基
水素原子よりも結合する原子側から電子を引きつけやすい置換基．

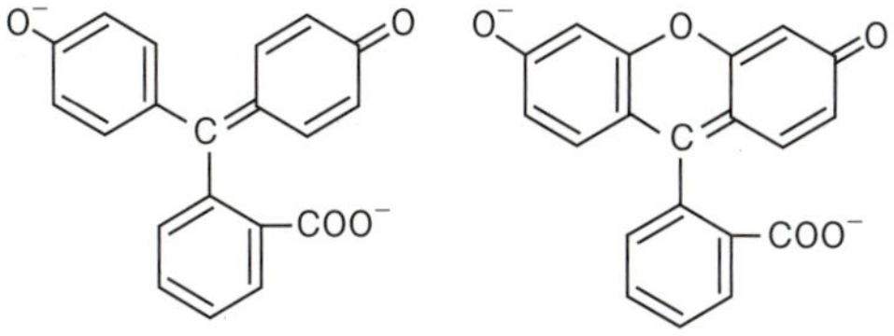

O^- C COO^- O

フェノールフタレイン　　フルオレセイン

図 10.8 フェノールフタレイン(無蛍光物質)とフルオレセイン(蛍光物質)の化学構造

COLUMN

漂白剤

プラスチックや繊維類には青い光をいくらか吸収して，それ自体がやや黄色を示すものがある．また，プラスチック類には，使用中に熱，薬品，紫外線などによるプラスチック分子内のラジカル生成により劣化して，白化～黄変する場合がある．このようなときに，黄色の補色に相当する青色または紫色の蛍光をだす無色の化合物を加えることによって，添加した蛍光物質が黄色を打ち消して，私たちの目に白色に見えるようにすることが可能である．このような物質は蛍光漂白剤(蛍光増白剤)といわれ，繊維，プラスチック，紙などに添加して使われている．スチルベン系の染料がよく知られている．

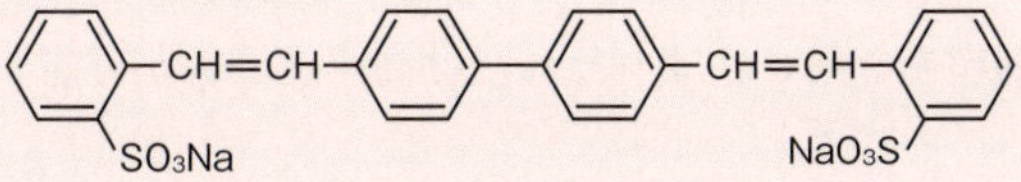

CH=CH　CH=CH
SO_3Na　NaO_3S

スチルベン系蛍光漂白剤の例

10.3.4 測 定

光源としては，紫外可視領域に強い光を放射するキセノンランプがよく用いられる．励起部の分光器によって，光源からどの波長の光を取りだして，試料に入射するか決まる．前述したように，励起スペクトルと蛍光スペクトルは理論的には鏡像関係にあるが，溶液中では溶媒分子との相互作用もあり，鏡像関係が崩れる場合が多い．

蛍光測定のときに注意しなければならないことは，スペクトルにシャープなピークがある場合は，測定するスペクトルのほうのバンド幅(あるいはスリット幅)をできるだけ狭くする必要がある．広いバンド幅にすると，その波長前後の光が含まれて，シャープなスペクトルが得られない．この場合，蛍光スペクトルを測定するときは，蛍光のバンド幅は多少広くしてもスペクトル強度には影響しない．そのほうが逆に光量をかせぐことができて，感度よく測定でき，ノイズの少ないスペクトルとなる．また，試料の濃度が高すぎると，励起光が試料内部まで到達できず，セルの前面部で蛍光が起こるだけで，蛍光強度が減少することがある(**濃度消光**という)．したがって，蛍光測定する場合は，できるだけ希薄溶液で測定することが大切である．

溶液中の蛍光分子の濃度と蛍光強度との間には，次式の関係がある．

$$F = I_0 \phi (1 - 10^{-\varepsilon cl})$$

ここで，F は蛍光強度，I_0 は励起光の強度，ϕ は蛍光量子収率またはリン光量子収率，ε はモル吸光係数，c は溶液の濃度(mol/L)，l は層長(cm)である．さらに，c が十分小さい場合(通常，$\varepsilon cl < 0.02$)は，近似的に

$$F = I_0 \phi 2.303 \varepsilon cl$$

となる．つまり，蛍光強度は濃度に比例するという関係式となる．ここで，ϕ は

$$\phi = \frac{[\text{蛍光量子またはリン光量子の数}]}{[\text{吸収した光量子の数}]}$$

の関係にある．蛍光を発する物質は多くはないが，その特異性は高い．さらに，蛍光光度法が吸光度測定法に比べて高感度であるのは，蛍光強度が濃度のみでなく，励起光の強度 I_0 にも比例するからで，レーザーのような強い励起光を用いれば，それだけ高感度分析が可能となる．

Advanced **蛍光量子収率**

蛍光物質が1個の光子を吸収すると，エネルギー的に励起した状態が形成される．これは蛍光物質の厳密な性質とその周囲の環境により変わるが，最終的にはエネルギーを失いながら基底状態へ戻る．この場合，発生するおもなエネルギーの喪失は，蛍光(光子の放出によるエネルギー喪失)，内部変換，振動緩和(熱の周囲環境への移動という形の非放射性エネルギー喪失)，三重項への項間交差，そしてその後の非放射性失活である．蛍光量子収率(ϕ)とは蛍光による吸収光子数と放出光子数の比率として表される．いいかえれば，量子収率はほかの非放射性メカニズムではなく，蛍光によって励起状態が失活する確率を示す．

ϕの測定方法として最も確実なものはA. T. R. Williams(ウィリアムズ)らの比較法〔*Analysit*, **108**, 1067(1983)〕で，この手法は既知のϕ値をもった標準サンプルを用いる．本来，同じ励起波長における吸光度が同じである標準サンプルと測定サンプルの溶液は，同数の光子を吸収すると見なすことができる．したがって，同一条件下で記録された二つの溶液の積分蛍光強度の単純な比から，量子収率の値の比が求められる．標準サンプルのϕは既知であるとすれば，測定サンプルのϕが計算できる．しかし，実際の測定はこれに比べて少々複雑である．

10.3.5 消　光

消光(quenching)とは，分子の蛍光強度が減少することである．蛍光は，励起された電子が基底状態に戻るときに照射光よりも長波長の光を発する現象であるので，この過程においては，分子衝突などによりエネルギーの一部が熱として消滅する過程も起こる．すなわち，分子衝突により，熱によるエネルギーの消滅が増えれば，それだけ光として放出されるエネルギーが減ることになる．この現象が消光である．蛍光反応の多くは溶液中で起こるが，溶液中ではたえず物質が**ブラウン運動**(Brownian movement)をしている．ブラウン運動や溶媒/溶質分子の拡散を増大する要因は，結果的に分子衝突の頻度を増加させ，消光に導く．試料にイオンやほかの溶質を加えると，消光作用としてはたらく場合がある(**消光剤**，quencher)．またこのとき，大きな分子は小さな分子よりも分子衝突の頻度が多くなる．たとえば，K^+はNa^+よりもより強い消光剤としてはたらく．

ブラウン運動
顕微鏡下で水中に浮遊している花粉などが不規則な運動をしている物理現象．R. Brown(ブラウン)が発見した．

10.3.6 装　置

蛍光強度は**蛍光分光光度計**(fluorecence spectrophotometer)を用いて測定する．この装置は，おもに光源，励起光分光部(モノクロメーター)，試料部，蛍光分光部(モノクロメーター)，検出部とその信号を増幅し，記録する記録部から構成されている．二つの分光部があることが紫外可視分光光度計と大きく異なる点である．蛍光分光光度計の構成を図10.9に示す．光源としては，キセノンランプが最もよく用いられ，ほかにアルカリハライドランプ，水銀ランプ，レーザーなど安定に光を放射するものが用いられる．キセノンランプは，紫外可視領域において連続スペクトルをもち，広範囲の波長の光を放射できる．また，レーザーはエネルギーの強い光を放射できるので，高感度分析が可能である．励起光分光部と蛍光分光部は，試料に入射する励起光と生じた蛍光を分光して取りだす部分である．おもに回折格子，ほかにはプリズムが用いられる．試料部は，試料溶液が入ったセルをセットする部分である．通常，四面が透明で層長が1 cm × 1 cmの無蛍光の石英製の角型セルを用いる．紫外部領域の光を励起光として用いる場合は，ガラス製セルは使用できない．蛍光は試料から全方向に放射されるが，蛍光光度計では，励起光に対して90度方向に放射される蛍光を蛍光分光部で分光して検出する．この方法では，励起光の透過する方向で蛍光を検出する場合に比べて，より高感度な分析が可能である．検出部には光電子増倍管が用いられる．上記のように，蛍光を励起光とは直角方向で検出するので励起光の影響を最小限に抑えることができる．

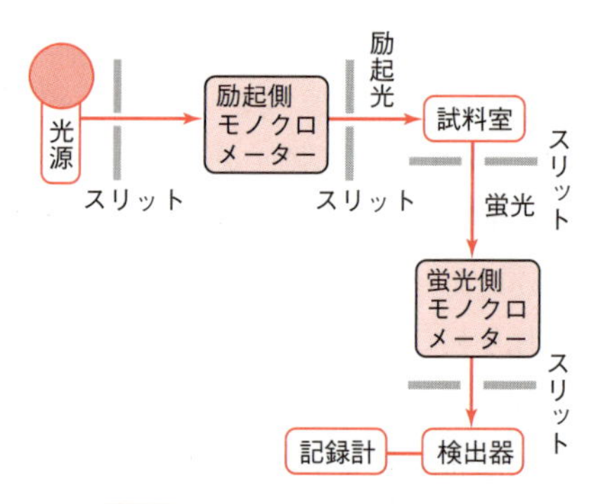

図10.9 蛍光分光光度計の構成

10.3.7 蛍光強度への影響因子

次のような要因が蛍光強度に影響する．ⅰ）濃度：蛍光物質の濃度が濃くなると蛍光強度は減少する．ⅱ）温度：温度の上昇とともに蛍光強度は減少する．これは，分子衝突頻度が増え，発光せずに熱エネルギーなどとして失われるためと考えられる．ⅲ）溶媒：溶媒分子との相互作用のために，蛍光波長や強度が影響される．また，溶媒の粘度が増すと分子どうしの衝突が減少して，蛍光強度が大きくなる傾向がある．蛍光物質が酸あるいは塩基の場合，分子形とイオン形とで蛍光性が異なるため，この場合は溶媒のpHも影響する．ⅳ）共存物質：励起光や蛍光を吸収する物質は消光を引き起こす．また，それ以外にも，金属イオン，酸素などによっても蛍光は消光するので，測定に際しては汚染物質の存在に注意しなければならない．v）光：蛍光物質は光で分解するものが多い．強い光を当てたり，長時間にわたり光にさらすことのないよう注意しなければならない．

10.3.8 医薬品分析への応用

レセルピン錠の溶出性

次の方法により試験を行うとき，適合する．

ポリソルベート 80 1 g を薄めた希酢酸(1 → 200)に溶かし 20 L とした液 500 mL を試験液に用い，パドル法により，毎分 100 回転で試験を行うとき，本品の 30 分間の溶出率は 70%以上である．

本品 1 個をとり，試験を開始し，規定された時間に溶出液 20 mL 以上をとり，ポリエステル繊維を積層したフィルターでろ過し，はじめのろ液 10 mL を除き，次のろ液を試料溶液とする．別にレセルピン標準品を 60℃で 3 時間減圧乾燥し，表示量の 100 倍量を精密に量り，クロロホルム 1 mL およびエタノール(95)80 mL に溶かし，試験液を加えて正確に 200 mL とする．この液 1 mL を正確に量り，試験液を加えて正確に 250 mL とし，標準溶液とする．試験溶液および標準溶液 5 mL ずつを正確に量り，褐色の共栓試験管 T および S に入れ，エタノール(99.5)5 mL ずつを正確に加えてよく振り混ぜた後，薄めた酸化バナジウム(V)試液(1 → 2)1 mL ずつを正確に加え，激しく降り混ぜ，30 分間放置する．これらの液につき，蛍光光度法により試験を行い，励起波長 400 nm，蛍光波長 500 nm における蛍光の強さ F_T および F_S を測定する．

レセルピン($C_{33}H_{40}N_2O_9$)の表示量に対する溶出率(%)

$$= M_S \times \left(\frac{F_T}{F_S}\right) \times \left(\frac{1}{C}\right)$$

M_S：レセルピン標準品の秤取量(mg)
C：1 錠中のレセルピン($C_{33}H_{40}N_2O_9$)の表示量(mg)

解説：レセルピンの溶解度(37℃)は，水で約 15 μg/mL，0.005 mol/L 酢酸で約 90 μg/mL，この溶出試験液で約 100 μg/mL である．ポリソルベート 80 を 0.005%の割合で 0.005 mol/L 酢酸に加えることにより，賦形剤，ろ過剤などへの吸着が認められなくなり，よく溶出され，この溶出試験が可能となった．ろ過剤はポリエステル繊維(ファインフィルター)以外は吸着性がある．溶出液中のレセルピンの最高濃度は約 0.5，または 0.1 μg/mL であるから，高感度な蛍光光度法が溶出試験のために再検討された．エタノールの濃度は 50 %以上がよい．ポリソルベート 80 の混在は蛍光強度に影響を与えない．

賦形剤
製剤の形を整えるために(成形，増量，希薄を目的として)加える添加剤．

10.4 原子吸光光度法・原子発光分析法

原子吸光光度法および原子発光分析法は，それぞれ原子が吸収および発光する現象を利用した分析法である．原子が吸収および発光するスペクトルは，**線スペクトル**(line spectrum)と**連続スペクトル**(continuous spectrum)からなる．線スペクトルのことを**原子スペクトル**(atomic spectrum)という．線スペクトルは，核外電子がある準位から別の準位へ遷移することによって生じる．この場合，ある特定の波長幅の狭い光だけが吸収または放出される．一方，連続スペクトルは，原子が電子を放出してイオンになる過程，およびその逆の過程から生じる．この場合は，電子のエネルギーが任意の値をとることから，それぞれ吸収または発される光は連続スペクトルになる．これらのスペクトルは，赤外線領域からX線領域まで非常に広い領域において観察できる．

線スペクトル
原子が定常電子エネルギー状態間に遷移をするときに放出，あるいは吸収される光の不連続なスペクトル．

連続スペクトル
広い波長範囲にわたって連続的に強度分布をもつスペクトル．

SBO 原子吸光光度法，誘導結合プラズマ(ICP)発光分光分析法およびICP質量分析法の原理および応用例を説明できる．

10.4.1 原子吸光光度法

(1) 原子化の種類と原理・特徴

原子吸光光度法は，基本的には紫外可視吸光測定法と同じ原理に基づく．吸光光度法では，試料に紫外可視領域の光を照射し，ある波長における光の吸収強度を測定する．一方，原子吸光光度法は測定元素と同一の元素の原子スペクトルの分析線を照射して，そのなかから吸収された分析線の強度を測定する方法である．また，紫外可視吸光度測定法は分子そのものの吸収を測定するのに対し，原子吸光光度法はまず試料を分解してそのなかの元素を原子状にして測定する．すなわち，孤立した**自由電子**(free electron)の光の吸収強度から原子の濃度を測定する．この場合，各元素が吸収する光の振動数は，

$$h\nu = E_e - E_0$$

で与えられる．ここで，E_eは電子の励起状態のエネルギー，E_0は基底状態のエネルギーである．基底状態にある電子が励起状態に励起されるときの波長を**共鳴線**(resonance line)という．3000 K のような高温状態であっても，大部分の電子は基底状態に存在している．このことは，原子に存在する電子の大部分は共鳴線を吸収して励起状態になると考えられる．ただし，この場合束縛されない自由な原子をある一定の温度範囲でつくることが必要となる．原子吸光光度法における原子化の種類と原理・特徴をまとめると，次のようになる．

自由電子
電荷をもった理想気体が，結晶というかぎられた空間内を自由に飛び回っている様子を電子にあてはめたもの．

共鳴線
共鳴放射，あるいは共鳴吸収によって生じるスペクトル線．一般に，幅の狭いスペクトル線となる．

(a) フレーム方式

原理：試料溶液をネブライザーなどで吸入して，噴霧室内で霧状とする．霧状の試料元素を可燃性ガスと支燃性ガスの高温のフレーム(化学炎)中で熱

解離し，原子蒸気とする．

特徴：使用しやすい．測定目的に応じて多種類のフレームを選択できる．試料溶液の10%程度しかフレームに導入されない．フレーム中の滞留時間も短い．

（b）電気加熱方式

原理：電気加熱式の**炉**(furnace)を用いるので，ファーネス法ともいう．通例，円筒状の黒鉛(グラファイト)管を用いる．管内に試料を注入し，電気加熱の温度を制御しながら，高温熱解離して試料元素の原子化を行う．

特徴：試料注入量が少ない．原子化効率がよい．試料の炉内での滞留時間が長いので，フレーム方式に比べて高い感度が得られる．冷却装置を必要とする．

（c）冷蒸気方式

原理：無機水銀化合物に適用される方法で，還元剤($SnCl_2$)を用いて水銀を還元($Hg^{2+} \rightarrow Hg^0$)して水銀蒸気にする(還元気化法)．また，試料を加熱して気化させる方法(加熱気化法)もある．低圧水銀ランプを光源として使用できる．

特徴：生じた水銀蒸気を直接分析できる．

（d）水素化物発生装置と加熱吸収セル

原理：水素化物が気化しやすい元素(たとえば，As，Se，Sbなど)に適用される．水素化ホウ素ナトリウムなどを用いて水素を発生させ，目的元素を水素化(AsH_3，H_2Se，SbH_3など)して吸収セル(石英セル)に導き，熱解離により原子化する．

特徴：フレーム中での原子化が困難な元素でも容易に原子化できる．

（2）装　置

原子吸光光度法の装置は，光源部，試料原子化部，分光部，測定部，表示記録部から構成される．その概略図を図10.10に示す．

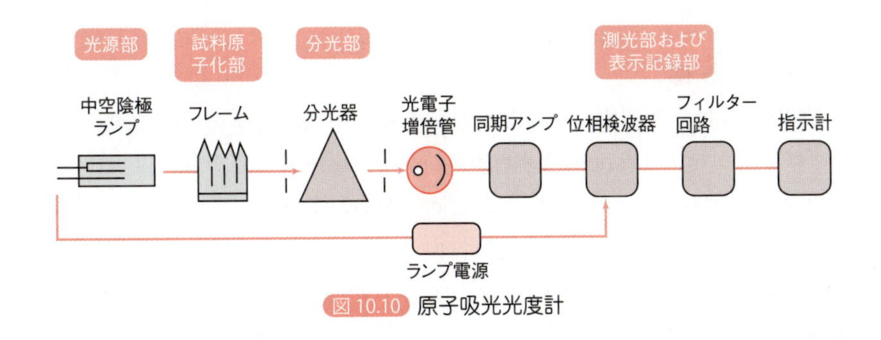

図10.10 原子吸光光度計

（a）光　源

基底状態にある原子が吸収するスペクトルは，各元素(原子)に固有のもの

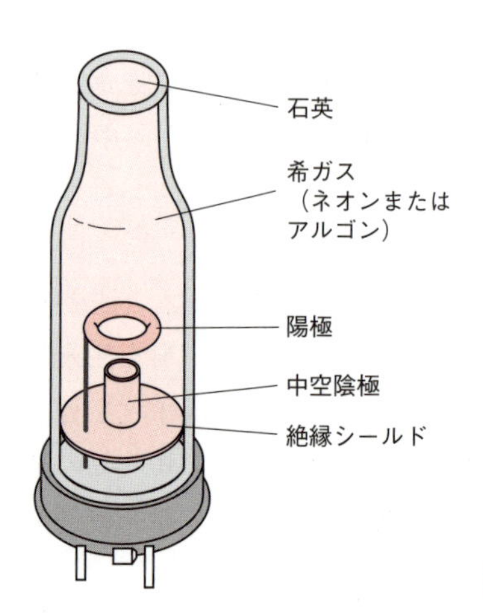

図 10.11 中空陰極ランプの構造

であり，線幅のきわめて狭い(2 pm 程度)線スペクトルである．分析目的の元素に固有の輝線スペクトル*を得るためには，試料元素と同じ元素を発光体とする光源が用いられる．一般的に使用されている中空陰極ランプは，陽極，中空陰極，および低圧の不活性ガス(Ne または Ar ガス)をランプ内に封入したもので，陰極は分析対象となる単一の元素，あるいはその元素を含む合金からつくられている．図 10.11 に中空陰極ランプの構造の一例を示す．通常は，一つの分析元素に一つのランプが対応するようになっている(一元素型ランプ)．たとえば，銅の陰極をもつランプからは銅の輝線スペクトルだけが放出される．銅の場合には，324.8 nm をはじめ，数本のシャープな輝線スペクトルが見られるが，強度の最も大きい波長の輝線スペクトルを分析線として銅の分析に用いる．また，共存物質があっても吸収線の波長が重ならないかぎり，影響を受けない．このことが，原子吸光光度法が選択性の高い定量分析法とされる理由である．中空陰極ランプには，このほかに多元素複合型ランプがある．原則的にはいずれの場合も，各元素の分析には固有の光源ランプが必要なので，高感度・選択的であっても定性分析には適さない．

* 線スペクトルのことで，発光スペクトルのときには輝線スペクトルともいう．

(b) 分 光 部

図 10.12a は，蒸留水を噴霧した場合の銅の中空陰極ランプの輝線スペクトルである．また，2 ppm と 10 ppm の銅溶液を噴霧した場合に得られるスペクトルがそれぞれ図 10.12b および c である．これらのスペクトルを比較すると，試料中の銅によって 324.8 nm と 327.4 nm の輝線スペクトルだけが吸収されて，その強度が減少していることがわかる．すなわち，銅の分析線としては 324.8 nm が利用できる．したがって，銅の原子吸光を測定するためには，原子化部を通過した光のなかから 324.8 nm の光だけを取りだして(分光)測定する．分光には紫外可視吸光度測定法で述べたように，回折格

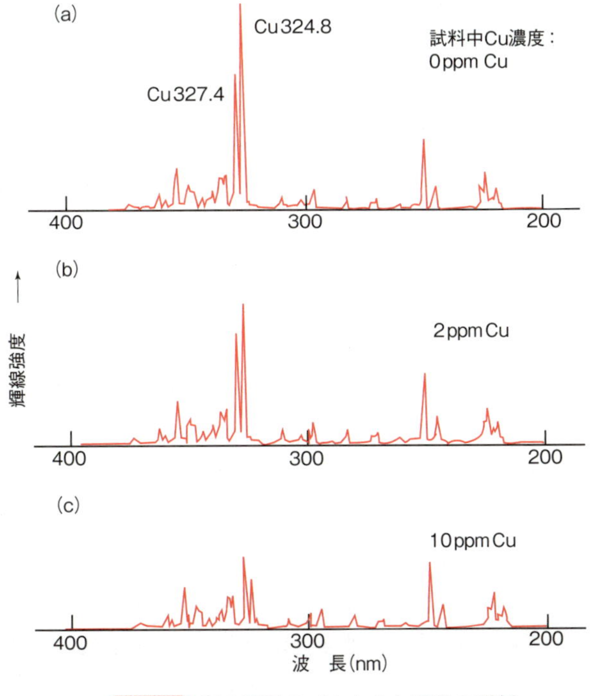

図10.12 銅の原子スペクトルと吸光の関係

子または**干渉フィルター**(interference filter)が用いられている.

(3) 定　量

原子吸光光度法は，共存物質の干渉をなくすように工夫する必要がある．そのためには，定量操作には次の三つの方法が利用されている．

(a) 検量線法：市販の測定金属の標準液としての硝酸塩(もしくは硫酸塩)を1000ppmとなるように，1～5%の硝酸酸性溶液に溶解して，同じ硝酸溶液で希釈していく．いろいろな濃度の標準溶液の吸光度から検量線を作成し，試料中の測定元素の吸光度から濃度を決める．

(b) 標準添加法：化合物が数多く含まれるなど複雑な試料で化学干渉を受けやすい場合には，試料に既知濃度の標準液を加えて，検量線を作成する．これは，検量線も試料と同じ状態にすることによって試料以外の共存物の影響を均一にするために行う．

(c) 内標準法：内標準として一定量加えた標準元素(たとえば，Li，Be，Coなど)による吸光度と試料による吸光度の比をとり，検量線を作成する．次に，検量線を作成したときと同様に，求めた試料元素と内標準元素との吸光度の比から濃度を決める．

(4) 干　渉

原子吸光分析において，干渉とは分析する際に妨害となることを意味し，干渉には分光学的干渉，物理的干渉，化学的干渉，イオン化干渉などがある．

分光学的干渉には，光源の発光スペクトルの重なり，分子吸収，光散乱，フレーム自体の発光スペクトルなどが原因とされる.分子吸収による干渉は，フレーム中で測定元素と共存する成分が耐熱性の分子を生成し，その分子に基づく吸収帯が測定元素の吸収と重なることによって測定元素の見掛け上の吸光度を大きくし，プラス誤差の原因になるものである．光散乱による干渉は，高濃度の溶液を噴霧したときに，原子化されないミストや固体が光を散乱させることによる．フレーム自体の発光スペクトルによる干渉は，アセチレンと亜酸化窒素のフレームなどに観察される．これはフレーム中に存在するCH, NH, CNなどが, 300～440 nmにわたって強く発光するためである.

ミスト
液体の微粒子で，10 μm以下の粒径のもの.

物理的干渉とは，試料溶液の粘度，表面張力，噴霧温度や噴霧器のキャピラリーの口径などが原因で異なった測定値を与えることをいう.

化学的干渉には，金属塩や酸化物の解離が関係する．たとえば，リン酸が共存するカルシウムをアセチレンと空気の混合気体のフレームで分析すると，カルシウム量が低く現れることがある．化学的干渉を防ぐには，フレームの選択，試料溶液に有機溶媒を添加してミストをより細かくする，燃焼温度の上昇，および還元性にする，測定元素をキレート化合物にして共存物質との反応性を抑えるなど，いろいろな工夫がある.

イオン化干渉は，アルカリ金属，あるいはアルカリ土類金属をアセチレンと亜酸化窒素のような高温のフレームで分析した場合に起こり，異常に低い測定値を与える．これは，これらの元素のイオン化電位が低いために，測定する元素がほとんどイオン化してしまい，中性の原子ができにくいことによる．これを防ぐには，低温のフレームを用いたり，測定元素以上にイオン化電位が低い金属を共存させたりするなどの方法がとられる.

(5) バックグラウンド補正

原子吸光光度法は選択性が高く，ほかの共存元素の影響を受けにくいが，分子吸収などのバックグラウンドを含むことが多い．バックグラウンドを補正するには，次の方法が用いられている．連続スペクトル光源方式には，連続スペクトル光源として重水素ランプを用いる．たとえば，分光器の幅を1 nmと設定した場合でも，中空陰極ランプからは波長幅が数pmの光が放出され，原子蒸気による共鳴吸収が測定される．他方，重水素光源ランプからでる光は連続スペクトルであるので，分光器と同じ1 nmの幅をもった光が取りだされる．この波長幅は，輝線スペクトルの波長幅に比べて非常に広いために，原子蒸気によって減光されたとしても減光量は無視できるため，重水素ランプの光量をバックグラウンドとして真の吸光度を求めることができる．このほかにもゼーマン効果を利用するものや，最近，新しいバックグラウンド補正法として自己反転(自己吸収)法が実用化されている.

Advanced **ゼーマン効果**

原子から放出される電磁波のスペクトルにおいて，磁場がないときには単一波長であったスペクトル線が，原子を磁場中においた場合には複数のスペクトル線に分裂するという現象(すなわち,磁場によって原子核のエネルギー状態が分裂すること)が起こる．この現象は,1896年にオランダの物理学者P. Zeeman(ゼーマン)がNa原子を磁場のなかで発光させたときに，そのD線のスペクトルが数本に分かれていることを発見したことによる．発見当初は，原子の内部構造の研究が進められていた時代で，原子中に振動する荷電粒子が存在することの証拠の一つの現れとされた．正常ゼーマン効果(アルカリ土類金属元素のスペクトルなどにおいて観測される)では，放出される電磁波には異方性が存在し，通常，3本のスペクトル線を生じる．磁場に対して平行な方向には$\Delta m = \pm 1$の遷移による光が放出される(mは磁気量子数)．そして，$\Delta m = +1$と$\Delta m = -1$の遷移に対応する光はそれぞれ逆向きに回転する円偏光となる．一方，磁場に対して垂直な方向にはすべての遷移による光が放出され，それらの光は直線偏光となる．$\Delta m = 0$の遷移による光は磁場と平行な方向に偏光する．それに対し，$\Delta m = \pm 1$は磁場と直角の方向に偏光する．$\Delta m = \pm 1$の遷移による光はσ線，$\Delta m = 0$の遷移による光はπ線といわれる．

原子吸光光度法では，このゼーマン効果を利用したバックグラウンド補正が行われており，これには二つの方式として，発光線ゼーマン方式と吸光線ゼーマン方式がある．

(6) 原子吸光光度法の応用

原子吸光光度法は，定性分析には適さないが，前処理操作が簡単で，さらに検出感度が優れているという大きな長所をもつ．したがって，希ガス，ハロゲン，H，C，N，O，P，S，Ra以外のほとんどすべての元素の微量分析に用いることができる．とくに，周期表1族および2族元素は高感度に分析できる．しかし，一度に1元素ずつしか分析できず，多数の元素を同時定量できないという短所もある．表10.5は，原子吸光光度法による各元素の検出限界を示している．ここで検出限界はベースラインにおける変動(偏差値)の3倍の信号を示す濃度として定義している．原子吸光光度法は，環境分析の分野ではHg，Cd，Pb，As，Crなどの元素，臨床分析の分野ではMg，Ca，Fe，Zn，Cuなどの生体必須元素の分析のほか，いろいろな分野において利用されている．

表10.5 フレーム方式および電気加熱方式による原子吸光光度法の検出限界の比較

元素	波長(nm)	検出限界(ppm)	
		フレーム方式[a]	電気加熱方式
Ag	328.1	0.001 (空気)	0.01
Al	309.3	0.1 (一酸化二窒素)	
	396.2		0.08
Au	242.8	0.03 (一酸化二窒素)	
	267.6		3
Ca	422.7	0.003 (空気)	0.0003
Cu	324.8	0.006 (空気)	0.01
Eu	459.4	0.06 (一酸化二窒素)	0.0008
Hg	253.6	0.8 (空気)	15
K	766.5	0.004 (空気)	0.00008
Mg	285.2	0.004 (空気)	0.1
Na	589.0	0.001 (空気)	0.0008
Tl	276.8	0.03 (空気)	
	535.0		0.03
Zn	213.9	0.001 (空気)	15

a) 可燃性ガスはアセチレン.( )は支燃性ガス.

(7) 医薬品分析への応用

インスリン　ヒト(遺伝子組換え)中の亜鉛含量の定量

本品約 50 mg を精密に量り，0.01 mol/L 塩酸試液に溶かし，正確に 25 mL とし，必要ならば，さらに 0.01 mol/L 塩酸試液を加えて，1 mL 中に亜鉛(Zn：65.38)0.4 ～ 1.6 μg を含むように薄め，試験溶液とする．別に原子吸光光度用亜鉛標準液適量を正確に量り，0.01 mol/L 塩酸試液を加えて 1 mL 中に亜鉛(Zn：65.38)0.40 μg，0.80 μg，1.20 μg，および 1.60 μg を含むように薄め，標準溶液とする．試験溶液および標準溶液につき，次の条件で原子吸光光度法により試験を行い，標準溶液の吸光度から得た検量線を用いて試料溶液の亜鉛(Zn：65.38)を定量するとき，換算した乾燥物に対し 1.0 % 以下である．

使用ガス：

可燃性ガス　アセチレン

支燃性ガス　空気

ランプ：亜鉛中空陰極ランプ

波長：213.9 nm

10.4.2 原子発光分析法

原子が熱や光などによって励起されると，原子を構成する軌道電子は安定な基底状態からエネルギー準位の高い励起状態へと遷移する．その後，両準位のエネルギー差(ΔE)に等しい振動数の光を放出しながら短時間(10^{-8} 秒

COLUMN 太陽の光・原子の光

太陽の光をプリズムに通すと，赤〜紫までの連続スペクトルが見られる．しかし，気体の原子の発光から得られる光は，プリズムを通しても色は変わらない．その理由は，原子の発光により得られるスペクトルは連続スペクトルではなく，純粋に近い多くの単色光からなる線状のスペクトルとなっているからである(線スペクトル)．この発光は，原子の外殻電子が定常電子エネルギー状態間に遷移するときに放出される光の不連続なスペクトルであり，電子遷移の原理に基づいている．

高速道路のトンネル中などに見られる黄色のNaランプは，Arあるいは Ne などの気体と金属Naを封じ込んだアークランプで，Na原子の発光スペクトルを利用している．Naの炎色反応で見られる黄色の光とNaランプの黄色の光は本質的には同じなのである．また，広告用などに広く用いられているネオンサインは，真空にしたガラス管に少量のNeを封入し，放電させたときに発生する美しい赤色の光を利用している．ほかの希ガス(不活性気体)も同様に放電により特有の光を放ち，これらを組み合わせると多彩な色のネオンサインをつくることができる．

程度)のうちに，再び低エネルギー準位に戻る．元素それぞれは固有のエネルギー準位をもつので，この数が多いほどスペクトル線が多くなる．たとえば，複雑なエネルギー準位をもつFe，Co，希土類元素では，スペクトル線が非常に多い．原子を，その**イオン化エネルギー**(ionization energy)より大きいエネルギーで励起すると，原子は電子を失って陽イオンとなり，イオン固有の**線スペクトル**(line spectrum)を生じる．これを**イオン線**(ion line)という．なお，励起原子からの線スペクトルは**中性子線**(neutron beam)といわれる．熱平衡にある発光ガス(ガスを構成する分子，原子，イオン，電子などの間で衝突によりエネルギー交換が十分に行われて，温度が等しくなった状態のガス)から放出されるスペクトル線の強度は，その発光ガスの原子密度に比例し，温度の上昇とともに大きくなる．ガス温度がさらに上昇すると，原子のイオン化がさらに起こり，中性原子線の強度は減少するが，イオン線の強度は増大する．

イオン化エネルギー
中性の原子やイオン，分子から電子1個を取り除くのに必要なエネルギー．

10.4.3 フレーム分光分析法

炎色反応から元素の種類を推定する方法として，炎色反応試験がよく知られている．これは，白金線の先端につけた試料をバーナーの酸化炎に入れ，元素固有の炎の色を肉眼で観察する方法である．バーナーの熱によって励起される元素の種類は多くない．アルカリ金属(Li，深紅；Na，黄；K，紫；Rb，深赤；Cs，青紫)やアルカリ土類金属(Ca，橙赤；Sr，深紅；Ba，黄緑)などの同定に，補助的な手段として利用できる．一方，アセチレン-空気などのフレームによって励起して発生する原子スペクトル線を分光し，その波長および強度から定性および定量を行う方法を**フレーム分光分析法**(flame spectrophotometric analysis)という．プロパン-空気，水素-酸素，アセチレン-一酸化二窒素，アセチレン-酸素などのフレームも利用でき，その温度は 2,200 ～ 3,400 K である．励起エネルギーの高いスペクトル線は発光しないのでスペクトルが単純になる．試料は霧状にし，大きな液滴はドレインに除いたのちに燃料ガスと混合してバーナーに導入する．バーナーのスリットからは帯状のフレームが発生し，このなかで試料は原子に解離し，励起される．

10.4.4 誘導結合プラズマ発光分光分析法

誘導結合プラズマ(inductively coupled plasma，ICP)トーチは石英ガラス製で同心三重管構造になっていて，プラズマ形成の主役となる外側ガス，プラズマを少し浮かせてトーチが溶けないようにする中間ガス，試料を導入する**キャリヤーガス**(carrier gas)を流す．たとえば，トーチ中を流れるアルゴンに誘導コイルを通した高周波電力(ふつう 27 MHz)を導き，テスラ・コイルで放電を開始すると，きわめて安定なフレーム状のプラズマが生じる．プラズマの最高温度は 10,000 K になり，プラズマ中では試料は解離・原子化され，さらにそれらはイオン化される．

ICP トーチに試料溶液を導入するには，図 10.13 のような**ネブライザー**(nebulizer)とスプレーチェンバーを使用する．ネブライザーは，2 本の細いガラス管が同軸となるように配置されており，霧吹きと同様の原理で試料溶液を吸引し，噴霧する装置である．

図 10.14 に，ICP発光分光分析法により得られた鉄およびインジウムの発光スペクトルを示す．鉄のスペクトル線はきわめて多く，強度も大きい．したがって，試料中に多量の鉄が共存すると，試料とする微量元素の定量分析が妨害されるため，鉄の分離除去がしばしば行われる．一方，インジウムは強いスペクトル線がかなり少ないため，有用な共沈担体*として利用できる．

* 溶液から沈殿を生成させたとき，その条件では十分な溶解度があり沈殿しないはずのイオンを同時に沈殿するように誘導する物質．

10.4.5 誘導結合プラズマ質量分析法

プラズマ中での発光を計測する ICP発光分光分析法に対し，プラズマ中で生成したイオンを計測するのが ICP質量分析法である．この場合，きわめて高温の ICP と質量分析計を連結するインターフェイス部が重要な構成部位となる．円錐形のサンプリングコーンおよびスキマーコーンの先端部には直径 0.5 ～ 1 mm の小さい穴が開いている．サンプリングコーンは，高温の ICP から直接にイオンをサンプリングするもので，熱伝導性のよい金属(たとえば，銅やニッケル)からつくられている．スキマーコーンは，サンプリングされたイオンの流れを乱すことなく高真空領域に引き込むためのもので

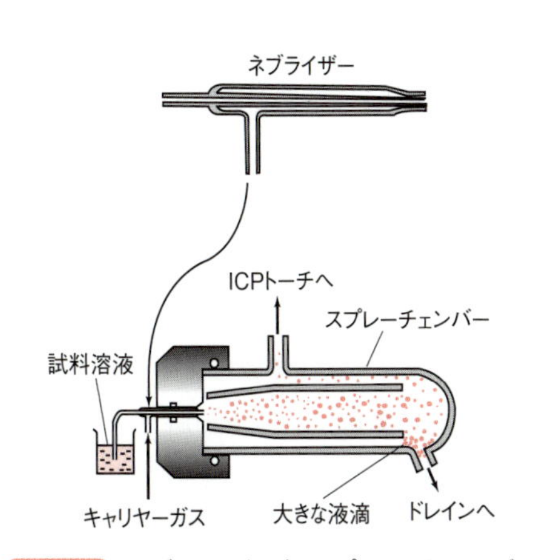

図 10.13 ネブライザーとスプレーチャンバー

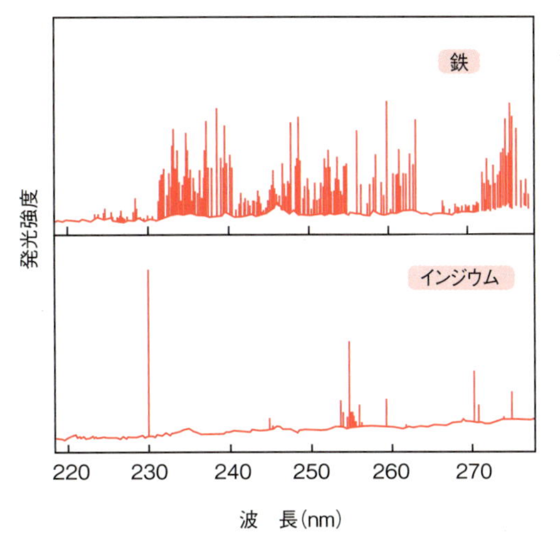

図 10.14 ICP 発光スペクトル(鉄，インジウム)
『基本分析化学』，日本分析化学会 編，朝倉書店(2004)，p. 111(図 3.12)より一部改変．

ある．スキマーコーンを通過したイオンは，電界型のイオンレンズ系により質量分析計に導かれる．質量分析計としては，四重極型〔12.3.3(1)参照〕が多く用いられる．得られた質量スペクトルの質量 m と電荷 z の比(m/z)から定性分析が，イオン電流の強度から定量分析ができる．ICP質量分析法は，ICP発光分光分析法と比べて，より高感度な多元素同時定量法であり，同位体比も測定できる特徴をもっている．

10.5 赤外吸収スペクトル測定法

10.5.1 赤外吸収スペクトル測定法の概要

SBO 赤外吸収スペクトル測定法の原理および応用例を説明できる．
SBO IR スペクトルより得られる情報を概説できる．
SBO IR スペクトル上の基本的な官能基の特性吸収を列挙し，帰属することができる．(知識・技能)

光を物質に照射すると，ほとんどの光は透過するが，一部は吸収または散乱される．分子を構成する原子と原子との結合は，伸び縮みや二つの結合間の角度の変化により振動しており，この振動数と等しい振動数の赤外線を照射すると，その光の一部が吸収され，励起状態へと遷移する．また，散乱光のなかに，この振動に起因する変化が認められる．赤外線吸収を測定記録したものが**赤外吸収(IR)スペクトル**(infrared absorption spectrum)で，散乱光を測定記録したものが**ラマンスペクトル**(Raman spectrum)であり，いずれも分子の振動エネルギーを調べるのに用いられている．一般に，IR スペクトルに強く現れる分子振動はラマンスペクトルでは弱く，逆にラマンスペクトルに強く現れる分子振動は赤外吸収スペクトルでは弱い．このような関係を**選択律**という．

IR スペクトルは，通例，横軸に波数を，縦軸に透過率または吸光度をプロットしたものである．IR スペクトルは振動エネルギーの変化に基づくため，スペクトル幅が狭くなり，物質の化学構造を決定するうえで重要な情報を与える．波数を調べれば，分子中の原子の結合状態(官能基の種類など)を知ることができ，IR スペクトルが一致すれば，同じ物質であると確認(同定)することができる．また赤外吸収は，試料の濃度が薄ければ，ランベルト・ベールの法則に従うので，定量分析を行うこともできる．

10.5.2 赤外吸収の原理

原子間の結合は，長さが一定ではなく，伸び縮み(**伸縮振動**，stretching vibration)や二つの結合角の規則的な変化(**変角振動**，deformation vibration)をしている．図 10.15 に示すように，球(原子)が〝バネ〟でつながれて周期的な振動をしているようなものと考えることができ，その振動数は電磁波のうち，赤外線の 2.5 ～ 25 μm の波長領域の振動数(波数 4,000 ～ 400 cm^{-1})に相当している．したがって，振動エネルギーの基底状態と励起状態のエネルギー差に等しい振動数の赤外線が照射されると，分子振動はその赤外線の一部を吸収(赤外吸収)して励起状態に遷移する．

二原子分子の場合(図 10.15)，二つの原子の質量がそれぞれ M と m で，結合の強さを表すバネの力の定数を k とすると，フックの法則から，その振動数(ν)は次式で表すことができる．

$$\nu = \frac{1}{2\pi} \times \sqrt{\frac{k(M+m)}{Mm}} \tag{10.1}$$

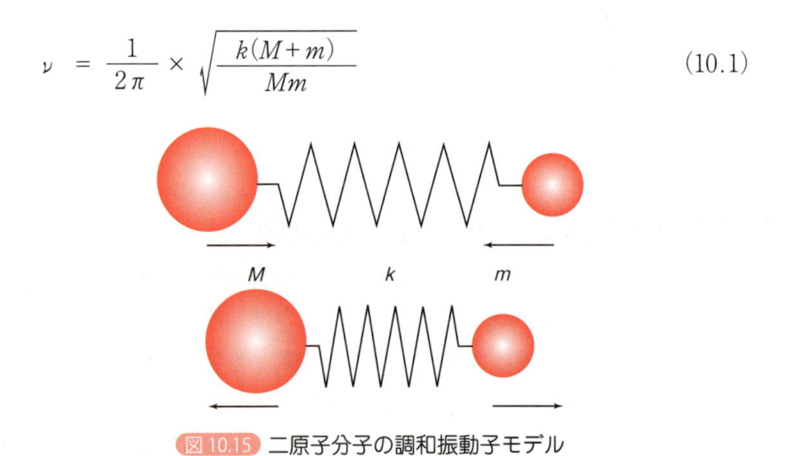

図 10.15 二原子分子の調和振動子モデル

式(10.1)は，軽い原子の振動ほど高波数側に，また結合の強い振動ほど高波数側に赤外吸収が現れることを示している．たとえば，結合の一方の水素原子を，質量がおよそ 2 倍の重水素に置き換えると，その吸収波数は約 $1/\sqrt{2}$ となることがわかる．また，単結合，二重結合，三重結合の力の定数はほぼ 5，10，15 N/cm であり，〝バネ〟の数が 1 本，2 本，3 本と増えることで結合力が強くなっている．すなわち，k が大きくなるほど，高波数側に吸収帯が現れることになる．実際，C≡N，C=N，C−Nの伸縮振動では，それぞれ 2,100〜2,300，1,600〜1,700，1,000〜1,200 cm^{-1}付近に赤外吸収が現れる．

多原子分子では，振動の種類が多くなり，赤外吸収パターンはさらに複雑となる．三原子分子の場合(図 10.16)，二酸化炭素のような直線状の分子と，水のように折れ曲がった形の分子がある．これらの分子内において，原子の振動のしかた(モード)には，〝バネ〟の伸び縮みによって原子間の長さが変化する伸縮振動と，結合角が変化する変角振動とがある．伸縮振動には，中央原子に対して二つの原子が同時に近づいたり遠ざかったりする**対称伸縮振動**と，一方が近づいたときに他方が遠ざかる**非対称伸縮振動**があり，非対称伸縮振動のほうが速い振動である(図 10.16a)．変角振動には，二つの結合が形成する面の面内で原子が運動する**面内変角振動**(挟み振動と横ゆれ振動)と，面外に揺れ動く**面外変角振動**(ひねり振動と縦ゆれ振動)がある(図 10.16b)．一般に IR スペクトルを観測する波数領域と，振動のモードとは図 10.17 のような対応をしている．

医薬品はさまざまな官能基や結合を含んでいる．化学結合の〝バネ〟の強さは，三重結合，二重結合，単結合といった結合の種類や結合の両側についた元素によって異なるが，これらに起因する振動はあまり周囲の影響を受けず，

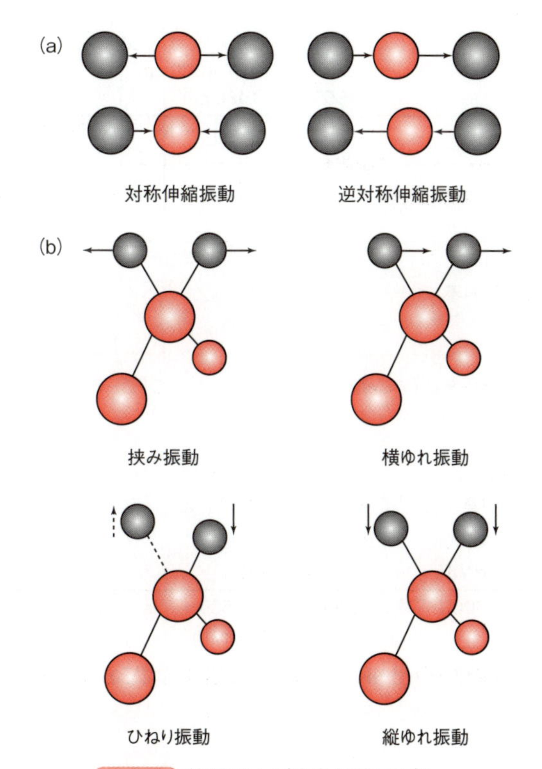

図 10.16 伸縮および変角振動モデル
(a) 二酸化炭素分子の伸縮振動，(b) メチレン基の水素原子の変角振動．

COLUMN　目に見えない身近な赤外線のはたらき

赤外線というと，暖房用のコタツが思い浮かぶ．赤外線は，赤色光よりも波長が長く，可視光線と電波の間に属する目に見えない電磁波であり，波長の短いほうから順に，近赤外線，中赤外線，遠赤外線に分けられる．一般に電磁波は，波長が長いほうが物体に浸透する能力が大きく，遠赤外線を用いることにより対象を内部から暖めることができるので，調理や暖房器具に用いられている．遠赤外線は熱をもった物体からは必ず放射されており，その強度を解析することで温度分布を映像化する赤外線サーモグラフィーや赤外線センサーが医療や防犯に利用されている．

一方，可視光線に近い近赤外線は，煙や薄い布などを透視して物体を撮影することができるので，赤外線フィルムや赤外線カメラなどの映像装置に用いられている．赤外線は目に見えないため，被写体に気づかれることなく夜間などでも撮影することができるので，赤外線に感度をもつCCD（charge coupled devices，半導体撮影素子）カメラに，近赤外線のLED（light emitting diode，発光ダイオード）ランプ照明を搭載したセキュリティ用監視カメラが多方面で利用されている．また，ほとんどの家電製品のリモコンでは，赤外線による無線での信号の送受信ができ，パソコンや携帯電話にも赤外線通信が利用されて，光無線データ通信を可能にしている．このように，私たちは目に見えない赤外線で暖かく過ごし，いつでもどこでも無意識に赤外線の機能を活用して，便利で快適な生活を享受しているのである．

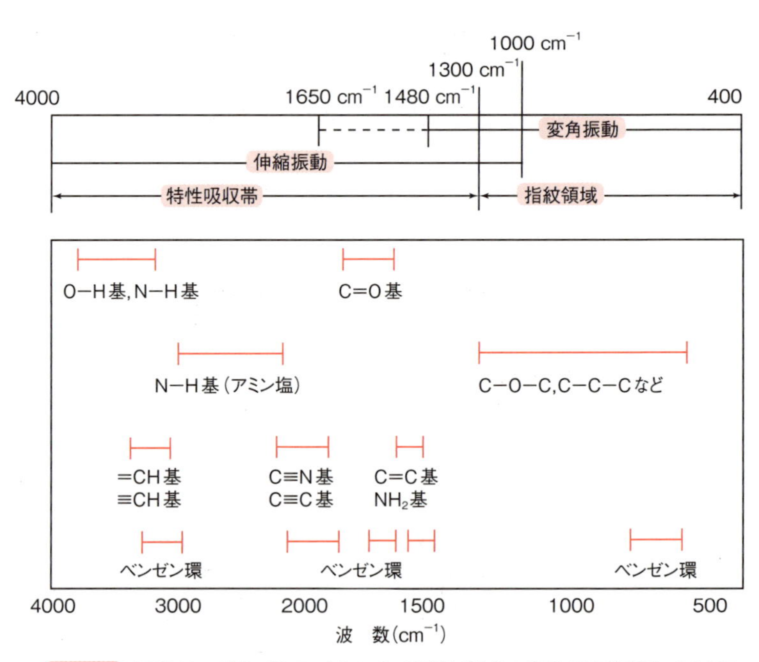

図10.17 振動モードとIRスペクトルの波数領域における官能基との対応

表 10.6 おもな官能基の特性吸収帯

官能基	特性吸収の位置(波数 /cm^{-1})
1. ヒドロキシ基　O−H	3600 〜 3200
2. アミノ基　N−H	3500 〜 3300
3. アルキン　C≡C	2260 〜 2100
4. ニトリル　C≡N	2260 〜 2210
5. カルボニル基　C=O	(1700 付近)
カルボン酸　R−COOH	1700 〜 1650(3400 〜 2600 に OH)
エステル　R−COO−R'	1800 〜 1670, 1250, 1100
ケトン　R−CO−R'	1720 付近
6. アルケン(オレフィン)C=C	1000 〜 650, 1650 〜 1550
7. 芳香環　C=C	900 〜 650, 1600, 1500, 3010
8. ニトロ基　N−O	1530 付近, 1300 付近
9. C−O	1200 〜 1050
C−N	1230 〜 1030

化合物が異なってもほぼ同じ位置にその吸収帯が観測される．このような振動を**グループ振動**(group vibration)という．たとえば，カルボニル基の炭素と酸素間の二重結合の振動に基づいて吸収される赤外線の波数(1,700 cm^{-1} を中心に認められる)は，アセトン，アセトアルデヒド，酢酸エチル，あるいは安息香酸などにおいてカルボニル基を取りまく原子によって若干の違いはあっても，ほぼ等しい．このようにヒドロキシ基，カルボニル基，ニトロ基，芳香環など，官能基に特徴的な吸収を**特性吸収**という．したがって，官能基が異なれば特性吸収の波数も違ってくるので，IR スペクトルを測定することによって，どのような官能基が分子内に存在するのかを推定することができる．

おもな官能基の**特性吸収帯**(characteristic band)を表 10.6 に示す．このなかで，結合の伸び縮みに関係する伸縮振動，結合角が変化する変角振動，芳香環やアルケン類のような平面分子を構成する原子が分子面に対して垂直に変位する面外変角振動が基本的な特性振動である．特性吸収帯を示す官能基は，一方の原子が原子量の小さい水素原子である基か，多重結合している基である．特性吸収帯はだいたい 1,300 cm^{-1} 以上の波数域にあり，未知化合物の構造推定に特性吸収帯を利用すると非常に効果的である．これに対して，C−C，C−N，C−O などの結合によって形成される分子骨格の振動は，1,300 cm^{-1} 以下の広い波数領域に多くの吸収帯として現れ，分子構造の違いを鋭敏に反映する．このような意味で 1,300 cm^{-1} 以下の波数領域を**指紋領域**(fingerprint region)という(図 10.17)．

10.5.3 装　置

赤外分光光度計(infrared spectrophotometer)には，複光束式の分散形赤

フーリエ変換
時間(横軸)に対して物理的応答(縦軸)をプロットしたときに観察される周期的な波をさまざまな振動数の合成波としてとらえ，各振動数の成分に分解すること．この変換により，それぞれの振動数(横軸)に対して波の強度(縦軸)をプロットした図が得られる．

外分光光度計あるいは単光束式の**フーリエ変換**(Fourier transform, **FT**)**形赤外分光光度計**(**FT-IR**)が使用されており，光源部，分光部，試料部，検出部，および記録部からなる．日局17では両方が採用されているが，前者の光源には，グローバ灯といわれる棒状の炭化ケイ素が用いられ，後者の光源には，高輝度セラミック光源が用いられる．分光器(モノクロメーター)として回折格子が用いられるが，FT-IRでは光の干渉を利用するので，**干渉計**が用いられる．試料部には，NaClやKBrなどの赤外線をほとんど吸収しないアルカリハロゲン化物の単結晶が，**窓板**として測定試料を挟むために，または溶液試料を測定するセルの窓として用いられる．また，受光部の検出器には熱電対が用いられる．

分散形(ダブルビーム)赤外分光光度計は，ダブルビーム形の紫外可視分光光度計の光源や回折格子を赤外線用に変更したものに相当する．光源からの赤外線は試料セルと参照セルを通る二つの光束に分割され，その強度比を測定することによりIRスペクトルが得られる．

FT-IRは，分光器部，コンピュータ部，およびソフトウェアにより構成される．分光器部として，図10.18に示すようなマイケルソン形干渉計を用いる．光源からでた赤外線は，まず干渉計に入って，半透鏡(HM)で透過光と反射光の二つの光束に分割される．透過光は可動鏡(M1)と固定鏡(M2)でそれぞれ反射され，再びHMで出合い両光束が合成される．このとき，可動鏡は反復運動をしているので，2本の光束は，HMとM1までの距離とHMとM2までの距離の差だけ光路差を生じる．その結果，光の位相がずれて干渉が起こり，光路差が波長の整数倍であれば二つの光束は強め合い，それから半波長ずれていれば打ち消し合う．

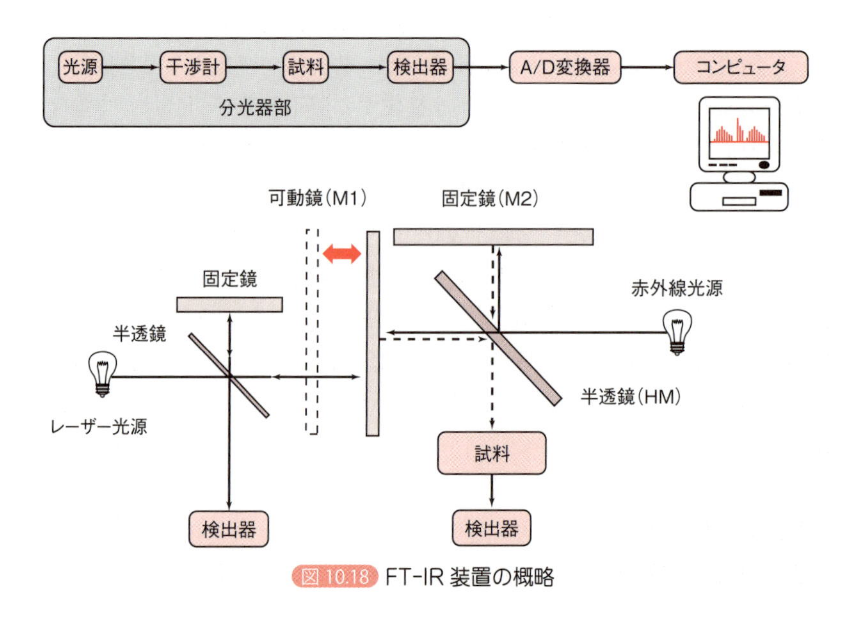

図10.18 FT-IR装置の概略

この干渉した状態の光(干渉波)が試料を透過して，その透過光を検出器で記録すると，試料の吸収スペクトル情報を含んだ複雑な干渉図形(**インターフェログラム**，interferogram)が得られる．このとき，M1の移動によって生じる光路差は，赤外線とは別のHe－Neレーザー光によって検出される．検知器からの赤外線の干渉波とレーザー光の光路差の電気信号はデジタル化され，コンピュータでフーリエ変換(演算処理)することによって，IRスペクトルが得られる．

FT-IRには次のような特徴がある．ｉ）分光のためのプリズムや回折格子を利用しないため，光の損失が少なく，高感度で，反射光を利用する方法でも測定ができる，ⅱ）測定時間が短く，繰り返し積算することでSN比(signal-to-noise ratio)が向上する，ⅲ）差スペクトル，一次微分，波形分離など，ソフトウェアを活用して，さまざまな形で情報を取りだすことができる，ⅳ）コンピュータ上で，スペクトルのデータベースを利用した比較検索や同定ができる，ｖ）波数精度が高い(全波数領域において不変)．

10.5.4　赤外吸収スペクトルの測定法

（1）分解能の確認と波数目盛りの校正

IRスペクトルの測定に先だって，図10.19に示すポリスチレン膜のIRスペクトルから，分解能，透過率，および波数の再現性を確認する．日局17では，厚さ約0.04 mmのポリスチレン膜のIRスペクトルを測定するとき，得られた吸収スペクトルの2,870 cm^{-1}付近の極小と2,850 cm^{-1}付近の極大における透過率(%)の差は18%以上で，1,589 cm^{-1}付近の極小と1,583 cm^{-1}付近の極大の透過率(%)の差は12%以上と定められている．すなわち，分解能は二つのピークの間の切れ込みの大きさによって規定される．したがって，ポリスチレン膜の下記の特性吸収波数のうち，いくつかを用いて波数目盛りを補正する．なお，(　)内の数値はこれらの値の許容範囲を示す．

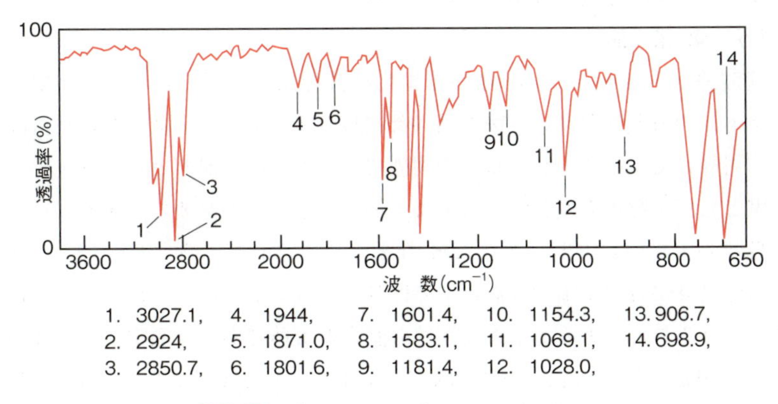

図10.19 ポリスチレン膜のIRスペクトル

3060.0(±1.5)　2849.5(±1.5)　1942.9(±1.5)　1601.2(±1.0)
1583.0(±1.0)　1154.5(±1.0)　1028.3(±1.0)

(2) 試料の調製および測定

IR スペクトルは，試料が固体，液体，気体のすべての状態で測定が可能である．IR スペクトルを測定するとき，混入した水によるヒドロキシ基の吸収がスペクトルに現れるので，とくに湿気には十分注意する必要がある．錠剤法で使用する KBr や KCl は，一度微粉末にしたものは減圧下で加熱乾燥して用いる．試料部の窓板も水分によって侵されやすいので，測定試料や溶液法で使う溶媒は可能な限り脱水し，操作する部屋の湿度も 50％以下にするのが望ましい．

試料量は，多すぎると吸光度の大きい吸収帯の波数分解能が悪くなり，少なすぎると吸光度の小さい吸収帯はノイズと区別できなくなるので，おもな吸収帯の透過率が 5 ～ 80％の範囲になるように調製する．必要な測定試料量は，測定試料の化学構造，測定法によっても異なるが，最も広く用いられている臭化カリウム錠剤法では 1 ～ 2 mg である．

試料が気体の場合は，気体セルを用いて測定する．液体の場合には，液膜法で測定するか，溶媒に溶かして液体セルで測定する(溶液法)．固体の試料は，錠剤法，溶液法，全反射法，拡散反射法のいずれかの方法で測定する．おもな試料調製法と測定法を以下に示す．

(a) 臭化カリウム錠剤法または塩化カリウム錠剤法

臭化カリウム錠剤法(KBr tablet method)または**塩化カリウム錠剤法**(KCl tablet method)は，全領域のスペクトルを見ることができるため，最も一般的に用いられている測定法である．固体試料 1 ～ 2 mg をめのう製乳鉢(硬度が高く材質の混入がない)で粉末とし，これに IR スペクトル用の KBr または KCl 0.10 ～ 0.20 g を加え，試料が吸湿しないように注意し，すみやかによくすり混ぜた後，錠剤成形器に入れて加圧製錠する．

(b) 溶 液 法

溶液法(solution method)は固体または液体試料に用いられる方法で，スペクトルの再現性がよい．医薬品各条に規定する方法で調製した試料溶液を液体用固定セルに注入し，試料の調製に用いた溶媒を対照として測定する．溶媒としては窓板を侵さず試料をよく溶解することが必要で，赤外部に比較的吸収の少ない $CHCl_3$，CCl_4，CS_2 などが用いられている．しかし，これらの溶媒自身が吸収を示す波数領域では測定に使えないので，これらの溶媒を使い分けることによって全波長領域の測定が可能である．測定試料溶液の濃度は，一般には 0.1 mm セルでは約 10％，0.5 mm セルでは 2 ～ 3％にする．

(c) ペースト法(Nujol 法)

固体試料 5 ～ 10 mg をめのう製乳鉢で粉末とし，分散剤〔通常，流動パラフィン(Nujol)1 ～ 2 滴〕を加えてよく練り合わせ，試料ペーストを調製する．調製した試料ペーストを 1 枚の窓板の中心部に薄く広げた後，空気が入らないように注意しながら別の窓板で挟んで測定する．C—H 結合に由来する 2,900 cm^{-1}，1,460 cm^{-1}，および 720 cm^{-1} 付近の吸収を観測する場合には，流動パラフィンは飽和脂肪族炭化水素であるので分散剤としては使えず，C—H 結合をもたないヘキサクロロブタジエンのような分散剤が用いられている．

(d) 液 膜 法

液膜法(liquid film method)は簡単な操作で全領域の測定が可能なため，液体試料の測定に適している．液体試料 1 ～ 2 滴を 2 枚の窓板(NaCl 板)の間に気泡が入らないように挟み，ホルダーを用いて装置の光路に置き，測定する．NaCl は KBr と違って 650 ～ 400 cm^{-1} の部分が不透明なので，実測できる波数範囲は 4,000 ～ 650 cm^{-1} となる．

(e) ATR 法

ATR 法(attenuation total reflection method)は，高屈折率媒質(ATR プリズム)に測定試料を密着させてその反射スペクトルを測定する方法である．高屈折率媒質と測定試料との界面において全反射が起こるような条件に入射角を設定し赤外線を照射すると，赤外線は試料表層部に若干浸透してから反射する．そこで，反射スペクトルを測定すると，測定試料に赤外吸収のない領域では光はそのまま全反射し，吸収のある領域ではその吸収の強さに応じて反射率が低下する．この反射光の光量を測定すれば，透過スペクトルとほとんど同じような ATR スペクトルが得られる．

(f) 拡散反射法

拡散反射法は試料を KBr などで希釈してから反射法で測定する方法で，用いるセルは ATR 法と同じである．粉末試料のなかで，散乱が多く透過法ではうまく測定できない場合に有効な測定法である．

10.5.5 医薬品分析への応用

(1) 日本薬局方における医薬品の確認試験

日局 17 では，医薬品の確認試験のために，標準医薬品の参照スペクトルが収載されている．通常，IR スペクトルによる医薬品の確認は，試料の IR スペクトルを測定し，i）標準品の IR スペクトルを同時に測定して比較する方法，ii）局方の参照スペクトルと比較する方法，iii）吸収波数による確認のいずれかによって行われる．いずれの場合も二つのスペクトルを比較するとき，同一波数に同様の相対強度の吸収が認められれば同じ医薬品であると確認される．局方の参照スペクトルと比較する場合には，試料の測定に使用された装置と，参照スペクトルが測定された装置が異なる場合が多く，医薬品のなかには，コルチコイド(副腎皮質ステロイドホルモン)やバルビツール酸系薬物(催眠薬)のように結晶多形を示すものがあり，同一の医薬品であっても，再結晶溶媒の違いによって異なるスペクトルを与えることがあるので注意を要する．そのため，「試料の吸収スペクトルが標準品の吸収スペクトルと異なる場合の取扱いが医療品各条で規定されているときは，試料と標準品を同一の条件で処理した後，再測定を行う」と定められている．吸収波数による確認では，確認しようとする物質の特性吸収波数が医薬品各条で定められている場合，試料の吸収が規定されたすべての吸収波数で明確に認められるとき，同一医薬品であると確認できる．

(2) 官能基とIRの特性吸収帯

観測された吸収帯がどのような官能基のどのような振動に対応するかを明らかにすることを**帰属**(assignment)するという．IRスペクトルを読む際，表10.6に示す官能基の特性吸収帯の波数や，次のような一般的注意事項は覚えておいたほうがよい．

① 官能基に特異な波数は，実際の化合物では±10 cm^{-1} 位の変動がある．
② 電子求引性基がつくと，高波数側にシフトする．
③ COOH，OH，NHのH伸縮振動は，水素結合すると低波数側にシフトする．
④ 吸収ピーク数が少なく，見た目に単純な印象を与えるときは，分子の対称性がよい．
⑤ スペクトルの左側(高波数部)は赤外線のエネルギーが高く，右側が低い．したがって，分子内の振動のエネルギー，すなわち振動数が大きなものが左に，小さなゆるやかな振動が右に現れる．
⑥ 伸縮振動のほうが変角振動よりも速いので，伸縮振動は4,000～1,000 cm^{-1} に現れ，変角振動は1,500～400 cm^{-1} に現れる．
⑦ 伸縮振動では，酸素や炭素に水素がついている，O—HあるいはC—H結合の振動数は大きく，4,000～2,700 cm^{-1} に現れる．ついで，三重結合(2,200 cm^{-1} 付近)，二重結合(1,800～1,350 cm^{-1})，単結合(1,200～1,000 cm^{-1})の振動の吸収が左から順に現れる．

(3) 構造解析

核磁気共鳴(NMR)の装置と測定技術(11章参照)が格段に向上したため，構造解析にIRスペクトルを積極的に利用することはあまりないが，化合物の同定にIRスペクトルが一致することが利用されている．IRスペクトルから構造を推定するとき，分子式がわかっていれば，その構造に対応した吸収を探す．また分子式がわからないときは，官能基に基づく特性吸収帯(表10.6

参照)を探す．まず，3,000 cm^{-1} 以上の領域で吸収帯の有無を調べ，幅広い吸収があればヒドロキシ基やアミノ基の存在を考える．また，3,000 cm^{-1} 付近に鋭い吸収帯があれば，骨格に多重結合あるいは芳香環の存在が考えられ，3,000 ～ 2,000 cm^{-1} の領域からアミン塩や C≡N, C≡C の有無を確認する．また，1,800 ～ 1,600 cm^{-1} の領域に強い吸収帯は C═O に帰属され，ケトン，エステル，ペプチド，カルボキシ基などの存在が想定される．1,650 ～ 1,580 cm^{-1} で C═C やアミノ基などによるやや弱く幅広い吸収帯の有無を調べる．さらに，1,600 と 1,500 cm^{-1} の前後の鋭い吸収帯の有無から芳香環の有無を調べ，最後に 1,300 ～ 600 cm^{-1} の指紋領域を検討して官能基を特定する．

10.6 旋光度測定法

10.6.1 概　要

SBO 旋光度測定法(旋光分散)の原理および応用を説明できる．

アミノ酸，ペプチド，アルカロイドなどの天然物質や合成医薬品には，不斉原子(C，N，S，P など)を含んでいる場合が多く，立体構造が生理活性と密接に関係している．これらの物質中を**偏光**(polarized light，振動面が揃った光)が通過するとき，その振動面が左右に回転する．このような物質の性質を**旋光性**(optical rotation，**光学活性**)といい，その回転する角度を**旋光度**(angular rotation)という．旋光度測定法は，試料の旋光度を**旋光計**(polarimeter)で測定する方法で，糖類，アミノ酸，ビタミン，ホルモン，アルカロイドなど多くの光学活性物質の同定，純度試験，定量などに利用される．また，旋光度の波長依存性を**旋光分散**(optical rotatory dispersion, ORD)，光学活性物質が左右円偏光に対して異なる吸収を示す現象を**円二色性**(circular dichroism，CD)といい，光学活性物質の絶対配置の決定や不斉分子の立体配座の研究に用いられている．

10.6.2 原　理

自然光は，進行方向に垂直なあらゆる方向に振動しているきわめて多数の電磁波の集まりである．この電磁波の一つの光子(波長，(λ))は，図 10.20 に示すように，電場と磁場の振動方向がつねに光の進行方向に垂直で，電場と磁場の振動も互いに垂直のベクトルをもつ．ニコルプリズム(方解石を一定の角度に削ってはり合わせたもの)に光を通すと，電場および磁場がそれぞれ一平面内でのみ振動して，双方の振動面が互いに直交した光(異常光線)だけが通過し，これ以外の光はプリズムで全反射して外部に放散する(常光線)．この異常光線を**直線偏光**(linearly polarized light)または**平面偏光**(plane polarized light)といい，この電場の振動方向を含む面を**振動面**(plane of vibration)，この面に垂直な磁場の振動方向と光の進行方向を含む面を**偏光**

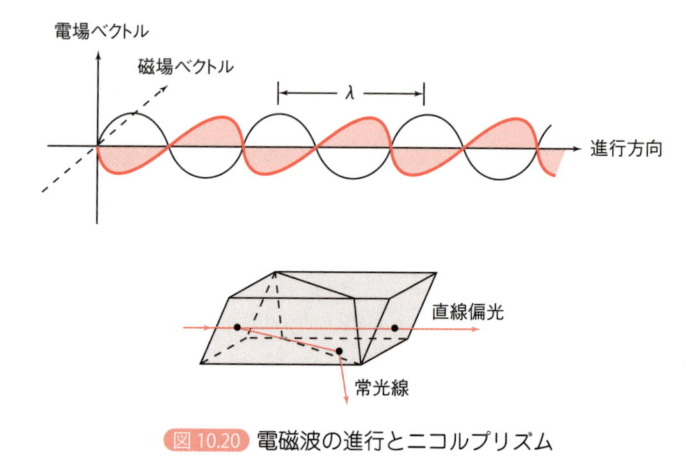

図 10.20 電磁波の進行とニコルプリズム

面(plane of polarization)という．

この偏光面を右または左に回転させる性質を旋光性または光学活性という．図 10.21 に示すように，この直線偏光はらせん状に回転する等波長の右回り(d 成分)と左回り(l 成分)の二つの**円偏光**(circularly polarized light)のベクトルの和で表される．しかし，光学活性物質ではこの二つの円偏光に対する屈折率が異なるため位相差が生じ(波の速度が異なる)，通過してきた左右円偏光を合成して得られる直線偏光の振動方向が B′C′ となり，振動面は右に α' 回転したことになる．すなわち，旋光性は光学活性物質中における左右円偏光に対する屈折率の差，複屈接性によるものといえ，振動面のずれが旋光度 α として観測される．

物質が波長 λ の円偏光の l 成分および d 成分に対して異なる屈折率 n_l および n_d を示すとき，試料の層長を L cm とすれば，旋光度 α は次式で表さ

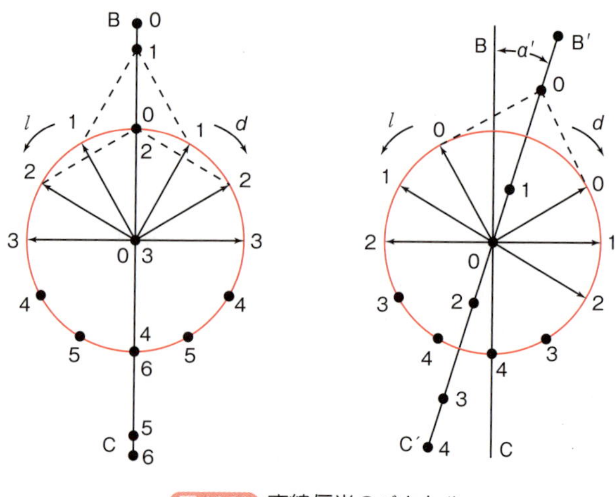

図 10.21 直線偏光のベクトル

れる．

$$\alpha = \frac{\pi L}{\lambda}(n_l - n_d) \tag{10.2}$$

式(10.2)から，旋光度は左右円偏光の屈折率の差および試料の層長に比例し，測定波長領域で光を吸収しない物質の旋光度の大きさは，通常，波長の減少とともに増大する．また，$n_l > n_d$ のとき $\alpha > 0$ となり正(+)または右旋性(*d*)，$n_l < n_d$ のとき $\alpha < 0$ となり負(−)または左旋性(*l*)を示す．

旋光度は，光源の波長や温度などの測定条件に影響されやすいので，光学活性物質の旋光性を示す指標として，通常，式(10.3)の**比旋光度**(specific rotation)$[\alpha]_x^t$が用いられる．

$$[\alpha]_x^t = \frac{100\,\alpha}{lc} \tag{10.3}$$

t は測定時の温度，x は用いたスペクトルの特定の単色光の波長または名称（ナトリウムスペクトルのＤ線を用いたときは，Ｄと記載する），α は偏光面を回転した角度(+か−の符号をつける)，l は試料溶液の層長，すなわち測定に用いた測定管の長さ(mm)，c は溶液 1 mL 中に存在する薬品の g 数(液状薬品を溶液としないでそのまま用いたときは，その密度)を示す．これは，光学活性物質の確認や同定に使われる物理定数となるが，旋光度は測定波長，

COLUMN

分子の非対称性と生理活性

酒石酸は，酸っぱくなったブドウ酒に生成する酒石のなかにカリウム塩として多量に含まれるジカルボン酸であり，水溶液は右旋性を示す．L. Pasteur（パスツール）は，1820 年ごろ酒石酸工場で，たまたま大きな結晶の間に針状の結晶がわずかに混在しているのを見つけ，右方向の非対称面をもつ結晶(酒石酸と同じ結晶)は右に偏光面を回転させ，左に非対称面をもつ結晶は左に偏光面を回転させることを発見した．しかも驚くべきことに，これらの水溶液を同量ずつ混合した液では旋光性は消失した．すなわち，左旋性の酒石酸の結晶は *l*-酒石酸で，天然の *d*-酒石酸(右旋性)と対称形を示し，混合物は *dl*-酒石酸(ラセミ体)である．このことから，Pasteur は，右手と左手の関係のように，分子の形にも対掌性の二つの鏡像があること(キラリティー)を実験的に証明したのである．

その後，Pasteur は実験室に保存していた *dl*-酒石酸の水溶液が発酵して *d*-体のみが消失していることに気づき，生物は天然型の *d*-酒石酸のみを生活に必要とし，生物の生理活性は光学活性に依存すると主張した．光学活性薬物のなかには *d*-体と *l*-体でまったく異なる生理活性(薬効と毒性)をもつものがあり，ラセミ体を用いたために起こった薬害であるクロロキン網膜症やサリドマイドによる奇形児出生などは，当時は十分な認識がなかったとはいえ，分子の非対称性に気づかず，キラリティーを無視したために生じた悲劇といえよう．

層長，試料の濃度，温度，測定溶媒の性質，化合物の構造などにより変化するため，旋光度測定の結果を表示する際には，これらすべての実験条件を記載する必要がある．通常，局方医薬品では，測定温度は20℃，層長は100 mm，光線はナトリウムスペクトルのD線である．

たとえば，$[\alpha]_D^{20}$ が −33.0 〜 −36.0（乾燥後，1 g，水，20 mL，100 mm）とは，本品を乾燥減量の項に規定する条件で乾燥し，その約1 gを精密に量り，水に溶かし正確に20 mLとし，この液につき，層長100 mmの測定管で測定するとき，$[\alpha]_D^{20}$ が −33.0 〜 −36.0であることを示す．一般に，比旋光度は確認試験や純度試験に用いられるが，アミノ酸のように，同系列の化合物で分子量の異なる化合物どうしを比較する場合には，式(10.4)で示す**分子旋光度**(molar rotation) $[\phi]_x^t$ が用いられる．

$$[\phi]_x^t = \frac{M}{100}[\alpha]_x^t \qquad (M：分子量) \qquad (10.4)$$

10.6.3 装置と測定法

旋光度の測定に用いられる**旋光計**(plarimeter．**偏光計**)は，光源，偏光子，測定セル，検光子，角度目盛板からなる．図10.22にリピッヒ(Lippich)型旋光計の概略を示す．光源としては，ナトリウムランプや水銀ランプのような単色光が用いられる．ナトリウムのおもな輝線スペクトルは，D線(589.0および589.6 nm)といわれ，波長差が0.6 nmときわめて小さい二重線であるので，分光器の解像度を考慮して589 nmと表記されることもある．また，水銀のおもな輝線スペクトルは，435.8，491.6，546.1，577.0，579.1 nmである．各輝線は，それぞれ対応するフィルターで取りだす．旋光度を測定する場合，まず第一の**ニコルプリズム**(**偏光子**，polarizer)Pに光を当てて直線偏光をつくり，試料および第二のニコルプリズム(**検光子**，analyzer)Aへと導く．このとき光の進行方向を軸として検光子を回転させると，偏光子に対して直角になったとき光は最も通過しにくく(直交ニコルの状態)なり，視野が暗黒となる．この状態で偏光子と検光子の間に光学活性物質を置くと，偏光面が回転し明るくなるので，検光子を左あるいは右に回し再び暗黒になったときの回転角度を測定すれば，旋光度が求められる．

リピッヒ型旋光計では，偏光子の次にさらに小さな偏光子(リピッヒプリズムP′)を置き，円形の視野を二分して，半円形視野の明暗によって肉眼で

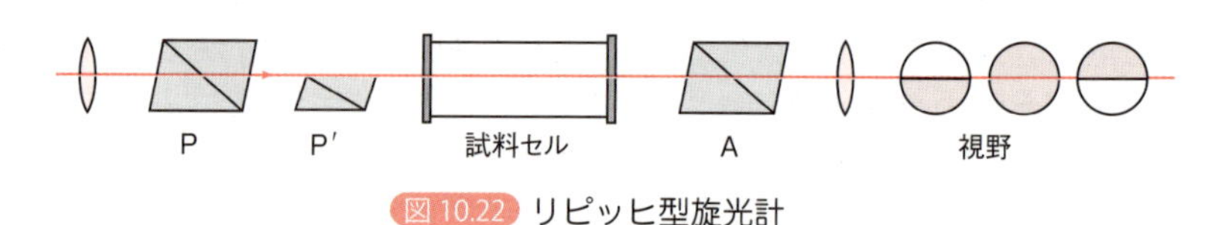

図10.22 リピッヒ型旋光計

光の強さを比較する．測定では，まず左右の半円形視野の明るさが等しくなるように検光子を回してゼロ点とし，次に光学活性な試料を置き再び左右の明るさが等しくなるように検光子を回し，その回転角の目盛りを読むことにより旋光度が±0.01°の精度で測定できる．

最近では，検光子を自動的に回転させ，その回転角から旋光度を表示させる自動旋光計が用いられ，精度が±0.2%で，感度もよく，リピッヒ型旋光計に比べ 10 倍(±0.001°)の測定が可能となっている．また，旋光計を液体クロマトグラフィーの検出器として用い，光学異性体を分離検出する例も報告されている．

10.6.4 旋 光 分 散

光学活性物質の旋光度は測定波長により変化するが，この旋光度の波長依存性を**旋光分散**(optical rotatory dispersion，ORD)といい，横軸に波長，縦軸に旋光度または比旋光度をプロットしたスペクトルを**旋光分散スペクトル**という．旋光度の測定波長領域の光を吸収しない光学活性物質の場合，長波長側から短波長側にしだいになめらかに増大または減少し，単純曲線(図 10.23a および b)を示す．しかし，有機化合物のなかには，化合物の吸収帯の波長付近で旋光度が正から負あるいは負から正へ大きく変化し異常分散するものがある．この現象を**コットン効果**(Cotton effect)といい，図 10.23c のように短波長側に谷，長波長測に山がある場合を正のコットン効果，図 10.23d のようにその逆を負のコットン効果という．ここで，縦軸を分子旋光度〔ϕ〕で表すとき，極大値〔ϕ_1〕と極小値〔ϕ_2〕の差を分子振幅 α といい，式(10.5)で表され，コットン効果は正，負の数値として表示される．

$$\alpha = ([\phi_1] - [\phi_2]) \times 10^{-2} \qquad (10.5)$$

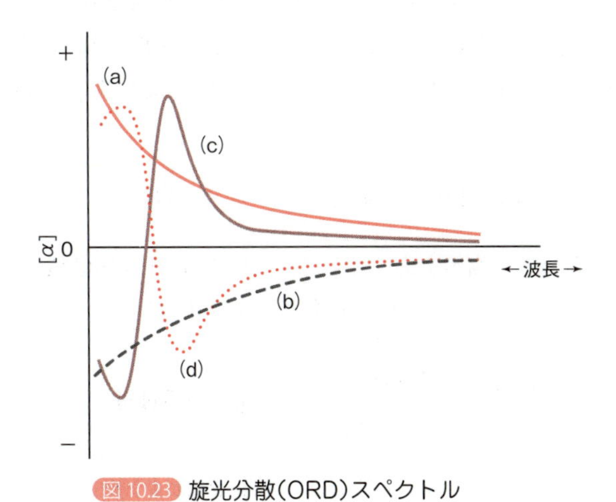

図 10.23 旋光分散(ORD)スペクトル

旋光分散スペクトルは，波長を連続的に変えたときの旋光度のスペクトルであり，測定原理および測定装置は基本的には旋光計と同じであるが，旋光分散では連続光線を得るために光源にはキセノンランプが用いられる．

10.6.5 医薬品分析への応用

旋光度は糖類，アミノ酸，ビタミン，ホルモンなどの光学活性物質の確認，固定，純度の測定，定量などに利用される．日局17でも，旋光度測定法として一般試験法に採用されており，100以上にも及ぶ光学活性医薬品の性状，示性値および純度試験が規定されている．また，比旋光度は物質に固有の値であり，濃度と旋光度との関係から定量分析にも利用される．とくに，糖類など発色団をもたず簡便な誘導体化法がない光学活性物質の定量に旋光度の測定が有効であり，日局17では，ブドウ糖，果糖，L-アルギニン塩酸塩，アドレナリンの各注射液などに採用されている．

（1）アドレナリンの旋光度

アドレナリンは$[\alpha]_D^{20}$が$-50.0 \sim -53.5°$（乾燥後，1 g，1 mol/L 塩酸試液，25 mL，100 mm）と規定されており，旋光度を規定条件で測定するとき，比旋光度が$-50.0 \sim -53.5°$の範囲にあれば局方品として適とされる．いま仮に，秤量したアドレナリン量が1.00 g，旋光度の測定値が$-2.06°$だったとすると，比旋光度は次式より

$$[\alpha]_D^{20} = \frac{100\,\alpha}{lc} = \frac{100 \times (-2.06)}{100 \times (1.00/25)} = -51.5°$$

となり，本品は局方適合品となる．

（2）L-アルギニン塩酸塩注射液の定量

定量法：本品20 mLを正確に量り，7.5 mol/L 塩酸試液を加えて正確に100 mLとし，旋光度測定法により20 ± 1℃，層長100 mmで旋光度α_Dを測定する．本品を定量するとき，L-アルギニン塩酸塩（$C_6H_{14}N_4O_2 \cdot HCl$：210.66）9.5～10.5 w/v％を含む（L-アルギニン塩酸塩の比旋光度$[\alpha]_D^{20}$：$+21.5 \sim +23.5°$）．

$$\text{L-アルギニン塩酸塩の量(mg)} = \alpha_D \times 4444$$

解説：7.5 mol/L 塩酸試液に溶かしたL-アルギニン塩酸塩の比旋光度は$+22.5°$であるので，試料溶液中の濃度C(g/mL)は，

$$C = \frac{100\,\alpha_D}{l[\alpha]_D^{20}} = \frac{100 \times \alpha_D}{100 \times 22.5} = \alpha_D \times 0.04444$$

となる．日局17の規定の方法では，試料溶液は100 mLであるので，100

mL 中に含有する L-アルギニン塩酸塩の量は,

$$C(\mathrm{mg}) = \alpha_D \times 0.04444 \times 100 \times 1000 = \alpha_D \times 4444$$

となり，日局 17 に記載されている式が得られる．たとえば，L-アルギニン塩酸塩注射液を 20 mL 秤量し，旋光度の測定値が +2.25° だったとすると，100 mL 中に含有する L-アルギニン塩酸塩の量は次式より

$$C(\mathrm{mg}) = 2.25 \times 4444 = 9999$$

となり，含量は 99.99 mg/mL すなわち 9.999 w/v％であるので，本品は局方適合品と評価される．

章末問題

1． 紫外可視吸光度測定法に関する，次の記述について正誤を判断し，その理由を説明せよ．

a．紫外可視吸光度測定法は，分子を構成する原子間の振動状態の変化に伴う光の吸収を利用したものである．

b．紫外および可視領域の光の吸収は，電子状態間の遷移を伴うので，紫外可視吸収スペクトルを電子スペクトルともいう．

c．吸収スペクトルの縦軸（吸光度）は電子遷移が起こるエネルギーの大きさ，横軸（波長）はその遷移が起こる確率を示す．

d．吸収スペクトルが幅広い吸収帯となるのは，分子の電子エネルギー変化に加え，振動エネルギーと回転エネルギーの変化も反映されるからである．

2． 次の記述について正誤を判断し，その理由を説明せよ．

蛍光スペクトルは，励起状態に遷移した電子が基底状態に戻るときに放射される光強度を波長の関数として示したものである．

3． 次の記述について正誤を判断し，その理由を説明せよ．

赤外吸収スペクトルは，一般に波数 4,000 ～ 400 cm^{-1} の範囲で測定され，その波長は 2.5 ～ 25 μm に対応する．

4． 次の記述について正誤を判断し，その理由を説明せよ．

原子スペクトルは，紫外可視吸収スペクトルと同様な連続スペクトルである．

5． 紫外可視吸光度測定法に関する，次の記述の正誤を判断せよ．

a．ある物質の比吸光度とは，その物質の 1 g/L の溶液の吸光度である．

b．測定セルの層長を 1 cm，吸光物質の濃度を 1 mol/L の溶液に換算したときの吸光度をモル吸光係数 ε という．

6． 紫外可視吸光度測定法に関する，次の記述の正誤について判断せよ．

a．透過度 t の逆数の常用対数を吸光度 A という．

b．吸光度 A の値は，溶媒の種類に関係なく一定である．

c．紫外部の吸収測定には，石英製セルを用いる．

7． 紫外可視吸収スペクトルにおいて，ある吸収帯の透過率が 20％であったとき，これを吸光度に換算するといくらになるか．

8． 次の記述は，日局メテノロン酢酸エステルの定量法に関するものである．これについて，各問に答えよ．

「本品を乾燥し，その約 10 mg を精密に量り，メタノールに溶かし，正確に 100 mL とする．この液 5 mL を正確に量り，メタノールを加えて正確に 50 mL とする．この液につき，紫外可視吸光度測定法により試験を行い，波長 242 nm 付近の吸収極大の波長における吸光度 A を測定する．

メテノロン酢酸エステル($C_{22}H_{32}O_3$)の量(mg)

$$= \frac{A}{391} \times 10000$$

(391 はメテノロン酢酸エステル純物質の比吸光度である．)」

a. メテノロン酢酸エステルの 242 nm 付近の吸収極大の波長におけるモル吸光係数 ε の値を求めよ．ただし，メテノロン酢酸エステルの分子量は 344.5 とする．

b. 本品 0.0100 g を量り，上記の定量法に従って吸光度を測定したところ，0.385 であった．本品中のメテノロン酢酸エステルの含量％を求めよ．

9. 紫外可視吸光度測定法に関する，次の記述の正誤について判断せよ．

a．ある試料溶液についてランベルト・ベールの法則が成り立つとき，濃度と吸光度との関係を示すグラフは直線性を示し，原点をとおる．

b．可視部の吸収の測定には，光源として通常タングステンランプを用いる．

10. 蛍光光度法に関する，次の記述の正誤について判断せよ．

a．蛍光強度は溶液の温度，pH，溶媒の種類などにより影響されない．

b．蛍光の極大波長は，励起光の極大波長よりも短波長側にある．

c．蛍光は，わずかな量の汚染物質によっても消光しやすい．消光作用をもつ物質をスカベンジャー(目的以外の化学種などを捕捉除去する作用をもつ物質)という．

11. 蛍光光度法に関する，次の記述の正誤について判断せよ．

a．ある蛍光物質の溶液が十分に希薄であるとき，測定条件を一定にすれば蛍光強度は励起光の強度と蛍光物質の濃度に比例する．

b．蛍光物質は光により分解するものが多いので，操作中に強い光にさらすことは避け，測定中も必要以上の励起光を照射すべきではない．

12. 蛍光光度法に関する，次の記述の正誤について判断せよ．

a．蛍光スペクトルは，一定波長の励起光を試料溶液に照射して生じる放射光(発光)について，横軸に波長，縦軸に強度をとって表される．

b．蛍光強度は溶液の濃度が十分に小さいとき，モル吸光係数に反比例する．

c．蛍光強度は，通常，測定温度が低いほど大きくなる．

13. 蛍光光度法に関する，次の記述の正誤について判断せよ．

a．蛍光分光光度計の光源には通例，タングステンランプが用いられ，試料部は四面透明のガラス製セルが用いられる．

b．蛍光光度法は，吸光光度法に比べ高感度に物質の測定ができるので，ジゴキシン錠，ラナトシドC錠などの含量均一性試験に利用されている．

14. 蛍光光度法に関する次の記述について，正誤を判断せよ．

a．蛍光光度法はリン光物質にも適用される．

b．装置の光源には，通例，タングステンランプを用いる．

c．蛍光強度は，蛍光物質の溶液の濃度，層長および励起光の強さに比例する．

15. 原子吸光光度法において，鋭い線状の発光線が光源として用いられる理由について説明せよ．

16. 原子吸光光度法に関する，次の記述の正誤について判断せよ．

a．フレーム方式は，試料溶液をフレーム中に噴霧し，その吸光度を測定する．

b．冷蒸気方式は，さらに酸化気化法および加熱気化法などに分けられる．

c．定量に際しては，干渉およびバックグラウンドを考慮する必要がなく，どんな試薬・試液を用いても測定の妨げとならない．

17. 原子吸光光度法に関する，次の記述の正誤について判断せよ．

a．光源には中空陰極ランプまたは放電ランプなどが用いられる．

b．試料の原子化法にはフレーム方式，電気加熱方式および冷蒸気方式がある．

c．原子スペクトルは各原子に固有のものであるから，原子吸光光度法においては分光部は不必要である．

d．高温のフレーム中で被検元素の原子蒸気が生成するが，一部はイオン化される．原子吸光光度法で分析されるものは基底状態の原子だけである．

18. 原子吸光光度法および原子発光分析法において，標準物質が用いられる理由を説明せよ．

19. 赤外吸収(IR)スペクトル測定法に関する記述のうち，正しいものを二つ選べ．

a．本法では，気体試料の測定ができない．

b．指紋領域の吸収から官能基を特定できる．

c．IR スペクトルは縦軸に波数，横軸に吸光度をとったグラフで示される．

d．波数目盛りの校正にはポリスチレン膜が用いられる．

e．本法により結晶多形を判定できる．

20. 次の 1 ～ 4 の医薬品の赤外吸収スペクトルと思われるものを(a)～(d)から選べ．

1.

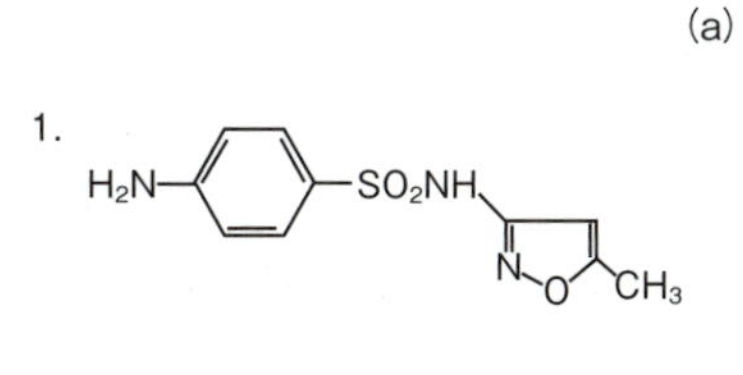

(a)

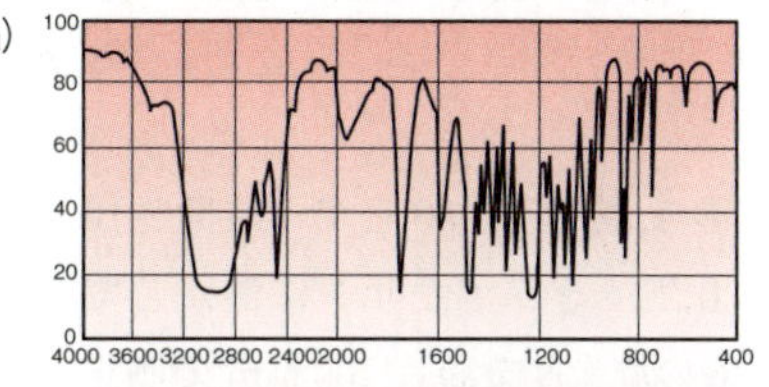

2.

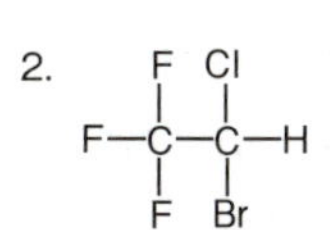

(b)

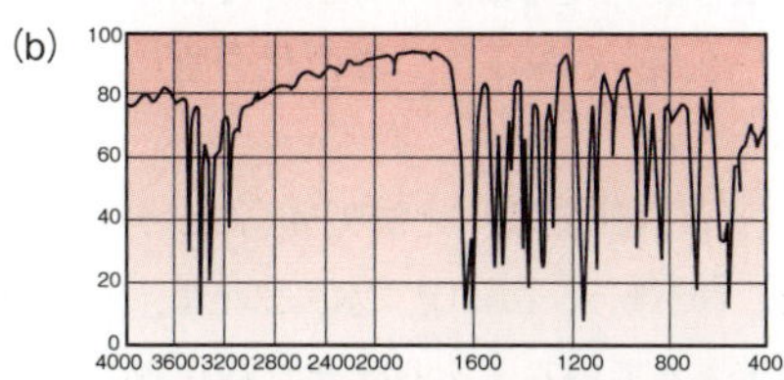

3.

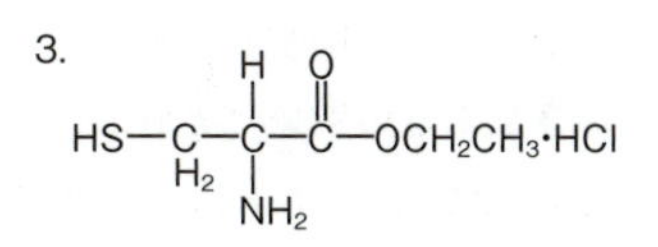

(c)

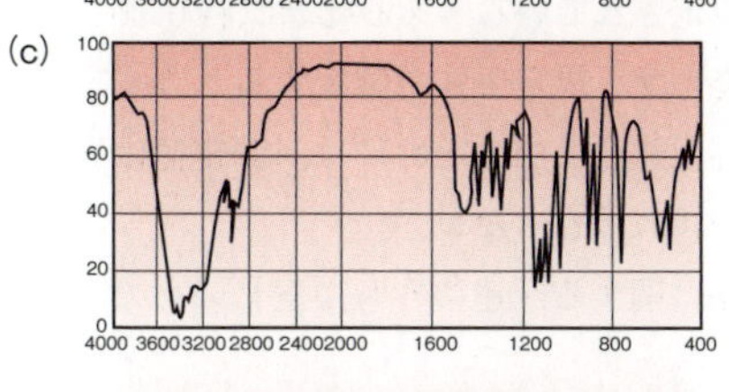

4.

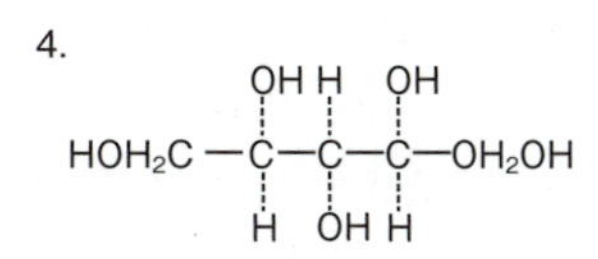

(d)

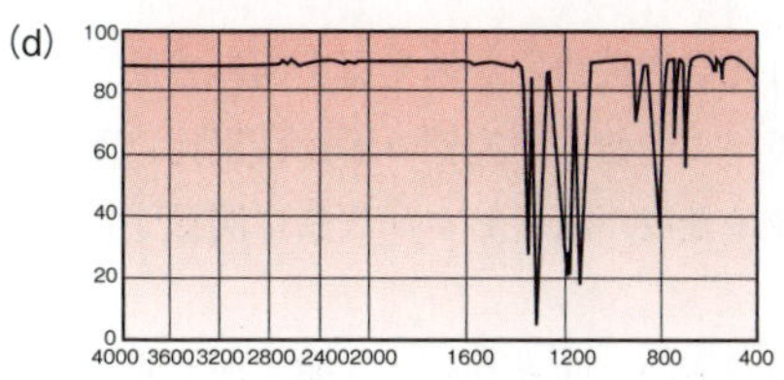

21. 赤外吸収(IR)スペクトル測定法に関する記述のうち，正しいものを二つ選べ．

a．溶液法では，窓板の材料として，NaClやKBrなどが用いられる．

b．光源として通常キセノンランプが用いられる．

c．IRスペクトルは原子振動に基づくため，原子スペクトルともいわれる．

d．本法は定量分析には用いられない．

e．本法は，紫外可視吸光度測定法よりも構造解析に優れている．

22. 通常，赤外吸収スペクトルで測定する波長範囲は何μmから何μmまでか．また，それを波数で表すと何cm^{-1}から何cm^{-1}に相当するか．

23. 次の赤外吸収スペクトルから，分子式$C_9H_{11}NO_2$をもつ化合物の構造式を推定せよ．

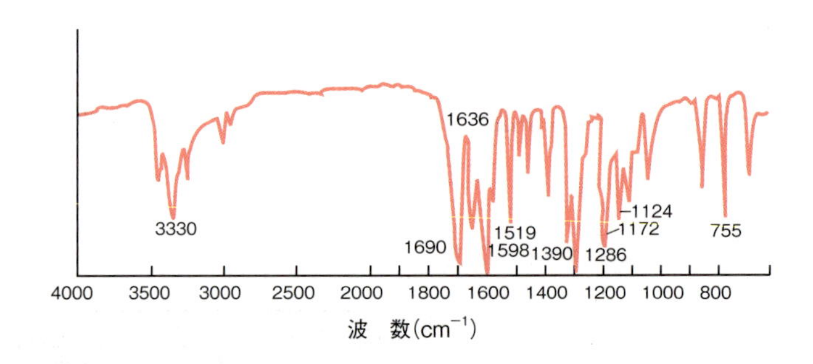

24. コレステロールを減圧下，60℃で4時間乾燥した後，その0.20gをジオキサンに溶かして10mLとした液の旋光度を層長100mmで測定したところ，−0.72°であった．この化合物の比旋光度はいくらか．

25. 日局ジルチアゼム塩酸塩は，比旋光度$[\alpha]_D^{20}$が+115～+120°(乾燥後，0.20g，水，20mL，100mm)と規定されている．ある乾燥試料0.20gを量り，旋光度を規定条件で測定するとき，この試料が局方適合となるためには，測定値はどの範囲でなければならないか．

26. 旋光度測定法に関する記述のうち，正しいものはどれか．

a．旋光度は光学活性物質が偏光面を回転させる角度で，この値は測定管の層長に反比例し，溶液の濃度，温度および波長に関係する．

b．偏光の進行方向に向き合って，偏光面を左に回転するものを左旋性，右に回転するものを右旋性とし，偏光面を回転する角度を示す数字の前に，それぞれ，左旋性は+，右旋性は−の記号をつけて示す．

c．旋光度は，示性値として用いられるが，濃度との間に比例関係がないため，医薬品の定量に用いられない．

d．旋光度の測定は，特定の単色光を用い，通例，ナトリウムスペクトルのD線で行う．

27. 日局イソソルビド(分子量：146.14)の旋光度および定量法に関する記述で，[　　　]に入れるべき最も近い数値はどれか．

比旋光度$[\alpha]_D^{20}$：+45.0～+46.0°

定量法：本品の換算した脱水物約10gを精密に量り，水に溶かし，正確に100mLとする．この液につき，層長100mmで温度20±1℃における旋光度α_Dを測定する．

イソソルビド($C_6H_{10}O_4$)の量(g)

$= \alpha_D \times [\quad\quad]$

a．1.4614　b．2.1978　c．14.614

d．21.978　e．146.14

28. 日局ブドウ糖注射液10mLを正確に量り，アンモニア試液0.2mLおよび水を加えて正確に100mLとし，よく振り混ぜて30分間放置した後，旋光度測定法により，温度 20 ± 1℃，層長 100 mm で旋光度 α_D を測定したところ，α_D は + 2.11° を示した．ブドウ糖の比旋光度が +52.7° であるとき，このブドウ糖注射液の濃度（w/v%）を求めよ．また，アンモニア試液を加える理由を述べよ．

11 核磁気共鳴スペクトル測定法

❖ 本章の目標 ❖

- 核磁気共鳴を理解し，核磁気共鳴スペクトルの原理を学ぶ．
- 核磁気共鳴スペクトルから得られる化学シフト，スピン-スピンカップリング定数，および積分値という構造情報について基本概念を学ぶ．
- 化学シフトやスピン-スピンカップリング定数に基づいた核磁気共鳴スペクトルの解析法を学ぶ．

11.1 回転する核への磁場の影響

SBO 電子や核のスピンとその磁気共鳴について説明できる．
SBO 核磁気共鳴スペクトル測定法の原理および応用例を説明できる．

台の上で非常に速く回転しているコマについて考える．このコマは，ぶれることなく，あたかもその場に真っすぐ立っているように見える．もし，台と台に接しているコマの軸との間に摩擦がまったくないとしたら，このコマはどうなるであろうか．同じ状態で回っているだろうか．答えは否である．上述のようにコマが回るのは，回転速度が十分速いだけでなく，摩擦があるからである．図 11.1a に示すように，その摩擦がなくなると，コマの回転運動に対する重力の影響が観察されるようになる．コマは**ラーモア才差運動**(Larmor precession)を始める．才差運動は，回転していたコマが止まりそうになるときに観察される運動，つまりコマの重心を固定点としてコマの軸の両端が円を描く運動である．回転する物体に対してその軸方向に力が加わったとき，物体の回転運動は才差運動に変わる．

このような現象が核についても起こる．多くの原子核は固有のスピン角運動量(回転運動を表すベクトル)をもつ．スピン角運動量をもつ原子核を考えるには，中心軸のまわりに回転しているボールをイメージすればよい．ボールと違う点は原子核が電荷をもつことである．電荷が回転すれば磁気双極子が発生する．その結果，図 11.1b に示すようにスピン角運動量をもつ核は磁

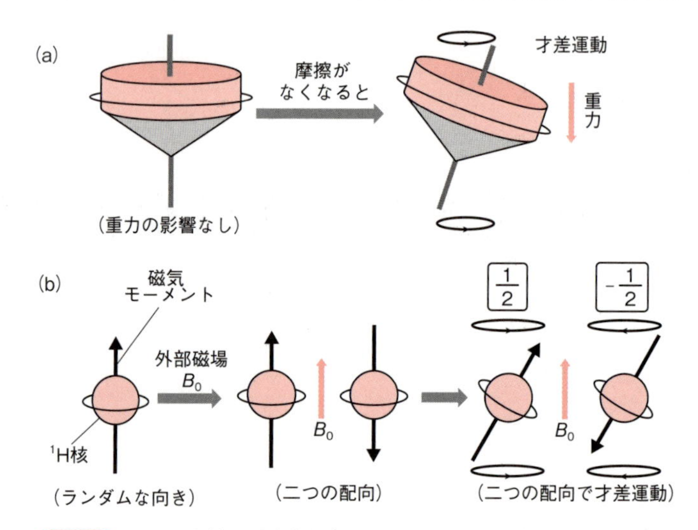

図 11.1　コマの才差運動(a)と ^{1}H 核に対する外部磁場 B_0 の影響(b)

気モーメントをもつ．磁場の影響がないとき，この核がもつ磁気モーメントはランダムな(好き勝手な)方向を向いている．回転する棒磁石と見なせる原子核を磁場(外部磁場)のなかに置くと何が起こるだろうか．図 11.1b に磁気モーメントをもつ原子核に対する磁場の影響を ^{1}H 核をモデルとして示す．磁気モーメントがランダムな方向を向いている原子核が磁場の影響を受けて，ある特定の二つの向きに並ぶ．外部磁場の向きに対して磁気モーメントが同じ向き，または逆向きのどちらかにすべての ^{1}H 核が配向する．そして，重力の影響を受けたコマのように，配向した ^{1}H 核が磁場の影響を受けて才差運動を始める．この二つの現象がスピン角運動量をもつ核に対する磁場の影響である．なお，外部磁場 B_0 のなかに置かれた原子核の回転運動の速度 ω には $\omega = \gamma B_0$ の関係が成立する．γ は核の**磁気回転比**(gyromagnetic ratio)とよばれ，表 11.1 に示すようにスピン角運動量をもつ個々の原子核に固有の値である．

表 11.1　代表的な原子核の核スピンの性質と天然存在比

核	核スピン	天然存在比(%)	$\gamma/10^7$(rad/T・s)
^{1}H	1/2	99.98	26.752
^{2}H(D)	1	0.0156	4.1067
^{12}C	0	98.99	—
^{13}C	1/2	1.11	6.7272
^{16}O	0	99.96	—
^{19}F	1/2	100	25.177
^{31}P	1/2	100	10.840

11.2 核磁気共鳴

^{1}H 核（プロトン）に対する外部磁場の影響をエネルギー準位の観点から眺めよう．外部磁場 B_0 のなかに置かれると，磁気モーメントをもつ ^{1}H 核は磁場に対して二つの配向をとる．これは ^{1}H 核の**スピン量子数**（spin quantum number）I が 1/2 だからである．I を単に核スピンということもある．一般に，スピン量子数 $I \neq 0$ の原子核は，外部磁場のなかに置かれると，$2I+1$ 個の配向がとれる．その配向は量子数 m_I で表され，$m_I = I,\ I-1,\ \cdots,\ -(I-1),\ -I$ である．表 11.1 にいくつかの原子核の核スピンを示す．核スピン 1/2 の ^{1}H 核は $2 \times (1/2) + 1 = 2$ 個の配向がとれる．この二つの配向は $m_I = 1/2$ と $-1/2$ で定義され，異なるエネルギーをもつ．つまり，外部磁場の影響により ^{1}H 核がとれるエネルギー準位が二つになる．この現象を**ゼーマン分裂**（Zeeman splitting）という．$m_I = 1/2$ のエネルギー E_α には $E_\alpha = E_0 - (1/2) \times (\gamma h B_0/2\pi)$ の関係が成立し，$m_I = -1/2$ のエネルギー E_β は $E_\beta = E_0 + (1/2) \times (\gamma h B_0/2\pi)$ で表される．E_0 は磁場の影響を受ける前のエネルギーおよび h はプランク定数である．

このことを踏まえて，^{1}H 核に対する外部磁場 B_0 の影響を表したのが図 11.2 である．磁気モーメントがランダムな方向に向いている ^{1}H 核はエネルギー E_0 の状態にある．この状態に外部磁場をかけると，すべての ^{1}H 核は $m_I = 1/2$ あるいは $-1/2$ のどちらかの状態になる．これらの二つのエネルギー準位の差は，ほかの分光学で観察する量子化された電子や振動のエネルギー準位の差に比べて非常に小さい．その結果，ほぼ同数の ^{1}H 核がそれぞれの状態に納まる．しかし，**ボルツマン分布**（Boltzmann distribution）に従い，$m_I = 1/2$ の状態が少し多くなる．たとえば，$B_0 = 1$ T（テスラ）の磁場中に 10^6 個の ^{1}H 核を置くと 27 ℃では 7 個だけ $m_I = 1/2$ に多く存在する．1 mol（6.02×10^{23} 個）の ^{1}H 核では 1.9×10^{18} 個である．この余分にある ^{1}H 核は $m_I = -1/2$ に遷移できる．この遷移に必要なエネルギーは

$$\Delta E = E_\beta - E_\alpha$$

これに $E_\alpha = E_0 - (1/2) \times (\gamma h B_0/2\pi)$ および $E_\beta = E_0 + (1/2) \times (\gamma h B_0/2\pi)$ を代入すると

$$\Delta E = E_0 + \frac{1}{2} \times \frac{\gamma h B_0}{2\pi} - \left(E_0 - \frac{1}{2} \times \frac{\gamma h B_0}{2\pi}\right) = \frac{\gamma h B_0}{2\pi}$$

この ΔE に相当するエネルギーをもつ電磁波の振動数は次式を満たす．

$$\nu = \frac{\gamma B_0}{2\pi}$$

ボルツマン分布
いくつかのエネルギー状態をとれる場合，それぞれの状態に存在する分子の数は分子全体がもつエネルギーにより決まるという統計熱力学的概念．分子 N_α 個と N_β 個が存在する二つのエネルギー状態（その差は ΔE）では，$N_\beta/N_\alpha = e^{\Delta E/k_B T}$ の関係が成立する．k_B はボルツマン定数（1.38065×10^{-23} J/K），T は絶対温度である．

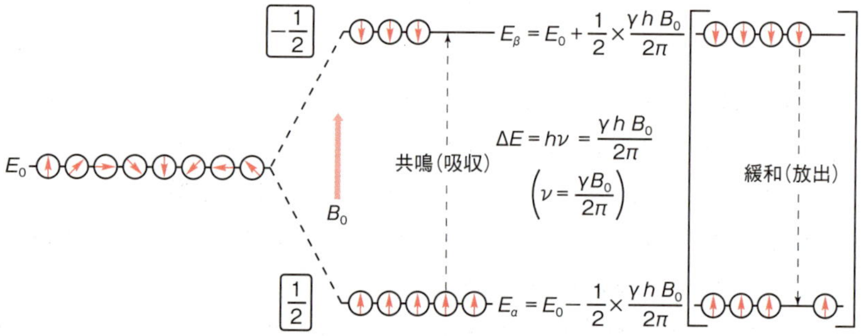

図11.2 外部磁場 B_0 中における ^{1}H 核のエネルギー状態と共鳴・緩和過程

この振動数の電磁波を照射すれば，そのエネルギーを吸収して ^{1}H 核は $m_I = 1/2$ から $m_I = -1/2$ へ遷移する．この過程が**核磁気共鳴**(nuclear magnetic resonance，NMR)である．また，$\omega = \gamma B_0$ であるから共鳴を起こす電磁波の振動数は，

$$\nu = \frac{\gamma B_0}{2\pi} = \frac{\omega}{2\pi}$$

と表すこともできる．この式は，電磁波の振動数が核の回転周波数と一致するときに電磁波の吸収，つまり共鳴が起こることを意味している．これもNMRを理解するうえで重要な点である．

$\nu = \gamma B_0/2\pi$ を用いて ^{1}H 核が共鳴(吸収)する電磁波の振動数を計算してみよう．$B_0 = 11.74$ T とすると，共鳴振動数は 500×10^6 Hz つまり 500 MHz(波長は 60 cm)になる．また，$B_0 = 7.05$ T のとき，共鳴振動数は 300 MHz(波長は 100 cm)になる．これらの振動数をもつ電磁波は FM 放送に利用されているラジオ波で，そのエネルギーは非常に弱い．

図 11.2 の場合，$m_I = 1/2$ 状態の ^{1}H 核 1 個が $m_I = -1/2$ へ遷移すると，それらの状態間で ^{1}H 核が同数になる．この状態を飽和状態といい，この状態になるとラジオ波の吸収は止まる．しかし，実際はすぐには飽和状態にならない．$m_I = -1/2$ の ^{1}H 核が $m_I = 1/2$ へ戻る過程も存在するためである．この過程を**緩和**(relaxation)という．緩和は電磁波の放出を伴わない無放射遷移である．

11.3 核磁気共鳴に対する電子の効果

^{1}H 核を外部磁場 $B_0 = 11.74$ T 中に置いたとき，共鳴振動数は 500 MHz であると述べた．「不思議だなあ．すべての ^{1}H 核が 500 MHz で共鳴したら分析なんてできないはずだけど．」こんな疑問をもって当然である．この

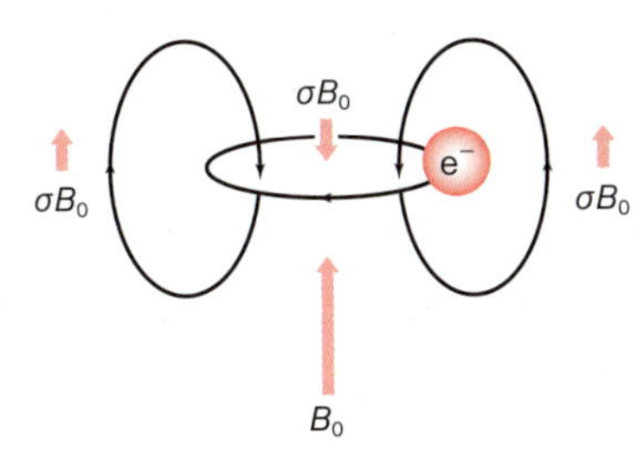

図 11.3 外部磁場 B_0 の影響により円運動する電子が発生する磁場

500 MHz というのは ^{1}H 核を単純に外部磁場 B_0 = 11.74 T のなかに置いた場合である．しかし好都合なことに，分子中の ^{1}H 核はそのまわりの官能基の影響により外部磁場 B_0 の受け方が少しずつ異なっている．その結果，分子中に存在するそれぞれの ^{1}H 核の NMR は区別できる．

磁場のなかに分子を置く．磁場の影響を受けるのは原子核だけではない．電子も磁場の影響を受ける．図 11.3 にそれを模式的に表す．通常，好き勝手に周回運動をしている電子を外部磁場 B_0 のなかに置く．すると電子は円運動の内部における外部磁場を弱めるように一定方向に円運動を始める．電子の円運動の内部では外部磁場と反対向きに，外部では外部磁場と同じ向きに磁場が発生する．その磁場の強さを σB_0 とする．この微小な磁場は電子の描く円運動の近くに存在する原子核の NMR に影響を与える．たとえば，円運動の内部に ^{1}H 核が存在すれば，その核が感じる磁場 B は $B = B_0 - \sigma B_0 = (1 - \sigma)B_0$ となり，B_0 より弱くなる．照射するラジオ波の振動数が一定ならば，この ^{1}H 核が共鳴するために必要な磁場 B_0 に到達するには外部磁場を σB_0 だけ高く（高磁場に）する必要がある．これを**遮蔽効果**(しゃへい)(shielding effect)という．一方，円運動のすぐ外にある ^{1}H 核は，磁場 $B = (1 + \sigma)B_0$ に置かれた状態になり，その共鳴は σB_0 だけ低い磁場（低磁場）で起こる．これが**脱遮蔽効果**(deshielding effect)である．また，磁場の大きさを固定した場合は，遮蔽効果を受ける ^{1}H 核は $\gamma\sigma B_0/2\pi$ だけ低い振動数のラジオ波を吸収して共鳴し，脱遮蔽効果を受ける ^{1}H 核の共鳴振動数は $\gamma\sigma B_0/2\pi$ だけ高い振動数になる．このように磁場のなかに置かれた分子のすべての原子核は周回運動する電子がつくりだす微小な磁場の影響を受けるので，共鳴に必要な磁場または振動数の大きさは異なる．

11.4 NMR スペクトル

図 11.4 および図 11.5 にそれぞれ酢酸エチルおよび p-アニスアルデヒドの ^{1}H NMR と ^{13}C NMR スペクトルを示す．^{1}H 核や ^{13}C 核のまわりの電子が織りなすミクロな内部磁場と外部磁場の関係が美しく表現されている．酢酸

エチルの ¹H NMR スペクトルでは3種類のピーク b, a, および c が面積比 2：3：3で観察され, ¹³C NMR スペクトルでは4本のピークが認められる. 一方, *p*-アニスアルデヒドの場合, ¹H NMR スペクトルは面積比 1：2：2：3の4種類のピーク d, c, b, および a からなり, ¹³C NMR スペクトルには6本のピークが観察される. これらのスペクトルは酢酸エチルおよび *p*-アニスアルデヒドの構造を明確に表している.

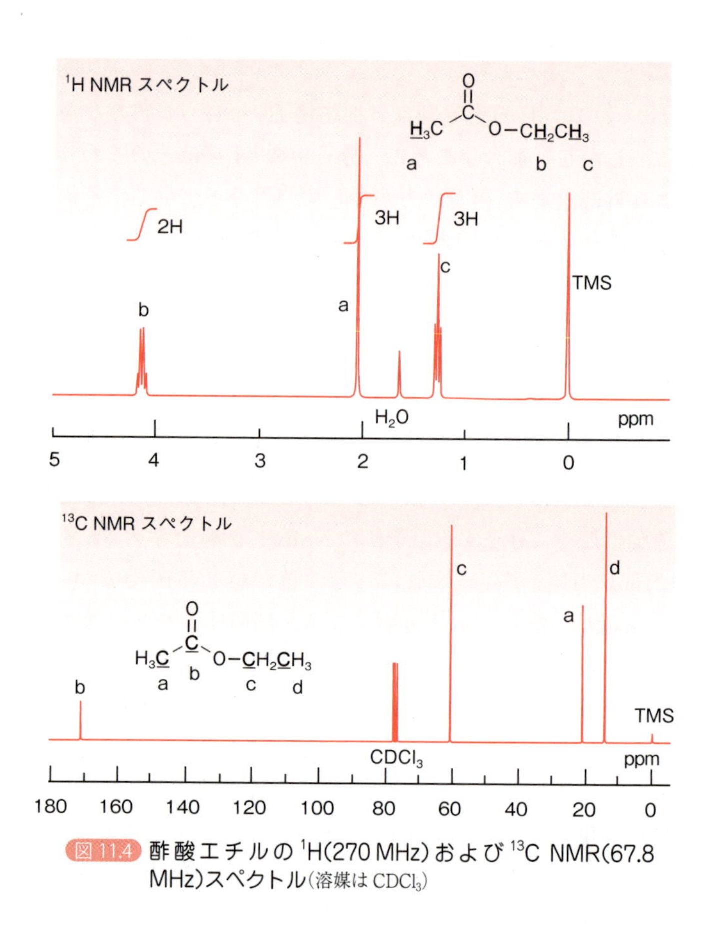

図 11.4 酢酸エチルの ¹H(270 MHz) および ¹³C NMR(67.8 MHz) スペクトル(溶媒は $CDCl_3$)

このように NMR スペクトルは有機化合物の構造解析に不可欠な三つの情報を含む. 第一に, **ppm**〔part(s) per million〕単位を横軸とするスペクトルにおけるそれぞれのピーク位置, つまり**化学シフト**(chemical shift)という情報である. 化学シフトは ¹H および ¹³C NMR スペクトルのどちらにおいても重要な情報である. 第二に, ¹H NMR スペクトルにおけるピークの分裂パターンである. **スピン-スピンカップリング**(spin-spin coupling)といわれる情報である. 図 11.4 の ¹H NMR スペクトルにおいてピーク b は4本に, ピーク c は3本に分裂している. この分裂パターンから個々のプロトンの位置関係がわかる. 第三の情報は ¹H NMR スペクトルにおける個々のピークについて相対強度を表す積分値である．この積分値から個々のピークに対応するプロトンの相対数を決定できる．^{13}C NMR スペクトルからは残念ながらピーク面積という情報は入手しにくい．NMR スペクトルから得られるこれらの三つの情報に基づき，プロトンや炭素の数ならびにそのつながりも踏まえて有機化合物の構造を解析できる．これとは対照的に，紫外可視吸収スペクトルや赤外吸収スペクトルは分子中の官能基についての情報しか与えない．NMR スペクトル測定法が構造解析法として汎用されている由縁である．以下，化学シフトとスピン–スピンカップリングについて説明していく．

なお，図 11.4 や 11.5 においてスペクトルの左側にあるほど，つまり ppm 値が大きいほど，低磁場にあると表現する．前述したように図 11.3 の電子の円運動の外側では外部磁場 B_0 より σB_0 だけ低い磁場で共鳴が起こる．この現象に対応するピークは高 ppm 値側へシフトする．この事実に基づいた慣用的表現が NMR スペクトルを議論するときに用いる低磁場ならびに高磁場という言葉である．たとえば，図 11.5 の ^{1}H NMR スペクトルにおいてピーク d はピーク c より低磁場にあるといい，ピーク b はピーク c より高磁

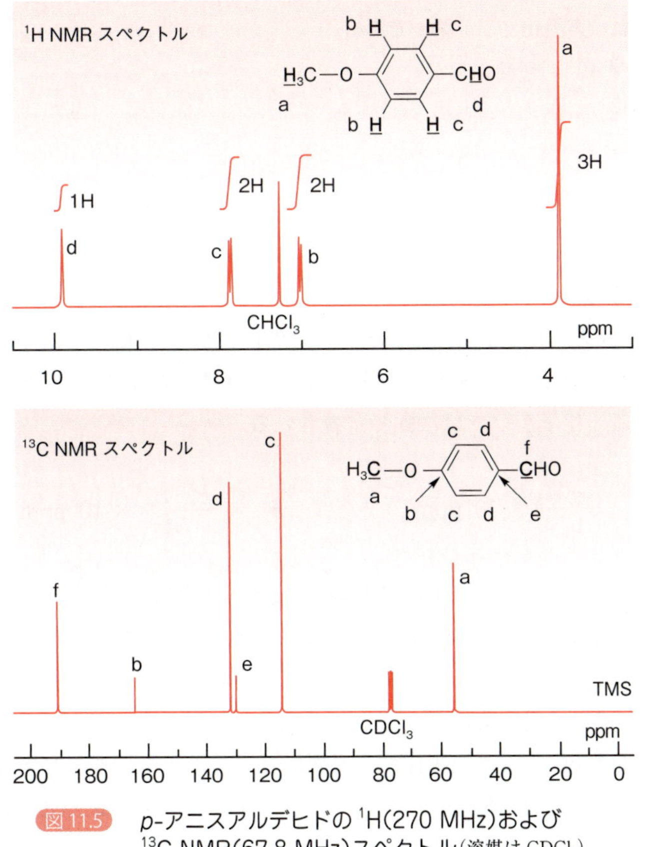

図 11.5 *p*-アニスアルデヒドの ^{1}H(270 MHz)および ^{13}C NMR(67.8 MHz)スペクトル(溶媒は $CDCl_3$)

COLUMN

痛いの嫌だ！

健康診断時に血液検査を受けたことがあると思う．静脈に針を刺して採血する．血管が細い人だと，何回も針を刺したり抜いたりして採血できる血管を探す．血管が太くて血液がたっぷりある人でも針を刺されるのは苦痛だ．採血される人はみんな「看護師さん，早く終わらせて！」と心のなかで叫んでいるはずである．採血検査より痛い臨床検査はいっぱいある．脳脊髄液の採取（神経疾患診断），細胞の採取（がん診断），羊水の採取（出生前診断）．これらは患者さんにとって痛いだけでなく危険も伴う．体を針などで傷つけない非侵襲（ひしんしゅうてき）的な方法があれば検査を受ける患者さんも楽である．X線検査は非侵襲検査である．しかし，それにより得られる情報は相対的に少ない．

近年，もっと情報量の多い非侵襲検査法として体を輪切りの状態で見ることができる画像診断（イメージング）法が次つぎに開発され，実用化されている．**磁気共鳴イメージング**(magnetic resonance imaging，MRI)，**X線コンピュータ断層撮影法**(X-ray computed tomography，X線CT)，**陽電子放射断層撮影法**(positron emission tomography，PET)などである（16章参照）．MRIはNMRスペクトル法を医療分野に応用したものである．したがって，X線CTやPETのように注意を要する放射線を使用する必要がない．MRIは一般に体内の水と脂肪について ^{1}H NMRを測定し画像化する方法で，がんの診断などに威力を発揮している．

最近，脳硬塞や痴呆症などの脳疾患の診断法としての展開が期待される**機能的**(functional) MRI (fMRI)も開発された．NMRを利用することによりさまざまな非侵襲臨床検査法が開発されたわけである．でも，痛くないからといって，やはりMRI検査も受けないに越したことはない．健康第一である．

場にあるという．NMRの原理の理解に役立つだけでなく実用的な言葉なので覚えてほしい．

（1）化学シフト

NMRスペクトル測定法では分子中のプロトンや ^{13}C核のNMRに由来するピークを化学シフト δ としてとらえる．前述したように，その単位はppmである．化学シフトは次式で定義される．

$$\delta = \frac{\nu - \nu_0}{\nu_0} \times 10^6 \text{ ppm} \quad \text{または} \quad \delta = \frac{B - B_0}{B_0} \times 10^6 \text{ ppm}$$

ν_0（または B_0）および ν（または B）はそれぞれ標準物質および測定対象原子核の共鳴振動数（または共鳴磁場の大きさ）である．共鳴を起こす振動数は外部磁場の大きさに比例するだけでなく，測定装置によって使用する外部磁場の大きさが異なる場合もある．しかし，化学シフトを使うことにより測定に用いる外部磁場の大きさを考慮する必要がなくなる．つまり，どのような装置を用いて測定したNMRスペクトルでも同様に取り扱える．化学シフトはNMRスペクトルにより得られる情報の国際的な表現方法である．^{1}H NMR

および ^{13}C NMR スペクトル測定法では $(CH_3)_4Si$（テトラメチルシラン，tetramethylsilane，TMS）の共鳴振動数を 0 ppm として分子中のプロトンや ^{13}C 核の NMR に由来するピークの化学シフトを表す．たとえば，図 11.4 のスペクトルでは，酢酸エチルの酸素原子に結合しているメチレンプロトンは 4.13 ppm に**四重線**（quartet）と，メチレン炭素は 60.38 ppm と表現できる．なお，このメチレンプロトンのように分裂しているピークではその中心を化学シフトとする．

ここで留意してほしいのが，300 MHz のラジオ波を用いて ^{1}H NMR を測定すれば，1 ppm ＝ 300 Hz に，500 MHz のラジオ波の場合は 1 ppm＝500 Hz に相当する点である．これは，高い共鳴振動数つまり強い外部磁場を用いると NMR シグナルの分離がよくなることを意味している．

（2）化学シフトに対する電子密度の影響

個々のプロトンや ^{13}C 核の NMR ピークの化学シフトが異なる原因についてもう少し詳しく見てみよう．周回運動している電子では，周回運動の内部にかかる外部磁場を軽減するように電子が円運動すると述べた．周回運動の代表は原子核自体がもつ電子の運動である．円運動する電子がつくる磁場の大きさは電子密度により決定される．電子密度が高い状態で電子が円運動する．円運動の内部では遮蔽効果が大きくなる．その電子が属する原子核の NMR ピークは高磁場にシフトする．逆に電子密度が低い原子核の NMR ピークは低磁場シフトする．図 11.6a に示す化合物のメチル基を構成するプロトンの一つ（3 個のプロトンはすべて同様に扱える）について考えよう．ケイ素，炭素，窒素，および酸素の電気陰性度は，ケイ素＜炭素＜窒素＜酸素の順に大きくなる．この電気陰性度の差はそれらの原子と炭素との結合に関与する電子にまず影響する．炭素—酸素結合では電子は酸素原子に引きつけられ，炭素—ケイ素結合では電子は炭素原子に偏っている．このような炭素原子上の電子密度の変化は炭素—水素結合にかかわる電子にも影響する．図 11.6a に示すような電子の流れが発生する．その結果，$O-CH_3$ のメチルプロトンの NMR ピークは $Si-CH_3$ のメチルプロトンに比べて大きく低磁場シフトする．図 11.4 や図 11.5 に示すように酢酸エチルのエステル基のメチレンプロトンや *p*-アニスアルデヒドのメトキシ基のメチルプロトンのピークが TMS のピークに比べて 4 ppm 程度低磁場に観察されるのは，酸素原子による効果である．一方，電子密度が高い $-Si-CH_3$ のメチルプロトンやメチル炭素のピークが著しく高磁場シフトする事実は ^{1}H や ^{13}C NMR スペクトル測定法において TMS の標準物質としての有効性を高めている．

炭素—水素結合における電子密度の偏りはその結合軌道の形態にも左右される．炭素は sp^3，sp^2 または sp 混成軌道により水素原子と結合する．これらの軌道の **s 性**（s character）は sp ＞ sp^2 ＞ sp^3 混成軌道の順であり，この

s 性

sp^3，sp^2，および sp 混成軌道において s 軌道の占める割合のこと．sp^3 混成軌道では 25%，sp^2 混成軌道では 33.3%，sp 混成軌道では 50% である．炭素—水素結合の場合，炭素の s 性が高い混成軌道を介して結合している水素原子ほど電子密度が低く，酸性度が大きい．

(a)

メチル基の ^{1}H および ^{13}C 核における電子密度

大 ← 小

$-Si-CH_2-H$　$-C-CH_2-H$　$-N-CH_2-H$　$-O-CH_2-H$

高磁場 → 低磁場

化学シフト δ (ppm)

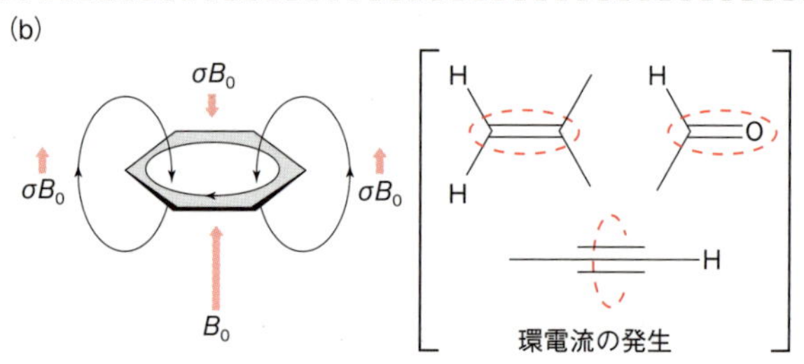

図 11.6 化学シフトに対する，電子密度 (a)と環電流の影響 (b)

順に炭素―水素結合を形成する電子は炭素原子に引きつけられている．つまり，sp 混成軌道で結合する水素原子の電子密度が最も低くなり，その NMR ピークは最も低磁場シフトするはずである．一方，sp^3 混成軌道で結合する水素原子の電子密度が最も高いため，そのピークはより高磁場にあると期待される．しかし，^{1}H NMR ピークは $sp^2 < sp < sp^3$ 混成軌道の順に高磁場シフトする．また，同様な現象は ^{13}C NMR ピークについても観察される．^{13}C 核に対する遮蔽効果は s 軌道電子に比べて p 軌道電子から受けるほうが弱い．つまり，p 軌道電子が多い炭素ほど，$sp^3 < sp^2 < sp$ 炭素の順で ^{13}C 核の NMR ピークは低磁場シフトするはずである．しかし，sp 炭素の NMR ピークはこの概念だけでは説明できない．TMS のピークを基準として，sp^2 炭素の ^{13}C NMR ピークは 120 ～ 220 ppm に，sp^3 炭素の NMR ピークは −20 ～ 100 ppm に観察されるが，sp 炭素はそれらの間つまり 70 ～ 110 ppm に NMR ピークを示す．このように ^{1}H や ^{13}C NMR スペクトルにおいて，電子密度の効果だけでは化学シフトの差を合理的に説明できない場合がある．それは，π 電子が発生する環電流に誘起される内部磁場の影響が大きいからである．

(3) 化学シフトに対する環電流の影響

遮蔽効果や脱遮蔽効果を誘起するのは原子核のまわりの電子だけではない．π 電子も周回運動をするため外部磁場に置かれると，原子核のまわりの電子と同じ効果を示す．典型的な例がベンゼン環や二重結合である．これらが示す遮蔽および脱遮蔽効果を図 11.6b に模式的に示す．これらの π 電子は

外部磁場 B_0 のなかに置かれると，その周回運動の内部の磁場を軽減するように円運動を始める，つまり環電流を発生する．この環電流による遮蔽および脱遮蔽効果は原子核のまわりの電子による効果より著しく強い．ベンゼン環や二重結合を構成する炭素に結合したプロトンは強い脱遮蔽効果を受けるため，その化学シフトは大きく低磁場シフトする．図 11.5 に示す *p*-アニスアルデヒドの芳香族プロトンが 7 および 8 ppm 付近に観察されるのはこの脱遮蔽効果による．また，*p*-アニスアルデヒドのアルデヒドプロトンの NMR ピークが 10 ppm と非常に低磁場に観察されるのは，C＝O 結合における環電流の効果に加えて，そのカルボニル基の電子求引性基としての効果によりアルデヒド水素原子の電子密度が低くなったためである．10 ppm 付近のピークはアルデヒドプロトンに非常に特徴的なものである．

一方，三重結合では炭素—炭素結合軸に対して垂直な平面内で環電流が発生する．その結果，三重結合を構成する ^{13}C 核やそれに結合したプロトンでは遮蔽効果を強く受けるため，sp 混成軌道の特質に基づき予想されるよりも，その化学シフトは高磁場シフトする．sp 炭素の NMR ピークが sp^2 炭素のそれより高磁場である理由である．また，^{1}H NMR スペクトルにおいても，sp 炭素と結合しているプロトンは 2 ppm 前後に観察される．オレフィンプロトンに比べて 4 ppm 以上も高磁場シフトしている．

図 11.7 に代表的な官能基を隣接してもつ ^{1}H および ^{13}C 核の化学シフトを示す．

（4）スピン-スピンカップリング

図 11.4 の ^{1}H NMR スペクトルをもう一度眺めよう．酢酸エチルのカルボニル基の隣のメチルプロトンに由来するピーク a は**一重線**(singlet)，エチル基のメチレンプロトンに由来するピーク b は**四重線**(quartet)，およびメチルプロトンに由来するピーク c は**三重線**(triplet)として観察される．ピーク b やピーク c の分裂はスピン-スピンカップリングの結果である．同じ炭素や隣の炭素に結合した磁気的に非等価なプロトンの核スピンによる影響である．磁気的に等価なプロトンとは ^{1}H NMR スペクトル上で同じ位置にピークを示すプロトン，つまりまわりの磁気的な環境がまったく同じで区別できないプロトンをいう．図 11.4 のピーク a に対応するメチル基の三つのプロトンは等価である．エチル基を構成する二つのメチレンプロトンおよび三つのメチルプロトンもそれぞれ等価である．その逆が磁気的に非等価である．たとえば，ピークの化学シフトが異なるエチル基のメチレンプロトンとメチルプロトンは非等価である．その結果，これらのプロトン間ではスピン-スピンカップリングが観察される．

分裂パターンはスピン-スピンカップリングするプロトンの数によって決定される．図 11.8 にその原理と分裂パターンの関係を簡単に示す．H_a プロ

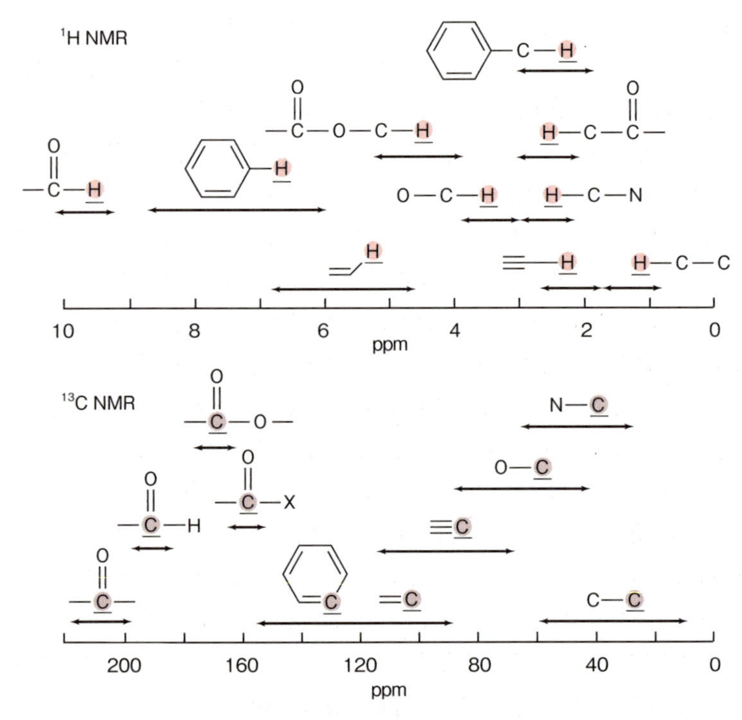

図 11.7 代表的な官能基を隣接基としてもつ ^{1}H および ^{13}C 核の化学シフト

トンの NMR ピークについて考える．同じ炭素および隣の炭素にプロトンが存在しない場合は H_a プロトンのピークは一重線である．隣の炭素に一つの H_b プロトンが存在すると，H_b プロトンの外部磁場中での二つの配向がそれぞれ H_a プロトンの NMR に影響を与える．H_b の磁気モーメントが外部磁場と同じ向きのとき，H_a プロトンのピークは低磁場シフトする．逆に，H_b の磁気モーメントが外部磁場と逆向きの場合，H_a プロトンのピークは高磁場シフトする．その結果，H_a プロトンのピークは**二重線**(doublet)として観察される．それぞれのピークの強度は H_b の二つの配向がほぼ同じ確率で存在するため 1：1 になる．

隣の炭素に H_b プロトンが二つまたは三つ存在する場合も同様に考えることができる．ただし，これらの H_b プロトンが等価であることに留意する必要がある．たとえば，H_b プロトンが二つの場合，一方が外部磁場と同じ向き，もう一方が逆向きという組合せは二つある．しかし，それらは H_a プロトンに対してまったく同じように影響する．その結果，H_a プロトンのピークは強度が 1：2：1 の三重線として観察される．一般に核スピン I の等価な n 個の原子核によるピークの分裂は $2nI + 1$ 個になる．プロトンの場合 $I = 1/2$ であるので，$2n \times (1/2) + 1 = n + 1$ 本に分裂する．また，分裂したピー

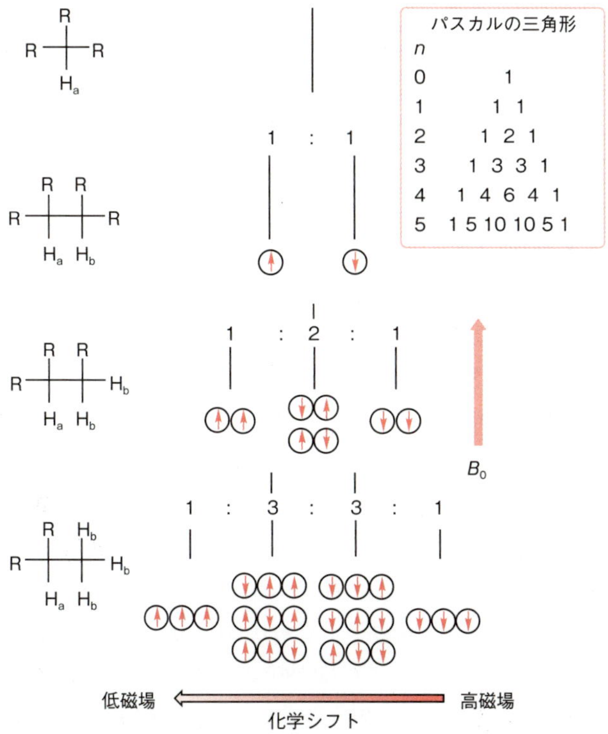

図11.8 スピン-スピンカップリングの原理とその分裂パターンとの関係

クの強度は$(x+y)^n$の展開式の係数項の比になる．この係数項は図中に示したパスカルの三角形から求められる．H_bプロトンが3個のとき，H_aプロトンのピークは四重線に分裂するが，その相対強度は$n=3$のときのパスカルの三角形の値1：3：3：1となる．H_bプロトンが4個のとき，つまり$n=4$の場合は1：4：6：4：1の強度比の五重線としてH_aプロトンのピークが観察される．

（5）スピン-スピンカップリング定数

スピン-スピンカップリングで重要なことは分裂パターンとともに**スピン-スピンカップリング定数**(spin–spin coupling constant)である．単にカップリング定数とよばれることもある．図11.8の三重線に分裂する場合を見てみよう．H_aプロトンはH_bプロトンのスピン状態(↑↑)，(↑↓)，および(↓↓)の影響を受けて三重線に分裂する．ここで二つあるH_bプロトンは等価であるため，それらのスピン状態(↓↑)と(↑↓)が等価である．このスピン状態を↑ = 1/2および↓ = −1/2として単純に比較すると，(↑↑) = 1，(↑↓) = 0および(↓↓) = −1となる．つまり，三重線は等間隔1で分離していることがわかる．この等間隔に分裂したピークの分裂幅(単位はHz)をカップリング定数といい，Jまたは$^nJ_{XY}$で表される．図11.4のピークbのカップリング定数は $^3J_{HH}$ = 7.3 Hz と記される．$^3J_{HH}$ は三つの結合(H—C—C—H)を介したプロトンとプロトンのカップリング定数を意味する．$^3J_{HH}$ を使う代わりに単に J と記す場合が多い．このピーク b はピーク c に相当するメチルプロトンとスピン-スピンカップリングしている．ピーク c も J = 7.3 Hz である．つまり，スピン-スピンカップリングしているプロトンどうしでは J 値が等しくなる．その結果，どのプロトンがどのプロトンの近傍にあるかを J 値から判断することができる．

一般に J 値には次のような傾向がある．H_a—C—H_b の場合のカップリング定数 $^2J_{HH}$ は 20 Hz 前後，H_a—C—C—H_b について観察されるカップリング定数 $^3J_{HH}$ は 0〜18 Hz 程度, H_a—C—C—C—H_b では $^4J_{HH} \approx 0$ である．したがって，構造解析において $^2J_{HH}$ と $^3J_{HH}$ が重要である．$^3J_{HH}$ 値の大きさは H_a—C—C—H_b において C—C 軸方向から見た C—H_a と C—H_b がつくる角度つまり二面角 θ に依存する．つまり，**カープラスの式**(Karplus equation)として知られる $J \propto k\cos^2\theta$ の関係が成立する．図 11.9 にその概念を示す．図では H_a—C—C—H_b をニューマン投影図を用いて表した．$\theta = 0°$ または 180° のとき $\cos^2\theta = 1$ であり, $\theta = 90°$ では $\cos^2\theta = 0$ である．したがって，$^3J_{HH}$ 値は $\theta = 0°$ または 180° のときに最大になり，$\theta = 90°$ で最小になる傾向にある．この現象は炭素骨格の**立体配座**(コンホメーション)が固定されている環状化合物の構造解析において非常に重要である．たとえば，シクロヘキサン環の配座の解析が J 値に基づき行える．H_a と H_b の間の J 値が 2〜3 Hz であれば，それらのプロトンはアキシアル-エクアトリアルまたはエクアトリアル-エクアトリアルの関係にあり，J = 8〜12 Hz のプロトンの相対位置はアキシアル-アキシアルである．このように J 値は有機化合物におけるプロトン間の二次元的な位置関係だけでなく，三次元的な位置関係を解析するために非常に役立つ．

カープラスの式
ビシナルプロトン(H—C—C—H)間におけるスピン-スピンカップリング定数と二面角の関係を表す式．$0° < \theta < 90°$ のとき，$J = 8.5\cos^2\theta - 0.28$，$90° < \theta < 180°$ のとき，$J = 9.5\cos^2\theta - 0.28$ である．これらの式から求めた J 値は実測した J 値とよく一致するため，重要な関係式である．

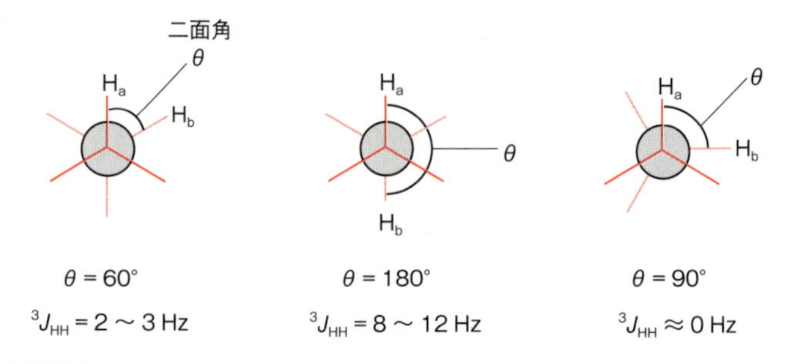

図 11.9 二面角とそのスピン-スピンカップリング定数に対する影響

11.5 測定法

これまでに使用されてきた代表的なNMRスペクトル測定法を簡単に説明する．外部磁場のなかに測定試料を置く．ある一定の振動数をもつラジオ波を照射する．外部磁場を徐々に増大させていく．外部磁場がある原子核のNMRを起こす大きさに達すると，ラジオ波の吸収が起こり，この過程をピークとして表現するスペクトルが得られる．たとえば，プロトンは1.41 Tの外部磁場で60 MHzのラジオ波を吸収してNMRを起こす．前項で述べたように遮蔽効果を受けているプロトンは1.41 Tより強い磁場(高磁場)で共鳴するが，脱遮蔽効果を受けているプロトンのNMRは1.41 Tより弱い磁場(低磁場)で起こる．その結果，磁場を変化させていくと，個々のプロトンがNMRを起こす磁場の大きさのところでシグナルが観察できるわけである．しかし，この方法ではNMRを表現するシグナルは増幅できない．増幅とは本来のシグナルをより強度の高いシグナルとして得ることである．NMRスペクトルも増幅することにより測定ができれば，絶対量が少ない試料の測定も行うことができる．この考えを実現する方法がパルスフーリエ変換(FT) NMR(FT-NMR)スペクトル測定法である．その原理は複雑であるため省略するが，この方法ではラジオ波をパルスとして短時間照射した後に観察される緩和過程(図11.2参照)を**自由誘導減衰**(free-induction decay, FID)**シグナル**としてとらえる．短時間にパルスを照射するだけで1測定が行えるので，測定回数を増やすことによりFIDシグナルを積算できる．そして，積算したFIDシグナルをフーリエ変換することによりNMRスペクトルが得られる．図11.10に酢酸エチルについてFT-NMRスペクトル測定法により得たFIDシグナルを示す．このFIDシグナルのフーリエ変換により図11.4の^{1}H NMRスペクトルが得られる．現在では，外部磁場としては**超伝導磁石**(superconductive magnet)がFT-NMRスペクトルの測定に用いられている．

NMRスペクトル測定法の試料は重水素化溶媒を用いて調製する．一般には重水素化クロロホルム($CDCl_3$)が用いられるが，この溶媒に溶けない化合物についてはアセトン(CD_3COCD_3)，ジメチルスルホキシド(CD_3SOCD_3)，アセトニトリル(CD_3CN)，メタノール(CD_3OD)などの重水素化溶媒を用いる．重水素化溶媒の使用により^{1}H NMRスペクトルにおいて溶媒に由来するピークの影響を最小限に抑えることができる．これらの重水素化溶媒に測定試料だけでなく，標準物質(溶媒に対して0.1 vol%程度)も溶かして測定する．前述したように，標準物質の添加はNMRピークの化学シフトを測定する基準値0 ppmの設定に不可欠である．その標準物質としては^{1}H NMRおよび^{13}C NMRスペクトル測定法ではTMSが，^{31}P NMRスペクトル法で

自由誘導減衰
図11.2の緩和過程がピークとしてではなく指数関数的に減衰するサイン曲線の和として観察されること(図11.10参照)．

超伝導磁石
液体He(−272℃)で冷却しながら超伝導物質からつくったコイルにいったん大電流を流すと，この温度を保ちさえすれば，このコイルは強力な電磁石として機能する．これが超伝導磁石である．NMR測定用の超伝導磁石の磁場を確保するためには，液体Heならびに液体Heを冷やす液体N_2(−196℃)を定期的に補充する必要がある．

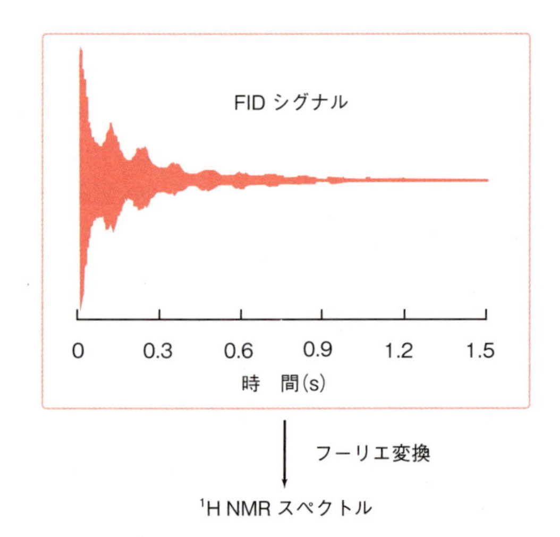

図 11.10 酢酸エチルの ^{1}H NMR(270 MHz)測定時に得られた FID シグナル

は H_3PO_4 が，そして ^{19}F NMR スペクトル測定法では CF_3CO_2H や C_6F_6 などが一般に用いられる．調製した測定試料溶液を直径 5 mm，高さ 180 mm 程度のガラス製 NMR 測定用チューブに入れて測定する．^{1}H NMR スペクトルを得るには数 mg の試料で十分であるが，^{13}C の天然存在比が低いため ^{13}C NMR スペクトルには数十 mg の試料が必要である．磁場が強い NMR 測定装置では試料の必要量はもっと少なくなる．また，試料が少ない場合は，積算回数を増やすことで感度よくスペクトルが得られる．これが FT-NMR スペクトル測定法の利点である．

Advanced　DEPT スペクトル法と COSY スペクトル法

パルス FT-NMR スペクトル測定法は感度が高いだけでなく，現在では化合物の構造解析に役立つ新たな情報を得る手段となっている．その代表が **DEPT**(distortionless enhancement by polarization transfer)スペクトル法と **COSY**(correlation spectroscopy)スペクトル法である．^{13}C NMR スペクトルには化学シフトという情報しか含まれていない．それぞれのピークがどのような炭素(CH_3，CH_2，CH，C)に由来するのかわかれば，構造解析がさらに容易になる．この情報を得るために現在汎用されているのが DEPT スペクトル法である．

一方，COSY スペクトル法は**二次元**(two-dimensional)**NMR**(2D-NMR)の一種である．図 11.4 や図 11.5 に示した単純な化合物の ^{1}H や ^{13}C NMR スペクトルは化学シフトや J 値に基づきピークを帰属(個々のピークの由来となる水素原子や炭素原子を特定)できる．しかし，複雑な化合物ではピークの帰属が困難な場合が多い．この問題点を克服するために開発されたのが

COSY スペクトル法である．同じ化合物の ^{1}H NMR スペクトルと ^{1}H NMR スペクトルまたは ^{13}C NMR スペクトルを横軸（化学シフトを表す軸）が直角になるように置いた状況をイメージしてほしい．ピークは外を向いている．横軸に挟まれた四角いスペースがある．このスペースに ^{1}H-^{1}H COSY スペクトルではスピン-スピンカップリングするピークどうしのクロスピークが得られ，^{1}H-^{13}C COSY スペクトルでは結合している水素と炭素原子のピークに対してクロスピークが観察される．これらのスペクトルにより水素原子と水素原子または炭素原子の相関がより明確になる．

章末問題

1． a．核磁気共鳴（NMR）スペクトル測定法の対象となる核種としておもにプロトンを用いるのは，その原子量が最も小さいためと考えられるか．

b．NMR スペクトル測定法はどのような現象を利用したものか説明せよ．

2． 外部磁場 B_0 = 11.74 T のとき，プロトンは 500 MHz のラジオ波を吸収して核磁気共鳴を起こすが，同じ外部磁場を用いたときの ^{13}C 核および ^{19}F 核の共鳴振動数を求めよ．

3． 300 MHz のラジオ波を用いる NMR 測定装置で ^{1}H NMR スペクトルを測定したところ，あるメチルプロトンは 1:2:1 の強度比で 0.926, 0.952, および 0.978 ppm にピークを示した．この結果から，このプロトンの J 値を求めよ．

4． $C\underline{H}_3C\underline{H}_2F$，$C\underline{H}_3C\underline{H}_2Cl$，$C\underline{H}_3C\underline{H}_2Br$，$C\underline{H}_3C\underline{H}_2I$ の ^{1}H NMR スペクトルを測定したとき，それぞれのメチレンプロトンまたはメチルプロトン（下線のプロトン）のピークは，これら 4 種の化合物間でどのような順で低磁場シフトするか理由とともに記せ．

5． 次の化学シフトのみで表される ^{1}H NMR スペクトルデータのどちらが 4-クロロニトロベンゼンに由来するものであるか理由とともに記せ．

a．8.20, 8.07, 7.46, 7.46 ppm
（面積比は 1：1：1：1）

b．8.13, 7.53 ppm（面積比は 1：1）

6． 次の ^{13}C NMR スペクトルデータのどちらがフェニルエチルケトン（$C_6H_5COCH_2CH_3$）に由来するものであるか理由とともに記せ．

a．138.8, 128.3（2 C），128.6（2 C），125.8, 77.3, 32.8, 7.4 ppm

b．197.6, 137.4, 132.9, 128.6（2 C），128.4（2 C），31.9, 8.1 ppm

7． $CH_3CH_2OCH_2CH_3$ および $(CH_3CH_2)_3N$ について予想される ^{1}H NMR スペクトルをスピン-スピンカップリングと積分値を考慮して記せ．ただし，J 値は 7 Hz 程度と考えてよい．

8． ベンズアルデヒド（C_6H_5CHO）とアセトフェノン（$C_6H_5COCH_3$）の混合物がある．この混合物について ^{1}H NMR スペクトルを測定することにより，その混合比を決定したい．得られたスペクトルをどのように解析すれば，ベンズアルデヒドとアセトフェノンの混合比を決定できるか記せ．

9． ^{1}H NMR スペクトルにおいて 2 種類のメチルプロトンがそれぞれ 1.00 ppm に J = 7.0 Hz の三重線および 0.98 ppm に J = 8.0 Hz の三重線として観察された．300 MHz または 500 MHz のラジオ波を用いて NMR を測定したとき，これらのピークはどのように観察されるか模式図で記せ．

12 質量分析法

❖ 本章の目標 ❖

- 質量分析法の原理および応用例を学ぶ.
- マススペクトルより得られる情報を学ぶ.
- ピークの種類(基準ピーク，分子イオンピーク，同位体ピーク，フラグメントピーク)について学ぶ.

12.1 質量分析法の概要

SBO 質量分析法の原理および応用例を説明できる.
SBO マススペクトルより得られる情報を概説できる.
SBO 測定化合物に適したイオン化法を選択できる.(技能)
SBO ピークの種類(基準ピーク，分子イオンピーク，同位体ピーク，フラグメントピーク)を説明できる.
SBO 代表的な化合物のマススペクトルを解析できる.(技能)

質量分析法(mass spectrometry，MS)は，分子または原子を適当な方法で正イオンまたは負イオンとした後，電場と磁場で加速してイオンの相対質量(m)をイオンの電荷数(z)で割って得らる無次元量の m/z 値に応じて分離し，各イオンの強度を測定することにより，分子量，分子式，化学構造などの情報を得る分析法であり，物質を同定するための必要不可欠な手段の一つとなっている．質量分析法は，**ガスクロマトグラフィー**(gas chromatography，GC)や**液体クロマトグラフィー**(liquid chromatography，LC)などの分離分析法の検出法として，医薬品やその代謝物，食品や環境中の有害物質などの定性・定量分析に広く利用されている．また最近は，構造情報が豊富で高感度かつ精密測定が可能なことから，低分子化合物だけでなく，DNA やタンパク質などの生体高分子の構造解析，**プロテオミクス**(proteomics)，**メタボロミクス**(metabolomics)(p.261 のコラム参照)などにも盛んに利用されている．

12.2 質量分析法の原理

原子や分子を気体状のイオンにして電磁場に通すと，イオンは質量と電荷

プロテオミクス
タンパク質の構造や機能を網羅的に解析し，病気の発症メカニズムなどを解明すること．病気を起こす異常タンパク質のはたらきを突き止めることで，新薬開発につながる．

* 縦軸にイオンの相対強度，横軸に m/z をとった棒グラフ．

数に応じて運動性が変化する．すなわち，質量の小さい分子や電荷数の大きいイオンはすばやく動き，質量の大きい分子や電荷数の小さい分子はゆっくり動く．また，これらのイオンにエネルギーを与えて**断片化**(**フラグメンテーション**，fragmentation)し，生じた**フラグメントイオン**(fragment ion)も同時に測定される．電荷を帯びた各イオンは，m/z 値に応じて分離され，検出器に到達したイオンは，その量に応じて電気的に増幅され，コンピュータでデータ処理されて**マススペクトル**(質量スペクトル)*が得られる．したがって，質量分析法では電荷をもっていない中性分子は測定できない．

12.3 質量分析装置

二次電子増倍管
二次電子放出を利用して，微弱な電流を増幅する管．

質量分析計(mass spectrometer)は，図 12.1 に示すように，試料導入部，イオン化部，質量分離部，イオン検出部およびデータ処理部から構成され，全体がコンピュータで制御されている．試料のイオン化法には，真空中あるいは大気圧下で行う方法があり，電子イオン化，化学イオン化，高速原子衝撃イオン化，マトリックス支援レーザー脱離イオン化，エレクトロスプレーイオン化，大気圧化学イオン化法などがある．質量分離部(分析管)には，磁場セクター型，四重極型，飛行時間型，およびイオントラップ型などがある．検出部(イオンコレクター)に到達したイオンは二次電子増倍管を通して増幅され，電気信号に変換された後，コンピュータに取り込まれ，マススペクト

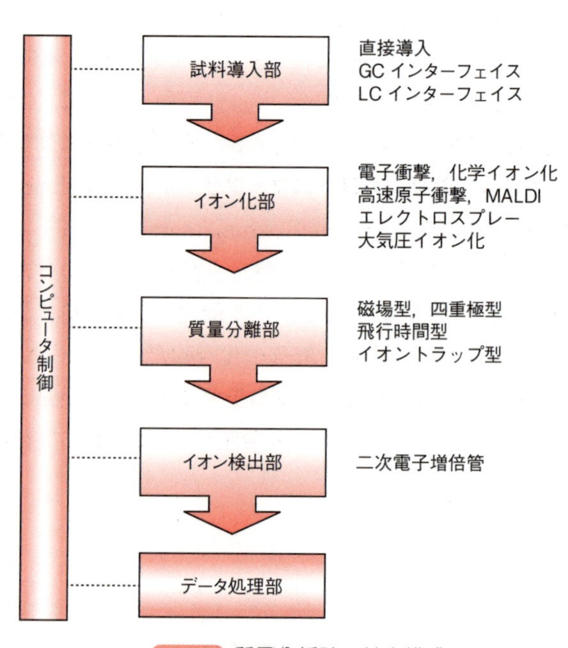

図 12.1 質量分析計の基本構成

ルとして出力される.

12.3.1 試料導入部

気体, 液体, 固体試料のいずれにも適用できるが, **ガスクロマトグラフィー－質量分析法**(gas chromatography-mass spectrometry, **GC/MS**)では気体または気化できる試料, **液体クロマトグラフィー－質量分析法**(liquid chromatography-mass spectrometry, **LC/MS**)では液体試料または溶液にできる試料が用いられ, それぞれマイクロシリンジあるいはオートサンプラーによって装置へ注入する.

12.3.2 イオン化部

イオン化部は, 試料を**イオン源**(ion source)でイオン化し, 生成したイオンを電界により加速し, さらに静電フォーカスレンズで収束させて質量分離部に送りだす部分である. いま, イオン源にあるイオン(質量 m, 電子1個の電荷量 q, 電荷数 z)が加速電圧 V で加速され, 速度 v を得たとすると, このイオンの運動エネルギーは次の式(12.1)で表される.

$$\frac{mv^2}{2} = zqV \tag{12.1}$$

イオン化は質量分析法において最も重要なステップであり, 極性の有無, 分子量の大小に応じてさまざまな方法が考案されている. イオン化法としては以下の, 気化を伴うもの〔(1), (2)〕, 脱離によるもの〔(3), (4)〕, 噴霧を利用するもの〔(5), (6)〕が知られており, 目的に応じて使い分けられる.

(1) 電子衝撃イオン化(EI)法

電子衝撃イオン化(electron impact ionization, EI)**法**は, 真空中で10～70 eVのエネルギーをもつ熱電子を試料分子Mに衝突させてイオン化する方法である. 通常, 分子から1個の電子が放出されて正電荷をもつカチオンラジカル(分子イオン)となるが, 負に帯電したアニオンラジカルも生成する. 分子イオンは分子量を知るための情報を与える.

$$M + e^- \longrightarrow M^{+\cdot} + 2e^-$$
$$M + e^- \longrightarrow M^{-\cdot}$$

分子イオンは, 受け取った過剰のエネルギーにより分子内の結合を開裂させ分解していく. この過程をフラグメンテーションといい, 生じたイオンをフラグメントイオンという. 分子イオンは, 弱い結合から切れていく. EIで生成されるイオンは大部分が一価(z = 1)であるが, さらに電子を失って二価(z = 2)または三価(z = 3)のピーク強度がきわめて弱い**多価イオン**

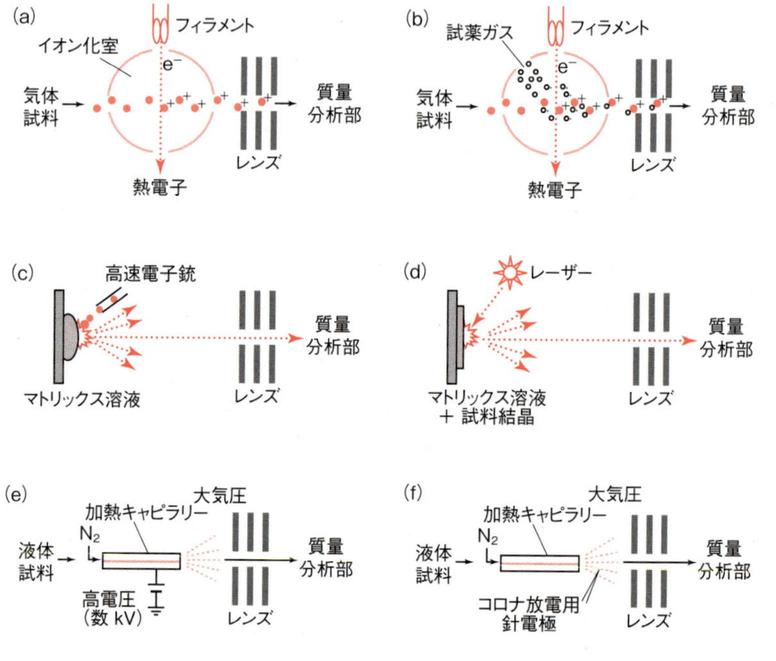

図 12.2 各種イオン化法の基本原理
(a) 電子衝撃イオン化法，(b) 化学イオン化法，(c) 高速電子衝撃イオン化法，(d) マトリックス支援レーザー脱離イオン化法，(e) エレクトロスプレーイオン化法，(f) 大気圧化学イオン化法.

(multiply-charged ion) ピークが現れることがある．EI 法は，気化しうる試料の一般的なイオン化法であり，有機化合物の構造解析に広く利用されている．

(2) 化学イオン化(CI)法

EI 法で分子が分解しやすい場合，直接熱電子を衝突させず，まずイオン化室にメタン，イソブタン，アンモニアなどの試薬ガスを満たして，そこに 0.2 ～ 1 Torr (1 Torr = 1 mmHg) の圧力で熱電子を衝突させて反応イオンを生成させる．この方法を**化学イオン化** (chemical ionization，CI) **法**という．メタンから CH_5^+ または $C_2H_5^+$，イソブタンから $(CH_3)_3C^+$，アンモニアから NH_4^+ などの反応イオンが生成する．試料分子はこの反応イオンとイオン-分子反応を起こし，プロトン化分子 $[M + H]^+$ や脱プロトン分子 $[M - H]^-$ またはイオン付加分子 $[M + NH_4]^+$ などの**擬分子イオン** (quasi-molecular ion) を与え，正，負両イオンの測定が可能である．CI 法によって生成した分子イオン種の内部エネルギーは EI 法に比べて小さく，開裂はほとんど起こらないので，EI 法で分子イオンピークがでにくい物質に適用される．

マトリックス
試料のイオン化(気相への脱離)を促進するために試料と混合する物質．FAB では粘性液体，MALDI では結晶として用いる．

(3) 高速原子衝撃イオン化(FAB)法

高速原子衝撃イオン化 (fast atom bombardment ionization, FAB) **法**とは，試料をグリセロール，チオグリセロール，トリエタノールアミンなどのマトリックスとともに金属板に塗り，これを高エネルギーの不活性ガスイオン(Xe^+，Ar^+など)を中性ガスに衝突させて得られた高速の中性原子(Xe，Arなど)ビームで衝撃することにより，試料分子をイオン化する方法である．フラグメントイオンも生成するが，プロトン化分子$[M + H]^+$，脱プロトン化分子$[M - H]^-$，イオン付加分子$[M + Na]^+$などが分子関連イオンとして検出される．FABでは試料の気化を必要としないので，分子量が10,000以下のペプチドのような極性分子，不揮発性分子，熱分解性化合物などに適用される．

(4) マトリックス支援レーザー脱離イオン化(MALDI)法

マトリックス支援レーザー脱離イオン化(matrix assisted laser desorption ionization，MALDI)**法**とは，試料を2,5-ジヒドロキシ安息香酸や2-アミノ安息香酸などのマトリックスと混合溶解して，ターゲット上で乾燥固化し，その結晶表面に窒素やアルゴンなどのレーザー光をパルス状に照射してイオン化する方法である．試料分子がエネルギーの大きなレーザー光に直接さらされず，マトリックスにいったん吸収されてイオン化するので，比較的不安定な化合物にも適用できる．プロトン移動反応による$[M + H]^+$および$[M - H]^-$，マトリックス効果などによる$[M + Na]^+$など，FABと類似した分子イオンを生成する．分子量10,000程度の糖類や100,000程度のタンパク質などの高分子化合物の分子量関連イオンが生成するため，飛行時間型質量分析計〔12.3.3項(3)〕と組み合わせて，タンパク質や核酸などの解析に広く利用されている．

(5) エレクトロスプレーイオン化(ESI)法

エレクトロスプレーイオン化(electrospray ionization，ESI)**法**とは，大気圧下，高電圧をかけ，キャピラリーの先端から溶出液を噴霧させることによりイオン化する方法である．まず，噴霧された溶出液が帯電した霧状の液滴となり，これに加熱した窒素ガスが吹きつけられることにより溶媒が気化して小液滴となる．さらに溶媒の気化が進むと小液滴の表面にイオンが集まり，ある臨界点に達するとイオンどうしの反発で小液滴から試料分子がイオン化されて放出され，質量分離部に導かれる．ESI法は大気圧でも可能な最もソフトなイオン化法の一つであり，正イオンおよび負イオンモードのいずれにも適用でき，それぞれ$[M + H]^+$および$[M - H]^-$が観測される．また，分子がイオン化される際に複数のプロトンが付加または脱離して，$[M + nH]^{n+}$や$[M - nH]^{n-}$などの多価イオンを生じやすいので，電荷数に応じて複数のm/zをもつ多価イオンピークが観測される．これらの多価イオンは一価の質量の$1/n$の値として観測される．たとえば，質量数10,000で電荷が20の場合，$m/z = 10000/20 = 500$にイオンピークが検出される．したがって，質量分析計のもっている質量範囲が狭くても高分子量物質の測定が可能であ

ソフトイオン化
温和な条件でイオン化を行うため，フラグメンテーションを起こしにくく，分子イオンが観測される．

り，四重極型質量分析計(後述)に接続して，分子量100,000以上の高分子化合物の分子量測定などにも活用できる．また，LC/MSのイオン化法としてプロテオミクスにも応用されている．

(6) 大気圧化学イオン化(APCI)法

大気圧化学イオン化(atmospheric pressure chemical ionization，APCI)**法**は，大気圧下，コロナ放電によってイオン化する方法で，CIの一種である．まず，試料溶液を窒素ガスとともに300～400℃に加熱されたキャピラリーの先端から噴霧する．コロナ放電によって溶媒分子やイオンの衝突および電荷の移動が起こりプラズマが生成する．これがCIの試薬ガスに相当する．試料分子はイオン化された溶媒とイオン-分子反応を起こし，$[M + H]^+$または$[M - H]^-$の分子イオンを生成する．試料導入プローブの先端に高電圧をかけることはないので，試料の噴霧気化とイオン化は独立して起こる．試料溶液は加熱噴霧を要するため，熱分解性化合物には適用できないが，LC/MS用のイオン化法として低～中極性化合物に適用されている．

12.3.3 質量分離部

質量分離部は，イオンを電場や磁場のなかでm/zに従って分離する部分である．表12.1に示すように，(1)磁場セクター型，(2)四重極型，(3)飛行時間型，および(4)イオントラップ型があり，目的に応じて使い分けられる．

COLUMN ポストゲノムに必要不可欠な武器

「ゲノム革命」に続いて登場した新しい流行語は，タンパク質を網羅的に解析する「プロテオミクス」である．2003年にいったん完了宣言がだされたヒトゲノム解読の結果，病気や体質に関連するさまざまな遺伝情報が明らかにされたが，一方ではたらきのわからない遺伝子も多く見つかった．もし，はたらきのわからない遺伝子からつくられたタンパク質のほうからその性質や役割を突き止められれば，逆に遺伝子の情報を明らかにできるかもしれない．

2002年度のノーベル化学賞は，タンパク質の同定と構造解析法を開発した三人の科学者に授与された．スイス連邦工科大学のK. Wuethrich(ビュートリッヒ)教授は，核磁気共鳴(NMR)分光法を使ってタンパク質のような生体高分子の三次元構造を決定する方法を開発した．また，アメリカのコモンウェルス大学のJ. Fenn(フェン)教授と島津製作所の田中耕一氏は，質量分析におけるソフトイオン化法であるエレクトロスプレーイオン化(ESI)法およびマトリックス支援レーザー脱離イオン化(MALDI)法をそれぞれ開発し，タンパク質などの生体高分子の構造の同定・解析を可能にした．これらの分析方法は，これまで解析できなかったような超微量のタンパク質の構造や機能の解析に威力を発揮し，ポストゲノムに必要不可欠な武器として，新しい薬の開発や病気の診断，予防に役立てられることが期待されている．

表 12.1 質量分析計のおもな質量分離法と対応イオン化法

分離部	特　徴	対応イオン化
(1) 磁場セクター型 magnetic sector	高分解能(5,000 ～ 100,000)で精密質量が測定可能．磁石を用いるため装置が大型で高価．スキャンスピード遅い．	EI，CI，FAB
(2) 四重極型 quadrupole(Q)	低分解能であるが，取扱いが容易．装置は小型で安価．m/z = 4000 まで測定可能．	EI，CI，FAB，ESI
(3) 飛行時間型 time-of-flight (TOF)	中分解能(～ 20,000)で高感度．広い分子量範囲(1 ～ 1,000,000)．生体高分子などの測定に利用可能．	MALDI，ESI
(4) イオントラップ型 ion trap(IT)	比較的安価で，四重極型より感度が優れ，高分解能であるが，定量性に欠ける．MS^n が可能で，構造解析に利用される．	EI，CI，FAB，ESI

(1) 磁場セクター型分離部(magnetic sector)

磁場セクター型には，磁場セクターのみを用いる単収束型と電場セクターおよび磁場セクターを組み合わせた二重収束型があるが，後者のほうが高い分解能が得られ，イオンの精密質量の測定によく用いられる．図 12.3 に**二重収束型質量分析計**(double-focus mass spectrometer)の概念図を示す．イオンの質量 m，電荷数 z のイオンが速度 v で加速されて磁場 B を通過するとき，イオンは磁場の影響を受け半径 r の円軌道を示す．このとき，磁場によりイオンに与えられる力(磁力)Bzv とイオンの遠心力 mv^2/r は釣り合っているので，次の式が成り立つ．

$$Bzv = \frac{mv^2}{r} \tag{12.2}$$

$$r = \frac{mv^2}{Bzv} = \frac{mv}{Bz} \tag{12.3}$$

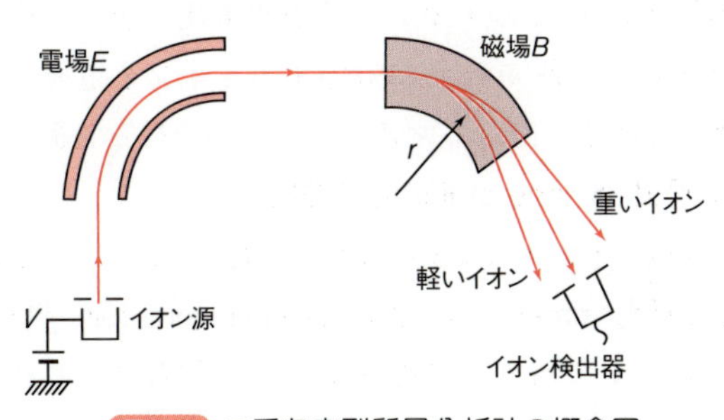

図 12.3 二重収束型質量分析計の概念図

また，イオンを加速電圧 V で飛行させると，イオンのポテンシャルエネルギー zV はその運動エネルギーに等しいので，次の式が成り立つ．

$$zV = \frac{mv^2}{2} \tag{12.4}$$

式(12.2)〜式(12.4)より，m/z は式(12.5)で与えられる．

$$\frac{m}{z} = \frac{B^2r^2}{2V} \tag{12.5}$$

m/z は磁場の強さ B，イオン軌道の半径 r および加速電圧 V に依存する．加速したイオンは，同じ電荷をもつ場合(多くの場合 $z = 1$)，磁場中で低質量のイオンは高質量のイオンに比べて大きく曲げられる．すなわち，さまざまなイオンが質量数に応じた半径の円軌道に沿って移動するので，加速電圧と軌道半径(曲率半径)を固定し，磁場強度を変化(走査，scanning)させると，異なった質量のイオンが順次イオンコレクターに到達し，検出することができる．

二重収束質量分析計では，10^4 オーダーの**分解能**(resolution)が得られる．ここで分解能とは，スペクトル上で隣接した二つの m/z 値をもつイオン(M と $M + \Delta M$)のピークが分離しているとき(両ピークの高さがほぼ等しく，重なった部分の高さがピーク高さの約10%以下)，$M/\Delta M$ で定義される．たとえば，分解能が 10^4 である場合には，m/z 値の1000.0と1000.1のピークが明瞭に区別できることを意味する．

(2) 四重極型分離部(quadrupole，Q)

四重極型質量分析計(quadrupole mass spectrometer，QMS)は電極の間を特定の質量のイオンを通過させることで分離する装置である．4本の電極を平行に束ねたように配置し，対向する電極に正負の直流電圧(V_{dc})と高周波交流電圧(V_{ac})を重ねてかけると，イオンは周期的に変化する電場によって振動しながら進んでいく(図12.4)．このとき，V_{dc}/V_{ac} を一定にして V_{ac} を連続的に変化させるか，その周波数を連続的に変化させると，その条件に適した安定振動領域の m/z のイオンだけが四重極分離部を通過して検出器に入るようになるので，各 m/z 値に対応するイオンを電極間隙の中心線に沿って通過させ，これを検出してマススペクトルを得る装置である．

(3) 飛行時間型分離部(time of flight，TOF)

一定の電圧で加速されたイオンの飛行速度は，m/z の平方根に比例する．**飛行時間型質量分析計**(time-of-flight mass spectrometer，TOF-MS)では，イオンをパルス電圧Vで瞬間的に加速すると，電場のない真空空間の一定距離を m/z の小さいものほど短時間で飛行するので，その飛行時間の差(10^{-7}

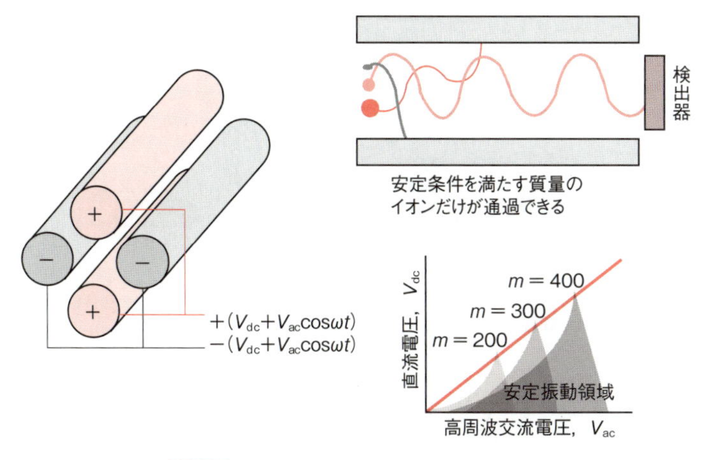

図 12.4 四重極型質量分析計の概念図

秒以下)を記録してマススペクトルを得る(図 12.5). 分離分析装置で分離後, 本装置で精密質量を求めることもできる. また, MALDI 法との組合せで, 広い質量範囲を数マイクロ秒で測定できるため, タンパク質解析など生化学分野で広く利用されている.

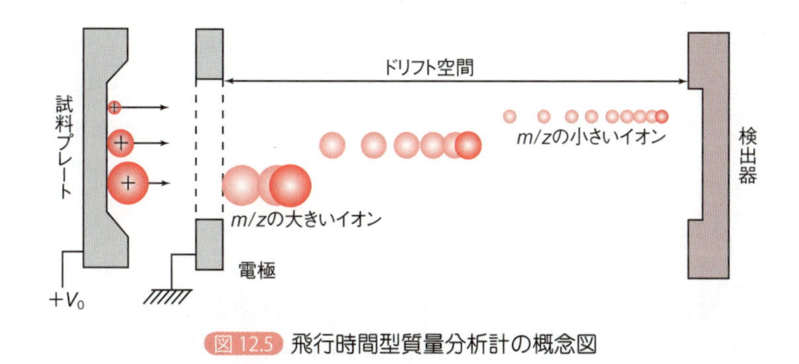

図 12.5 飛行時間型質量分析計の概念図

(4) イオントラップ型分離部(ion trap, IT)

イオントラップ型質量分析計(ion trap mass spectrometer, ITMS)は, 電場や磁場内の空間にイオンを閉じ込めて分離する装置である. 四重極型分離部と同様の断面をもつポールイオントラップ, イオンが紡錘状電極の周囲を回転しながらトラップされるキングドントラップ, 超電導磁場を利用するペニングイオントラップがある. ポールイオントラップ(図 12.6)は, ドーナツ型のリング電極とこれをふさぐような形の一対のエンドキャップ電極からなり, 電極に高周波交流電圧のみを与えると, ある m/z 値より大きいイオンをすべてイオントラップ中に閉じ込めることができ, 電圧を上げていくと m/z 値の小さい順にイオンがエンドキャップ電極で検出され, マススペ

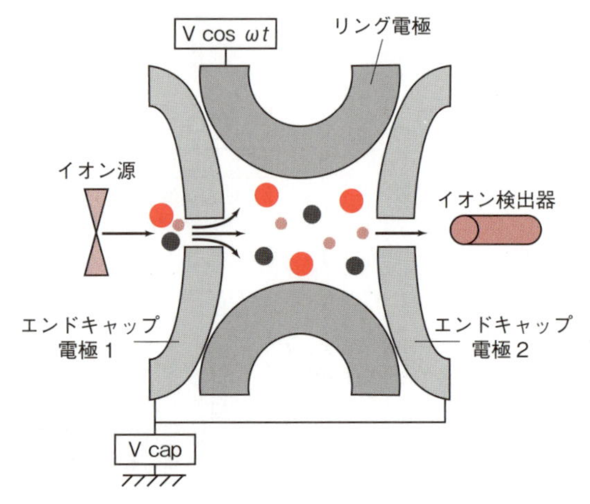

図 12.6 ポールイオントラップ型質量分析計の概念図

クトルが得られる．トラップ内の適当な質量のイオンを選択したり除去したりできるので選択性が高く，多段階質量分析（MS^n）が可能で，構造解析などの定性分析に汎用される．

12.3.4 イオン検出部・データ処理部

イオンの検出には，二次電子増倍管，チャンネル電子増倍管，マイクロチャンネルプレート，ファラデーカップなどが用いられ，イオン量を電気信号に変えてコンピュータに取り込み，データ処理を施してマススペクトルを得る．

12.4 マススペクトルとイオンピークの種類

質量分析法の結果をマススペクトルといい，m/z 値の最大のところに分子量に関連する**分子イオンピーク**（molecular ion peak）が現れ，これより m/z 値が小さいところに分子イオンが開裂して生じた**フラグメントピーク**（fragment peak）が現れる（図 12.7）．スペクトルのなかで最も強度が大きいピークを**基準ピーク**（base peak）といい，この強度を 100 としてそのほかのピークはこれに対する**相対強度**（relative intensity）で示す．

12.4.1 分子イオンピーク

EI により試料分子から電子 1 個が切り離されて生じた正の電荷をもつイオンで，このイオンは電子が 1 個失われただけなので質量は変わらず，試料の分子量と等しい質量数をもつ．一般に，分子イオンピークが強く現れる化合物は，芳香族化合物＞共役オレフィン＞脂環式化合物＞スルフィド＞直鎖炭化水素＞ケトン＞エステル＞エーテル＞カルボン酸＞アミン＞分枝炭化水

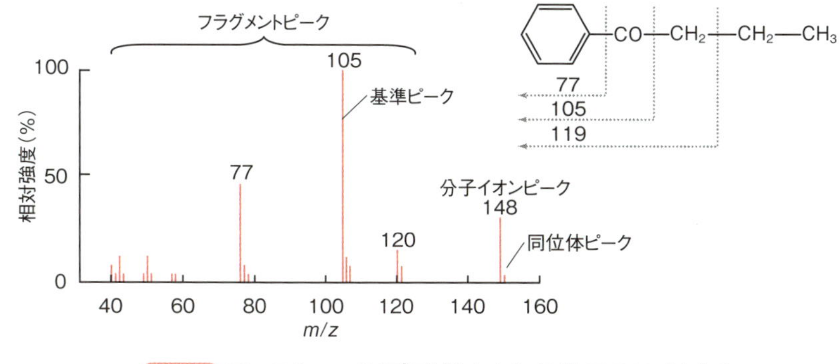

図 12.7 フェニル *n*-イソプロピルケトンの EI マススペクトル

素＞アルコールの順である．分子イオンが不安定な場合は，フラグメンテーションが起こり，分子イオンが認められない場合があるので，イオン化電圧を下げるか，安定な誘導体へ変換する．

12.4.2 フラグメントイオンピーク

分子イオンは，過剰のエネルギーにより分解され，フラグメントイオンピークを生じる．イオン化電圧が高いほどフラグメントイオンが生成しやすくなるが，一般にアルキル置換炭素原子の結合が弱い部分で切れやすく，アルキル置換基が多いほど切れやすい．イオンの開裂様式は，生成物の安定性，結合エネルギー，環状遷移状態の立体構造などによって左右され，**イオン開裂**(**ヘテロリシス**，heterolytic cleavage)や**ラジカル開裂**(**ホモリシス**，homolytic cleavage)などの単純開裂と転位を伴う開裂がある．

(1) 単純開裂

① ラジカル開裂：2 個の電子が 1 個ずつ反対方向に移動して起こる開裂

$$\mathrm{A{-}B \longrightarrow A\cdot\ +\ \cdot B}$$

② イオン開裂：2 個の電子が 2 個とも同じ方向に移動して起こる開裂

$$\mathrm{A{-}B \longrightarrow A\!:^{-} + B^{+}} \qquad \mathrm{A{-}B \longrightarrow A^{+} + \,:\!B^{-}}$$

(2) 転位を伴う開裂

ヘテロ原子をもつ分子中では，フラグメンテーション過程で原子の分子内転位が観察され，とくに水素原子の転位反応が多く見られ，単純開裂と同様，ラジカル開裂とイオン開裂がある．ラジカル開裂は四員環や六員環などの環状の安定遷移状態を経て起こることが多く，次のように六員環遷移状態を経る転位反応で，カルボニル基への水素原子の転位を伴う開裂を**マクラファティ転位**(McLafferty rearrangement)という．この転位が起こるためにはカルボニル基に対して γ 位に引き抜かれやすい水素原子が存在することが必要である．

$$RHC(\gamma)H\cdots\dot{O}^{+}=C(R)-CH_2(\alpha)-CH_2(\beta) \longrightarrow RCH{=}CH_2 + H_2\dot{C}-C(R){=}O^{+}H$$

12.4.3 同位体ピーク

ほとんどの元素は同位体を含んでおり，元素の組成は同じでも，異なる m/z 値をもつ**同位体ピーク**(isotope peak)を伴って現れる．同位体ピークの相対強度は，表12.2に示す天然同位体存在比によって決まる．たとえば，C, H, N, O の元素からなる $C_wH_xN_yO_z$(w, x, y, z は各元素数)では，同位体 $[M+1]^+$ の分子イオン $[M]^+$ に対する相対強度(%)は，$1.1w + 0.015x + 0.36y + 0.04z$ で近似的に計算できる．

同位体存在比の大きい臭素や塩素，硫黄原子を含む分子で顕著に観測され，分子中における原子の種類および数がわかる．たとえば，塩素($^{35}Cl : ^{37}Cl = 3 : 1$)や臭素($^{79}Br : ^{81}Br = 1 : 1$)を含む分子では，その原子の数が増えると質量が2ずつ増えた数本のピーク(M，M + 2，M + 4……)が現れる．その強度比は$(a + b)^n$で与えられる．ここで，a は低質量側の強度，b は高質量側の強度，n は分子中の原子数であり，$n = 2$ の場合，$(a + b)^n = a^2 + 2ab + b^2$ となる．

X—Brでは，M : M + 2 = 1 : 1
X—Br_2では，M : M + 2 : M + 4 = 1 : 2 : 1
X—Clでは，M : M + 2 = 3 : 1
X—Cl_2では，M : M + 2 : M + 4 = 9 : 6 : 1

表12.2 主要元素の天然同位体存在比と原子質量

同位体 A	存在比 (%)	原子質量	同位体 A + 1	存在比 (%)	原子質量	同位体 A + 2	存在比 (%)	原子質量
^{1}H	99.985	1.007825	^{2}H	0.015	2.014102			
^{12}C	98.9	12.000000	^{13}C	1.1	13.003354			
^{14}N	99.64	14.003074	^{15}N	0.36	15.000108			
^{16}O	99.76	15.994815	^{17}O	0.04	16.999133	^{18}O	0.2	17.999160
^{28}Si	92.2	27.976927	^{29}Si	4.7	28.976491	^{30}Si	3.1	29.973761
^{31}P	100	30.973763						
^{32}S	95.04	31.972074	^{33}S	0.76	32.971461	^{34}S	4.2	33.967865
^{19}F	100	18.998405						
^{35}Cl	75.8	34.968855				^{37}Cl	24.2	36.965896
^{79}Br	50.5	78.918348				^{81}Br	49.5	80.916344
^{127}I	100	126.904352						

これらの強度比は分子イオンだけでなく，塩素や臭素を含むフラグメントイオンにも観察されるので，フラグメントイオンの解析にも有効である．

12.4.4 その他のピーク

CI，FAB，MALDI，ESI，APCI などのイオン化法で，プロトンの付加，試薬ガスの付加，水素の引き抜きなどによって生じるイオンを擬分子イオンという．擬分子イオンは M^+ とは異なり安定なイオンで，開裂が起こりにくく，相対強度が大きいため，フラグメントピークの少ない単純なスペクトルを与える．

イオン化されたイオンが質量分離部に入る前に開裂して生じるイオンを**準安定イオン**(metastable ion, m*)といい，整数でない質量数に出現することが多い．$m_1^+ \rightarrow m_2^+ + m_3$ の開裂が起こったとき，m_2^+ はスペクトル上では近似式 $m^* = m_2^2/m_1$ の質量数に現れるので，開裂様式を調べるのに役立つ．

12.5 質量分析法の応用

12.5.1 構造解析への応用

(1) マススペクトルの読み方

マススペクトルが得られたら，次の点に留意して解読する．

① 分子イオンピークに着目する：小さな同位体ピークが付随するが，m/z の最も大きいものが分子量を示す．EI 法で得られるマススペクトルでは分子イオンが出現しない場合もあるので，イオン化電圧を下げて測定し直すか，安定な誘導体へ変換して測定し直す．

② フラグメントピークに着目する：分子イオンピークの m/z 値から各フラグメントピークの m/z 値を順次差し引き，その差から開裂様式を推定する．その際，分子イオンとの質量差が 3 ～ 14，21 ～ 25 のフラグメントイオンは観測されない．

③ 同位体ピークに着目する：Cl や Br を含んでいる場合は特徴的な強度比をもつピークが出現する．

④ 窒素ルールに着目する：EI スペクトルでは「分子中に窒素原子を含まないか偶数個含む化合物の分子量はつねに偶数であり，窒素原子を奇数個含む化合物の分子量はつねに奇数である」という窒素ルールがあり，分子イオンピークの整数質量によって分子中の窒素原子の個数を絞り込むことができる．

(2) 精密質量と分子式の決定

二重収束型質量分析計および飛行時間型質量分析計を用いると，イオンの質量を約 0.0001 質量単位で決定できる．たとえば，CO，N_2，CH_2N，C_2H_4

はいずれも分子量28で区別できないが，高分解能マススペクトルではCO(27.9949)，N_2(28.0062)，CH_2N(28.0187)，C_2H_4(28.0313)の4化合物とも相互に十分区別することが可能である．このように，化合物の精密質量がわかれば元素組成が判明し，分子イオンが得られれば化合物の分子量と分子式が推定できる．

12.5.2 分離分析法への応用

クロマトグラフィーや電気泳動法は優れた分離分析法であり，豊富な構造情報を与える質量分析計を検出手段として結合した**ハイフネーテッドテクニック**(hyphenated technique)が有効活用されている．GC/MSが最も早くから利用されているが，最近ではLC/MS，LC/MS/MS，キャピラリー電気泳動(CE)/MS，超臨界流体クロマトグラフィー(SFC)/MSなども利用されている．

(1) ガスクロマトグラフィー－質量分析法(GC/MS)

ガスクロマトグラフィー－質量分析法(gas chromatography-mass spectrometry，GC/MS)とは，気化した試料をGCによって分離した後，質量分析計に導入して定性・定量分析を行う方法である．キャピラリーカラム(内径0.25～0.32 mm)を用いるGCでは，キャリヤーガス(通常はヘリウム)の流量が小さいため，直接イオン源に導入する直結法が利用できるが，充塡カラム(内径2～3 mm)の場合は，GCと質量分析計との接合部としてセパレーターを用い，減圧下で低分子のキャリヤーガスだけを揮散排気しなければならない．イオン化にはEIまたはCIが使われるのが一般的である．GC/MSの測定法は，存在するイオンのすべてを連続的に検出する**全イオンモニタリング**(total ion monitoring，TIM)と特定のm/z値だけに限定して選択的かつ高感度に検出する**選択イオンモニタリング**(selected ion monitoring，SIM)があり，定性・定量分析に利用されている．GC/MSにより得られる情報には，マススペクトルのほか，TIMで得られる**全イオン電流クロマトグラム**(total ion current chromatogram，TICC)，一定の間隔で走査してマススペクトルを測定し，コンピュータに記憶させた後に特定のm/z値のイオン強度を取りだして横軸を時間としてクロマトグラムを得る**抽出イオンクロマトグラム**(extracted ion chromatogram，EIC)，SIMで得られる**選択イオンモニタリング(SIM)クロマトグラム**がある(図12.8)．SIMは走査しないで特定のm/z値だけを検出するため，EICより10～100の感度が得られ，生体，食品，および環境試料のような複雑なマトリックス試料に含まれる微量成分の分析に有効である．

(2) 液体クロマトグラフィー－質量分析法(LC/MS)

LCによって分離した試料を質量分析計に導入して定性，定量分析を行う

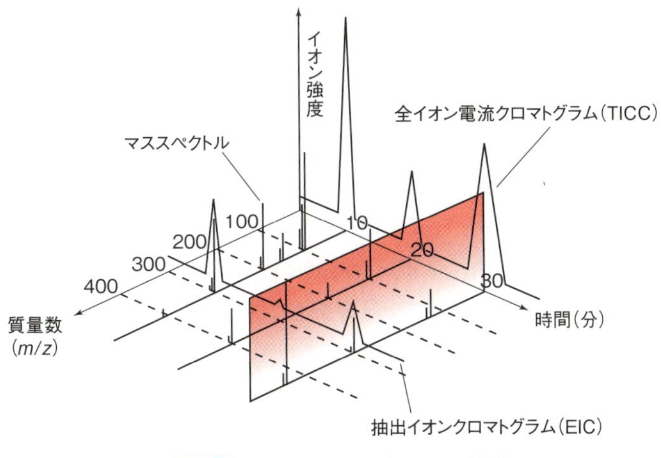

図12.8 GC−MSから得られる情報

方法を**液体クロマトグラフィー−質量分析法**(liquid chromatography-mass spectrometry, LC/MS)といい，難揮発性，熱分解性化合物に適用される．移動相として液体を用いるので，質量分析計と直結するために効率のよいインターフェースが必要である．現在，イオン化法としてはESIとAPCIがよく用いられている．LC/ESI-MSでは，カラム溶出液を高電圧に印加したキャピラリーの先端から噴霧することによりイオン化し，液滴を構成する溶媒が窒素ガスによって揮散するにつれて試料分子がイオン化し，質量分析計に導入されるしくみになっている．イオン化は有機溶媒あるいは有機溶媒と水との混液中で行えるが，LCの移動相としてリン酸塩などの不揮発性無機塩類を使用した場合には，イオン化室に塩類がたまり，イオン化がうまく行えなくなる弊害がある．その場合，揮発性塩類(たとえば，酢酸アンモニウム，ギ酸アンモニウム，トリエチルアミン塩酸塩など)を使用すればよい．LC/ESI-MSは，試料分子が溶液中で電離しやすいイオン性の物質に有効で，多くの医薬品や糖，天然物，ペプチドやタンパク質など高分子の極性物質の構造解析にも応用されている．LC/APCI-MSは，溶媒の種類にあまり影響を受けず，ESI法で生成する多価イオンもほとんど検出されず，抗生物質，糖，ビタミン，農薬など，分子量1,000以下の低極性または中極性物質に適用されている．

(3) タンデム質量分析法(MS/MS)

タンデム質量分析法(tandem mass spectrometry, MS/MS)は，m/z 値により選択されたプリカーサーイオンを加速してアルゴンやヘリウムのような希ガス(中性ガス)と衝突させ，**衝突誘起解離**(collision-induced dissociation, CID)後に生じるプロダクトイオンを解析する方法である．タンデム質量分析法では，選択したプリカーサーイオンより生じるプロダクトイオンを検出するプロダクトイオン分析や，解離により特定のプロダクトイオンを生じるプリカーサーイオンを走査するプリカーサーイオンスキャンにより，試料の定性情報や特異的検出に利用される．また，特定のプリカーサーイオンを解離させて生じる特定のプロダクトイオンを検出する選択反応モニタリング(selected reaction monitoring, SRM)では，複雑なマトリックス中の微量成分を特異的かつ定量的に分析できる．タンデム質量分析計には，三連四重極型，四重極飛行時間型，飛行時間飛行時間型，イオントラップ型などがあり，ペプチドのアミノ酸配列や複雑な構造をもつ未知の天然物の構造解析などに威力を発揮している．最近は，MS^n も普及し，化合物の構造決定を容易に行えるようになっている．

章末問題

1． 質量分析法に関する記述のうち，正しいものを二つ選べ．

a. 高真空下で加速されたイオンが電場または磁場中を通過するとき，質量電荷比(m/z)が小さいほどイオンの軌道は大きく曲げられる．

b. 本法は気体と液体試料に適用でき，固体試料には適用できない．

c. フラグメントイオンは，ラジカル開裂およびイオン開裂によって生成する．

d. 試料分子を電子イオン化するために電磁波が使用される．

e. m/z 1000.0 と 1000.1 のピークは，分解能 10,000 で明瞭に区別できる．

2． 質量分析法に関する記述のうち，正しいものを二つ選べ．

a. 化学イオン化法は，生体高分子を非破壊でイオン化する方法である．

b. 高速原子衝撃法は，熱に不安定な物質には適用できない．

c. 選択イオンモニタリングは，GC/MS，LC/MS における定量分析法である．

d. *p*-ジブロモベンゼンの EI-MS における M：M＋2：M＋4 のピーク強度比は約 1：2：1 である．

e. スペクトル上に同位体に由来しない m/z 124 と m/z 114 のピークがある場合，m/z 114 は m/z 124 の開裂によるフラグメントピークである．

3． 分子式が $C_4H_6N_2O$ と C_7H_{16} で示される化合物のうち，M と M＋1 のピーク強度比はどちらが大きいか．

4． 高分解能質量分析計で得られたマススペクトル上で，m/z 150.0790 を示すピークがある．このピークの分子式として最も確からしいものは a～e のうちのどれか．また，d と e を区別するには，およそどれくらいの分解能が必要か．

a．$C_7H_6N_2O_2$　b．$C_8H_{10}N_2O$　c．$C_8H_{12}N_3$
d．$C_9H_{14}N_2$　e．$C_{10}H_{16}N$

13 X 線分析法

❖ 本章の目標 ❖

- 結晶における回折現象および格子面の概念を学ぶ.
- タンパク質の構造や光学活性有機化合物の絶対構造の決定に利用されている X 線結晶解析法を学ぶ.
- 医薬品の結晶多形や溶媒和結晶の分析に活用されている粉末 X 線回折測定法を学ぶ.

赤外吸収スペクトル測定法, 核磁気共鳴スペクトル測定法, および質量分析法は, 有機化合物の構造解析に重要であるが, 物質の部分構造や二次元構造に関する情報しか与えない. しかし, 生命現象にかかわるタンパク質はさまざまな三次元構造をとり, 固体として投与される医薬品の結晶形は重要な物性の一つである. また, 光学活性医薬品の創薬研究では, それらの絶対配置の決定が不可欠である. タンパク質や医薬品の「個性としての立体構造」は, γ 線に次いで高いエネルギーをもつ X 線を用いて入手できる. 本章では, 回折過程に基づく X 線結晶解析法と粉末 X 線回折測定法について学ぶ.

13.1 X 線の回折

SBO 結晶構造と回折現象について説明できる.

電磁波には**散乱**(scattering)という現象がある. これは電子が電磁波から得た運動エネルギーを同じ波長の光として放出する現象である(異なる波長の光を放出する場合もあるが, いまは考えない). 図 13.1 は原子が規則的に並んだ結晶における散乱と**回折**(diffraction)の関係を模式的に示している. 結晶表面に対して角度 θ の一定波長の X 線つまり特性 X 線が照射されると, この入射 X 線のエネルギーを得て, 原子を構成する電子の**強制振動**(forced vibration)が起こる. いわば励起状態である. この状態からもとの状態(基底状態と考えてよい)に戻る際, エネルギーが X 線として放出され, 入射 X 線の電場に対して垂直な平面内のさまざまな方向に散乱 X 線が観察される.

散　乱
物質に電磁波が当たると物質中の電子の運動速度が変化する．その結果，電磁波が放出される．この現象を散乱という．散乱は $1/\lambda^4$ に比例して起こる．つまり，短い波長の電磁波のほうが散乱されやすい．夕陽が赤いのも散乱現象による．回折現象は入射光と散乱光の波長が同じである散乱（弾性散乱）においてのみ観察される．

干　渉
波動（波）のもつ二つの特徴の一つ．もう一つの特徴である回折の起原でもある．二つの電磁波の振幅変化（電場ベクトルの変化）つまり位相が時間的かつ空間的に一致すれば強め合う．一方，位相がずれれば弱め合う．これらを干渉という．位相だけなく波長も一致して強め合う干渉をした電磁波の代表がレーザー光である．

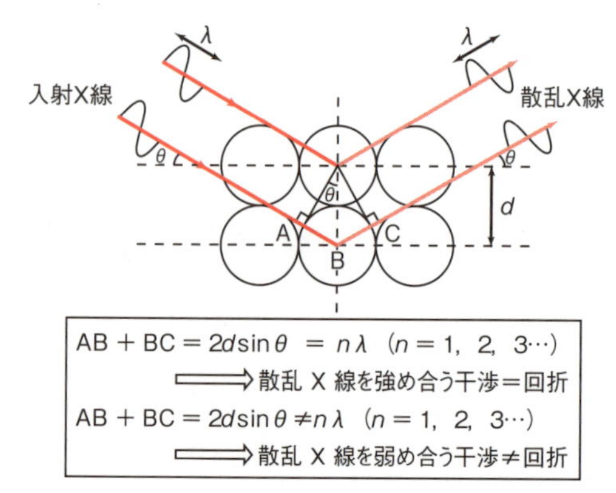

図 13.1 結晶における X 線の散乱とブラッグの法則に基づいた回折

いま，それらの散乱 X 線のなかで入射 X 線に対して反射光としてとらえることができる散乱 X 線について考える．これらは結晶の水平軸に対して角度 θ の方向に平行な散乱 X 線である．表面の原子とそのすぐ下の原子で散乱した X 線には光路差 AB + BC がある．原子の間隔を d とすると AB + BC = $2d\sin\theta$ と表すことができる．ここで，この光路差に $2d\sin\theta = n\lambda$（n は整数）の関係が成立すれば，平行な散乱 X 線は位相がそろっているため強め合って，つまり建設的に**干渉**（interference）する．その結果，この方向では強度の大きい（明るい）散乱 X 線が観察される．これが **X 線回折**（X-ray diffraction）であり，回折が観察される条件 $2d\sin\theta = n\lambda$ を**ブラッグの法則**（Bragg's law）という．なお，$2d\sin\theta \neq n\lambda$ のとき散乱光の位相がずれるため，それらは弱め合って干渉する．そのため回折現象は観察されない．

13.2 X 線結晶解析

SBO X 線結晶解析の原理および応用例を概説できる．

波長が一定の特性 X 線を用いて **X 線結晶解析**（X-ray crystal analysis）が行える．図 13.1 中に破線で示した回折面は結晶中のある格子面を表している．結晶は分子や分子を構成する原子やイオンからなる三次元的な模様，つまり**格子**（lattice）の周期的な集まりとして表現できる．この格子も，いわゆる縦と横に細い木や竹を組んだ格子としてイメージしてほしい．ただし，細い木や竹の交点が分子，原子，またはイオンに相当する．ある格子を構成する面つまり格子面が周期的に重なり合ったものとして結晶構造をとらえることができる．格子面は結晶構造の見方によって多種多様に存在する．図 13.2a には，ある結晶における異なる二つの格子面の取り方を示す．格子面 A と B では原子やイオンの間隔が異なるだけでなく，格子面どうしの距離（図 13.1 中の d に相当する）も異なる．**X 線回折模様**（X-ray diffraction pattern）は回折を起こす格子面の模様，つまり距離情報を反映した格子状の点模様（図

13.3b 参照）として観察される．その結果，格子面 A について得られる X 線回折模様は格子面 B について得られる X 線回折模様とは異なる．結晶を構成するさまざまな格子面について得られる X 線回折模様を解析することにより，結晶の三次元構造が決定できる．これが X 線構造解析である．

格子面は**ミラー指数**（Miller index，$h\ k\ l$）で表される．図 13.2b および c にミラー指数の表現法を格子面 A および B を例として示す．8 個の原子またはイオンからなる三次元構造を**単位胞**（unit cell）という．単位胞の x，y，および z 軸方向の辺の長さをすべて 1 とする（実際は異なることに注意）．図のように，二つの格子面を，一つの格子面が原点を通るように $x\ y\ z$ 軸上に配置する．ただし，原点を通る格子面は図には示していない．このように配置したとき，図に示した格子面が x，y，および z 軸と交差する点と原点との距離を a，b，および c とする．ミラー指数は $(h\ k\ l) = (1/a)\ (1/b)\ (1/c)$ となる．たとえば，格子面 A の場合，$a = \infty$，$b = 1$，$c = \infty$ であるから，この面のミラー指数は（0 1 0）となる．同様に $a = 1$，$b = 1$，$c = 1$ である格子面 B は（1 1 1）というミラー指数で表現される．ミラー指数は結晶面の表現法として重要である．

COLUMN　不純物が決め手になった！——和歌山毒入カレー事件

和歌山毒入カレー事件を覚えているだろうか．この事件の裁判では，被告人の所有していたヒ素化合物がカレー鍋に残っていた毒物と同一であるか否か，が大きな争点になった．被告人が所有していたヒ素化合物もカレー鍋に残っていた毒物も亜ヒ酸であった．どちらも亜ヒ酸である．どう見ても誰がなんといおうとも亜ヒ酸である．だから，被告人が間違いなく犯人だ．しかし，そんな簡単な話ではない．別の人間が亜ヒ酸を入手し，それをカレー鍋に入れた可能性も否定できない．どうすればよいのか．化学品はその製造に使用する原材料や方法によって混入してくる不純物が微妙に違ってくる．いいかえると，同じ不純物を含む化学品は同じ原材料を使って同じ場所で同じ時期につくられたといえる．

この考えに基づき問題の亜ヒ酸に含まれる不純物の分析が蛍光 X 線分析法により行われた．加えて，入手可能なさまざまな亜ヒ酸も分析された．極微量な不純物を分析するためには強力な X 線が必要であった．亜ヒ酸の蛍光 X 線分析は兵庫県佐用郡三日月町にある大型放射光施設「スプリング（SPring）8」と茨城県つくば市の「フォトン・ファクトリー」で行われた．被告人の所有していた亜ヒ酸とカレー鍋に残っていた亜ヒ酸のどちらにもモリブデン，アンチモン，スズ，およびビスマスが不純物として含まれ，それらの含有比率が一致するという結果が得られた．しかし別に入手した亜ヒ酸から得た結果とは異なった．これらの分析結果により問題の二つの亜ヒ酸は同一であることが示された．この科学的物証が和歌山毒入カレー事件の裁判における事実認定に大きく貢献したことはいうまでもない．分析科学という舞台でも，主役だけでなく脇役の演技をしっかり見る必要があるということであろう．

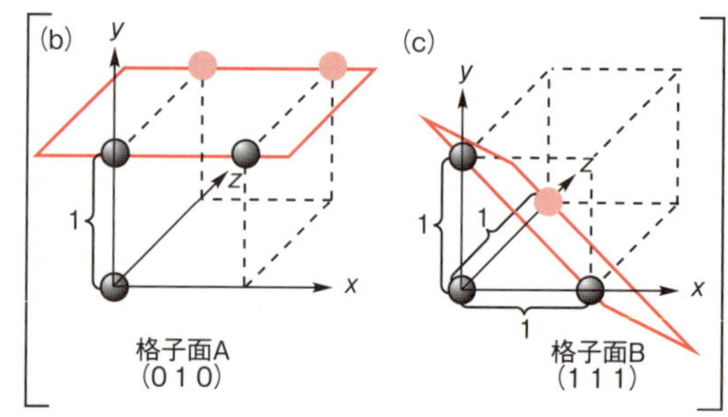

図13.2 格子面のとらえ方(a)とミラー指数の表示法(b，c)

単結晶
結晶軸の方向が同一の結晶単位つまり同一の単位胞からなる結晶．X線結晶解析を行うためにはまず単結晶を作製する必要がある．

図13.3aに測定原理の概略を示す．コリメーターから試料に特性X線を照射する．試料としては**単結晶**(single crystal)が用いられる．単結晶により回折されるX線をCCD(charge coupled device)カメラで測定し，回折格子模様を得る．高分子化合物の場合，結晶を1～2°の範囲でゆっくり回転させながら1枚の回折格子模様を測定する．最終的には180°の範囲で回転させながら測定するため，90～180枚の回折格子模様が撮影される．低分子化合物の場合，結晶を5～10°の範囲でゆっくり回転させながら1枚の回折格子模様を測定する．180°の範囲で測定すると，18～36枚の回折格子模様が撮影されることになる．得られたすべての回折格子模様を積分し，フーリエ変換することによりすべての原子周辺の電子密度が得られる．この結果および位相計算結果に基づき分子モデル構築を行い，結晶中の原子やイオンの相対的な位置関係を示す三次元マップが得られる．タンパク質の三次元構造解析や光学活性有機化合物の**絶対構造**(absolute structure)の決定に重要な分析法である．ところで，コリメーターにはストッパーが装着されている．入射X線がそのまま直進し，CCDカメラに当たることを防ぐためである．図13.3bは実際に測定した回折格子模様を示している．上部中央から中心まで縦に白くなっているところがストッパーの陰である．

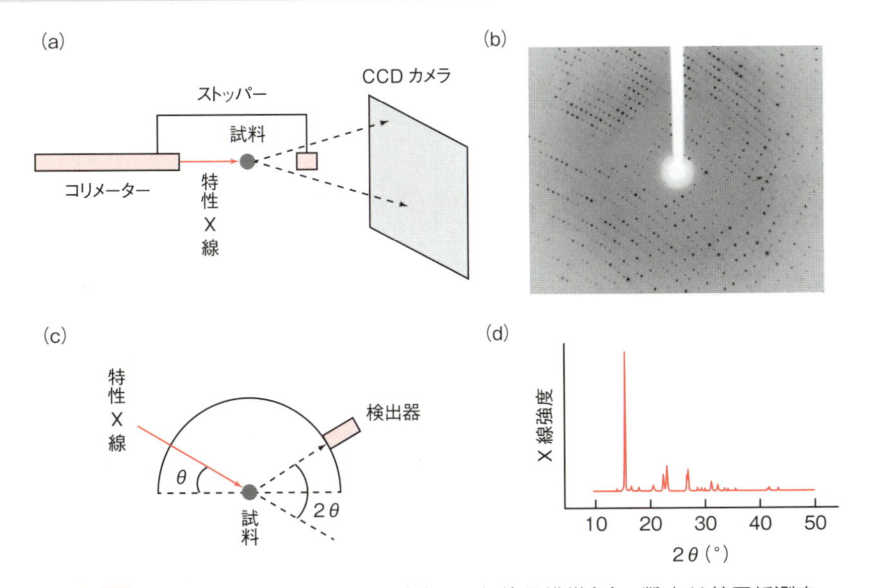

図 13.3 X 線結晶構造解析法の原理(a)，回折格子模様(b)，粉末 X 線回折測定法の原理(c)，およびアセトアミノフェン原末の回折パターン(d)
(b)兵庫医療大学薬学部 塚本効司博士提供，(d)兵庫医療大学薬学部 中野博明博士提供.

13.3 粉末 X 線回折測定法

粉末試料または多結晶試料に特性 X 線を照射すると散乱が観察される．散乱 X 線は入射光である特性 X 線と同一の波長をもつため，ブラッグの法則が満たされれば回折が起こる．その回折を計測するのが**粉末 X 線回折測定法**(powder X-ray diffraction method)である．測定原理の概要を図 13.3c に示す．粉末試料の表面に対して角度 θ で特性 X 線を照射する．粉末中に存在する微細な結晶構造に応じて散乱が起こる．その散乱光を入射光と 2θ をなす方向から観察する．回折が起こる角度に相当する位置にある検出計においてのみ X 線が観察される．試料(台)の回転と検出計の円周上における移動を同調して行い，さまざまな θ における回折現象を観察する．その結果，図 13.3d のような回折パターンが得られる．結晶形(原子間距離や配向)が異なると違った回折パターンが得られる．したがって，回折パターンは試料中に存在する物質に固有の結晶構造を反映する指紋として利用できる．標準品の回折パターン，つまりピークの 2θ 値，ピーク面積，ピーク高さなどと比較することにより，分析したい試料の同定が行える．医薬品の開発や製剤の設計において**結晶多形**(crystal polymorphism)や**溶媒和結晶**(solvate crystal)は考慮すべき重要な問題である．結晶多形や溶媒和結晶の分析には粉末 X 線回折測定法が有効である．粉末 X 線回折測定法は**結晶化度**(degree of crystallinity)の測定にも利用される．なお，低温・低湿または高温・多湿

SBO 粉末 X 線回折測定法の原理と利用法について概説できる．

結晶多形
同じ分子の結晶であっても，その分子の配列の仕方が異なる結晶をいう．それぞれの結晶多形は溶解度，バイオアベイラビリティー(生物学的利用能)，熱力学安定性などが異なるため，固体医薬品として最適な結晶多形を見つけることが重要な研究課題になっている．

溶媒和結晶
結晶化に用いた溶媒の分子を結晶格子中に含む結晶．水和結晶の医薬品は水和の程度に依存して水に対する溶解度が異なるため，結晶格子内の水の含量は医薬品の重要な物性の一つである．

結晶化度
ある物質の固体状態における結晶性部分の総質量に対する割合のこと．一般に，高分子では結晶化度が高いほど物理的安定性が高まる．高分子材料において結晶化度が重要な物性の一つである．

のような特別な条件においても測定できること，試料調整は試料の無配向を担保するために必要な粉砕だけという非破壊的測定であることなどが粉末X線回折法の長所である．

章末問題

1．次の記述のなかで正しいのはどれか．すべて選べ．
   a．X線，γ線，β線はすべて電磁波である．
   b．X線の波長は紫外線のそれより長い．
   c．波長が一定のX線を特性X線という．

2．次のX線に関する記述について正誤を判断し，その理由を説明せよ．
   a．X線が物質に照射されたとき，原子核によって散乱される．
   b．X線の真空中での伝播速度は可視光線と同じである．
   c．X線の散乱強度は原子番号にほぼ比例する．

3．次のX線結晶解析法に関する記述のなかで正しいのはどれか．すべて選べ．
   a．X線の照射による原子核の強制振動に基づく測定法である．
   b．単結晶を試料として用いる必要がある．
   c．得られた回折格子模様の強度から三次元構造を決定する．

4．次の粉末X線回折測定法に関する記述のなかで正しいのはどれか．すべて選べ．
   a．測定には連続X線を用いる．
   b．散乱X線の干渉を回折として測定する．
   c．高温・多湿の条件では測定不可能である．

5．図13.2のような結晶($d = 2 \times 10^{-10}$ m)に対して$\lambda = 10^{-10}$ mの入射X線を用いて粉末X線回折分析を行った．$0^\circ \leq 2\theta \leq 100^\circ$の測定範囲で回折によるピークがいくつ観察されるか予想せよ．なお，その理由も記せ．ただし，$\sin 50^\circ = 0.77$である．

14 熱分析法

❖ 本章の目標 ❖

- 熱重量測定法の原理を学ぶ.
- 示差熱分析法および示差走査熱量測定法を学ぶ.

14.1 熱分析法の概要

熱分析法(thermal analysis)は，物質またはその反応生成物の温度を一定の温度制御プログラムに従って変化させて，その物質の物理的性質を温度または時間の関数として測定する分析法である．物質は加熱すると融解や沸騰などの物理的変化，および分解や反応などの化学的変化を受ける．これらの変化は物質に固有であり，そのときの温度や反応の度合いを測定することにより，存在する化合物を特徴づけることができる．表 14.1 に熱分析で得られるおもな情報を示す．熱分析法は，物質全体の熱的挙動から物質の特性を知る一種の状態分析法であるが，物質の構造やその変化に関する情報を得るためには，ほかの分析法を併用して解析する必要がある．熱分析法では，医薬品をはじめ無機物質，高分子から生体物質などさまざまな試料を測定することができ，物性の確認，定性・定量分析，製剤特性の試験，および品質管理などに広く利用されている．おもな熱分析法として，**熱重量測定法**(thermogravimetry，TG または thermogravimetric analysis，TGA)，**示差熱分析法**(differential thermal analysis，DTA)，**示差走査熱量測定法**(differential scanning calorimetry，DSC)などがある．

SBO 熱重量測定法の原理を説明できる.

SBO 示差熱分析法および示差走査熱量測定法について説明できる.

表 14.1 熱分析で得られるおもな情報

現象	得られる情報	熱分析法
融解	低分子化合物，金属の融点	DTA，DSC
	高分子の融解温度領域	DTA，DSC
	状態図，相図	DTA，DSC
	融解ピークの形から純度の判定	DSC
	融解温度から物質の同定	DTA，DSC
	融解熱から（高分子の）結晶化度の測定	DSC
	融解熱から混合物の定量	DSC
結晶化	結晶化速度	DSC
	等温結晶化による動的解析	DSC
結晶-結晶転移，液晶転移	固体の多形転移温度	DTA，DSC
	固体の多形転移熱量	DSC
	液晶の転移温度とその熱量	DSC
比熱容量	化合物の比熱容量	DSC
ガラス転移	ガラス転移温度	DTA，DSC
	エンタルピー緩和	DSC
化学反応	熱分解	DTA，TG
	水和物の脱水反応	DTA，TG
	酸化反応，還元反応	DTA，TG
	高分子の架橋反応	DTA，TMA
	重合熱	DTA
その他	昇華	DTA，TG
	蒸発	TG

14.2 熱重量測定法

TG は，試料の温度を上げるときや一定の高温に保つとき，脱水（蒸発），昇華，吸着または脱離，酸化などによって生じる質量変化を熱天秤で測定し，試料の温度または時間に対してその変化を連続的に検出記録する方法である．日局 17 の乾燥減量試験法または水分測定法の別法として用いることができるが，水以外の揮発性成分による減量がないことを確認する必要がある．

14.2.1 原理，装置，および操作法

（1）原 理

温度変化に伴い試料に質量変化が起こると天秤ビームが傾くので，このビームの動きを光電素子により検出して，その信号を増幅し天秤制御回路を経て制御コイルに流すことにより，電磁力が発生し天秤ビームがもとの平衡位置に戻る．このとき，コイルに流れた電流は試料の質量変化と比例するので，電流値を測定すれば試料の質量変化を記録できる．

(2) 装　置

TG 装置は熱天秤ともいわれ，試料と天秤を加熱する電気加熱炉部，加熱炉の温度制御部，試料温度 T_s の測定回路，時間あるいは温度に対して試料の質量を連続的に測定しその変化を電気信号に変換する天秤部，電気信号を制御増幅する質量測定回路，試料の質量変化を縦軸に，温度または時間を横軸にとって表示する表示記録部から構成される．図 14.1 に TG 装置の構成例を示す．

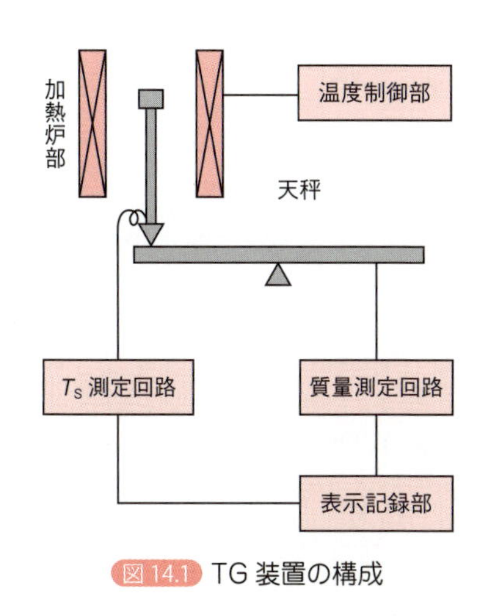

図 14.1 TG 装置の構成

(3) 操 作 法

試料を容器に充塡し熱天秤の電気炉に設置後，一定の温度制御プログラムに従って加熱し，温度変化による質量変化を連続的に測定し，記録する．温度範囲は，室温～ 1,500 ℃程度まで測定可能である．乾燥減量試験法または水分測定法の別法として TG を用いる場合，測定は室温から開始し，乾燥または水分の揮散による質量変化が終了するまでを温度測定範囲とする．測定中，試料から発生する水やその他の揮発性成分を速やかに除去したり，試料の酸化等による化学変化を防いだりするため，一般に乾燥空気または乾燥窒素を一定流量で加熱炉に流す．得られた TG 曲線の質量-温度または質量-時間曲線を解析し，乾燥に伴う質量変化の絶対値または採取量に対する相対値(%)を求める．

14.2.2 装置の校正

TG における装置の温度校正は，通常，熱分析用ニッケルなどのキュリー温度を用いて行うが，TG-DTA(後述)同時測定の場合には DTA のピークを利用して温度を校正する．また，質量変化の校正として常温常圧下，基準分銅による目盛り校正(第一次校正)行い，測定状態での雰囲気ガスによる浮力および対流などの質量測定への影響を除くために，シュウ酸カルシウム一水和物標準品を用いてTG曲線の目盛りの校正と確認(第二次校正)を行う．

図14.2にシュウ酸カルシウム一水和物のTG-DTA同時測定チャートを示す．シュウ酸カルシウム一水和物 $CaC_2O_4 \cdot H_2O$ は次のように三段階のプロセスで分解され，TG曲線では温度上昇とともに減量となる．

$$CaC_2O_4 \cdot H_2O \longrightarrow CaC_2O_4 + H_2O \tag{14.1}$$

$$CaC_2O_4 \longrightarrow CaCO_3 + CO \tag{14.2}$$

$$CaCO_3 \longrightarrow CaO + CO_2 \tag{14.3}$$

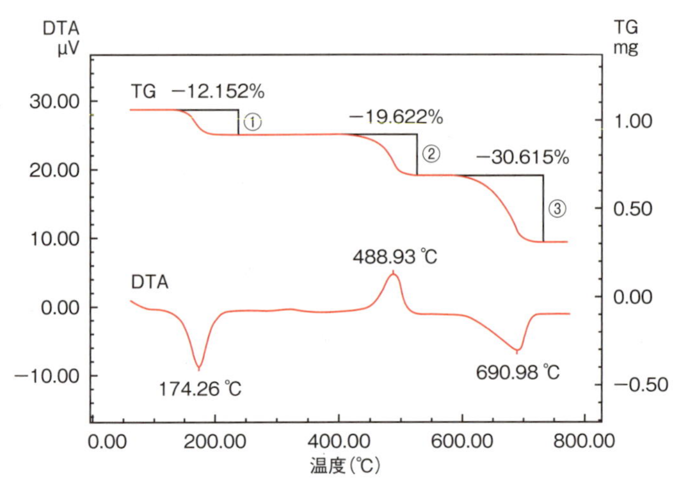

図14.2 シュウ酸カルシウム一水和物のTG―DTA同時測定曲線
①と③の反応は減量で吸熱的だが，②の反応では生じたCOの酸化が同時に起こり，減量で発熱的となる．なお，DTAの縦軸(左側)は熱電対の熱起電力を示す．

つまり，シュウ酸カルシウム一水和物は170℃付近(図14.2①)で脱水反応(吸熱反応)が起こり，1分子の結晶水を失って無水塩となる〔式(14.1)〕．さらに温度を上げていくと，無水塩は490℃付近(図14.2②)で熱分解して炭酸カルシウムとなり〔式(14.2)〕，急激な重量減少が起こる．そのとき発生したCOが測定空気中でただちに酸化されるため，DTA曲線には発熱ピークが見られる．また，690℃付近(図14.2③)では熱分解(吸熱反応)による大幅な減量が起こり酸化カルシウムとなる〔式(14.3)〕．日局17の第二次校正においては，標準的なTG測定条件下でのシュウ酸カルシウム一水和物標準品の水分測定(図14.2①)で測定値と標準品の水分値のずれが0.3%未満であるとき，装置の正常な作動が確認されたものとしている．なお，TG曲線で判別しにくい場合は，温度に対して質量変化の一次微分をとった微分熱量測定を行うことで，微小な変化も確認できる．しかし，TG測定では残存分の質量だけであるので，質量減少が何によるのかはDTAなどで調べなければならない．

14.2.3 TGの特徴および応用

TGは，表14.1に示すように融解，結晶化やガラス転移などの質量変化を伴わない相変化などを検出できないため，後述のDTAやDSCなどに比べ測定対象が限定される．しかし，TGは試料の温度変化に伴う質量変化を厳密に検知でき，TG曲線も安定性がよいので，熱分解，各種ガス雰囲気中での試料の安定性，水分などの蒸発，昇華における質量変化などの定量的解析が可能である．とくに，① 無機分野での結晶水の脱水過程の測定，② 昇華温度や沸点の決定，③ 高分子化合物の耐熱性評価，④ 食品の含水量測定，⑤ 熱分解温度測定による医薬品の安定性評価，⑥ 医薬品中の付着水，結晶水，および含水量測定，⑦ タンパク質と水和している結合水，自由水，および中間水の水和状態分析など幅広く応用されている．

Advanced 示差熱分析法

DTAは，試料の熱的挙動を温度変化として測定する方法であり，試料と熱的変化を起こさない基準物質を同一条件下で加熱（または冷却）し，試料の融解，相転移，熱分解，吸発熱反応などによる熱的変化を試料と基準物質との温度差（ΔT）として検出する．

（1）原理，装置，および操作法

（a）原　理

試料と基準物質を同様に加熱あるいは冷却するとき，試料側に吸熱あるいは発熱反応が起これば両者間に温度差が生じる．たとえば，加熱炉を一定の昇温速度で加熱するとき，炉の温度 T_B，基準物質の温度 T_R，試料の温度 T_S の時間変化は図① aのようになる．t_0 で昇温が開始されると，T_R と T_S は熱容量差に応じて T_B より少し遅れて昇温するが，一定時間後には同じ昇温速度となり定常状態に達する（図①の $t_1 \sim t_2$）．t_2 で試料が融解または転位し始めると T_S は停滞するが，終わるとまた一定温度で昇温する．試料と基準物質との温度差（$\Delta T = T_S - T_R$）を時間について表すと図① bのようなDTA曲線が得られる．ΔT は，発熱反応の場合は上向き，吸熱反応の場合は下向きのピークとなる（図①の $t_2 \sim t_3$）ので，この変化を示す時間の試料温度 T_S を融解あるいは転移温度として読み取る．

（b）装　置

DTA装置は，一般に加熱炉部（電気炉），温度制御部（自動温度制御装置），試料部，測温部（熱電対またはサーモパイル），増幅部，および表示記録部から構成されている（図②）．試料容器にはアルミニウム（通常測定）や，白金または白金合金（500 ℃以上の測定）などが用いられる．基準物質には，一般に

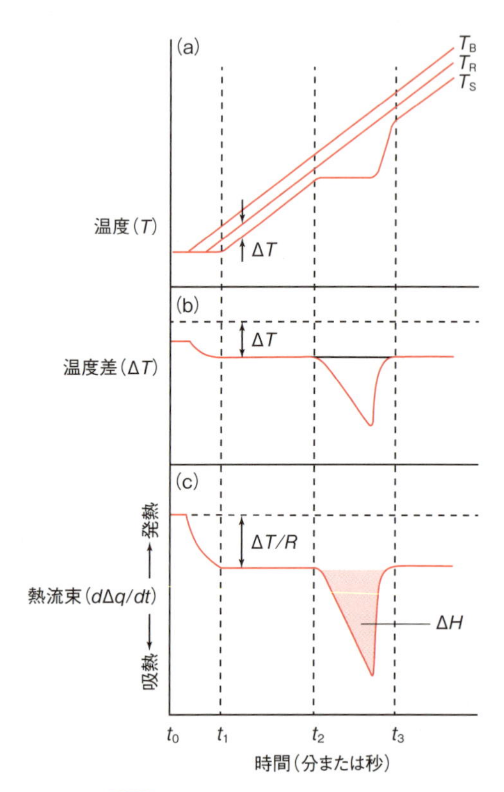

図① DTA および DSC の原理

(a)温度(T)の時間変化, (b)温度差(ΔT)の時間変化-DTA 曲線,
(c)熱流束差($d\Delta q/dt$ 熱)の時間変化-DSC 曲線.
「パートナー分析化学Ⅰ」, 萩中　淳, 山口政俊, 千熊正彦 編, 南江堂(2007), p.194(図 9-9)より改変.

熱的に不活性な α-アルミナ(Al_2O_3)を用いるが, 微量試料の測定では空容器のみでもよい.

(c) 操作法

試料と基準物質を別べつに試料容器に充填し, 加熱炉の温度を温度制御装置のプログラムに従って変化させ, 物理的変化や化学的変化により生じる温度差を熱電対あるいはサーモパイルにより連続的に測定し, 電気信号(熱起電力)に変換, 増幅して表示記録する. 測定は一般に静止空気中や乾燥空気, 窒素, アルゴンなどの雰囲気ガスを流し, 加熱および冷却速度は毎分 5 ～ 20 ℃で行われる. DTA では, 試料の種類を問わず少量(数 mg ～数十 mg)で, 特殊な前処理を行うことなく, 広い温度範囲(－150 ～ 1,500 ℃)の測定が可能である.

(2) DTA の特徴および応用

DTA は発熱または吸熱の反応熱を伴う変化だけでなく, 結晶の固相/液相転移や多形転移などの形状変化に伴う熱伝達の相違もとらえることができる. したがって, さまざまな物理的および化学的変化の測定(表 14.1 参照)に有効であり, ① 融点測定, 融解温度からの物質の同定, ② 熱分解, 酸化·

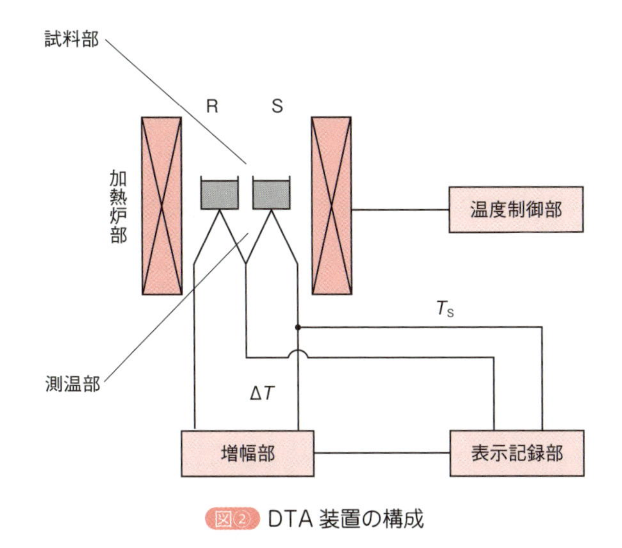

図② DTA 装置の構成

還元，脱水，気化，昇華，高分子の架橋，重合反応などの解明，③ 医薬品の純度や結晶多形の測定，④ 薬物どうしの着色・融解などの配合適合性などさまざまな分析に応用されている．また，定性，定量に用いられるが，確実な情報を得るためには，X 線分析法や分光分析法を併用する必要がある．

14.3 示差走査熱量測定法

DSC は DTA の改良法であり，DTA が試料の熱的挙動を温度変化 ΔT として検出するのに対し，DSC は熱量変化(エンタルピー変化，ΔH)を検出する．すなわち，試料と熱的変化を起こさない基準物質との加熱(または冷却)時における，両者間の温度差をゼロにするために必要な熱量の入力差を測定する．

14.3.1 原理および装置

DSC には，測定原理および装置の構造上の違いから熱流束型 DSC 装置と熱補償型 DSC 装置がある．また，いずれの測定方法においても，基準物質には，一般に熱分析用の α-アルミナ(Al_2O_3)が用いられるが，単に空容器を基準とすることもある．

(1) 熱流束型 DSC 装置

熱流束型 DSC 装置の構成は DTA と同様であり，加熱炉に置かれた試料と基準物質を一定速度で加熱し，試料と基準物質との間に生じる温度差(ΔT)を，熱源(炉)から試料と基準物質に流れる熱量(熱流束 q)の差としてモニターし，DSC 信号として記録する．

DSC 曲線は，図① b(p.232 の Advanced 参照)の縦軸の温度差 ΔT を熱流

束差 $d\Delta 1/dt$ に置き換えて，通常，吸熱反応が下向きになるように表す(図①c)．融解，転移に伴う熱量変化(ΔH)は図①cの斜線部分の面積に等しく，$d\Delta q/dt$ を時間 t_2 から t_3 について積分したものである．

(2) 熱補償型 DSC 装置

DTA および熱流束型 DSC 装置では温度制御が加熱炉との共通ヒーター回路から構成されているが，熱補償型 DSC 装置ではさらに試料および基準物質のそれぞれに熱補償ヒーター回路が組み込まれている(図 14.3)．加熱炉中に置かれた試料と基準物質を一定速度で加熱(または冷却)し，加熱炉と試料および基準物質との温度差($T_B - T_R$ および $T_B - T_S$)を白金抵抗温度計で計測する．これらの温度差をゼロに保つよう補償ヒーター回路が作動し，試料が吸熱するときは試料側に，発熱するときは基準物質側に電力を加え，この電力の熱エネルギーを熱量として記録する．試料と基準物質に加えられた単位時間当たりの熱エネルギーの入力差($d\Delta q/dt$)を時間または温度に対して連続的に記録すると，図①cと同様の DSC 曲線が得られる．この方法は，試料と基準物質との温度差が小さく吸発熱の速度とエネルギー供給速度がほぼ等しくなるため，定量性にも優れ，現象の解析も容易である．

14.3.2 操作法

測定は，試料および基準物質を試料容器に充塡した後，一般に静止空気中や乾燥空気，窒素，アルゴンなどの雰囲気ガスを流し，一定の温度制御プログラムに従って，加熱炉部を加熱または冷却し，この温度変化の過程で試料と基準物質間に発生する熱量変化を測定し記録する．融解または多形転移などでは，定められた温度範囲について，緩やかな加熱速度(一般に毎分約

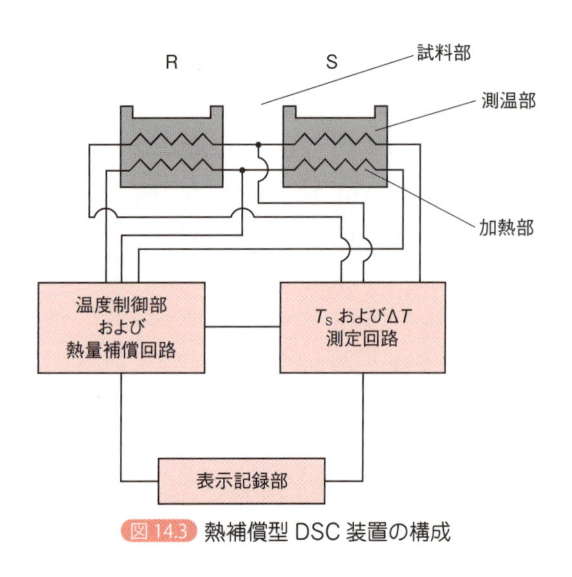

図 14.3　熱補償型 DSC 装置の構成

2℃)で試験を行う．ただし，ガラス転移など微小な熱変化しか観測されない場合には，加熱速度を上げるなど観察しようとする物理的変化に対応した加熱速度の設定が必要である．得られたDSC曲線の発熱または吸熱ピークを解析し，観察しようとする物理的変化に伴う熱量の変化量を求める．

14.3.3 装置の校正

DTAまたはDSCにおける装置の温度校正および熱量校正には，高純度の金属または有機物質の融点および融解熱，あるいは無機塩類の結晶転移点および転移熱などが用いられる．これらの校正には，一般に熱分析用インジウム(融点；156.6℃，融解熱；3.3 kJ/mol)や熱分析用スズ(融点；231.97℃，融解熱；7.07 kJ/mol)などが用いられる．

14.3.4 DSCの応用

DSCは，DTAと同様に表14.1に示すようなさまざまな物理的および化学的変化の測定に有効であるが，DTAに比べ，検出感度，再現性，定量性，分解能が優れている．おもな用途として，① 融点，融解熱からの物質純度の判定，② 医薬品の多形転移温度･熱量，結晶化速度，③ ガラス転移温度，エンタルピー緩和による医薬品の安定性評価，④ 化合物の比熱容量のほか，生体高分子であるタンパク質の熱安定性や生体膜の相転移の測定などに応用されている．

章末問題

1． 熱分析法に関する記述のうち，正しいものを二つ選べ．

a．熱重量測定法(TG)では，温度に対する試料の質量変化を測定する．

b．TGは，医薬品の純度測定や結晶多形の確認に利用される．

c．示差熱分析法(DTA)では，試料と基準物質を加熱あるいは冷却したときに生じる両者間の温度差(吸熱または発熱)を測定する．

d．DTAは，医薬品中の付着水や結晶水の定量に用いることができる．

e．示差走査熱量測定法(DSC)は，試料の熱的挙動を温度変化として検出する方法である．

2． 熱分析法に関する記述のうち，正しいものを二つ選べ．

a．有機化合物の熱分解温度を測定するには，DTAがよい．

b．医薬品の純度が悪い場合はDTA曲線のピークの立ち上がりの鋭さが失われる．

c．DTAはDSCと原理は同じである．

d．熱分析に用いられる熱中性体として，シリカゲルがよく用いられる．

e．DSCはDTAより高い検出感度を示し，微量の試料でも測定可能である．

15 分離分析法

❖ 本章の目標 ❖

- クロマトグラフィーの種類およびその分離機構を学ぶ.
- クロマトグラフィー(薄層, 液体, およびガスクロマトグラフィー)の特徴および代表的な検出法を学ぶ.
- 電気泳動法の原理および応用例を学ぶ.

15.1 はじめに

クロマトグラフィー(chromatography)および**電気泳動法**(electrophoresis)は, 医薬品などさまざまな物質の分離分析に不可欠な方法である. クロマトグラフィーは, 物質の**固定相**(stationary phase)および**移動相**(mobile phase)との親和性(相互作用)の違いにより, 分離する方法である. 物質の移動速度は, 物質の固定相および移動相との相互作用の強さにより異なるため, クロマトグラフィーではさまざまな物質を分離することができる. 電気泳動は, 帯電した粒子が電場のなかで, それらと符号の異なる電極へ向かって移動する現象である. 電気泳動速度は, それぞれの粒子の電荷, 大きさ, 形状によって異なるので, 電気泳動法ではさまざまな物質を分離することができる. 本章では, クロマトグラフィーおよび電気泳動法の原理と応用について述べる.

クロマトグラフィー
方法論すなわち技術のことをクロマトグラフィー, クロマトグラフィーを行う装置のことを**クロマトグラフ**(chromatograph), クロマトグラフィーを行った結果を表したもの(溶出曲線を記録したもの)を**クロマトグラム**(chromatogram)という.

15.2 クロマトグラフィー

15.2.1 クロマトグラフィーの分類

クロマトグラフィーは, i) 固定相と移動相の状態, ii) 固定相の形状, iii) 分離モード(分離にあずかる相互作用)により分類される. 移動相として液体

COLUMN　クロマトグラフィーの開発とノーベル賞

クロマトグラフィーの開発によりノーベル賞を受賞した科学者はいるのだろうか．

ロシアの植物学者 M. Tswett（ツヴェット）は，試行錯誤の末に炭酸カルシウムのカラムと各種溶媒を用いて葉緑素を分離することに成功し，ギリシャ語の〝色〟(*khřoma*)と〝描く〟(*graphein*)にちなんで，この手法を 1906 年にクロマトグラフィーと名づけた．中国では，〝色譜〟といわれる．しかし，Tswett はノーベル賞の候補者にはなったものの，ノーベル賞を受賞することはなく，クロマトグラフィーも研究手法として急速に広まることもなかった．

その後，A. J. P. Martin（マーティン）はビタミン E とビタミン B_2 の性質を調べ，クロマトグラフィーによる分類を行い，その技術の確立に寄与した．また，アミノ酸の分離においてもクロマトグラフィーを用い，分配クロマトグラフィーを開発し，R. L. M. Synge（シング）とともに，1952 年にノーベル化学賞を受賞した．

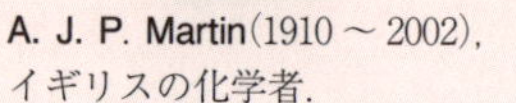

A. J. P. Martin（1910～2002），イギリスの化学者．

R. L. M. Synge（1914～1994），イギリスの生化学者．

固定相
固定相とは，クロマトグラフィーによる分離において，動かない相（固定された相）であり，固体および液体が用いられる．

移動相
移動相とは，クロマトグラフィーによる分離において，動く相（移動する相）であり，液体および気体が用いられる．

および気体が用いられ，固定相として固体および液体が用いられる．したがって i ）では，移動相として液体を用いる**液体クロマトグラフィー**（liquid chromatography，LC）と気体を用いる**ガスクロマトグラフィー**（gas chromatography，GC）に分類される．さらに，液体クロマトグラフィーは，用いる固定相により液-固クロマトグラフィーおよび液-液クロマトグラフィーに，ガスクロマトグラフィーは，気-固クロマトグラフィーおよび気-液クロマトグラフィーに分類される．ii ）では，**カラムクロマトグラフィー**（column chromatography），**薄層クロマトグラフィー**（thin-layer chromatography）に分類される．iii ）では，吸着，分配，イオン交換およびサイズ排除クロマトグラフィーに分類される．

Advanced　超臨界流体クロマトグラフィー

超臨界流体は，気体と液体が共存できる限界の温度・圧力（臨界点）を超えた状態にあり，通常の気体，液体とは異なる性質を示す．二酸化炭素（CO_2）を臨界温度，臨界圧力（31.3℃，72.9 気圧）以上にすると，粘度は気体に近く，密度は液体に近い超臨界流体（supercritical fluid）となる．超臨界流体として CO_2 のほか，窒素，一酸化二窒素，キセノン，六フッ化硫黄などがある．このような超臨界流体を移動相に用いるクロマトグラフィーを超臨界流体クロマトグラフィー（supercritical fluid chromatography，SFC）という．固定相としては，固体および液体が用いられている．

15.2.2 クロマトグラフィーの基礎理論

(1) クロマトグラフィーの原理

図 15.1a に示すように，固定相の上端に試料混合物(成分 1，2，および 3)を注入し，一定流速で移動相を流し続ける．図 15.1b のように試料混合物(成分 1，2，および 3)は，固定相との相互作用の強さの違いにより分離する．さらに，移動相を流し続けると図 15.1c のように成分 1 はカラムから溶出し，成分 2 および成分 3 は固定相に保持されている．縦軸に溶出してくる成分 1，2 および 3 の濃度を，横軸に試料混合物を注入後の時間をとると，図 15.2 に示すクロマトグラムが得られる．

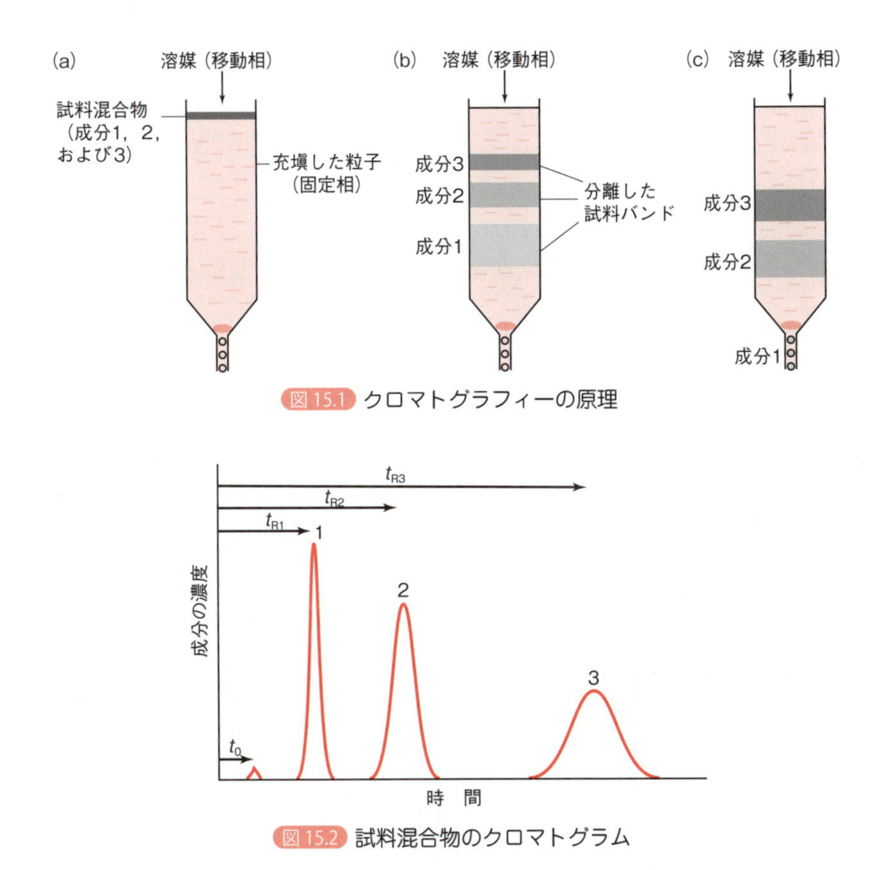

図 15.1 クロマトグラフィーの原理

図 15.2 試料混合物のクロマトグラム

(2) 保持を表すパラメータ

次に，固定相との相互作用の強さの違いを定量的に考えてみよう．移動相と固定相とに存在する溶質の量の比は，k で表され，**質量分布比**(mass distribution ratio)，**キャパシティーファクター**(capacity factor)あるいは**リテンションファクター**(retention factor)といわれる．

$$k = \frac{\text{固定相中の溶質の量}}{\text{移動相中の溶質の量}} \tag{15.1}$$

k の大きな溶質(固定相との相互作用の大きな溶質)は，移動速度が小さく，遅れて溶出することになる．図 15.2 に示したようなクロマトグラムで，試料が固定相に注入されてから溶出するまでの時間を**保持時間**(retention time, t_R)という．また，t_0 は固定相にまったく保持されないで溶出する成分の保持時間である．t_R は k と t_0 を用いて次のように表される．

$$t_R = (1 + k)t_0 \tag{15.2}$$

この式は，ある溶質は移動相に t_0 時間，固定相に kt_0 時間存在した後，溶出してくることを示している．式(15.2)で，$k = 0$ の場合にはまったく固定相に保持されずに溶出し($t_R = t_0$)，$k = \infty$ の場合には固定相に保持され溶出しない($t_R = \infty$)ことを示している．

また，薄層クロマトグラフィーでは，図 15.3 に示すように，成分 A，B は展開されて分離する．分離を表すために，次の式(15.3)の $\boldsymbol{R_f}$(retardation factor)を用いる．

$$R_f = \frac{\text{原線からスポットの中心までの距離}}{\text{原線から溶媒先端までの距離}} \tag{15.3}$$

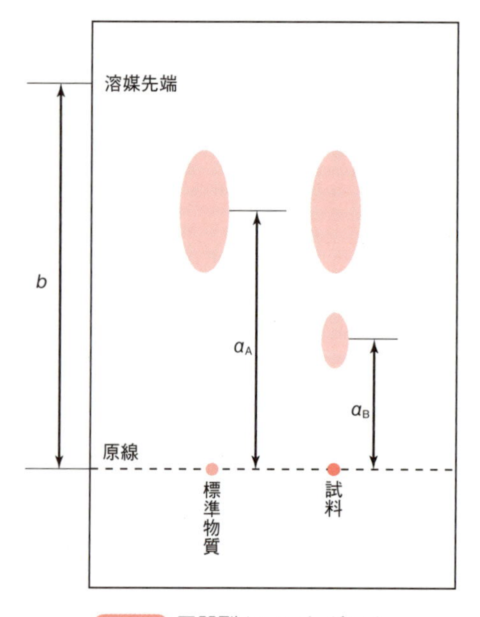

図 15.3　展開型クロマトグラム

したがって，$0 \leq R_f \leq 1$ であり，R_f と k は，次の式(15.4)の関係にある．

$$R_f = \frac{1}{1+k} \tag{15.4}$$

すなわち，溶媒先端に移動する試料は $k = 0$ であり，原線にとどまる試料は $k = \infty$ である．

(3) ピークの広がり

固定相に注入された溶質は，固定相と移動相との相互作用を繰り返しながら溶出される．溶出曲線は山形のピークを与える．溶出曲線より，**理論段数**(number of theoretical plates, N)は次の式(15.5)で表される．

$$N = 16 \times \frac{{t_R}^2}{W^2} \tag{15.5}$$

ここで，W はピーク幅，すなわちピークの変曲点の接線が基線(ベースライン)を切り取る長さである(図 15.4)．しかし，クロマトグラム上での変曲点の位置を見いだし，その点での接線を引き，ピーク幅を求めることは容易ではない．そこで，ピークがガウス分布であると見なすとピーク高さの中点におけるピーク幅 $W_{0.5h}$(ピーク半値幅といわれる)とピーク幅 W とは，$W = 1.70\,W_{0.5h}$ の関係にある．したがって，理論段数 N は，

$$N = 5.54 \times \frac{{t_R}^2}{{W_{0.5h}}^2} \tag{15.6}$$

と表すことができる．N は，カラムの分離効率(カラム効率)を表すのに用いられ，N が大きいほどカラム効率がよい．しかし，N はカラムの長さ L を長くすると大きくなるので，L に依存しない値として**理論段高さ**(height equivalent to a theoretical plate, HETP または H)がある．H は次の式(15.7)で表される．

$$H = \frac{L}{N} \tag{15.7}$$

H はカラム効率を表すのに用いられ，H が小さいほどカラム効率がよい．

理論段数と理論段高さ
移動相と固定相が接している微小な部分を仮想的な容器(理論段)と考えたときの容器の数を理論段数(N)という．しかし，N はカラムの長さを長くすると大きくなる．一方，一理論段当たりのカラム長さである理論段高さ(H)がある．N が大きいほど，H が小さいほどカラム効率がよい．

Advanced 理論段高さと移動相の流速との関係

試料成分がカラムを通過するとき，さまざまな要因でそのピークが広がる．カラムクロマトグラフィーにおいて，理論段高さ H と移動相の線流速 u との間に，次の関係式(van Deemter の式)が提出されている．

$$H = A + \frac{B}{u} + Cu$$

ここで第一項は渦流（かりゅう）拡散といわれ，固定相粒子の間を流れる移動相の流路がいろいろあるために，溶質分子はどの流路を通るかにより速くカラムを通過する分子とゆっくり通過する分子とができることに起因している項である．第二項は，カラム軸方向の分子拡散であり，成分の分離帯の中心から離れてカラム軸方向へランダムに拡散することによるものである．この効果は，線流速を速くすることにより抑えることができる．第三項は，移動相および固定相中における物質移動に対する抵抗によるものであり，線流速が増すと助長される．

（4）ピークの分離

二つのピークの分離を表すパラメータに**分離係数**(separation factor, α)があり，次の式(15.8)で表される．

$$\alpha = \frac{k_2}{k_1} = \frac{\dfrac{t_{R2} - t_0}{t_0}}{\dfrac{t_{R1} - t_0}{t_0}} = \frac{t_{R2} - t_0}{t_{R1} - t_0} \tag{15.8}$$

ここで，t_{R1} および t_{R2} はピーク1および2の保持時間である(ただし，$t_{R2} > t_{R1}$)．また，二つのピークの分離を表す，ほかのパラメータである**分離度**(resolution, R_s)は次の式(15.9)で表される．

$$R_s = 1.18 \times \frac{t_{R2} - t_{R1}}{W_{0.5h1} + W_{0.5h2}} \tag{15.9}$$

ここで $W_{0.5h1}$ および $W_{0.5h2}$ はピーク1および2のピーク半値幅である(図

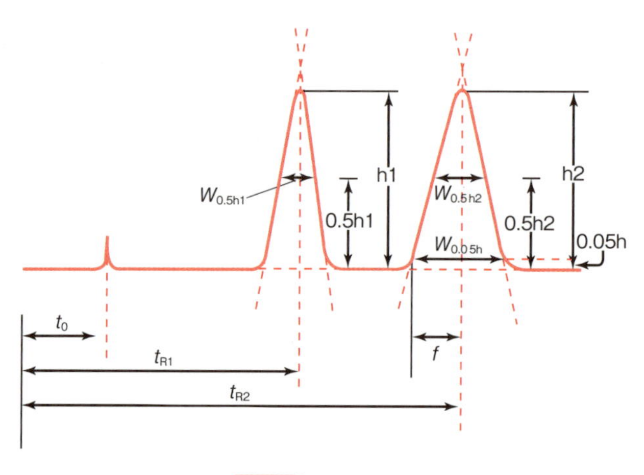

図15.4 ピークの分離

15.4)．R_s が大きいほど二つのピークの分離はよいが，一般に $R_s \geq 1.5$ のとき，二つのピークは完全に分離(ベースライン分離)されたといえる．

クロマトグラム上で，二つのピーク間でベースライン分離が達成されないときに，それらのピーク間の分離の度合いを表す指標として，**ピークバレー比**(peak-to-valley ratio, p/v)を用いる(図 15.5)．ピークバレー比は，次の式(15.10)で定義される．

$$p/v = \frac{H_p}{H_v} \tag{15.10}$$

ここで，H_p はマイナーピークの基線からのピーク高さ，H_v はマイナーピークとメジャーピークの分離曲線の最下点(ピークの谷)のピークの基線からの高さである．ピークの大きさの著しく異なる際の分離の指標として有用である．

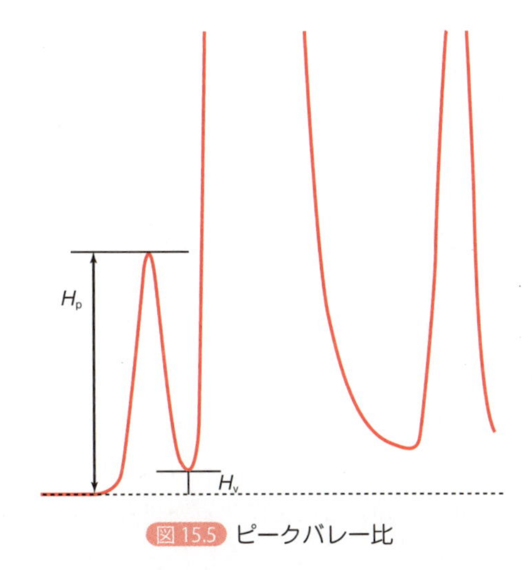

図 15.5　ピークバレー比

(5) ピークのテーリング

クロマトグラム上のピークの非対称性の度合は，**シンメトリー係数** S として次の式(15.11)で表される．

$$S = \frac{W_{0.05h}}{2f} \tag{15.11}$$

ここで $W_{0.05h}$ は，ピークの基線からピーク高さの 20 分の 1 の高さにおけるピーク幅であり，f は $W_{0.05h}$ のピーク幅をピークの頂点から記録紙の横軸へ下ろした垂線で二分したときのピークの立ち上がり側の距離である(図 15.4 参照)．ピークが対称ならば $S = 1$，**テーリング**(tailing)しているときは $S > 1$，**リーディング**(leading)しているときは $S < 1$ である．

テーリング・リーディング
ピークの立ち上がり側がシャープで，降り側が尾を引く．このような現象はテーリングといわれる．反対に，ピークの立ち上がり側がなだらかで，降り側がシャープである．このような現象はリーディングといわれる．

15.2.3 定性・定量分析

クロマトグラフィーは定性および定量分析に用いられる．

(1) 定性分析

ガスクロマトグラフィーや液体クロマトグラフィーにおける物質の定性(確認)は，試料の被検成分と標準被検成分の保持時間が一致すること，あるいは試料に標準被検成分を加えても試料の被検成分ピークの形状が崩れないことで行われている．一方，薄層クロマトグラフィーの場合は，R_f 値を指標として定性分析を行う．しかし，R_f 値の再現性が悪いので，標準物質を同時に展開し比較する必要がある．

(2) 定量分析

得られたクロマトグラムから，目的成分を定量する場合は，ピークの高さあるいは面積を測定することにより行われている．簡便なピーク面積測定法として, ピークの高さとピーク半値幅 $W_{0.5h}$ の積として表す半値幅法がある．また，ピークの高さおよび面積はデータ処理装置を用いて自動的に求められる．定量は，**内標準法**あるいは**絶対検量線法**により行われる．

(a) 内標準法

被検成分になるべく近い保持時間をもち，いずれのピークとも完全に分離する，安定な物質を内標準物質として選び，一定量の内標準物質を含む標準被検試料を注入し，内標準物質のピーク測定値(高さあるいは面積)に対する被検成分のピーク測定値の相対値を被検成分量(濃度，絶対量)と関係づけて定量する方法である. 試料注入量を厳密に一定にする必要がない利点がある．

(b) 絶対検量線法

一定量の標準被検試料を注入し，被検成分量とそのピークの高さあるいは面積の測定値との関係を直接求めて定量する方法である．試料注入量を厳密に一定にする必要がある．適当な内標準物質が得られない場合に用いる．

(3) SN比

SN 比(signal-to-noise ratio, S/N)は，定量の精度，検出限界，定量限界に影響を与える．SN 比は，次の式(15.12)で表される．

$$\mathrm{S/N} = \frac{2H}{h} \qquad (15.12)$$

ここで，H は対象物質のピークの基線(バックグラウンドノイズの中央値)からのピーク高さ，h は対象物質のピークの前後における試料溶液または溶媒ブランクのクロマトグラムのバックグラウンドノイズの幅である．なお，基線およびバックグラウンドノイズは対象物質のピーク高さの中点におけるピーク幅の 20 倍に相当する範囲で測定する(図 15.6)．また，溶媒ブランクを用いる場合，対象物質が溶出する位置付近で，上記とほぼ同様の範囲で測

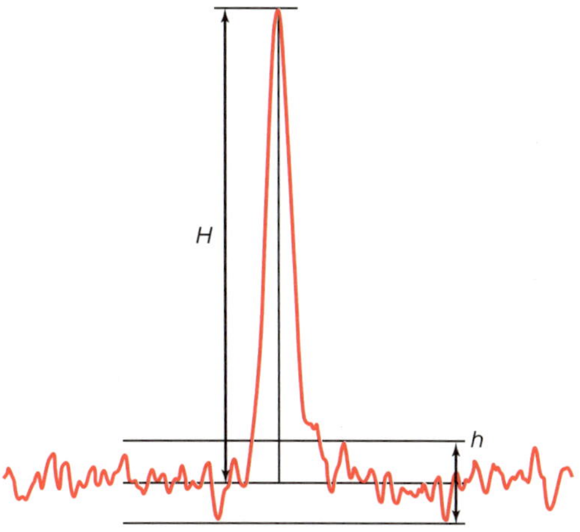

図 15.6 SN 比

定する．

定量限界設定のための標準的な SN 比は 10：1 であり，検出限界設定のための SN 比は 2 ～ 3：1 である．

（4）システム適合性

システム適合性(system suitability)は，クロマトグラフィーによる分析法には不可欠な項目であり，医薬品の試験に使用するシステムが，当該分析法の適用を検討したときと同様に，試験を行うのに適切な性能で稼働していることを一連の品質試験ごとに確かめることを目的としている．規定された適合要件を満たさない場合には，そのシステムを用いて所定の品質試験を行ってはならない．

システム適合性は，基本的に「システムの性能」および「システムの再現性」で評価されるが，純度試験においてはこれらに加えて「検出の確認」が求められる場合がある．

15.3 液体クロマトグラフィー

液体クロマトグラフフィーは，移動相として液体を用いるクロマトグラフィーのことであるが，狭義にはカラムクロマトグラフィーをさしている．従来のカラムクロマトグラフィーは，粒子径の大きなシリカゲル，セファロースなどを充塡したガラスカラムに常圧あるいは低圧で移動相を送液することにより行われていた．近年，粒子径の小さな(2 ～ 5 μm)充塡剤(固定相の別名)を用いて，高圧下で分離を行う**高速液体クロマトグラフフィー**(high-performance liquid chromatography，HPLC)が開発され，従来のカラムクロマトグラフィーに比べ，高速化，高性能化が達成された．日局 17

HPLC
high-performance liquid chromatography の略語．直訳すると高性能液体クロマトグラフィーとなるが，一般に高速液体クロマトグラフィーと訳されている．

一般試験法の液体クロマトグラフィーは，HPLC をさしている．ここでは，HPLC を中心に述べる．

液体クロマトグラフィーは，液体試料または溶液にできる試料に適用でき，物質の確認，純度の試験または定量などに用いられる．また，液体クロマトグラフィーは低分子量物質から高分子量物質に至る広範囲の物質に適用できるという特徴をもっている．

SBO クロマトグラフィーの分離機構を説明できる．

15.3.1 液体クロマトグラフィーの分類

液体クロマトグラフィーは，分離モードにより吸着，分配，イオン交換，サイズ排除クロマトグライーなどに分類される．以下，分離モードにより液体クロマトグラフィーを分類した場合の個々のクロマトグラフィーについて述べる．

(1) 吸着クロマトグラフィー

固定相表面への溶質の吸着係数(吸着力)の違いにより，溶質相互の分離が行われる場合を吸着クロマトグラフィーという．無機系の吸着剤としてシリカ，アルミナ，チタニア，ジルコニアなどが使用され，有機系の吸着剤としてスチレン-ジビニルベンゼン，メタクリレートなどのポーラスポリマーが用いられている．

(2) 分配クロマトグラフィー

固定相として用いた液体への溶質の分配係数(溶解度)の違いにより，溶質相互の分離が行われる場合を分配クロマトグラフィーという．分配現象においては，移動相および固定相の極性が溶質の分離に大きく関与している．一般に，移動相より固定相の極性が大きい場合を**順相クロマトグラフィー**(normal phase chromatography)，固定相より移動相の極性が大きい場合を**逆相クロマトグラフィー**(reversed-phase chromatography)という．

固定相として，担体の表面に固定相を化学的に結合した充塡剤がおもに用いられている．粒子径 2 ～ 5 μm の全多孔性の充塡剤を用いることにより高理論段数のカラムが得られている．化学結合型シリカ充塡剤は，シリカゲル表面のシラノール基といろいろなシリル化試薬との反応を行うことにより合成される．シリカゲルとオクタデシルクロロシランとの反応を行い，**オクタデシルシリル**(octadecylsilyl, **ODS**)化シリカゲルを得る．近年，有機ポリマーに化学修飾を行った充塡剤も用いられている．

(a) 順相クロマトグラフィー

固定相として，極性の大きいジオール基を結合したシリカゲル，中程度の極性をもつシアノプロピル基あるいはアミノプロピル基を結合したシリカゲル，極性基を化学修飾した有機ポリマーなどが用いられる．移動相として極性の小さい有機溶媒(ヘキサン，クロロホルムなど)がおもに用いられる．順相クロマトグラフィーでは，水素結合などの親水性相互作用により溶質相互の分離が起こるため，溶質は極性の小さなものから順に溶出する．極性の大きな移動相を用いた場合には溶質は速く溶出する．

（b）逆相クロマトグラフィー

固定相として，無極性〔オクタデシル(C18)基，オクチル(C8 基)，フェニル基など〕，微極性あるいは極性(シアノプロピル基，アミノプロピル基など)の化学結合型シリカゲルおよびオクタデシル基を化学修飾した有機ポリマーが用いられる．移動相は，水あるいは緩衝液と有機溶媒(メタノールあるいはアセトニトリルなど)との混合溶媒が用いられる．疎水性相互作用により溶質の分離が起こるため，極性の大きなものから順に溶出する．一般に，疎水性相互作用は有機溶媒中では水中に比べて弱いので，移動相中の有機溶媒の含量が増すと溶質は速く溶出する．

（3）イオン交換クロマトグラフィー

イオン交換基をもつ固定相を用い，イオン性物質(無機イオン，アミノ酸，タンパク質など)の分離を行う方法を**イオン交換クロマトグラフィー**(ion-exchange chromatography)という．

（a）イオン交換体

イオン交換体は，イオン交換基とそのイオン交換基を固定化している支持体とからなる．支持体としては，有機ポリマー(スチレンとジビニルベンゼンの共重合体，ポリヒドロキシメタクリレートなど)あるいはシリカゲルが用いられている．イオン交換基としては，スルホ基(強酸性陽イオン交換体)，カルボキシ基(弱酸性陽イオン交換体)，第四級アンモニウム基(強塩基性陰イオン交換体)，第三級アミノ基(弱塩基性陰イオン交換体)などが用いられる．

（b）移動相の選択

イオン交換クロマトグラフィーでは移動相としては，水溶液あるいは緩衝液が使用される．一般に移動相のイオン強度および pH を変化させることにより分離を行う．イオン強度が増すと試料イオンと加えた移動相中のイオンとのイオン交換基上での競合により，試料イオンは保持が弱くなり，速く溶出する．また，移動相の pH を変化させることにより，試料のイオン形と分子形の割合を変化させることができるので試料の保持を調節できる．

（4）サイズ排除クロマトグラフィー

サイズ排除クロマトグラフィー(size exclusion chromatography)は，分子のサイズの違いにより分離を行うクロマトグラフィーである．すなわち，三次元網目構造をもった多孔性の充塡剤を用いて，分子サイズの違う溶質相互の分離を行う場合，充塡剤の細孔径よりも大きな溶質は排除され，小さな溶質は細孔内に完全に浸透し，中程度の溶質はある程度浸透する．その結果，試料分子はサイズの大きな分子から順に溶出される．

（a）分離機構

ある大きさの細孔径をもつゲルを充塡したカラムに試料分子を注入したとき，ゲルの細孔径より大きい分子はすべて排除され，分離されない．分離される分子の大きさ，すなわち分子量には限界がある．この限界の分子量を排除限界分子量あるいは排除限界という．一方，ある分子量以下の小さい分子はゲルの内部まで浸透（全浸透）し，中程度の大きさの分子はその大きさに応じて浸透（選択浸透）することになる．ここで，カラム内充塡剤粒子の間隙の移動相の体積を V_0，充塡剤粒子内部に存在する移動相の体積，すなわち停滞した移動相の体積を V_i とすると，保持容量 V_R* は，

＊ 試料分子が溶出するまでに流れた移動相の体積．流速に保持時間（t_R）をかけると V_R となる．

$$V_R = V_0 + K_d V_i \tag{15.12}$$

の関係が成立する．K_d は，試料分子が細孔内の停滞した移動相のどの部分まで浸透したかを表し，0 ～ 1 の間の値をとる．

（b）充塡剤の種類

従来からデキストランやポリアクリルアミドなどの膨潤型のゲルが固定相として用いられていたが，耐圧性に問題があった．現在では，ポリスチレン系およびポリビニルアルコール系などの有機ポリマー，シリカゲル，化学修飾したシリカゲルあるいは多孔性ガラスなどが用いられている．移動相は充塡剤と親和性のある移動相が用いられ，水系では水，無機塩水溶液あるいは緩衝液などが，非水系ではテトラヒドロフラン，クロロホルムなどが用いられる．

SBO 液体クロマトグラフィーの特徴と代表的な検出法を説明できる．

15.3.2　装　置

図 15.7 に液体クロマトグラフの構成を示す．基本的には送液ポンプ，試料導入装置（インジェクター），カラム，カラム恒温槽，検出器，および記録計（あるいはデーター処理装置）などから構成される．

（1）送液ポンプ

送液ポンプは高圧下（50 ～ 400 kg/cm^2）で，流量 0.1 ～ 9.9 mL/min で精度よく，正確な送液ができ，しかも脈流が少なく，また耐溶媒性に優れ，溶

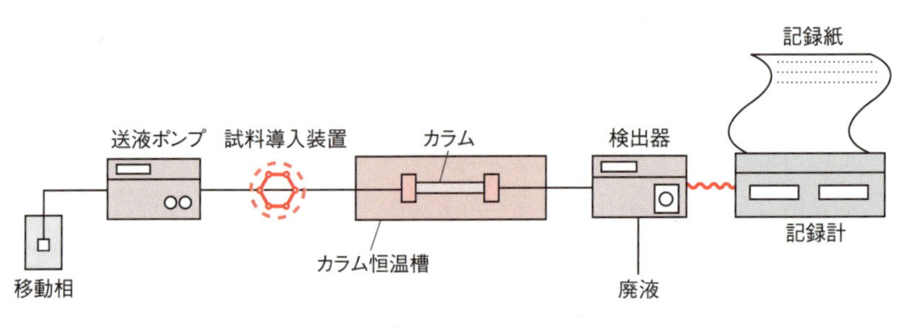

図 15.7　液体クロマトグラフの構成図

媒交換が容易であることが望ましい．送液ポンプとして往復運動型のポンプがおもに用いられる．

多成分の一斉分析は，移動相組成（移動相溶媒の混合比，イオン強度，pHなど）を変化させて行う．移動相組成を経時的に変化させ溶離する方法と段階的に変化させ溶離する方法がある．前者を**グラジエント溶離法**（gradient elution），後者を**ステップワイズ溶離法**（stepwise elution）という．

（2）試料導入装置

バルブループ方式の試料導入装置が用いられる．常圧下でループに試料溶液を注入し，バルブを切り替えることにより試料溶液をカラムに注入するものである．ループに試料溶液を注入する方法としては，マイクロシリンジを用いて任意の量を試料ループに注入する方法と，ループに試料溶液を満たし試料ループ（0.2 ～ 5,000 μL のさまざまな試料ループがある）に相当する一定量を注入する方法とがある．後者のほうが再現性に優れている．

（3）カラム

カラムは，空カラムとその内部に充填されている固定相（充填剤）を含めたものである．空カラムとして，ステンレス，合成樹脂（テフロン，ピークなど）が用いられている．分析用では，内径 1 ～ 8 mm，長さ 5 ～ 30 cm のステンレス製のカラムがおもに用いられる．カラム温度の変動により，保持時間が変動するのを避けるため，カラム恒温槽が用いられる．

（4）検出器

代表的な検出器として，下記の検出器が用いられている．

（a）紫外可視吸光検出器（紫外可視吸光光度計）

① 波長可変紫外可視吸光検出器

紫外可視吸光検出器（ultraviolet-visible absorption detector）は，紫外部あるいは可視領域に吸収のある物質の検出に用いられる．紫外部は重水素放電管を，可視部はタングステンランプを光源とする波長可変型の検出器が用いられている．回折格子を用いて分光された光は試料側および対照側のセルを通過し，それぞれフォトダイオードに入射し，光の強さに比例した電流に変換される．セルは，内容積 10 μL 以下の石英セルが用いられている．

② フォトダイオードアレイ検出器

フォトダイオードアレイとは，多素子（512 あるいは 1024 素子）のフォトダイオードが並んだもので特定の波長域（紫外可視全域も可能）の光を，一度に検知できる．個々の素子で検知された光量は，コンピュータによって順番に取りだされ，記憶される．また，コンピュータは，特定波長の吸光度を 512 あるいは 1,024 個，すなわちスペクトルを記憶していることになるので，三次元クロマトグラム解析（三次元とは，時間，波長，および吸光度である）が可能である．

フォトダイオード，フォトダイオードアレイ
フォトダイオードは光電流を取りだす素子であり，光の量に比例する電流を取りだす．フォトダイオードを 512 個あるいは 1024 個並べたものがフォトダイオードアレイである．フォトダイオードアレイ検出器は広範囲の波長領域の光を同時に検知できる．

(b) 示差屈折検出器(示差屈折計)

示差屈折検出器(refractive index detector)は,試料側と対照側の屈折率の差を連続的に測定するものである.この検出器は,広範囲の試料に適用でき,類似化合物間において感度の差がほとんどない.しかし,感度がよくないので微量分析には不適である.糖は比較的感度よく検出できる.

(c) 蛍光検出器(蛍光光度計)

蛍光検出器(fluorometric detector)は,蛍光物質の検出に用いられる.紫外可視吸光検出法に比べ,高感度である.光源として,キセノンランプが用いられている.測光方式として,励起光に対して直角方向から蛍光を取りだす方法が一般的に用いられている.

(d) 電気化学的検出器

電気化学的検出器(electrochemical detector)は,定電位で酸化あるいは還元を行うことにより流れる電流を測定するものである.電解効率が1～10%のアンペロメトリック検出法が用いられている.カテコールアミンなど容易に酸化される物質を高感度に検出できる.

(e) 電気伝導度検出器(導電率検出器)

電気伝導度検出器(conductivity detector)は,溶出液の電気伝導率(導電率)の変化を測定するものである.無機イオンおよび有機イオンなどイオン性物質の検出に用いられている.

(f) 質量分析計

質量分析法(mass spectrometry, MS)は,定性および定量分析のための非常に強力な手段である.以前は,LCと質量分析計の連結は難しかった.しかし,イオン化法の進歩とともに,LCと質量分析計との連結(LC/MS)が行われている〔12.5.2項(2)参照〕.

15.3.3 医薬品分析への応用

SBO クロマトグラフィーを用いて試料を定性・定量できる.(知識・技能)

(1) 複方サリチル酸精の定量

定量法:本品2mLを正確に量り,内標準溶液5mLを正確に加え,さらに薄めたメタノール(1→2)を加えて100mLとし,試料溶液とする.別に定量用サリチル酸をデシケーター(シリカゲル)で3時間乾燥し,その約0.2gおよび定量用フェノール約50mgを精密に量り,薄めたメタノール(1→2)に溶かし,正確に100mLとする.この液20mLを正確に量り,内標準溶液5mLを正確に加え,さらに薄めたメタノール(1→2)を加えて100mLとし,標準溶液とする.試料溶液および標準溶液15µLにつき,次の条件で液体クロマトグラフィーにより試験を行う.試料溶液の内標準物質のピーク面積に対するサリチル酸およびフェノールのピーク面積の比 Q_{Ta} および Q_{Tb} ならびに標準溶液の内標準物質のピーク面積に対するサリチル酸およびフェノール

のピーク面積の比 Q_{Sa} および Q_{Sb} を求める．

サリチル酸($C_7H_6O_3$)の量(mg) ＝ $M_{Sa} \times Q_{Ta}/Q_{Sa} \times 1/5$

フェノール(C_6H_6O)の量(mg) ＝ $M_{Sb} \times Q_{Tb}/Q_{Sb} \times 1/5$

M_{Sa}：定量用サリチル酸の秤取量(mg)

M_{Sb}：定量用フェノールの秤取量(mg)

内標準溶液　テオフィリンのメタノール溶液(1 → 1250)

操作条件

検出器：紫外吸光光度計(測定波長：270 nm)

カラム：内径約 4 mm，長さ 25 ～ 30 cm のステンレス管に 5 μm の液体クロマトグラフィー用オクタデシルシリル化シリカゲルを充塡する．

カラム温度：室温

移動相：pH 7.0 の 0.1 mol/L リン酸塩緩衝液/メタノール混液(3：1)

流量：サリチル酸の保持時間が約 6 分になるように調整する．

カラムの選定：安息香酸 0.2 g，サリチル酸 0.2 g，およびテオフィリン 0.05 g を薄めたメタノール(1 → 2)100 mL に溶かす．この液 10 mL に薄めたメタノール(1 → 2)90 mL を加える．この液 10 μL につき，前記の条件で操作するとき，安息香酸，サリチル酸，テオフィリンの順に溶出し，それぞれのピークが完全に分離するものを用いる．

解説：テオフィリンを内標準物質として用いて，複方サリチル酸精中のサリチル酸およびフェノールの定量を逆相クロマトグラフィーにより行う．図 15.8 に分離例を示す．

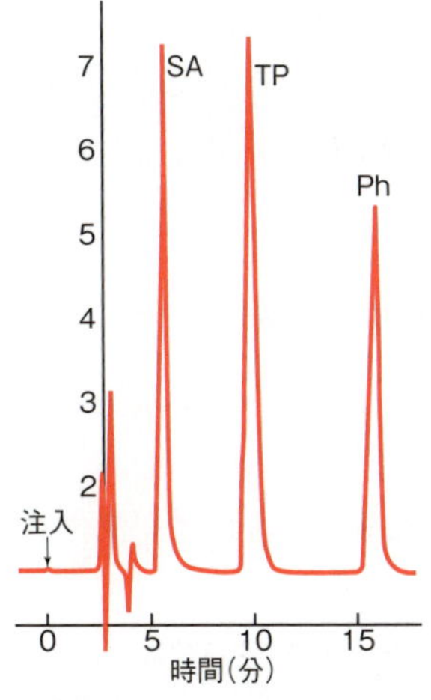

図 15.8 複方サリチル酸精中のサリチル酸およびフェノールの定量

HPLC 条件：カラム，Zorbax ODS；移動相，0.1 mol/L　KH_2PO_4(pH 7.0)-CH_3OH(75：25)；流速，1 mL/min；検出，270 nm．SA：サリチル酸，TP：テオフィリン，Ph：フェノール．

(2) タンパク質のアミノ酸分析法

＊ 日局17の一般試験法に収載.

タンパク質のアミノ酸分析法＊は，タンパク質，ペプチド，およびその他の医薬品のアミノ酸組成やアミノ酸含量を測定する方法で，ⅰ）タンパク質およびペプチドの加水分解，およびⅱ）アミノ酸分析方法がある．前者は一般的には，試料をフェノール添加6 mol/L 塩酸で110℃，24時間処理する．後者は，(a) **ポストカラム法**および(b) **プレカラム法**に分けることができる．多くのアミノ酸は，紫外可視領域に吸収あるいは蛍光をもたないため，紫外可視吸収物質および蛍光物質に誘導して(**誘導体化**という)検出する．

(a) ポストカラム法

アミノ酸をイオン交換クロマトグラフィーで分離した後，誘導体化して検出する．

① ニンヒドリン

アミノ酸1分子が**ニンヒドリン**2分子と反応して，青紫色の生成物を与える．この反応は，アミノ酸の酸化分解によるアンモニアの取り込みであり，アミノ酸の側鎖に依存せず同一の生成物を与える．イミノ酸であるプロリン1分子がニンヒドリン1分子と反応して，黄色の生成物を与える．

2 (ninhydrin) + R−CH(NH$_2$)−COOH →(Δ) (Ruhemann's purple) + RCHO + CO_2

② *o*-フタルアルデヒド(OPA)

***o*-フタルアルデヒド(OPA)**は，2-メルカプトエタノール(2-ME)あるいはアセチルシステインなどのチオール(還元剤)の存在下，アミノ酸と反応して蛍光物質(イソインドール誘導体)を生成する．イミノ酸であるプロリンは，あらかじめ次亜塩素酸ナトリウムとの反応を行い，OPAおよびチオールとの反応を行うことにより検出する．

OPA + R−NH_2 + $HOCH_2CH_2SH$ (2−ME) → (isoindole, NR, SCH_2CH_2OH)

(b) プレカラム法

アミノ酸を誘導体化した後，おもに逆相液体クロマトグラフィー(LC)で分離し検出する．

① フェニルイソチオシアネート(PITC)

アミノ酸は，**フェニルイソチオシアネート(PITC)**と反応してフェニルチオカルバミル(PTC)誘導体(PTC-アミノ酸)を生成する．この誘導体は波長254 nmで高感度に検出できる．PITCは，アミノ酸組成の分析(N-末端アミノ酸分析)に用いられている．

$H_2N-CH(R)-COOH$ —($C_6H_5-N=C=S$ (PITC))→ $C_6H_5-NH-C(=S)-NH-CH(R)-COOH$ →

アミノ酸

C_6H_5-NH-(チアゾリノン環: N, S, O, R) → C_6H_5-N(ヒダントイン環: O, R, NH, S)

PTH-アミノ酸

② その他

アミノ酸を 6-アミノキノリル-*N*-ヒドロキシスクシンイミジルカルバメート(AQC), 9-フルオレニルメチルクロロギ酸(FMOC-Cl)あるいは 7-フルオロ-4-ニトロベンゾ-2-オキサ-1, 3-ジアゾール(NBD-F)と反応後，蛍光検出する方法などがある．

Advanced 糖鎖試験法

糖鎖試験法[*1]は，糖タンパク質医薬品等に結合している糖鎖の恒常性を確認する方法である．糖鎖を評価する方法には，(a) 単糖に分解して分析する方法(**単糖分析**)，(b) 遊離糖鎖として分析する方法(**オリゴ糖分析 / 糖鎖プロファイル法**)，(c) 糖ペプチドとして分析する方法(**糖ペプチド分析**)，および(d) 糖タンパク質として分析する方法(**グリコフォーム分析**[*2])がある．

(a) 単 糖 分 析

一般に酸加水分解あるいは酵素消化により遊離した単糖を，ｉ) イオン交換クロマトグラフィーで分離し，パルス式電気化学検出する方法，ii) プレカラム誘導体化した後，LC により分離し，蛍光検出または UV 検出する方法などがある．

(b) オリゴ糖分析/糖鎖プロファイル法

糖タンパク質に結合した糖鎖を酵素的または化学的に遊離し，遊離糖鎖をそのまま，または誘導体化し，LC，キャピラリー電気泳動法(CE) (15.6 節参照)，および質量分析法(MS) (12.5 節参照)もしくはこれらの組み合せ〔液体クロマトグラフィー-質量分析法(LC/MS)あるいはキャピラリー電気泳動-質量分析法(CE/MS)〕(12.5.2 項，15.6 節参照)により分析する．

(c) 糖ペプチド分析

糖タンパク質を消化酵素等により特異的に切断し，得られたペプチドおよび糖ペプチド混合物を LC/MS，液体クロマトグラフィー-タンデム質量分析法(LC/MS/MS)，および液体クロマトグラフィー-多段階質量分析法(LC/MS^n) (12.5.2 項参照)で分析する方法で行われる．

(d) グリコフォーム分析

グリコフォーム分析は，糖鎖修飾の特徴およびその恒常性を糖タンパク質として確認する方法である．シアル酸結合量が有効性に影響する場合には，

＊1 日局 17 の一般試験法に収載．

＊2 グリコフォームとは，タンパク質部分の一次構造が同一で糖鎖部分のみが異なる糖タンパク質のサブユニットをいう．糖タンパク質の多くは，多様なグリコフォームからなる不均一な集合体である．

等電点電気泳動法，キャピラリー等電点電気泳動法，キャピラリーゾーン電気泳動法（15.6節参照），またはLC等を用いて電荷の違いにより分離されたグリコフォームプロファイルを得る．MSでは質量の違いによるグリコフォームプロファイルを得ることができる．

15.4 薄層クロマトグラフィー

薄層クロマトグラフィーは，ガラス板またはプラスチック板上に固定相の薄層をつくり，混合物を移動相で展開させてそれぞれの成分に分離する方法である．

SBO 薄層クロマトグラフィーの特徴と代表的な検出法を説明できる．

15.4.1 分離モード

薄層クロマトグラフィーには，シリカゲル，アルミナなどの吸着剤を固定相として用いた吸着クロマトグラフィーと化学結合型シリカゲルを固定相として用いた分配クロマトグラフィーの分離モードがある（15.3.1項参照）．

SBO クロマトグラフィーを用いて試料を定性・定量できる．（知識・技能）

15.4.2 操作法

（1）展　開

薄層クロマトグラフィーでは，薄層板の下端約20 mmの高さの位置を原線とし，左右両端から少なくとも10 mm離し，試料のスポットの間隔を10 mm以上とってマイクロピペットなどを用いて2～6 mmの円形状にスポットし，風乾する．あらかじめ展開用容器の内壁に沿ってろ紙を巻き，ろ紙を展開溶媒で潤し，展開溶媒で飽和した密閉容器中で，常温で展開を行う．展開溶媒の先端が規定の距離まで上昇したときに，薄層板を取りだし，ただちに溶媒の先端に印をつけ，風乾したのち，スポットの位置および色などを調べる．

薄層クロマトグラフィーは，固定相上に展開された試料成分を検出する方法であり，液体クロマトグラフィーやガスクロマトグラフィーなどのような溶出型クロマトグラフィーとは異なる．スポットの位置はR_fで表す（図15.3参照）．簡便・迅速に定性分析が行えるが，R_fの再現性は液体クロマトグラフィーやガスクロマトグラフィーのkに比べて劣る．

（2）検出法

薄層クロマトグラフィー上のスポットに色がついている場合は，スポットの検出は容易である．しかし，無色の場合には，化学的および物理的な方法を用いて検出を行う．

（a）化学的検出法

ニンヒドリン試薬（アミノ酸），ドラゲンドルフ試薬（アルカロイド，アミン）

などの特異的な検出試薬と硫酸，硝酸などのように有機物の呈色に用いられる汎用性の高い試薬がある．

（b）物理的検出法

最もよく用いられるのは，あらかじめ蛍光剤を加えた薄層板を用いて，展開する方法である．風乾後，紫外線を照射すると，スポットのあるところだけは蛍光を発せず黒っぽくなる．

15.5 ガスクロマトグラフィー

ガスクロマトグラフィー(gas chromatography，GC)は，適当な固定相からつくられたカラムに，移動相として不活性気体(キャリヤーガス)を用い，試料混合物を分離する方法である．物質の移動速度は，固定相との相互作用の強さにより異なるため，さまざまな物質を分離することができる．ガスクロマトグラフィーは，気体試料または気化できる試料に適用でき，物質の確認，純度の試験または定量などに用いられるが，汎用性の面では液体クロマトグラフィーに劣る．

15.5.1 分離モード

SBO クロマトグラフィーの分離機構を説明できる．

ガスクロマトグラフィーは二つのモードに大別される．一つは吸着剤を固定相に用いた吸着クロマトグラフィーで，無機ガスや低沸点炭化水素類などの分析に適している．もう一つは，不活性な保持体に不揮発性液体を含浸させたものを固定相に用いた分配クロマトグラフィーで，有機化合物の分析に適している．分離操作中の試料は気化しているため，試料の拡散が速く，固定相と移動相との間ですばやく平衡に達するので，高い分離能が得られる．

15.5.2 装　置

SBO ガスクロマトグラフィーの特徴と代表的な検出法を説明できる．

ガスクロマトグラフィーの装置は，キャリヤーガス導入部および流量制御装置，試料導入装置，カラム，カラム恒温槽，検出器，および記録装置からなる．必要ならば燃料ガスおよび助燃ガスなどのガス導入装置および流量制御装置などを用いる．

（1）キャリヤーガス導入部および流量制御装置

キャリヤーガス(carrier gas)は，高圧ボンベから送られ，導入部で適当な圧力に調整され，一定流量で分離カラムに送られる．キャリヤーガスとしては，窒素，水素，ヘリウム，アルゴンなどが用いられる．検出器によっては，水素ガスのような燃料ガスと空気あるいは酸素ガスのような助燃ガスを用いるが，これらは直接検出器に送られる．

(2) 試料導入装置

溶液試料の場合には，通常マイクロシリンジで，シリコンゴムセプタムを通して試料導入装置を用いて注入される．気体試料の導入にはガスタイトシリンジなどを用いる．試料導入部はカラム温度より 20 ～ 30 ℃高い温度に設定し，試料は瞬時に気化され，分離カラムに送り込まれるようになっている．

(3) カラムとカラム恒温槽

高温での分離が行われるため，カラム温度は約 400 ℃まで加熱できるようなカラム恒温槽が用いられる．カラムには，**充塡カラム**(packed column)，**キャピラリーカラム**(capillary column)，**充塡キャピラリーカラム**(packed capillary column)の 3 種類が使われる．

(a) 充塡カラム

内径 2 ～ 6 mm，長さ 0.5 ～ 20 m のステンレスまたはガラス管に充塡剤を詰めたものである．吸着型充塡剤にはシリカゲル，アルミナ，ゼオライトなどがあり，分配型充塡剤には，担体(ケイソウ土，ガラスなど)に分枝飽和炭化水素，ポリメチルシロキサン，ポリエチレングリコールなどの固定相液体をコーティングしたものがある．

(b) キャピラリーカラム

内径 0.1 ～ 0.5 mm，長さ 10 ～ 200 m の溶融シリカなどのキャピラリー内壁に固定相液体を保持したもので，分配モードで用いられる．

(c) 充塡キャピラリーカラム

内径 0.5 ～ 1.0 mm，長さ 0.5 ～ 10 m のキャピラリーに吸着型あるいは分配型充塡剤を詰めたものである．

(4) 検 出 器

ガスクロマトグラフィーの代表的な検出器として，下記の検出器がある．

(a) 熱伝導度検出器

熱伝導度検出器(thermal conductivity detector，TCD)は，キャリヤーガス(水素またはヘリウム)のみが通る参照側とキャリヤーガスおよび試料ガスが通る試料側との間の熱伝導度の差を検出する．有機化合物および無機化合物に広く利用できるが，感度は悪い．

(b) 水素炎イオン化検出器

水素炎イオン化検出器(flame ionization detector，FID)は，水素と空気の混合気体の炎のなかに，キャリヤーガス(通例，窒素)で運ばれた有機化合物が入り燃焼すると，炭素がイオン化し，電極間でイオン電流が流れる．C—H 結合をもつ有機化合物はすべて検出可能であるが，カルボニル基や無機化合物には応答しない．TCD に比べ高感度である．

(c) 電子捕獲検出器

電子捕獲検出器(electron capture detector，ECD)は，キャリヤーガス(た

とえば，高純度窒素)は，^{63}Ni または ^{3}H からでる β 線を照射することによりイオン化($N_2 + e^- \rightarrow N_2^+ + 2e^-$)され，イオン電流が流れる．電子親和性化合物は電子を捕捉し陰イオンを生成すると，移動速度が小さくなる．また，生成した陰イオンと，N_2^+とが結合することにより，電極間のイオン電流が減少する．ECD はこの電流の減少を検知するものである．電子親和性が大きい化合物(有機塩素系化合物，有機水銀など)に対して選択的かつ高感度である．

(d) 炎光光度検出器

炎光光度検出器(flame photometric detector，FPD)は，含硫黄および含リン有機化合物に対して選択的かつ高感度である．水素と空気の混合気体の炎のなかで燃焼するとき，それぞれに特有な炎光を発する．

(e) アルカリ熱イオン化検出器

アルカリ熱イオン化検出器(flame thermionic detector，FTD)は，含窒素および含リン有機化合物に対して選択的かつ高感度である．これらの化合物は，水素炎中，陰極上で加熱されたケイ酸ルビジウムとの間で電子移動を起こし，イオン電流が飛躍的に増大する．

(f) 質量分析計

GC と質量分析計とを連結(GC/MS)し，定性および定量分析に用いられている〔12.5.2 項(1)参照〕.

15.6 電気泳動法

15.6.1 電気泳動法の分類

SBO 電気泳動法の原理および応用例を説明できる.

電気泳動法には，**移動界面電気泳動法**(moving boundary electrophoresis)，**ゾーン電気泳動法**(zone electrophoresis)がある．前者は U 字管に試料を入れ，その上に溶媒を入れ，あらかじめ界面を形成させておく．次に，管の両端に電場をかけると界面の移動と成分の分離が観測される．一方，後者は支持体(ろ紙，ポリアクリルアミドゲルあるいはアガロースゲルなど)を用い，試料を負荷する．次に，両端に電場をかけると移動度の差により成分の分離が観測される. 前者は多量の試料が必要であるとともに分離が不完全なため，目的成分の分析および分離精製には不向きである．一方，後者は優れた分離が可能であり，少量の試料での分析および大量の試料での分離精製も可能である．したがって，現在はゾーン電気泳動法が，おもに用いられている．

またゾーン電気泳動法は，用いる支持体により**ゲル電気泳動法**(gel electrophoresis)，セルロースアセテート膜電気泳動法，ろ紙電気泳動法などに分類されている．近年，内径 100 μm 以下のガラス(フューズドシリカ)キャピラリーを用いる**キャピラリー電気泳動法**(capillary electrophoresis)，

キャピラリー電気泳動法
非常に細いキャピラリー(内径 100 μm 以下)を用いて，電気泳動を行う手法で，キャピラリーゾーン電気泳動法，動電クロマトグラフィー，およびキャピラリーゲル電気泳動法に分けられる．動電クロマトグラフィーでは，中性物質の分離もできる．

ガラスおよびプラスチックチップ上に作製した幅 100 μm 以下のマイクロチャンネル中で電気泳動を行うマイクロチップ電気泳動法による分離も行われている．

電気泳動法は分離モードにより，分子ふるい電気泳動法，**等電点電気泳動法**(isoelectric focusing)に分類されている．

15.6.2 電気泳動の原理

電気泳動において，帯電した粒子の電気泳動速度 v は，次の式(15.14)で表される．

$$v = \mu \frac{V}{L} = \mu E \tag{15.14}$$

ここで，L は電極間の距離(cm)，V は電圧(V)である．電圧 V を電極間の距離 L で割った値 E(V/cm)は電場の強さであり，1 cm 当たりの電圧を表す．μ を**電気泳動移動度**(electrophoretic mobility)という．このように，帯電した粒子の電気泳動における移動速度は，物質固有の値である電気泳動移動度 μ と実験条件によって決まる電場の強さ E の積で表される．したがって，ある一定の実験条件の下では，帯電した粒子は，その移動速度の違いに基づいて分離され，定性および定量分析が可能である．一方，球状の分子の場合，電気泳動移動度 μ は，次の式(15.15)で表される．

$$\mu = \frac{Q}{6\pi\eta r} \tag{15.15}$$

ここで，Q は帯電した粒子の電荷，r は粒子の半径，η は溶媒の粘度である．μ は，粒子の電荷に比例し，粒子の半径および溶媒の粘度に反比例する．式(15.5)より，電荷/サイズ比(Q/r)の同じ分子は，μ が等しい．すなわち，電気泳動では分離できない．

15.6.3 いろいろな電気泳動法

(1) ゲル電気泳動法

ゲル電気泳動法は，ゲルの両端に電圧をかけて，DNA やタンパク質などの生体高分子を分子量の違いによって分離する方法である．ゲル電気泳動法では，DNA やタンパク質はおもに分子ふるい効果により，その分子量の違いで分離される．ゲル電気泳動法を用いて，分子量の異なる DNA を分離する場合を例にとり説明する．陰イオンである DNA は，ゲル中で電気泳動により陽極側に移動する．図 15.9 に示すように網目状に重合したゲルの内部は，数 nm ～数 10 nm 程度のミクロポアが無数に存在しており，DNA はこのミクロポアをすり抜けながら泳動していく．その際に，DNA のサイズが大きいほど，ゲルのミクロポアを通り抜けるための抵抗が大きくなり，電気泳動の速度は小さくなる．したがって，小さいサイズの DNA が速く，大きいサイズの DNA が遅く泳動し，サイズの違いによって分離が達成される．ゲル電気泳動法で用いられるゲルは，**ポリアクリルアミドゲル**(polyacrylamide gel)と**アガロースゲル**(agarose gel)である．

ゲル電気泳動法は，タンパク質の分子量の測定にも用いられる．タンパク質を**硫酸ドデシルナトリウム**(sodium dodecylsulfate, SDS)で変性してから**ポリアクリルアミドゲル電気泳動法**(polyacrylamide gel electrophoresis, PAGE)で分離を行うことで分子量を知ることができる．この方法を，SDS-PAGE という．

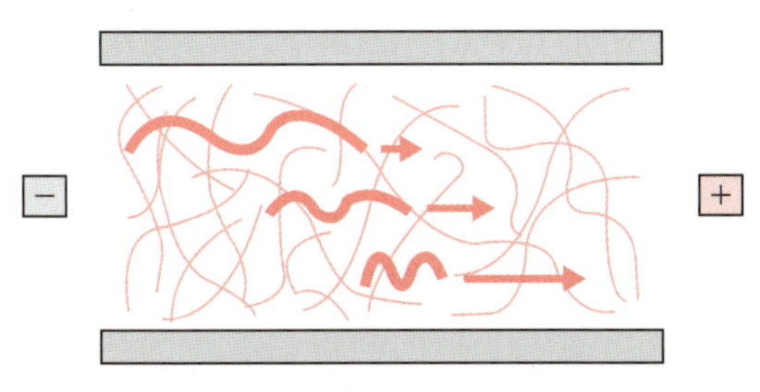

図 15.9 ゲル電気泳動法における分離の模式図

(2) 等電点電気泳動法

等電点電気泳動法は，**等電点**(isoelectric point, pI)の異なるさまざまな両性担体を用いて安定な pH 勾配を形成させることにより，タンパク質をその等電点に等しい pH 層に濃縮させ，互いに分離する方法である．

(3) キャピラリー電気泳動法

キャピラリー電気泳動法は，非常に細いキャピラリー(内径 100 μm 以下)の両端に高電圧をかけることにより，低分子物質(医薬品，生体成分，イオンなど)から高分子物質(タンパク質，DNA，ポリマーなど)までの広範囲のイオン性物質を高速，高分解能で分離する方法である．現在，キャピラリー電気泳動法では中性物質の分離も可能になっている．

(a) キャピラリー電気泳動法の分類

最もよく使用されている，**キャピラリーゾーン電気泳動法**(capillary zone electrophoresis)，**動電クロマトグラフィー**(electrokinetic chromatography)，**キャピラリーゲル電気泳動法**(capillary gel electrophoresis)について述べる．

① キャピラリーゾーン電気泳動法

キャピラリーゾーン電気泳動法はキャピラリー内に電解質溶液を満たし，両端に高電圧をかけることによって，その移動度の違いによりイオン性物質を分離する方法である．キャピラリー内壁のシラノール基(Si-OH)は，pH 4以上で解離する．キャピラリーの内壁は，解離したシラノール基($Si-O^-$)によって負に帯電し，陽イオンは内壁表面近くに引き寄せられて電気二重層を形成する．キャピラリーの両端に電圧をかけると，内壁表面の陽イオンは陰極の方向に移動する．それに伴って，キャピラリー内部の溶液全体が陰極のほうへ移動する．この現象を**電気浸透**(electroosmosis)といい，生じる流れを**電気浸透流**(electroosmotic flow)という．

キャピラリーゾーン電気泳動法では，キャピラリー中に発生する電気浸透流を積極的に利用して，電気泳動と電気浸透流により分離を行う．図15.10は，陽イオン，陰イオン，中性物質の分離を行った場合の模式図である．赤い矢印で示した電気浸透流が陽極から陰極に向かって流れている．通常の条件では，電気浸透流の速度は，陰イオンの電気泳動速度より大きいため，陰イオンも陰極に向かって移動する．陽イオンは，電気泳動の方向と電気浸透流の方向が同じであるため最も速く移動する．中性物質は相互に分離されないが，電気浸透流と同じ速さで移動する．一方，陰イオンは電気浸透流速度からイオンの電気泳動速度を差し引いた速さで，最も遅れて移動する．イオン性物質は，それぞれ物質固有の電気泳動移動度をもつので，キャピラリーゾーン電気泳動において相互に分離が可能である．

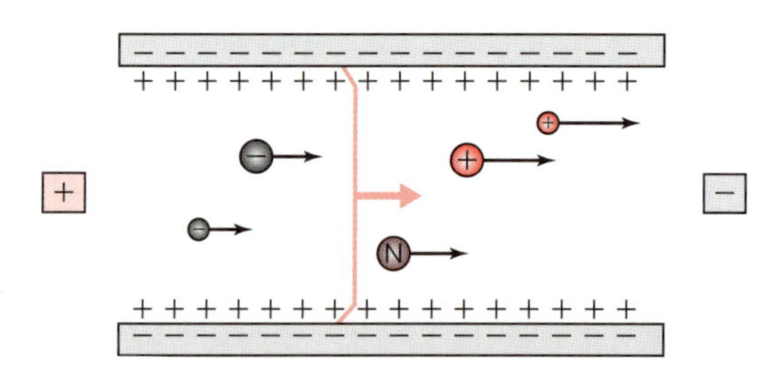

図15.10　キャピラリーゾーン電気泳動法における分離の模式図
Nは中性物質．赤い矢印は電気浸透流を示す．

②　動電クロマトグラフィー

動電クロマトグラフィーでは，電気泳動の方法論にクロマトグラフィーの分離メカニズムを組み合わせて，イオン性物質だけでなく電気的に中性な物質の分離を可能とした．

動電クロマトグラフィーでは，泳動液にイオン性ミセルを添加した**ミセル動電クロマトグラフィー**(micellar electrokinetic chromatography)が最も一般的に用いられている．動電クロマトグラフィーの代表的な例として，SDSのような陰イオン界面活性剤を用いたミセル動電クロマトグラフィーがある．キャピラリーゾーン電気泳動の場合と同様に，電気浸透流の速度は陰イオンの電気泳動速度より大きいため，ミセルも陰極方向へ移動する．中性物質は，ミセルへ取り込まれる割合の違いにより分離される．中性物質の一部はミセルに取り込まれ，ミセルとともに移動する．一方，水相中に存在する中性物質は電気浸透流のみによって移動する．物質がミセルに取り込まれる割合によってその泳動速度が異なることになる．つまり，ミセルに取り込まれる割合の大きい物質は，泳動時間が長くなり，ミセルに取り込まれる割合の小さい物質の泳動時間は短くなる．イオン性物質も中性物質と同様にそのミセルへの取り込まれる割合の違いにより分離される．ミセル動電クロマトグラフィーは，このように水相とミセル相という二相間の物質の分配を利用しており，逆相クロマトグラフィーと同様の分離メカニズムであると考えられる．

③ キャピラリーゲル電気泳動法

キャピラリーゲル電気泳動法は，キャピラリー中にポリアクリルアミドゲル，アガロースゲルなどのゲルあるいは線状ポリアクリルアミドやセルロース誘導体などのポリマー溶液を満たして，タンパク質やDNAなどの生体高分子を分離する方法である．キャピラリーゲル電気泳動による分離は，キャピラリーゾーン電気泳動やキャピラリー動電クロマトグラフィーの場合と異なり，ゲルあるいはポリマー溶液による分子ふるい効果に基づいている．電気浸透流は，ゲルをキャピラリーに充塡するあるいはキャピラリー内壁を中性高分子でコーティングすることにより抑えられている．

15.6.4 医薬品分析への応用

キャピラリー電気泳動法は，医薬品およびその代謝物，DNA，タンパク

COLUMN

omicsの時代到来！

omicsの時代到来．何のことだろうと思われるかもしれない．遺伝子は英語でgene，タンパク質はprotein，代謝物はmetabolite，脂質はlipidである．細胞内のすべての遺伝子(genome)，タンパク質(proteome)，代謝物(metabolome)，脂質(lipidome)，糖質(glycome)をさす場合には，omeを語尾につける．さらにこれらを網羅的に解析する(すべてを解析する)ことをgenomics，proteomics，metabolomics，lipidomics，glycomicsという．すなわち，omicsの時代到来である．

細胞内の遺伝子，タンパク質，代謝物，脂質，糖質をすべて解析するには，どうすればいいのだろう．ここで，力を発揮するのが分離分析法である．高速液体クロマトグラフィーあるいは電気泳動法により分離して，いろいろな手法で検出する．電気泳動法でラットの膵臓中のタンパク質を分離して検出すると，1,000個程度のタンパク質を分離，検出することが容易にできる．

omicsの時代は，高分離能の機器の発達によりもたらされたといっても過言ではない．

質などの分析に適用されている．従来，これらの分析に用いられていたLCと相補的に用いられる．DNAやタンパク質などの生体成分分析では，最近注目を集めているヒトの遺伝情報を解析するゲノム解析や細胞中の全代謝物を網羅的に解析するメタボローム解析に用いられている．

章末問題

1．次の[ ]にあてはまる語句，式および数値を記入せよ．

a．二つのピークの分離の度合いを表す[1](α)および[2](R_s)は，α =[3]およびR_s =[4]で表される．ここで，t_{R1}およびt_{R2}は，ピーク1および2の保持時間(ただし$t_{R1} < t_{R2}$)，t_0は，カラムにまったく保持されないで溶出する成分の保持時間，$W_{0.5h1}$および$W_{0.5h2}$は，ピーク1および2のピーク半値幅である．R_sが[5]以上で，ピークは完全分離している．

b．ピークの理論段数(N)は，N =[6]で表される．ただし，t_Rは保持時間，$W_{0.5h}$はピーク半値幅である．ピークの対称性を表すパラメータに[7]がある．[7]が1より小さい場合は，ピークは[8]している．保持時間t_1 = 8分，t_2 = 10分，t_0 = 1分，ピーク1および2のピーク半値幅が0.20分および0.25分のとき，このピーク1および2の質量分布比は[9]および[10]で，分離度は[11]で，ピーク1および2の理論段数は[12]および[13]である．

c．液体クロマトグラフィーの検出器には，[14]検出器，[15]検出器，[16]検出器などがある．[14]検出器は感度が悪いが，糖の検出に使用される．[15]検出器は一般に用いられている検出器であり，[16]検出器は特異性をもった検出器である．液体クロマトグラフィーは，分離モードにより，[17]クロマトグラフィー，[18]クロマトグラフィー，[19]クロマトグラフィー，および[20]クロマトグラフィーに分類される．[19]クロマトグラフィーは，アミノ酸，核酸，タンパク質のような[21]性物質の分離に用いられ，[20]クロマトグラフィーは，分子の大きさの違いにより溶質の分離が行われる．

d．ガスクロマトグラフィーは，移動相として[22]を用い，固定相として[23]あるいは[24]を用いる．[25]に不安定な試料や[26]しない試料は測定できない．ガスクロマトグラフィーの検出器には，[27]検出器，[28]検出器などがある．[27]検出器は無機化合物の検出が可能であり，[28]検出器は有機化合物の検出に適している．

2．順相クロマトグラフィーおよび逆相クロマトグラフィーについて，次の語句(固定相，移動相，極性，親水性シリカゲル，ODS化シリカゲル，有機溶媒，緩衝液：メタノール，溶出)を用いて，200字以内で説明せよ．

3．キャピラリー電気泳動法と従来の電気泳動法の違いについて説明せよ．

16 臨床現場で用いる分析技術

❖ 本章の目標 ❖

- 臨床分析で用いられる代表的な分析法を学ぶ.
- 精度管理および標準物質について学ぶ.
- 分析目的に即した試料の前処理法を学ぶ.
- 免疫化学的測定法の原理を学ぶ.
- 酵素を用いた代表的な分析法の原理を学ぶ.
- 代表的なドライケミストリーについて学ぶ.
- 代表的な画像診断技術(X 線検査, MRI, 超音波, 内視鏡検査, 核医学検査など)について学ぶ.

16.1 臨床分析の役割と用いられる分析法

臨床分析(**臨床化学分析**)とは, 病因の鑑別診断, 病態の解明や治療の方針の決定などを目的としてヒト体内の物質を定性・定量する分析化学であり, その学問体系を**臨床化学**(clinical chemistry)という. 分析試料は, 血液, 尿, 唾液, 胆汁などの体液や分泌液, 肝臓, 腎臓, 筋肉などの組織, 赤血球, 白血球などの細胞, 結石など多岐にわたる. おもに疾病により増減する**内因性**(endogenous)の物質(糖, アミノ酸, タンパク質, 核酸など)が測定の対象になるが, 薬物のような**外因性**(exogenous)の物質を測定する場合もある. その一例として, **治療薬物モニタリング**(therapeutic drug monitoring, **TDM**)があげられる.

SBO 臨床分析で用いられる代表的な分析法を列挙できる.

治療薬物モニタリング
薬の副作用を抑えて適切な薬物治療を行うために, 薬物投与後に患者から採血し, ただちに血中薬物濃度を測定すること. 治療効果や副作用が血中濃度と相関する薬物や, 治療域と副作用発現域が近い薬物について実施される.

臨床分析では多様な成分を含む複雑な試料中の微量の目的成分を測定することが必要であり, 医薬品の品質管理を目的とする分析法に比べて高い感度と特異性が求められる. また, 多数の試料を同時かつ迅速に測定することが可能で, 測定値の再現性がよく, 異なる施設で測定しても同じ結果が得られなければならない．現在，臨床検査の現場では，さまざまな分析法が目的や対象となる化学種に応じて使い分けられている(表 16.1)．

表 16.1 臨床分析で用いられる代表的な分析法

分析法	特徴
免疫測定法	
ラジオイムノアッセイ(RIA) 酵素イムノアッセイ(EIA) サンドイッチ EIA(two-site IEMA) ホモジニアス EIA(EMIT)	低分子から高分子まで，幅広い物質の超高感度定量分析が可能．EMIT は TDM に多用される．一斉分析には不向き．
酵素法	グルコース，アミノ酸，尿酸，乳酸などの日常検査．
分離分析法	
液体クロマトグラフィー(LC) 液体クロマトグラフィー－質量分析法(LC/MS) ガスクロマトグラフィー(GC) ガスクロマトグラフィー－質量分析法(GC/MS)	おもに低分子量の生体成分や薬物の定性・定量分析．複数の分析対象物質の一斉分析が可能．
電気泳動法	血清タンパク質の分離と定性分析．
原子吸光光度法 **誘導結合プラズマ発光分光分析法**	金属元素の測定．
イオンセンサー法	Na^+，K^+，Cl^-など，イオンの測定．

16.2 精度管理と標準物質

SBO 臨床分析における精度管理および標準物質の意義を説明できる．

臨床分析では，生体試料成分からの影響を受けやすいため，日常検査の正確さおよび精密さ*の維持管理を目的として精度管理が行われる．また，定量においては，測定の際の基準となる物質(標準物質)が不可欠である．

* 正確さとは真度のこと．精密さとは精度のことで，日内再現性(日内変動)および日差再現性(日差変動)という表現が，臨床分析でしばしば使われる．前者は併行精度，後者は室内再現精度に近いものであり，同日および異なる日で求めた精度のことである(1.4.3 項参照)．

16.2.1 精度管理

臨床分析では，生体試料に含まれる成分の濃度や活性を測定するため，生体試料成分からの影響を受けやすく，医薬品の分析に比べて測定値の偏りやばらつきの程度が大きい．そのため，精度管理(内部精度管理および外部精度管理)を行い，測定値の偏りやばらつきの程度を把握しておくことが重要である．

(1) 内部精度管理

内部精度管理は検査施設内で行われ，管理試料を用いて行う方法と患者試料を用いて行う方法がある．

(2) 外部精度管理

日本医師会，アメリカ病理医会，日本臨床衛生検査技師会，および日本衛生検査所協会などの医療・検査関連団体が，同一試料を多数の検査施設に配布し，広域で測定結果を調査するコントロールサーベイ，施設間で同一試料を測定するクロスチェックなどがある．

16.2.2 標準物質

標準物質とは，測定の際の基準となる物質であり，臨床分析においては，生体に含まれる成分の濃度や活性を測定する際の基準となる物質である．標準物質には，**標準物質**(reference material)と**認証標準物質**(certified reference material)がある．標準物質は，「一つ以上の指定された特性について，十分均質かつ安定であり，測定プロセスでの使用目的に適するように作成された物質」である．認証標準物質は，「一つ以上の指定された特性について，計量学的に妥当な手順によって値付けされ，指定された特性の値およびその不確かさ，ならびに計量学的トレーサビリティーを記述した認証書がついている標準物質」と定義されている．不確かさ*は，測定値からどの程度のばらつきの範囲内に「真の値」があるかを示すものである．一方，トレーサビリティーは，標準物質が最終的に国家標準である標準物質〔厳密には，国際単位系(SI)〕に辿り着ける(トレーサブルである)ことである．

* 標準偏差あるいは信頼の水準を明示した区間で表す．

標準物質は，高純度物質をある物質で希釈することにより目的成分の濃度を確定した純物質系標準物質と，化学組成が確定された組成型標準物質に分けることができる．臨床分析用では，血清中濃度が確定された組成型標準物質が，公的機関やそれに準拠した機関，あるいはその承認を受けている施設などから入手可能であり，定量分析用と酵素活性測定用がある．前者は無機物質(Na^+，K^+，Ca^{2+}，Mg^{2+}，Cl^-など)および有機物質(コレステロール，中性脂肪，尿酸，クレアチニン，尿素，グルコースなど)の濃度の測定に，後者はクレアチニンキナーゼ，アルカリフォスファターゼ，α-アミラーゼなどの酵素活性の測定に用いられる．

16.3 生体試料の前処理

16.3.1 生体試料の取扱い

臨床化学では多様な試料を取り扱うが，採取してから分析するまでの間に，目的成分の化学構造や濃度に変化があってはならない．目的成分が不安定な場合は，採取後すぐにpHを調整し，冷却(4～10℃)あるいは凍結(−10～−80℃)して保存する．なお，ヒト試料の採取や情報の利用には**インフォームド・コンセント**(informed-consent)による被験者の同意と分析者が所属する機関における倫理委員会などの承認が必要である．

インフォームド・コンセント
投薬，手術，検査などの医療行為を受ける患者や治験などの被験者が，その医療行為や治験の内容について十分な説明を受け理解したうえで，方針に合意すること．

(1) 血液試料

一般的には，空腹安静時に採血を行う．**全血**や**血球**を用いる検査もあるが，**血清**(serum)か**血漿**(plasma)を用いることが多い．血清は，採血後，血液を30分ほど放置して凝固させた後に遠心分離を行うことにより得られる．血漿は，採血後すぐに**抗凝血物質**(anticoagulant)を添加し，血液を凝固させず

抗凝血物質
血液凝固を阻害する物質で，EDTA塩とヘパリン塩が代表的である．前者は血液凝固因子であるCa^{2+}をキレートとしてマスキングし，後者はトロンビン(フィブリノーゲンをフィブリンに変換する)の生成を阻止することにより作用を示す．

に遠心分離することにより得られる．遠心分離後，赤血球が破壊されてヘモグロビンが溶出し，血清や血漿に混入することがある．この状態を**溶血**(hemolysis)という．溶血した試料を分析に用いるときは，ヘモグロビンをはじめ赤血球中の成分による妨害に留意しなければならない．

(2) 尿試料

尿試料には24時間蓄尿した1日尿，24時間を分割して採尿した分割尿，随時採尿した随時尿などの種類がある．分析までに保存する場合は冷蔵するが，必要に応じて酢酸，ホルマリン，トルエンなどを防腐剤として添加する．長期保存が必要ならば冷凍保存する．

SBO 分析目的に即した試料の前処理法を説明できる．

16.3.2 生体試料の前処理法

生体試料に含まれる分析対象物質の濃度はきわめて低いうえ，いろいろな夾雑(きょうざつ)物質が多量に共存する．また，化学的に不安定な成分も多い．このため試料に部分的な精製，濃縮，あるいは化学修飾を施してから分析機器に導入する(あるいは，分析試薬と反応させる)ことが必要な場合も多い．このような操作を**前処理**(pretreatment)という．

(1) 溶媒抽出法

分析試料に，水と有機溶媒(エチルエーテル，クロロホルム，1-ブタノールなど水と混じり合わないもの)を適当な比率で加え，十分に振り混ぜたのち静置すると，目的成分はより溶けやすい溶媒に移行する．目的成分が非解離性の有機化合物である場合は一般に有機溶媒層(**有機相**)へ移行し，無機塩やタンパク質のような水溶性の夾雑物質は**水相**に移行する．目的成分が溶け込んだ溶媒を，もう一方の溶媒から分離した後に溶媒を留去することにより，夾雑物質を除去すると同時に目的成分を濃縮することができる．これを**溶媒抽出**(solvent extraction)，あるいは**液-液抽出**(liquid-liquid extraction)という．本法の操作には分液漏斗や共栓遠心沈殿管などが用いられ，手動，自動振とう器，試験管用ミキサーなどの方法で混合する．

分析対象物質が解離基(アミノ基やカルボキシ基など)をもち，イオン形 ⇄ 分子形の解離平衡がある場合は，ほとんどが分子形として存在するようにpHを調整し，有機相に移行しやすくすることが重要である．たとえば，HA型の一塩基酸であれば，その$\mathrm{p}K_\mathrm{a}$を考慮して$\mathrm{pH} < \mathrm{p}K_\mathrm{a} - 2$とし，一酸塩基Bであれば，その共役酸$\mathrm{BH^+}$の$\mathrm{p}K_\mathrm{a}$を考慮して$\mathrm{pH} > \mathrm{p}K_\mathrm{a} + 2$としてから抽出する．また，目的成分を有機相に抽出する場合，試料の水溶液に塩化ナトリウム，塩化カリウム，硫酸アンモニウムなどの無機塩を加えることにより抽出の効率を高めることができる．この方法を**塩析**(salting out)という．

(2) 固相抽出法

ある種の化合物を選択的に保持する固定相を用いて試料中の妨害物質を除き，分析対象物質を濃縮する方法を**固相抽出**(solid-phase extraction)という．液体クロマトグラフィー用の充填剤をシリンジ型の管に詰めたミニカラム(カートリッジ)を利用することが多い．広く用いられる分離モードは，吸着，逆相分配，イオン交換で，対応する充填剤としては，吸着用としてシリカゲル，アルミナが，逆相分配用としてオクタデシル(C18)基，オクチル(C8)基，フェニル基などをシリカゲルに結合させた化学結合型シリカゲルが多用されている．とくにC18充填ミニカラムは，ある程度の疎水性をもつさまざまな化合物(薬物，ステロイドホルモン，脂溶性ビタミンなど)を生体試料の水溶液から容易に抽出できるため，幅広く利用されている．

(3) 除タンパク法

血清や血漿は高濃度のタンパク質を含んでいる．血中のタンパク質は多くの薬物や低分子ホルモンと複合体をつくるうえ，紫外吸収や蛍光を利用する検出を妨害する．クロマトグラフィーではカラムを劣化させる原因にもなるため，血中の低分子化合物を分析する際には，あらかじめ試料中のタンパク質を除くことが必要になる．脂溶性の成分は上記の抽出法でタンパク質から分離できるが(タンパク質はほとんど水相に移行する)，以下の**除タンパク**(deproteinization)が有効である．

試料を適当に希釈して**限外ろ過膜**(**メンブレンフィルター**)を通すことで，タンパク質が除かれた溶液が容易に得られる．さまざまな分画分子量(5,000，30,000，100,000など)の膜が市販されている．また，試料に酸または有機溶媒を加えてタンパク質を変性・沈殿させたのち，遠心分離する方法も広く用いられている．酸としては，トリクロロ酢酸(CCl_3COOH)と過塩素酸($HClO_4$)が多用される．CCl_3COOHや$HClO_4$の解離で生じるかさ高い陰イオン(CCl_3COO^-，ClO_4^-)がタンパク質分子内のイオン結合を切断し，分子内に埋もれていた疎水性の部分構造を露出させるために溶解性が低下するものと理解されている．塩酸，硫酸，硝酸では良好な除タンパク効果は得られない．血清や血漿に対して，等容量～4倍容量の有機溶媒を添加して混合しても除タンパクが可能である．水と混じる有機溶媒を用いるが，タンパク質変性剤としての効果は，アセトニトリル＞アセトン＞エタノール＞メタノールの順である．これらの溶媒は，タンパク質分子内の疎水結合を破壊することによりタンパク質を変性・沈殿させるものと考えられる．

(4) 誘導体化

分析対象物質を化学反応あるいは酵素反応などにより，別の化学構造をもつ物質に変換することを**誘導体化**(derivatization)という．おもにクロマトグラフィーにおいて，分析対象物質の安定性や検出器に対する応答性を高める目的で行われる．

16.4 免疫測定法

SBO 免疫化学的測定法の原理を説明できる．

16.4.1 免疫測定法とは何か

動物の体内で起こる免疫反応に関連した分子間相互作用を利用する物質の測定法を**免疫化学的測定法**と総称する．そのなかで最も汎用されているのは**抗原抗体反応**(antigen-antibody reaction)に基づく超微量定量法であり，**免疫測定法**(**イムノアッセイ**，immunoassay)といわれる．本項では，免疫測定法の原理と応用について述べる．

免疫測定法は抗体を分析試薬として利用する超微量定量分析法で，合成医薬品やステロイドホルモンなどの低分子物質からタンパク質，核酸などの高分子物質まで，さまざまな物質が測定の対象となる．しかも，抗原抗体反応が「鍵(抗原)と鍵穴(抗体)」の関係のように特異的で親和力も大きいため，きわめて特異的で感度も高い．このため，生体試料に含まれる極微量(μg/mL以下)の薬物やホルモンの定量分析に不可欠な分析法である．なお，免疫測定法では，測定対象となる物質は〝抗体に結合する物質〟であるので，〝抗原〟として扱われる．

16.4.2 抗　体

生体は，体内に侵入したさまざまな異物を**抗原**(antigen)として認識し，これを捕捉して不活性化あるいは排除するためにはたらく**抗体**(antibody)を産生する．

抗体は免疫測定法における分析試薬である．優れた測定系を確立するためには，標的の抗原に特異的で大きな親和力を示す抗体が必須である．

(1) 抗体の構造と機能

抗体は**免疫グロブリン**(immunoglobulin，Ig)と総称され，IgM，IgG，IgA，IgD，IgE などのクラスに分類される．免疫測定法で用いられる抗体はおもに IgG で，分子量約 150,000 の糖タンパク質である(図 16.1)．IgG は 2 本の **H 鎖**(heavy chain)と 2 本の **L 鎖**(light chain)から構成され，これらはジスルフィド結合で連結されている．H 鎖と L 鎖はそれぞれ**可変部**(**V 領域**，variable region)と**定常部**(**C 領域**，constant region)に区別される．異なる抗体分子間でアミノ酸配列を比較すると，定常部はほぼ一定であるが可変部は抗体ごとに大きく異なる．**抗原結合部位**は H 鎖と L 鎖の各可変部の間に形成される．したがって，1 分子の IgG は 2 分子の抗原と結合することができる．なお，定常部は抗原を捕捉した抗体が体外へ排除されるうえで重要な役割を担う．

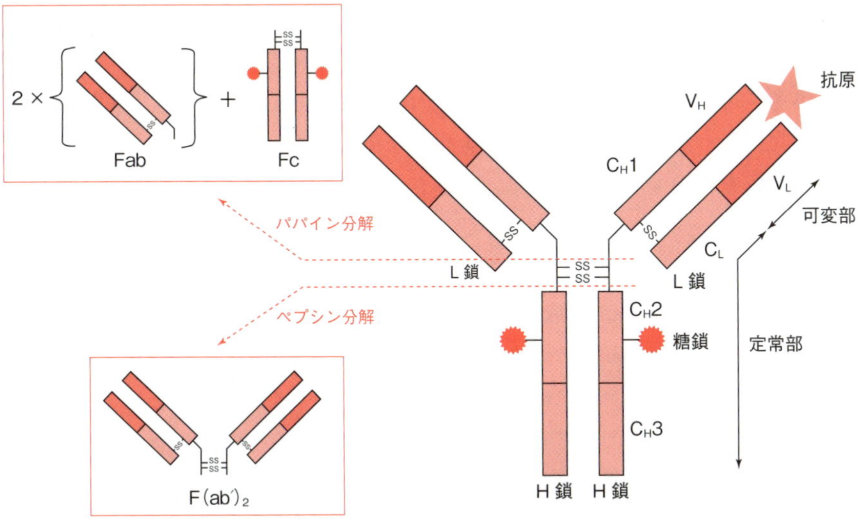

図 16.1 抗体分子(IgG)の基本構造

IgG をパパインやペプシンで限定分解すると，Fab，F(ab′)$_2$，あるいは Fab′ などの抗体フラグメントが得られるが，これらは抗原結合部位を保持しているため，IgG と同様に免疫測定法に利用されている．抗原との相互作用にはたらく力は水素結合，静電力，ファンデルワールス力，および疎水結合である．したがって，抗原抗体反応は可逆的で，質量作用の法則に従う．

抗体の抗原に対する**親和力**(affinity)は**結合定数**(**親和定数**, affinity constant, K_a)または**解離定数**(dissociation constant, K_d)で表される．K_a と K_d は下式で与えられ，**スキャッチャードプロット**(Scatchard plot)や平衡透析法で求められる．Ag は抗原，Ab は抗体の抗原結合部位，Ag・Ab は両者の複合体である．免疫測定法には，$10^8 \sim 10^{10}$ L/mol 程度の K_a 値を示す抗体が用いられている．

$$\mathrm{Ag} + \mathrm{Ab} \rightleftharpoons \mathrm{Ag \cdot Ab}$$

$$K_a = \frac{[\mathrm{Ag \cdot Ab}]}{[\mathrm{Ag}][\mathrm{Ab}]}\ \mathrm{L/mol}, \qquad K_d = \frac{[\mathrm{Ag}][\mathrm{Ab}]}{[\mathrm{Ag \cdot Ab}]}\ \mathrm{mol/L}$$

特異性(specificity)は目的の抗原とだけ結合し，類似の構造をもつ物質を識別する能力の尺度で，さまざまな類似物質との**交差反応性**(cross reactivity)により評価する．抗体は化学構造上の微小差(官能基の有無や位置，立体配置の違いなど)を鋭敏に認識し，エナンチオマーの識別が可能な場合も多い．このため免疫測定法では，しばしば試料の前処理を省略して目的物質を測定することが可能になる．

（2）抗体の調製

生体はたいていの有機化合物に対して抗体を産生できるが，ある物質が抗体産生を引き起こす（**免疫原性**を示す）ためには分子量が大きく，免疫される動物にとって異物であることが条件となる．ただし，抗体は高分子物質の分子全体を認識するのではなく，大きさの限られた部分構造，すなわち**抗原決定基**（antigenic determinant）を認識して結合する．ステロイドや合成医薬品のような低分子物質は免疫原性をもたないが，適当な高分子抗原，すなわち**キャリヤー**（carrier）と結合させると抗原決定基としてはたらくので，抗体を得ることができる．このような物質を**ハプテン**（hapten）と総称する．実際に抗体を作製するためには，高分子抗原はそのまま，ハプテンはアルブミンやヘモシアニンなどのキャリヤーと共有結合させたのち，アジュバントといわれる免疫増強剤と混合してウサギ，マウスなどに繰り返し非経口的に投与する．最終免疫の 7 ～ 10 日後に採血を行い，血清を分離すれば，特異抗体を含む**抗血清**（antiserum）が得られる．ただし，抗血清中の抗体は親和力や特異性が異なる複数の抗体分子種の混合物であり，**ポリクローナル抗体**（polyclonal antibody）といわれる．このため，動物の個体差が反映され，一定品質の確保が難しい．今日では細胞融合法により，単一の抗体産生細胞に由来する均質な**モノクローナル抗体**（monoclonal antibody）を調製することもできる．この方法は細胞培養の設備と技術を必要とするが，同一品質の抗体を大量かつ半永久的に供給できるため，免疫測定法の再現性を確保するうえで価値が大きい．

モノクローナル抗体
単一の抗体産生細胞を骨髄腫細胞と融合して得られる雑種細胞のクローンが産生する抗体．この雑種細胞を培養することにより，アミノ酸配列が均一（したがって特異性や親和力も均一）な抗体分子を大量に得ることができる．

16.4.3 免疫測定法の原理と応用

免疫測定法は，その測定原理から**競合法**（**競合型免疫測定法**，competitive immunoassay）と**非競合法**（**非競合型免疫測定法**，noncompetitive immunoassay）に分類することができる．なお，非競合法は，**イムノメトリックアッセイ**（immunometric assay）ともいわれる．

（1）競 合 法

（a）競合法の原理

測定原理を図 16.2 に示す．測定対象の抗原（Ag）と一定量の標識抗原（Ag*）を，一定量の抗体に対して競合的に反応させる．標識抗原とは，放射線，酵素活性あるいは蛍光など，なんらかのシグナルを発する物質を測定対象の抗原に結合させた誘導体である．

標識抗原 (Ag*)	非標識抗原 (Ag)	抗体		B 画分	F 画分	B/B₀%	B/T%
			⇌			100	50
			⇌			67	33
			⇌			33	17

注：≻は，抗体の抗原結合部位を示す．

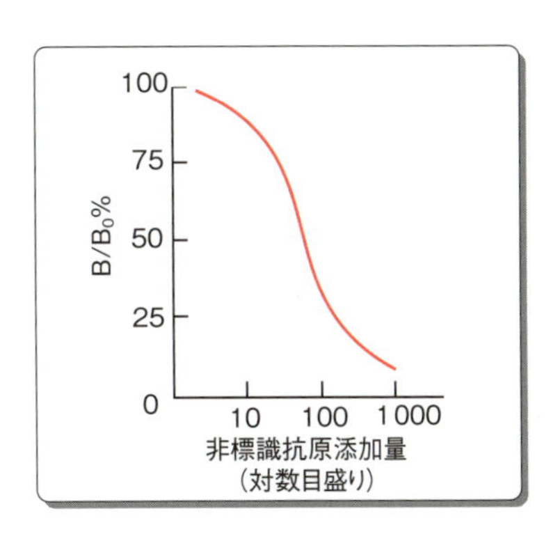

図 16.2 競合法の原理と標準曲線

抗体の量は，Ag*のみを反応させるときに，その総量(total Ag*；T)の50%程度を結合するように調整する．抗原抗体反応が平衡に達すると，Ag*の一部は抗体と結合し，一部は遊離の状態で残ることになる．Ag*のうち抗体と結合した画分を bound(B)，遊離の画分を free(F)という．この反応系に測定対象抗原の標準品(Ag)を加えると Ag と Ag*の間に競合が起こり，Ag の添加量の増加に応じて B 画分の割合が減少する．そこで，適当な方法で B 画分と F 画分を分離して(この操作を **B/F 分離**という)，いずれかのシグナル強度を測定し，加えた Ag の量に対してプロットすれば，**標準曲線**(standard curve)(**用量作用曲線**，dose-response curve)が得られる．多くの場合，B 画分のシグナル強度を測定し，Ag*総量(T)に対する百分率(B/T%)あるいは Ag 量がゼロの場合の B 画分(B_0 という)に対する百分率(B/B_0%)として表示する．図 16.2 のように B/B_0%を等間隔目盛りで縦軸に，Ag 添加量を対数目盛りで横軸にプロットすれば，標準曲線は右下がりの逆 S 字曲線となる．以上の操作と同時に Ag を含む濃度不明の試料についても同一の条件で Ag*との競合反応を行い，B/T ないしは B/B_0 の値を標準曲線に挿入すれば Ag の含量を求めることができる．競合法は，高分子抗原からハプテンまであらゆる抗原に適用することができるが，測定感度は用いる抗体の親和力に制約を受け，通常 nmol ～ fmol(10^{-9} mol ～ 10^{-15} mol)のレベルである．

Advanced B/F 分離の実際

B/F 分離にはいろいろな方法があるが，**2 抗体法**と**固相法**について説明する．

2 抗体法では，抗原と特異抗体（**第一抗体**という）の反応の後に，第一抗体を抗原として認識する抗体（**第二抗体**という）を沈降剤として加える（図①）．たとえば，ウサギをヒト成長ホルモンで免疫して調製した抗体（IgG）を用いてヒト成長ホルモンのラジオイムノアッセイを行う場合は，ヒツジあるいはヤギなどをウサギ IgG で免疫して得られる抗ウサギ IgG 抗体を第二抗体として使用する．第二抗体は第一抗体を架橋するように反応するので大きな**免疫複合体**（immune complex）が形成され，遠心分離により沈降する．したがって B 画分が沈殿に，F 画分は上清中に得られる．

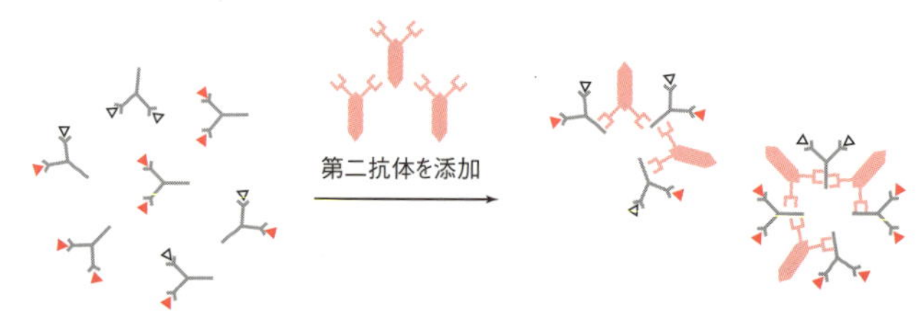

図① 2 抗体法の原理

2 抗体法では遠心分離操作が必要であるが，これを省いて簡略化したのが固相法である．第一抗体をプラスチック製のビーズや試験管，あるいはマイクロプレートに抗体をあらかじめ結合させておく．この固定化抗体に対して競合反応を行ったのち，溶液を吸引して除去し固相を洗浄すれば B が固相上に得られる．簡便・迅速で，現在，最も多用されている B/F 分離法である．

R. S. Yalow（1921 ～ 2011）
アメリカの医学研究者．S. A. Berson（1918 ～ 1972）とともに，インスリンを測定対象とするラジオイムノアッセイを初めて開発した．1977 年，ノーベル生理学・医学賞を受賞．

（b）競合法の応用

抗原の標識にはさまざまな物質が用いられているが，その増減を高感度に計測できることが必須である．**放射性同位体**（radioisotope）を標識する競合法は**ラジオイムノアッセイ**（radioimmunoassay，**RIA**），**酵素**（enzyme）を標識する競合法は**酵素イムノアッセイ**（**エンザイムイムノアッセイ**，enzyme immunoassay，**EIA**）といわれ，広く普及している．

① ラジオイムノアッセイ（RIA）

最初に開発された免疫測定法で，測定対象の抗原と放射性同位体で標識した抗原を一定量の抗体に対して競合反応させる．引き続き B/F 分離を行い，B，F いずれかの画分について放射能を測定し，標準曲線を作成する．合成医薬品やステロイドなど，ハプテンの測定では，これらの分子が本来もっている水素をトリチウム（^{3}H）で置換した標識化合物が用いられる．^{3}H は β 線を放出する半減期12.3年の核種で，標識化合物量の増減を液体シンチレーション法（有機溶媒中での発光を利用する方法）で高感度に計測することができる．ペプチドやタンパク質を標識する場合は，放射性ヨウ素 ^{125}I が用いられる．^{125}I は γ 線を放出する半減期59.4日の核種で，その放射能はシンチレーション・クリスタル法で計測できる．クロラミンT法や酵素法によりタンパク質に含まれるチロシン残基に ^{125}I を結合させる．

RIAは一般に感度に優れ，安定した測定結果が得られるが，放射性物質を用いることによる制約がある．この点を克服するために，酵素，蛍光物質，化学発光物質などを標識する**非放射性免疫測定法**（nonisotopic immunoassay）が開発された．

② 酵素イムノアッセイ（EIA）

酵素で標識した抗原を用いる競合型の免疫測定法である．測定する抗原と一定量の**酵素標識抗原**（図16.2のAg*に相当する）を，一定量の抗体に対して競合反応させる．反応後にB/F分離を行い，B画分に基質溶液を加え，酵素活性を測定する．標識酵素としては，アルカリホスファターゼ，ペルオキシダーゼ，β-ガラクトシダーゼの3種がおもに利用される．いずれも安定で高純度品が得やすく，抗原や抗体への標識による活性の低下が少ない．しかも，酵素反応により発色性あるいは蛍光性の生成物を生じる人工基質を用いて活性を高感度に測定することができる．なお，最近では抗体をプラスチック製の**96ウェルマイクロプレート**に固定化してEIAを行う場合が多い．これらのアッセイ系は**ELISA**（enzyme-linked immunosorbent assay）といわれる．プレート専用の洗浄装置や吸光度測定装置を利用して多くの試料を簡便・迅速に分析することが可能なため，幅広い領域で利用されている．

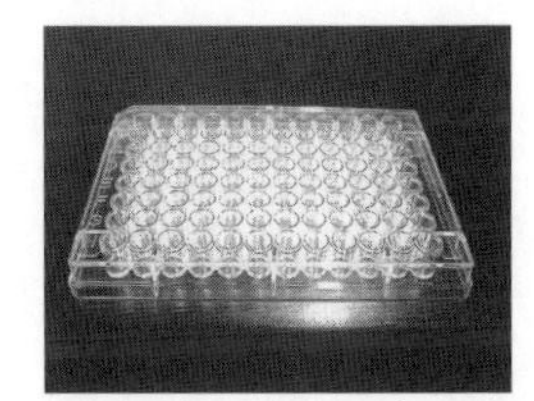

96ウェルマイクロプレート
縦8×横12の計96個のマイクロウェル（容量約0.3 mL）をもつプラスチック製のプレートである．タンパク質を吸着する材質でつくられているため，抗体や抗原を容易に固定化することができる．

（2）非競合法の原理と応用

測定対象の抗原に対して過剰量の標識抗体を反応させて，定量的に形成される免疫複合体の量を標識のシグナル強度から計測する方法である．いくつかの変法があるが，**サンドイッチアッセイ**（sandwich assay）の通称で知られる**two-siteイムノメトリックアッセイ**（two-site immunometric assay）が最も重要である．本法の原理を図16.3に示す．まず，目的抗原を一定過剰量の抗体を固定化した固相に加えて捕捉する．固相として，プラスチックのビーズやボールまたはマイクロプレートが用いられる．この固相を洗浄したのち，抗原分子上の異なる抗原決定基を認識する標識抗体を過剰に加えて反応させると，抗原が固定化抗体と標識抗体にサンドイッチされた複合体ができる．再び固相を洗浄して，固相上に残るシグナルを測定する．縦軸にシグナル強度を等間隔目盛りで，横軸に抗原量を対数目盛りでプロットすると，右上がりS字曲線の標準曲線が得られる．過剰の抗体を用いるため反応の進行が速く，微量の抗原を効率よくシグナル強度に変換することができる．したがっ

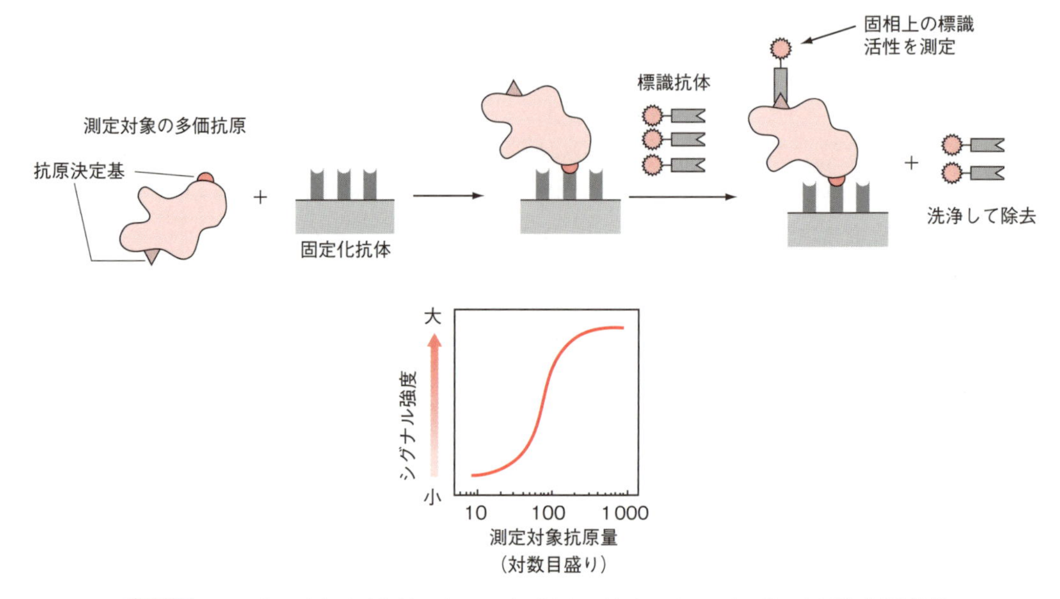

図 16.3 two-site イムノメトリックアッセイ(サンドイッチアッセイ)の原理と標準曲線

て，競合法に比べて分析時間の短縮が容易で測定の精度と感度に優れている．二つの部分構造に対する認識がはたらくため，目的物質に対する特異性も高い．ただし，同一分子上に二つ以上の抗原決定基をもつ高分子抗原にのみ適用が可能で，ハプテンの測定には用いられていない．

抗体の標識には放射性同位体や酵素が用いられる．酵素標識抗体を用いる方法を **two-site イムノエンザイモメトリックアッセイ**(two-site immunoenzymometric assay，two-site IEMA)というが，**サンドイッチ EIA** の別名のほうがむしろ一般的に用いられている．きわめて高感度で，amol ～ zmol (10^{-18} mol ～ 10^{-21} mol)の測定が可能な場合もあり，タンパク質の超高感度分析法として広く用いられている．抗体の固定化にはマイクロプレートが多用されるが，これらは ELISA の一方法(非競合型 ELISA)として分類することもできる．

(3) 均一系免疫測定法

上記のように，免疫測定法の大部分は B/F 分離操作が必要で，これらを**非均一系免疫測定法**(**ヘテロジニアスイムノアッセイ**，heterogeneous immunoassay)と分類する．一方，特別な工夫により B/F 分離を省いた**均一系免疫測定法**(**ホモジニアスイムノアッセイ**，homogeneous immunoassay)も開発されている．これらは非均一系測定法に比べて感度に劣るが，操作が簡便で迅速性に優れ，TDM における血中薬物の測定や薬毒物中毒の分析におけるスクリーニングに重用されている．**EMIT**(enzyme multiplied immunoassay technique)は**ホモジニアス EIA** ともいわれ，ハプテンの測定に用いられる．グルコース-6-リン酸デヒドロゲナーゼやリンゴ酸脱水素酵素などで標識したハプテンに抗体が結合すると，その酵素活性が阻害または活性化される．この反応系に遊離のハプテンを添加すると，その増量に応じて酵素活性が，抗体が結合する前の状態に復帰していく（図 16.4）．したがって，抗原抗体反応液にそのまま基質を添加して酵素活性を測定し，ハプテン量を求めることができる．

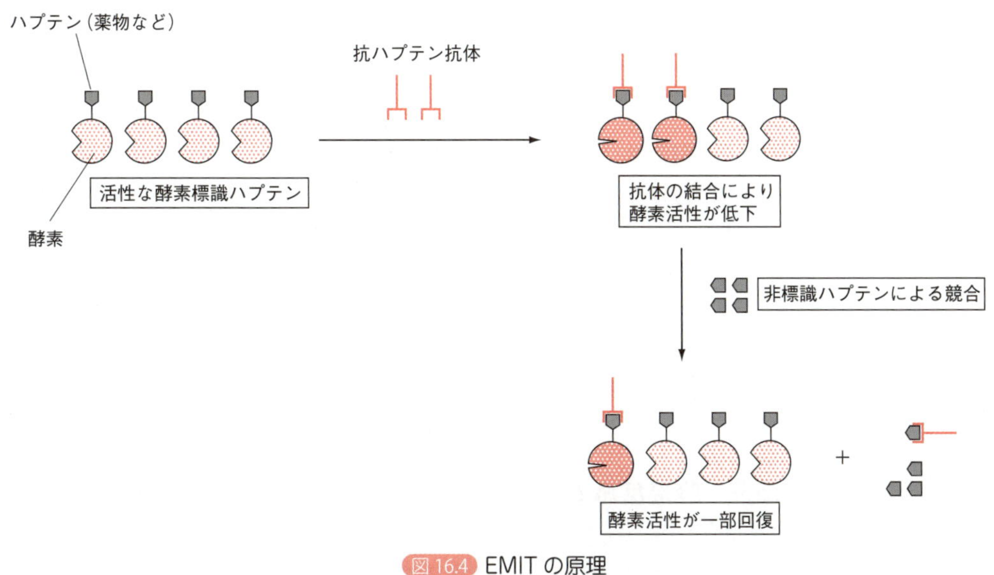

図 16.4 EMIT の原理
抗体の結合により酵素活性が低下する例．

（4）非標識免疫測定法

抗原，抗体のいずれもシグナル性の物質で標識することなく免疫複合体の生成量の増減をモニターする免疫測定法も利用されている．その代表例として，**ネフェロメトリックイムノアッセイ**（nephelometric immunoassay）によるハプテン測定があげられる．ハプテンを固定化した微細なラテックス粒子に抗体を反応させるとラテックスは架橋されて凝集し，コロイド状の懸濁液となる．この懸濁液にレーザー光を照射すると光散乱が起こるので，**比ろう法**（nephelometry）によりその強度を測定する．この反応系に遊離のハプテンを加えると，その増量に応じてラテックスの凝集は競合的に抑制され，散乱光の強度が減少する．EMIT と同様に B/F 分離を必要としない均一系の競合型アッセイである．標識を行うアッセイ系に比べて感度に劣るものの，簡便で迅速なうえ自動化も可能で，体液中薬物の日常分析に適している．

比ろう法
懸濁液による散乱光の強さを比ろう計（ネフェロメーター）により測定する方法．試料に光を当て，光軸に対して直角方向から散乱光を測定する．比濁計による濁り測定（懸濁液を透過する光を測定する）に比べて希薄な懸濁液に対して鋭敏である．

16.5 酵素を用いる分析法

SBO 酵素を用いた代表的な分析法の原理を説明できる.

16.5.1 酵素を用いる分析法とは何か

酵素は**基質**(substrate)となる物質の構造を特異的に認識し，特定の反応を触媒する．このため，酵素を分析試薬として用いることにより特定の基質を特異的に定量することができる．この分析法を，〝**酵素法**〞や〝**酵素的分析法**(**酵素的測定法**)〞などというが，本書では**酵素法**(enzymatic assay)を用いる．体液中の微量成分を分析する場合でも前処理を省略できることが多い．グルコース，アミノ酸，尿酸，クレアチニン，乳酸など，臨床検査項目として重要な生体成分の日常分析に広く用いられている．

一方，疾病に伴って変動する生体内酵素活性の測定，すなわち**酵素分析**も臨床検査における重要な項目である．この場合，酵素が分析の対象であり，その活性を求めるために一定量の基質を分析試薬として加える．本節では，酵素法および酵素分析について概説する．なお，酵素活性の単位として**国際単位**(international unit，U または I.U.)が定められ，これが多用されている．1 国際単位は〝至適な反応条件で，1 分間に基質 1 μmol の変化を触媒する酵素量〞と定義されている．

16.5.2 酵素反応と酵素反応速度論

最も単純な酵素反応である 1 基質による 1 段階反応について，速度論の要点を述べる．まず，酵素(E)と基質(S)が可逆的に結合して酵素-基質複合体(ES)を形成する〔式(16.1)〕．基質は酵素の触媒作用を受けて生成物(P)となり，すみやかに酵素から解離して遊離の酵素が再生する〔式(16.1)〕．

$$\mathrm{E} + \mathrm{S} \underset{k_{-1}}{\overset{k_1}{\rightleftharpoons}} \mathrm{ES} \xrightarrow{k_2} \mathrm{P} + \mathrm{E} \qquad (16.1)$$

k_1，k_{-1}，k_2 は各反応における反応速度定数であり，P の生成速度(v_p)と ES の生成速度(v_ES)はそれぞれ次のように表される．

$$v_\mathrm{P} = \frac{\mathrm{d[P]}}{\mathrm{d}t} = k_2[\mathrm{ES}] \qquad (16.1')$$

$$v_\mathrm{ES} = \frac{\mathrm{d[ES]}}{\mathrm{d}t} = k_1[\mathrm{E}][\mathrm{S}] - k_{-1}[\mathrm{ES}] - k_2[\mathrm{ES}] \qquad (16.1'')$$

酵素量を一定にして基質濃度[S]を増加させていくと，酵素反応の初速度(v)は図 16.5a のような曲線を描きながら増大する．やがて酵素は基質で飽和してすべて ES となり，かぎりなく最大速度(V_max)に近づく．また，[S]の増加につれて，初速度が基質濃度に比例する**一次反応**から，初速度が基質濃度に左右されない**0次反応**へ移行する．

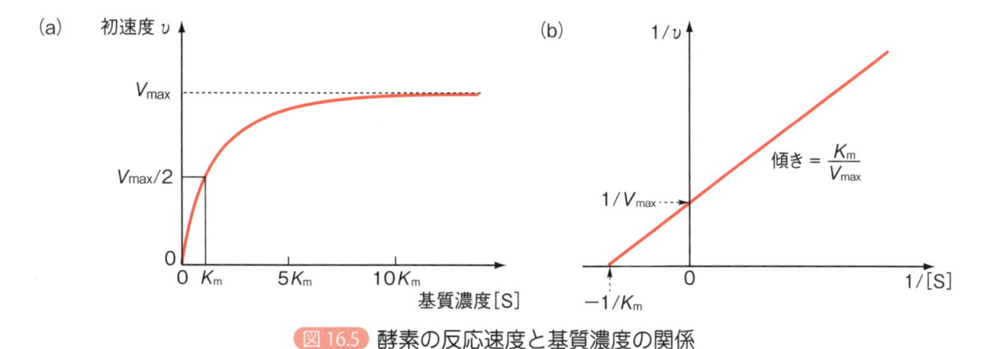

図 16.5 酵素の反応速度と基質濃度の関係

(a) ミカエリス・メンテンプロット，(b) ラインウィーバー・バークプロット．

この[S]と v との関係は，**ミカエリス・メンテンの式**(Michaelis-Menten equation)〔式(16.2)〕で表される．

$$v = \frac{V_{max}[S]}{K_m + [S]} \quad (16.2)$$

K_m は**ミカエリス定数**(Michaelis constant)で，個々の酵素に特有の値である．v が V_{max} の 1/2 になるときの基質濃度であり，複合体 ES の解離定数に相当する．したがって，K_m が小さいほど酵素の基質への親和性は大きい．また，k_1，k_{-1} および k_2 との間には，次の関係がある．

$$K_m = \frac{k_{-1} + k_2}{k_1} \quad (16.3)$$

式(16.2)の両辺の逆数をとると，**ラインウィーバー・バークの式**(Lineweaver-Burk equation)〔式(16.4)〕が得られる．

$$\frac{1}{v} = \frac{K_m}{V_{max}[S]} + \frac{1}{V_{max}} \quad (16.4)$$

横軸に 1/[S]，縦軸に $1/v$ をプロットすると，図 16.5b のように直線関係が得られる．横軸との交点は $-1/K_m$，縦軸との交点は $1/V_{max}$ である．また傾きは K_m/V_{max} であり，これらの関係から K_m を求めることができる．

16.5.3 酵素反応に影響する因子

(1) 基質濃度

式(16.2)から明らかなように，酵素反応の速度は基質濃度により変化する．基質濃度[S]が K_m に比べて十分に大きい場合，式(16.2)は

$$v = V_{\max} = k_2[\mathrm{E}]_t \tag{16.5}$$

となる．v は，その酵素濃度において得られる $V_{\max}$ になり，[S]に依存しない0次反応となり，v は酵素の全濃度($[\mathrm{E}]_t$)にのみ比例する．したがって，酵素量(酵素活性)を測定する酵素分析の場合は，$[\mathrm{S}] \gg 10\,K_m$ の条件下で反応を行う．

これに対して，基質濃度[S]が K_m に比べて十分に小さい場合，式(16.2)は次の式(16.6)のような初速度が基質濃度に比例する一次反応になる．基質の濃度を速度分析法(16.5.4項)で求める場合は，この条件下で反応を行う．

$$v = \frac{V_{\max}[\mathrm{S}]}{K_m} = k'[\mathrm{S}] \tag{16.6}$$

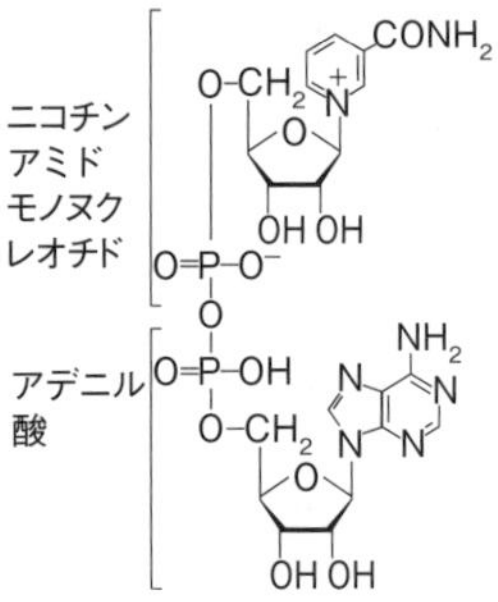

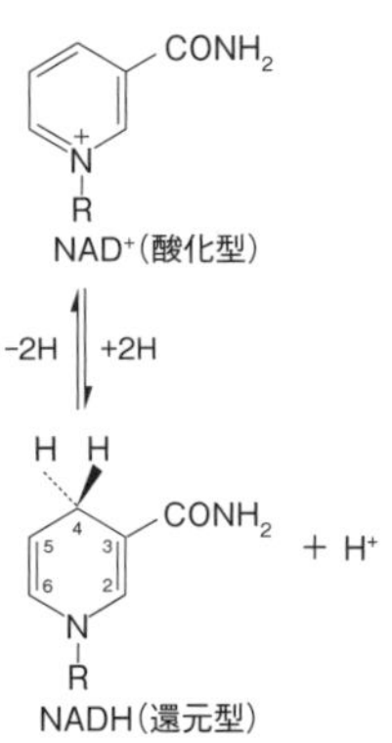

(2) 温度とpH

温度を高めると酵素反応の速度は一般に増大するが，ある温度を超えると酵素は変性して失活する．また,最高の活性を示すpH(至適pH)が存在する．酵素反応は，至適pHに調整した緩衝液中，20～37℃で反応を行うことが多い．

(3) 補因子

酵素が活性を発現するために，イオンや低分子の有機化合物などを必要とする場合がある．こうした物質を**補因子**(cofactor)という．たとえば，アルカリホスファターゼは Mg^{2+} を，アミラーゼは Ca^{2+} と Cl^- を，乳酸デヒドロゲナーゼの正反応では**ニコチンアミドアデニンジヌクレオチド**(nicotinamide adenine dinucleotide，NAD^+)をそれぞれ補因子として要求する．補因子のうち，NAD^+，$NADP^+$(NAD^+のリン酸エステル)のような有機化合物を**補酵素**(coenzyme)という．このような酵素反応を行う場合は，適当な補因子を添加する必要がある．

ニコチンアミドアデニンジヌクレオチド

酸化還元酵素による反応に関与する補酵素の一つ．NADと略されるが，その酸化型はピリジン環の窒素原子がピリジニウムイオンとして存在するので(構造式)，NAD^+とも表示する．下式に示すように，基質の2個の水素原子のうち1個がNAD^+のニコチンアミドの4位に付加して還元型(NADH)となり，他の1個は水素イオン(H^+)になる．NADHは340 nm付近に極大吸収をもつので，酵素活性の測定の指標として利用される．

ニコチンアミドモノヌクレオチド

アデニル酸

NAD^+(酸化型)

−2H　+2H

NADH(還元型)　$+ H^+$

16.5.4 平衡分析法と速度分析法

酵素法による基質の定量は，おもに**平衡分析法**と**速度分析法**のいずれかにより行われる．**平衡分析法**では,分析対象の基質に対して十分な量の酵素(E_1とする)を加えて反応を定量的に進行させ,ほぼ完全に生成物に変換させる．終末点に達するまで反応を進めることから，**エンドポイント測定法**(end-point assay)ともいわれる．反応が終末点に達したのちに反応液中の基質の減量，生成物(P_1とする)の増量，または補酵素の増量あるいは減量を吸光光度測定法，蛍光光度法などにより測定する．ただし，P_1や補酵素がこのような光学的性質を示さないことも多い．このときは，P_1を基質とする別の酵素(E_2)を用いて第二の酵素反応を行い，検出が可能な生成物(P_2)へ変換する．この酵素反応を**指示反応**(indicator reaction)という．後述するように，過酸化水素 H_2O_2 を消費して同時に発色体を生成する反応，または NAD(P)H を生成(あるいは消費)する反応が多用される．

速度分析法(**レートアッセイ**，rate assay)は，式(16.6)の一次反応が成立する条件下で，反応の v が[S]に比例することに基づく方法である．反応開始直後の一定の短時間における基質量あるいは生成物量の変化を機器により測定して初速度 v を求める．吸光度などの経時変化を連続的に自動記録できる測定機器が必要になるが，1 試料当たりの分析時間は平衡分析法に比べて著しく短縮されるため，病院の検査室などで多用されるようになっている．

上記のほかに，複数の酵素反応を組み合わせて超微量の基質(あるいは酵素)を増幅して測定する**酵素的サイクリング**(enzymatic cycling)も活用されている(16.5.6 項参照)．

16.5.5 酵素法による生体成分の定量

酵素法による血中の尿酸と D-グルコースの測定について原理と操作の概略を述べる．いずれも平衡分析法に基づく方法である．

(1) 尿　酸

(a) 1 段階法

尿酸を**尿酸オキシダーゼ**(urate oxidase)で分解〔式(16.7)〕して，尿酸に基づく紫外部の吸光度の減少から尿酸量を算出する．血清試料に尿酸オキシダーゼを含むホウ酸緩衝液(pH 9.5)を加えて室温で 15 分間放置後，293 nm (または 297 nm)における反応液の吸光度(A)を求める．酵素のみを除いた対照液の吸光度(A_1)と，反応液と同じ濃度の酵素液の吸光度(A_2)を求め，$A_1 + A_2 - A$ の値と尿酸のモル吸光係数から尿酸の含量を算出する．

尿　酸
核酸のプリン体の最終代謝産物で，その血中濃度の測定は痛風に関連した検査に必要である．

$$\text{尿酸} + 2\,H_2O + O_2 \xrightarrow{\text{尿酸オキシダーゼ}} \text{アラントイン} + CO_2 + H_2O_2 \qquad (16.7)$$

(b) 指示反応に共役させる方法

(a)の方法は，血清中のタンパク質により妨害を受けやすい．そこで最近は，上記の酵素反応で生じる H_2O_2 の量を，**ペルオキシダーゼ**(peroxidase, POD)を用いる指示反応に共役させて，**色原体**(chromogen)の酸化により測定の容易な発色体を生成させる改良法が多用されている．しばしば用いられる 2 種の指示反応を図 16.6 に示す．

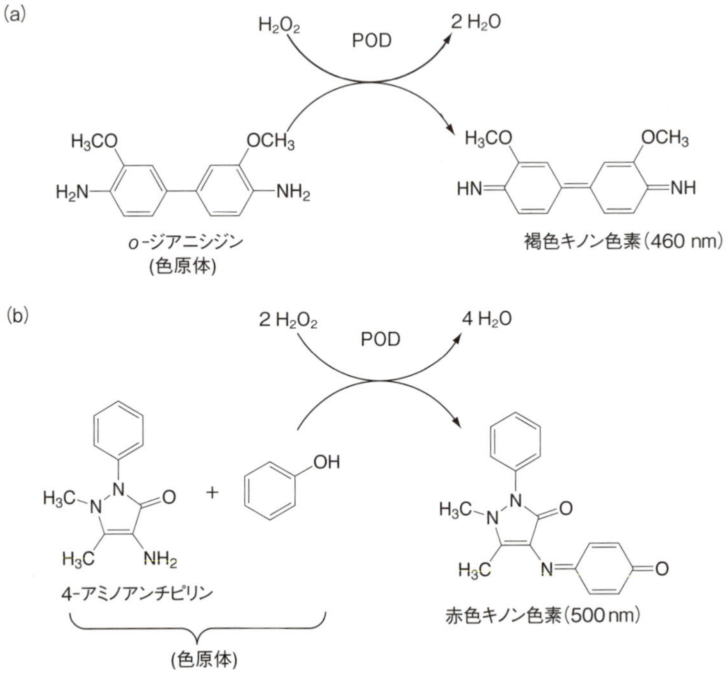

図 16.6　過酸化水素/ペルオキシダーゼ（POD）系の指示反応

（2）D- グルコース

（a）GOD-POD 法

β-D-グルコースに**グルコースオキシダーゼ**（glucose oxidase，GOD）を作用させると，D-グルコン酸と H_2O_2 が生成する〔式(16.8)〕．この H_2O_2 を POD を用いる指示反応（図 16.6b）に導く．4-アミノアンチピリン，フェノール，GOD，POD，**ムタロターゼ**（mutarotase），および血清試料を含む緩衝液を 37℃で 5 分間インキュベートしたのち，500 nm の吸光度を測定する．ムタロターゼは，血清中の α-D-グルコースを β-D-グルコースに変換するために添加する．

$$\beta\text{-D-グルコース} + H_2O + O_2 \xrightarrow{\text{GOD}} \text{D-グルコン酸} + H_2O_2 \quad (16.8)$$

$$2\,H_2O_2 + \text{4-アミノアンチピリン} + \text{フェノール} \xrightarrow{\text{POD}} \text{キノン色素} + 4\,H_2O$$

（b）HK-G6PD 法

ヘキソキナーゼ（hexokinase，HK）と**グルコース-6-リン酸デヒドロゲナーゼ**（glucose-6-phosphate dehydrogenase，G6PD）の共役作用により，D-グ

ルコースをグルコース6-リン酸を経て6-ホスホグルコノ-δ-ラクトンへ変換する．2番目の酵素反応〔式(16.9)〕で生成するNADPHに基づく340 nmの吸光度の増加を測定して，グルコース量を求める．

$$\text{D-グルコース} + \text{ATP} \xrightarrow{\text{HK}} \text{グルコース 6-リン酸} + \text{ADP}$$

$$\text{グルコース 6-リン酸} + \text{NADP}^+ \xrightarrow{\text{G6PD}} \text{6-ホスホグルコノ-}\delta\text{-ラクトン} + \text{NADPH} + \text{H}^+ \qquad (16.9)$$

そのほかの代表的な生体成分の測定例を表16.2に示す．前述の例のように，H_2O_2 または NAD(P)H の生成あるいは消費を利用する場合が多い．

表16.2 酵素法による生体成分の分析例

測定成分	酵素反応
乳　酸	乳酸 + O_2 $\xrightarrow{\text{乳酸オキシダーゼ}}$ ピルビン酸 + H_2O_2 H_2O_2 + 色原体 $\xrightarrow{\text{ペルオキシダーゼ}}$ $2H_2O$ + 発色体
ピルビン酸	ピルビン酸 + O_2 + リン酸 $\xrightarrow{\text{ピルビン酸オキシダーゼ}}$ アセチルリン酸 + CO_2 + H_2O_2 H_2O_2 + 色原体 $\xrightarrow{\text{ペルオキシダーゼ}}$ $2H_2O$ + 発色体
シュウ酸	シュウ酸 $\xrightarrow{\text{シュウ酸脱炭酸酵素}}$ ギ酸 + CO_2 ギ酸 + NAD^+ $\xrightarrow{\text{ギ酸デヒドロゲナーゼ}}$ CO_2 + NADH
アンモニア	2-オキソグルタル酸 + NH_3 + NAD(P)H + H^+ $\xrightarrow{\text{グルタミン酸デヒドロゲナーゼ}}$ グルタミン酸 + H_2O + $NAD(P)^+$
尿　素	尿素 + H_2O $\xrightarrow{\text{ウレアーゼ}}$ $2NH_3$ + CO_2 2-オキソグルタル酸 + NH_3 + NAD(P)H + H^+ $\xrightarrow{\text{グルタミン酸デヒドロゲナーゼ}}$ グルタミン酸 + H_2O + $NAD(P)^+$
遊離コレステロール	コレステロール + O_2 $\xrightarrow{\text{コレステロールオキシダーゼ}}$ コレステノン + H_2O_2 H_2O_2 + 色原体 $\xrightarrow{\text{ペルオキシダーゼ}}$ $2H_2O$ + 発色体
遊離脂肪酸	遊離脂肪酸 + CoA + ATP $\xrightarrow{\text{アシル-CoA合成酵素}}$ アシル-CoA + ピロリン酸 + AMP アシル-CoA + O_2 $\xrightarrow{\text{アシル-CoAオキシダーゼ}}$ エノイル-CoA + H_2O_2 H_2O_2 + 色原体 $\xrightarrow{\text{ペルオキシダーゼ}}$ $2H_2O$ + 発色体

16.5.6 酵素分析（酵素活性の測定）

体液中の酵素活性の変動は，病態を診断するうえで有力な情報になる．たとえば，臓器が損傷したとき，細胞内の酵素が血中に逸脱し，その血中レベルが異常高値を示す．こうした目的で酵素活性を測定する場合，その酵素の作用により発色性あるいは蛍光性のを発する生成物に変化する人工基質を大過剰に加え，0 次反応の条件で反応させる（16.5.3 項参照）．一定時間（10 ～ 30 分程度）の反応ののちに，適当な試薬を加えて酵素反応を停止させ，そこまでに生じた生成物の量を測定する**定点測定法**（fixed-time assay）が多用される．反応開始直後の生成物の増量をモニターする速度分析法も用いることができる．

（1）アルカリホスファターゼ活性

アルカリホスファターゼ（alkaline phosphatase，ALP）の活性測定は重要な臨床検査項目の一つである．ALP はリン酸エステルを加水分解する酵素で，肝疾患において血中に遊出する．また，EIA や two-site IEMA（16.4.3 項参照）における標識酵素としても多用されている．

（a）定点測定法

4-ニトロフェニルリン酸と塩化マグネシウムを含むジエタノールアミン緩衝液（pH 10）を，ALP を含む試料溶液に加えて撹拌し，37℃で 1 時間反応させる〔式（16.10）〕．0.1 mol/L 水酸化ナトリウム水溶液を加えて酵素反応を停止し，ALP の作用により遊離する 4-ニトロフェノールに基づく 405 nm の吸光度を測定する．

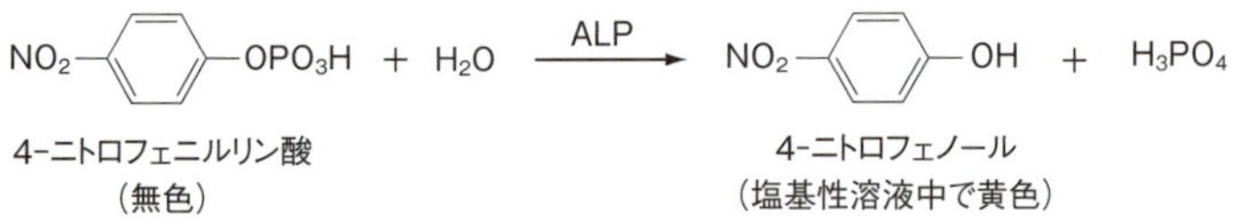

$$NO_2-C_6H_4-OPO_3H + H_2O \xrightarrow{ALP} NO_2-C_6H_4-OH + H_3PO_4 \qquad (16.10)$$

4-ニトロフェニルリン酸（無色）　4-ニトロフェノール（塩基性溶液中で黄色）

（b）酵素的サイクリングを利用する増幅測定法

酵素的サイクリングは，二つの酵素反応を組み合わせてごく微量の補酵素〔$NAD(P)^+$ など〕を繰り返し利用する反応系を構築し，物質を増幅測定する超高感度測定法である．ALP は，図 16.7 に示すサイクリング反応を利用して活性を高感度に測定することができる．

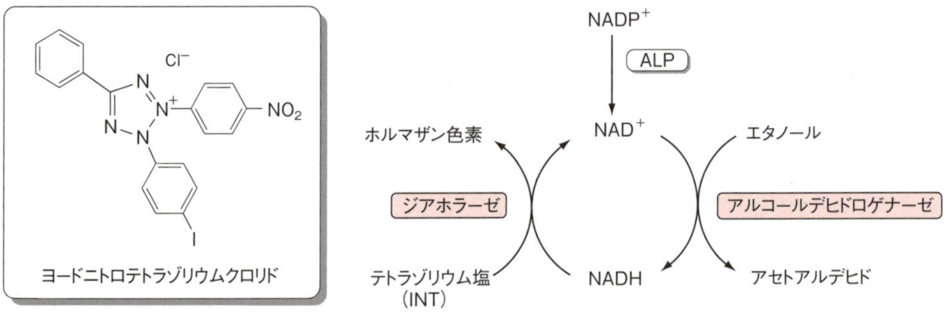

図 16.7 酵素的サイクリングによるアルカリホスファターゼ活性の高感度測定法

まず，NADPナトリウム塩($NADP^+$)と塩化マグネシウムを含むジエタノールアミン緩衝液(pH 10)を試料溶液に加えて撹拌し，25℃で30分反応させる．ついで，**アルコールデヒドロゲナーゼ**(ADH)，**ジアホラーゼ**，**ヨードニトロテトラゾリウムクロリド**(iodonitrotetrazolium chloride，INT)，エタノールを含むリン酸塩緩衝液(pH 7.3)を加えて混合する．さらに25℃で30分反応させたのち，0.1 mol/L 塩酸を加えて酵素反応を停止する．INTが還元されて生成する赤紫色のホルマザン色素に基づく492 nmの吸光度を測定する．

試料中のALPは$NADP^+$のリン酸エステルを加水分解してNAD^+を生成するが，過剰量のエタノールとADHのはたらきでNADHに変換される．これはただちに過剰量のINTとジアホラーゼの作用により再びNAD^+になるが，このときホルマザン色素が生成する．このサイクリング反応がn回まわると，最初にALPの作用で生じたNAD^+のn倍量のホルマザン色素が生成することになり，ALP活性をきわめて高感度に測定することができる．

酵素センサー
電極の表面を固定化酵素の薄膜で包んだ装置で，その酵素が作用する基質の測定に利用される．試料溶液に浸したときに酵素反応により生成あるいは消費される物質(酸素，アンモニアなど)の濃度変化を，電位差または電流として検出する．

Advanced　固定化酵素

酵素を，その触媒活性を損なうことなく，アガロースや合成ポリマーのような不溶性の担体に共有結合で固定化することができる．また，ゲルの細孔やマイクロカプセル中に酵素を包括する方法も開発されている．このように加工された酵素は**固定化酵素**(immobilized enzyme)といわれる．16.5節で述べた酵素法による基質の分析では，酵素は溶液として反応液中に添加され，使用後は廃棄される．固定化酵素は反応後に回収して再使用できるので，経済性に優れている．また，酵素は固定化により安定性を増すことが多く，酵素反応を組み込んで多数の試料を自動分析するシステム，たとえば酵素反応による誘導体化を含むクロマトグラフィーや**酵素センサー**などの構築に有利である．

16.6 ドライケミストリー

16.6.1 ドライケミストリーとは何か

SBO 代表的なドライケミストリーについて概説できる．

近年，臨床検査の現場では，多くの生体成分が**ドライケミストリー**(dry chemistry)により測定されている．ドライケミストリーとは，試験紙やフィルムなどの支持体に乾燥状態で保持された試薬に，液体の分析試料を接触させて目的物質を測定する分析システムをいう．支持体のうえで目的物質に特異的な反応(化学的な呈色反応，抗原抗体反応，酵素反応，イオン選択的な電極反応など)が進行する．通常行われる溶液中の反応(ウェットケミストリー，wet chemistry)と対比される方法である．

支持体の構造の違いから，**試験紙方式**，**多層フィルム方式**，**イムノクロマ**

ト方式に分類することができる．試料は血液(全血，血清または血漿)あるいは尿であるが，試薬を含む支持体に添加する(点着させる)と試料の水分が溶媒としてはたらいて反応が進み，生成した発色体が支持体の上に沈着する．この呈色を肉眼で観察するか，あるいは機器を用いて定量的に測定する．臨床検査室ではドライケミストリー専用の全自動分析機器を利用することが多い．

16.6.2 ドライケミストリーの特徴

ドライケミストリーによる臨床検査システムには次のような特徴がある．

① 試薬の希釈や調製が不要なため，簡便・迅速に検査ができる．
② 測定に際して給水を必要とせず，また廃液を生じない．しかも試験紙やフィルムなどの廃棄が容易である．
③ 微量(通常，1 試験項目当たり 10 ～ 30 μL 以下)の試料で測定できる．
④ 測定の精度に優れている．多層フィルム方式における定量性はウェットケミストリーのそれに匹敵する．
⑤ 熟練した技術がいらないため，患者自身あるいは家庭でも実施できる．
⑥ 専用の機器を用いることにより，多数の試料の全自動測定ができる．

ウロビリノーゲン
胆汁色素であるビリルビンの代謝産物．下部小腸または大腸で生成され，大部分は糞便中に排泄されるが，一部は門脈から吸収されて腸肝循環する．尿中ウロビリノーゲン量は肝機能障害で増加し，総胆管閉塞などで減少する．

潜血(尿潜血)
尿に赤血球が混じる状態であるが，肉眼で判別できる血尿に対して，肉眼では判別が困難な微量の赤血球が混入した状態を指す．陽性の場合，腎臓，尿管，膀胱などの疾患が疑われる．

ケトン体
アセト酢酸，3-ヒドロキシ酪酸，アセトンの総称で，おもに肝で脂肪酸の酸化により生成される．生体のエネルギー源の一部として必須の成分である．尿中ケトン体は，重症糖尿病，過脂肪食，消化吸収障害などの指標になる．

16.6.3 ドライケミストリーの実際

(1) 試験紙方式

短冊状のプラスチックの一端に試薬をしみ込ませた試験紙を貼りつけたものを試料に浸したのちただちに引き上げ，呈色の程度を判定する．尿成分の簡易検査法としてしばしば用いられる方法で，**ウロビリノーゲン**，**潜血**，**ケトン体**，グルコース，タンパク質などの検査に使用されている．いわゆる〝dip and read〟方式で，試験紙の呈色を肉眼で判読する半定量的な試験である．

一方，血清または血漿を試料とし，酵素類，グルコース，尿酸などの生体成分のほか，テオフィリンやフェノバルビタールなどの薬物も測定できる試験紙システムが開発されている．専用の機器を使用して呈色の程度を読み取るもので，精度の高い定量分析が可能である．不透明な素材上での呈色であるため，図 16.8 のように**積分球**を用いて**反射光**を測定する．

(2) 多層フィルム方式

(a) 比色スライド

図 16.9a のような多層構造をもつスライドで，おもに血液試料の分析に用いられる．試料は展開層側に点着されるが，血漿成分が下方へ浸透し，試薬層に到達して呈色反応が起こる．透明フィルム側から光を照射し，反射光量を測定して定量値を得る．反射層(酸化チタンを含む)は入射光線を反射する

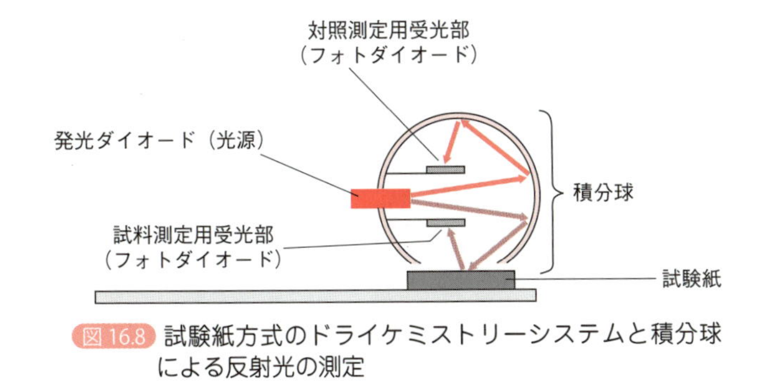

図 16.8 試験紙方式のドライケミストリーシステムと積分球による反射光の測定

鏡の役割を果たす．また，タンパク質やビリルビンなどの高分子物質の浸透をさえぎる分子ふるいとしてもはたらき，試料の濁りや着色による測定の干渉を防ぐ．

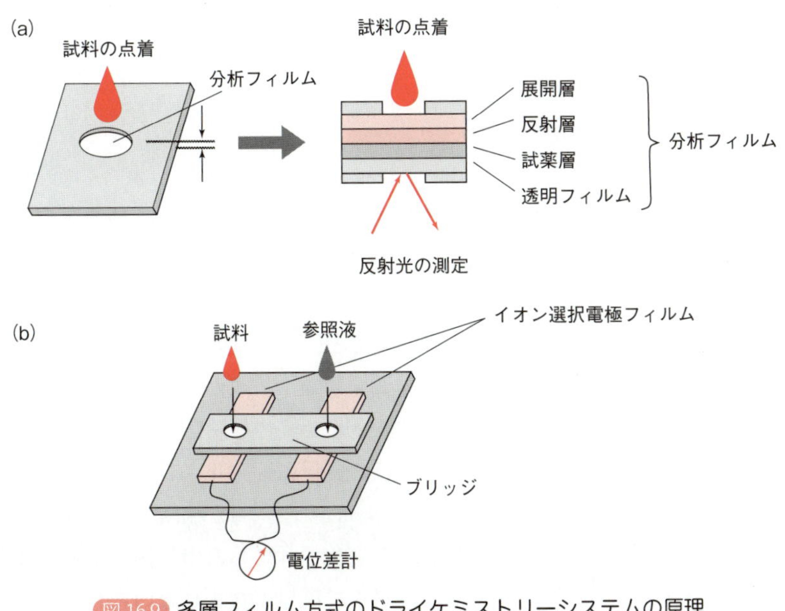

図 16.9 多層フィルム方式のドライケミストリーシステムの原理
(a) 比色スライド，(b) 電解質測定スライド．

（b）電解質測定スライド

使い捨て型のイオン選択電極を組み込んだスライドで，血中のイオン(Na^+，K^+，Cl^-)濃度の測定に用いられる．図 16.9b の構造をもち，血液と参照液を所定の場所に同時に添加すると，ブリッジの上を水分とイオンが移動して液絡ができる．そのとき生じる電位差を専用の機器を用いて測定することにより，イオン濃度が求められる．

（3）イムノクロマト方式

免疫測定法を図 16.10 のようなテストプレートの上で行い，測定対象の抗

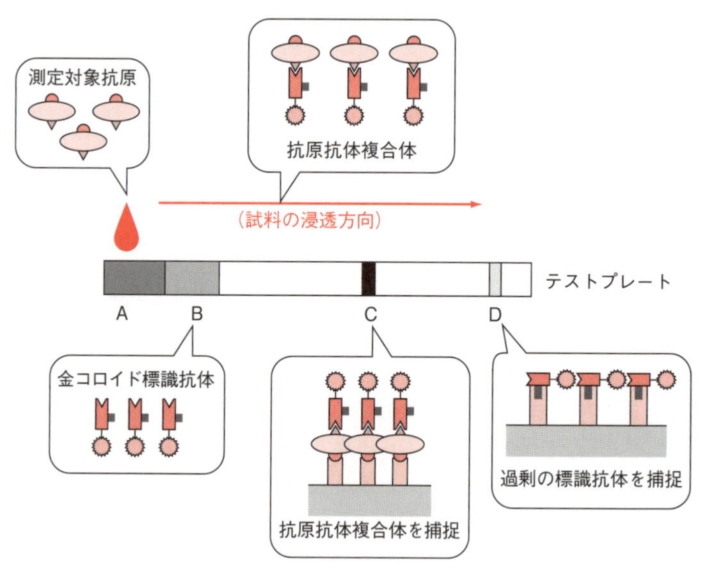

図 16.10 イムノクロマト方式のドライケミストリーシステムの原理
A：試料添加部，B：試薬含有部，C：テストライン出現部，D：コントロールライン出現部．

原の有無を肉眼でも判定できるように工夫された方法である．病原菌やウイルスの検出法として急速に普及している．また，家庭で使用できる妊娠判定キットとして市販されている．

試料添加部(A)に試料の溶液を滴加すると，毛細管現象により図の矢印の方向に溶液が移動していく．試料中に測定対象の抗原が含まれていれば，試薬含有部(B)に含まれる**金コロイド**で標識した抗体と反応して複合体を形成する．この複合体は展開部を移動し，C の位置に固定化された抗体に捕捉され，金コロイドによる赤紫色のライン(テストライン)が出現する．過剰の標識抗体はさらに展開され，D の位置に固定化されている第二抗体に捕捉されてコントロールラインを形成する．試料中に抗原が含まれない場合はコントロールラインのみが見られる．

金コロイド
金の微細な粒子(金ナノ粒子)が分散した溶液をいう．塩化金(Ⅲ)酸($HAuCl_4$)をクエン酸ナトリウムとともに還流して還元すると得られ，鮮やかな赤紫色を示す．化学的に安定で退色が起こらず，毒性も小さい．各種の抗体を固定化した金ナノ粒子が市販されている．

16.7 画像診断技術

SBO 代表的な画像診断技術(X 線検査，MRI，超音波，内視鏡検査，核医学検査など)について概説できる．

16.7.1 画像診断技術とは何か

今日，医療の現場において，X 線検査，磁気共鳴イメージング(MRI)，超音波検査，内視鏡検査，核医学検査などの**画像診断技術**が不可欠となっている．体内の病巣の有無やその位置を非観血的(非侵襲的)に特定することができる．高度な機能をもつ大型の装置を用いるもので，コンピュータの進歩により著しく進展した診断技術である．

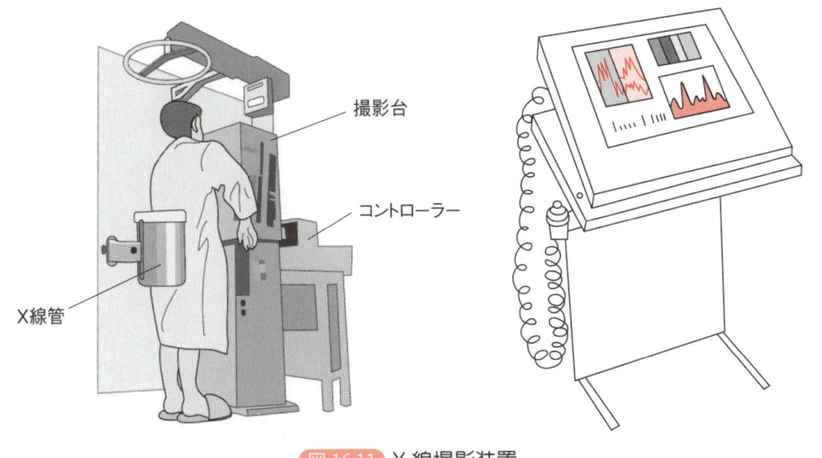

図 16.11 X 線撮影装置
(a) 外観図, (b) コントローラー拡大図.

W.C.Röntgen(1845〜1923), ドイツの物理学者. 陰極線管から発生する未知の光線が自分の手を通過してシアン化白金バリウムを塗った板に骨の影を写すことを見いだした. これが X 線の発見で, この成果は X 線写真, X 線透視の発展につながった. 1901 年, 第 1 回ノーベル物理学賞を受賞.

16.7.2 X 線 検 査

(1) 原理と装置

X 線(X-rays)は, 1895 年に W. C. Röntgen(レントゲン)により発見された電磁波で, 放射線の一種である. X 線の波長(およそ 10^{-8} 〜 10^{-11} m)は短く, 物質を透過する性質があるが, 原子番号の大きい元素, 密度が大きい物質, あるいは厚い物体に対しては透過性が低下する.

X 線撮影の装置を図 16.11 に示す.

通常の X 線検査では, **X 線管**から被検者の身体に X 線を照射し, 身体を透過した X 線の強度を可視化して観察する. 骨, 水, 脂肪などは X 線をある程度吸収するので透過度が低く, 周囲の組織とのコントラストが生じる. このため, 体内の骨や臓器, 組織の様子についての情報が画像として得られる.

X 線管
X 線を発生するようにつくられた管球. 管内は高真空に保たれ, 陰極はタングステンフィラメント, 陽極は金属板からなる. 両極管に高電圧をかけると, 陰極で熱電子が発生して加速され, 陽極に衝突して X 線が発生する.

透過した X 線を可視化する方法としては, X 線感受性フィルム上に映像を記録する**写真法**(**X 線撮影**), または X 線が蛍光作用をもつことを利用して蛍光板上に画像をつくる**蛍光透視法**が利用される. 写真法では, X 線が写真乳剤を感光させて潜像(現像することで見える像)を形成する性質を利用する. X 線の透過度が高いときフィルムに黒く写り, 骨などにさえぎられて透過度が低い部分は白く写る. 蛍光透視法では, X 線がヨウ化セシウム(CsI)などの蛍光物質を励起することを利用して蛍光板上に画像をつくる. **X 線テレビ**という装置を用いて, X 線を連続的に照射しながらリアルタイムの画像を動画としてテレビモニター上で観察できる.

(2) X 線検査の実際

(a) 単純 X 線検査

被検者に造影剤の投与のような特別な処置を行うことなく X 線画像を得る方法である. 胸部の撮影は, 肺がん, 肺炎, 結核, 胸水, 気胸などの診断

表 16.3 X 線撮影用造影剤として用いられるヨウ素化合物

一般名	用　途 〔(　)は剤形〕	構造式
イオタラム酸	尿路血管造影剤 (水溶性注射剤)	COOH, I, I, H_3CCOHN, $CONHCH_3$, I
イオトロクス酸	胆道造影剤 (水溶性注射剤)	COOH, I, I, I, $NHCO(CH_2OCH_2)_3CONH$, COOH, I, I, I
アミドトリゾ酸	消化管造影剤 (水溶性経口剤)	COOH, I, I, H_3CCOHN, $NHCOCH_3$, I
イオヘキソール	脊髄造影剤 (水溶性注射剤)	$CONHCH_2CHCH_2OH$ (OH), I, I, H_3CCON, $HOCH_2CH—CH_2$ (OH), $CONHCH_2CHCH_2OH$ (OH), I

に，腹部の撮影は，腸閉塞，腹水，胆石，尿路結石などの診断に利用される．骨部の撮影は，骨折をはじめとする骨病変の診断に最も有効な方法である．乳房の撮影は**マンモグラフィー**ともいわれ，専用の撮影装置を用いて行う．乳がんの早期発見に有用である．

(b) 造影 X 線検査

単純 X 線撮影では十分な画像のコントラストが得られない場合，造影剤を投与して撮影を行う．造影剤には，周囲組織より X 線吸収の少ない**陰性造影剤**(空気，酸素，二酸化炭素など)と周囲組織より X 線吸収の大きい**陽性造影剤**(硫酸バリウム，ヨウ素化合物)がある．X 線テレビを用いる胃の透視(いわゆる〝胃のバリウム検査〞)では，硫酸バリウムと**発泡剤**を経口的に服用する．発泡剤から発生する二酸化炭素により胃を膨らませると，硫酸バリウムを薄くコーティングすることができるためコントラストが向上し，粘膜の様子が詳しくわかる．この方法を**二重造影法**という．造影剤として用いられているヨウ素化合物を表 16.3 に示す．これらは血管から注入，あるいは経口投与され，血管，尿路，気管支，子宮卵管，関節腔などの造影に用いられる．

発泡剤
炭酸水素ナトリウムと酒石酸(またはクエン酸)を含む製剤で，服用して水に溶けると二酸化炭素が発生する．

A. M. Cormack(1924～1998)(上)はアメリカの物理学者，**G. N. Hounsfield**(1919～2004)(下)はイギリスの電子技術者．Cormack のコンピュータ断層撮影(CT)に関する理論をもとに，Hounsfield が CT 装置を開発した．1979 年，ともにノーベル生理学・医学賞を受賞．

（c）X 線 CT

X 線 CT は，**X 線コンピュータ断層撮影**（X-ray computed tomography）の略称である．単に「CT」といえば本法を指す場合が多い．通常のX線撮影では，X 線管とフィルムを結ぶ線上にある体内の各種臓器，組織の像が重なってしまう．X 線 CT は，この問題を解決するために考案された．その原理を図 16.12 に示す．X 線管から広角に照射され，被検者を透過したX線は，対向する多数の検出器により検出される．X 線管と検出器を，被検者の長軸まわりに 360° 回転させながら X 線の照射と計測を行い，得られた情報をコンピュータ処理して身体の横断像（輪切り像）を作成する．撮像する横断面を細かく移動させて，得られた多数の横断像をコンピュータ処理により重ね合わせて三次元画像を作成することができる．通常の X 線撮影では困難だった腹部組織や軟部組織，頭部，胸部，骨など，さまざまな部位について微細な構造の解析が可能で，クモ膜下出血や脳梗塞など脳内疾患の診断が飛躍的に向上した．造影剤を使用しない**単純 CT 検査**と，造影剤を静脈内投与した後に撮影する**造影 CT 検査**がある．下記の MRI と比べると，得られる像が横断面に限られる制約はあるが，撮影時間は 5 ～ 20 分程度と短い．**ヘリカルスキャン方式**（**ヘリカル CT**）の開発により，より短時間で広範囲の撮影が可能になった（図 16.12c）．最近の CT（スキャナ）装置はすべてヘリカルスキャンに対応できるが，精密な画像を要する頭部の測定では引き続きノンヘリカルスキャンが行われている．

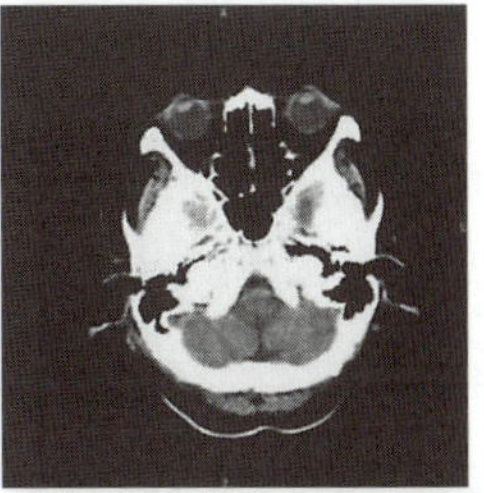

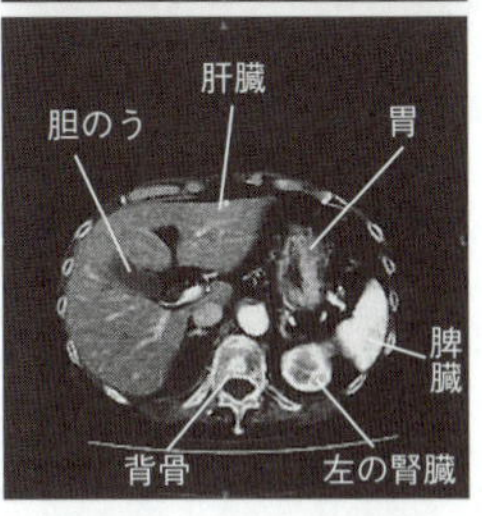

X 線 CT による断層像：（上）頭部（目と耳のあたり）の写真，骨は白，水，臓器，脳などは灰色，空気や脂肪などは黒く表示されている．（下）造影剤を投与してから得た腹部（肝臓の周辺）の画像，血管や血行に富んだ臓器（腎臓や脾臓など）は白く写る．（福島県厚生農業協同組合連合会白河厚生総合病院提供）

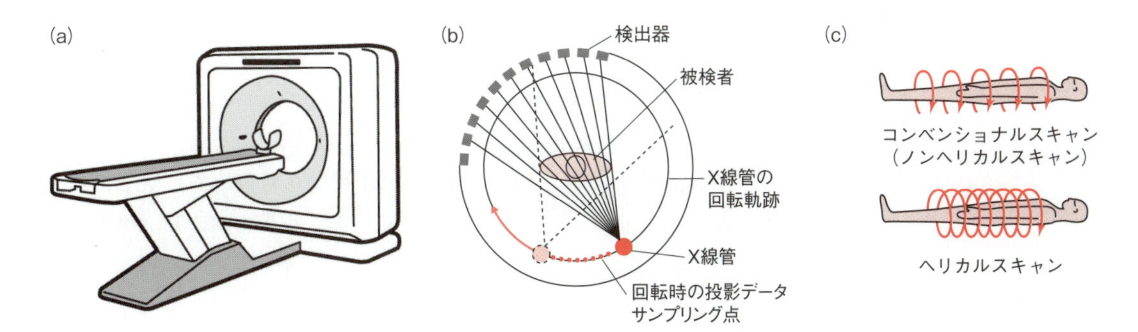

図 16.12 X 線 CT 装置の外観（a），原理（b），およびスキャン方式（c）
（c）従来法（コンベンショナルスキャン）では被検者の寝台を固定した状態でX線管を 1 回転させて 1 断面の撮像を完了し，寝台を動かして次の断面を撮影する．ヘリカルスキャンでは，寝台を動かしながらX線管を回転させるため，高速で多くの断面像を得ることができる．

16.7.3 磁気共鳴イメージング（MRI）

（1）原理と装置

磁気共鳴イメージング（magnetic resonance imaging，**MRI**）は，核磁気共鳴（NMR）スペクトル測定法（11 章）の原理に基づく診断法である．^{1}H の原子

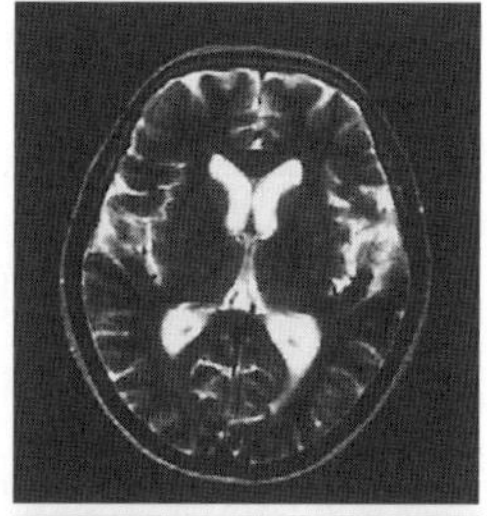

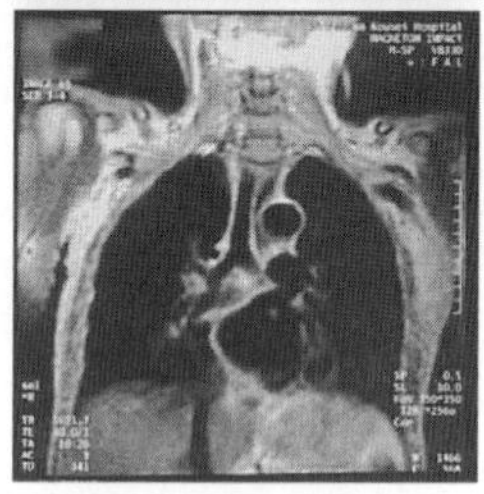

MRI による断層像：(上)頭部(脳)の横断画像．T_2 強調画像であり，水は白，脂肪や脳は灰色に表示される．(下)胸部の縦断画像．人体を正面から見た断面である．MRI では，あらゆる角度の断面が撮像できる．(福島県厚生農業協同組合連合会 白河厚生総合病院提供)

核(**プロトン**)や ^{13}C の原子核が磁場に置かれると，その原子核は低エネルギー状態と高エネルギー状態の二つの状態をとるようになり，両者の比は磁場の強さと温度により決まる．この状態を**熱平衡状態**という．これらのエネルギー差(ΔE)に相当するエネルギーをもつ電磁波，すなわち $\Delta E = h\nu$ (h はプランクの定数)を満たす周波数 ν の電磁波(FM 帯域の**ラジオ波**で，**RF 波**といわれる)を照射すると**磁気共鳴現象**(**MR 現象**)が起こり，低エネルギー状態にあった原子核の一部は高エネルギー状態に遷移する(励起される)．ラジオ波の照射を止めると，吸収されたエネルギーを放出しながら熱平衡状態に戻る．このとき放出されるエネルギーが **MR 信号**になる．この現象を**緩和**(relaxation)といい，熱平衡状態に戻るまでの時間を**緩和時間**という．緩和には，**縦緩和**(スピン-格子緩和)と**横緩和**(スピン-スピン緩和)の 2 種類がある．縦緩和は，励起された原子核が周囲環境(格子)に熱エネルギーを放出して熱平衡状態に戻っていく現象で，その時定数を**縦緩和時間**(T_1)という．一方，横緩和は原子核どうしの相互作用による緩和現象で，その時定数を**横緩和時間**(T_2)という．

MRI は，強力な磁石を備えた MRI 装置のなかに被検者を入れ，RF 波を照射して，体内の水や脂肪に含まれるプロトンの MR 信号を得るものである．MRI 装置の外観と構成を図 16.13 に示す．MR 信号の強度を決めるパラメータとしては，プロトンの存在密度とその T_1，T_2(プロトンの置かれた環境に影響を受ける)が重要であり，信号が強いほど(プロトン密度が大きいほど，T_1 が短いほど，T_2 が長いほど)画像上は明るく(白く)見える．T_1 値については，脂肪＜白質＜灰白質＜脊髄液の順に長くなる．得られた信号はコンピュータで処理され，画像化される．画像化するためには，MR 信号の強度とその体内における発生位置を関連づけることが必要であるが，これを達成するために**傾斜磁場システム**といわれる手法が用いられている．MRI では，傾斜磁場の方向を電気的に変えることにより，あらゆる方向の断面像を得ることができる．RF 波の照射方法の工夫により，T_1 強調画像(形態的な情報の描写に優れる)や T_2 強調画像(梗塞病変や浮腫の描写に優れる)など，目的に応じた画像を得ることができる．

傾斜磁場システム

人体に均一な磁場をかけた場合，どの位置のプロトンも同じ周波数の RF 波で共鳴するため区別がつかない．そこで，MRI 装置の磁石による均一磁場(B_0)に，直線的に増加する傾斜磁場(Gx)をコイルにより発生させて加える．合成される磁場 $B = B_0 + Gx$(G：磁場勾配，x：位置)となり，位置 x における共鳴周波数(f)は，

$$f = \frac{1}{2\pi}\gamma B = \frac{1}{2\pi}\gamma(B_0 + Gx)$$

で与えられる(γ は磁気回転比)．すなわち，f は x の一次関数となり，プロトンの位置の情報を共鳴周波数の変化として知ることができる．

(2) MRI の長所と制約

MRI には X 線 CT と比べて次のような長所がある．

① 放射線による被ばくがない．
② 任意の方向の断層像が得られる．
③ 骨に囲まれた部位も鮮明に像を得ることができる．
④ 血管の検出能に優れ，造影剤を用いずに血管の撮影ができる．
⑤ 関節，筋肉，靭帯など，ほかの造影法では困難な部位の画像が得られる．

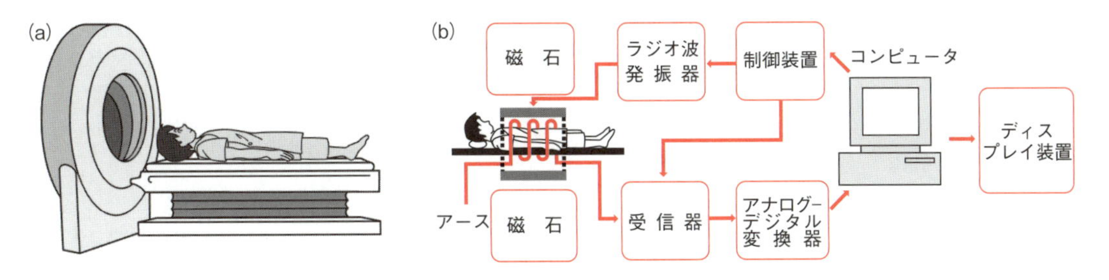

図 16.13 MRI 装置の外観(a)および基本構成(b)

制約としては，次の点があげられる．

① ペースメーカーを装着した患者には禁忌である．

② 検査時間が長い(30 ～ 60 分程度かかる)．

③ 骨の情報は得られない．

④ 動きのある部分の画像は得にくい．

⑤ 体内の金属(義歯，手術用クリップなど)が撮影を妨害する．

(3) 造影 MRI 検査

MR 信号の強度を人為的に変化させてより優れた MRI 画像を得るために，造影剤を投与して撮影を行うことがある．代表的な **MRI 造影剤**は**ガドリニウムキレート製剤**(図 16.14)である．これらは通常，静脈内投与されるが，周囲のプロトンの T_1 を短縮し，T_1 強調画像を撮影するとき信号強度を高める効果がある．このほかに，消化管用造影剤である**クエン酸鉄アンモニウム**，肝臓に特異的な造影剤である**酸化鉄系造影剤**などが使用されている．

ガドリニウム
原子番号 64 番のランタノイド元素．元素記号 Gd，原子量 157.25．そのイオン Gd^{3+} は，周囲の水分子の水素原子核の緩和を促進する．しかし，Gd^{3+} のままでは毒性が強いので，キレート化して造影剤に用いている．

16.7.4 超音波検査

(1) 原 理

人間の耳に聞こえる音の周波数(可聴域)は 20 ～ 20,000 Hz といわれている．**超音波**(ultrasonic wave，ultrasound)とは，一般的には可聴域よりも周波数の高い音波を指す．**超音波検査**(ultrasonic examination)は，人体内に周波数 1 ～ 20 MHz の超音波をパルス状にして投入し，体内から返ってくる**反射波**(**エコー**)を映像化するものである．エコーが得られるしくみを図 16.15 に模式的に示す．密度と音速の積(固有音響インピーダンス)が異なる二つの媒質が接する界面に超音波が入射されると，その一部は反射されて体外に向かって戻ってくる．このエコーを検出すれば，戻ってくるまでの時間から体内の異なる組織の境界面の存在とその位置を知ることができる．

P. C. Lauterbur(1929 ～ 2007)(上)はアメリカの化学者，**P. Mansfield**(1933 ～)(下)はイギリスの物理学者．磁気共鳴イメージング(MRI)に関する発見により，2003 年，ともにノーベル生理学・医学賞を受賞．

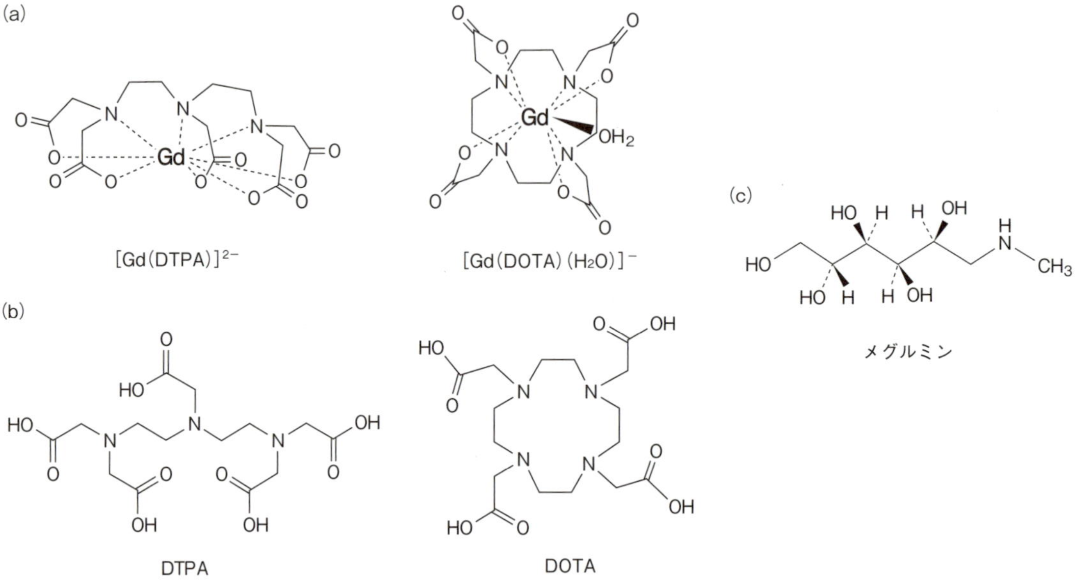

(a)

$[Gd(DTPA)]^{2-}$

$[Gd(DOTA)(H_2O)]^{-}$

(b)

DTPA

DOTA

(c)

メグルミン

図 16.14 MRI 造影剤に用いられる代表的なガドリニウムキレート(a)および含まれる配位子の構造(b)
(a)の$[Gd(DTPA)]^{2-}$および$[Gd(DOTA)(H_2O)]^{-}$は，それぞれ(c)メグルミン 2 分子および 1 分子との塩として製造される．一般名はガドペンテト酸メグルミン(略号 Gd-DTPA)およびガドテル酸メグルミン(略号 Gd-DOTA)である．

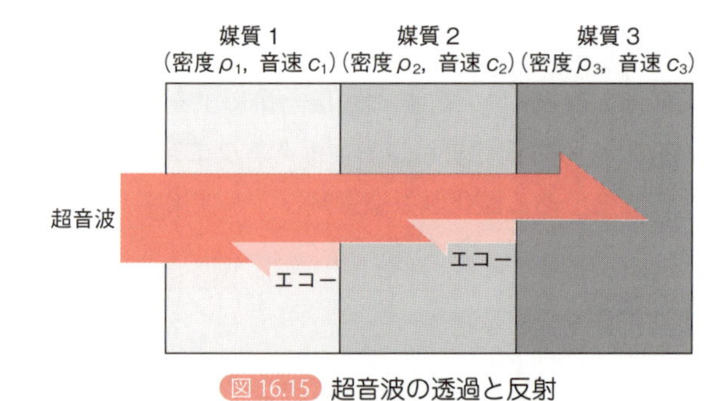

図 16.15 超音波の透過と反射
密度と音速が異なる媒質の境界面に超音波を垂直に入射した場合を示す．各境界面で反射波(エコー)が生じる．『臨床検査マニュアル』，北村元仕ほか 編，文光堂(1988)，p.1338(図 5-542a)を改変．

(2) 超音波検査の装置と特徴

超音波検査に用いられる装置(**エコー装置**)は，i) **探触子**(プローブ：超音波の放射と検出を行う)，ii) スキャナ部(断層像をつくるために探触子を走査する)，iii) 送受信部(超音波の送受信を行う)，iv) ディスプレイ部(受信したエコー信号をテレビモニターに表示する)から構成される．エコー装置の外観と探触子の構造を図 16.16 に示す．

超音波検査には次のような長所がある．

① 簡便な検査である．

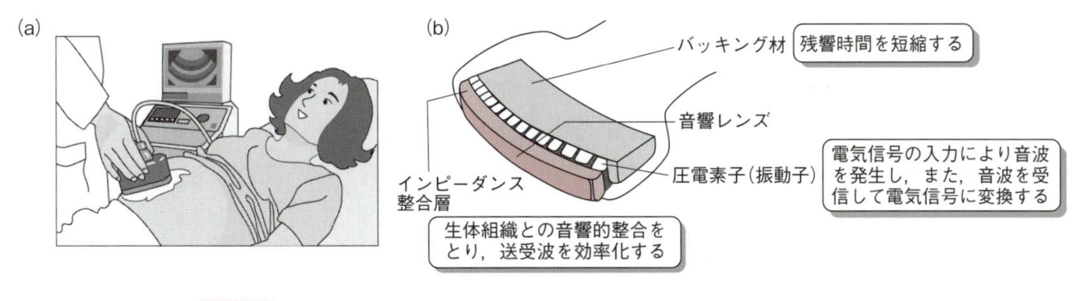

図 16.16 超音波診断装置（エコー装置）の外観（a）および探触子の構造（b）

② 放射線被ばくがない．また，超音波は人体に対して著しい影響を与えない．

③ 臓器や胎児の運動状態を持続的かつリアルタイムで観察できる．

④ 血流の速度や心臓の弁運動などがわかる．

⑤ 超音波断層検査〔16.7.4 項(3)〕では，任意の断層面が観察できる．

制約としては，次の点があげられる．

① 消化管や肺など，ガスを含む臓器の診断には適さない．

② X 線 CT や MRI に比べると，解像度や情報量に劣る．

③ 屈折，反射など，超音波特有のアーチファクト（偽像）がある．

（3）超音波検査の種類と特徴

画像表示方法（**表示モード**）には数種類あり，検査の目的に合わせて選択する．重要なのは，B モード法（**断層法**），M モード法，およびドプラ法である．

① **A モード法**："A"は amplitude（振幅）の意味で，探触子を一点に固定して測定する．横軸に物質までの距離（生体深度）を，縦軸にエコーの振幅をとる．眼科以外に使われることはあまりない．

② **B モード法**："B"は brightness の意味で，エコー信号の強弱を点の明るさ（輝度）に変換して表示する．探触子をさまざまな方法で走査して，得られる複数のエコー信号から二次元（2D）画像（断層像）を作成する．この B モードが一般に超音波画像あるいは超音波断層検査といわれる．腹部，乳腺，甲状腺，婦人科，心，頚動脈血管など，多くのエコー検査に用いられる．現在では，多数の断層像から立体的な三次元（3D）画像を再構成することもできる．

③ **M モード法**："M"は motion または movement の意味で，エコー信号を発生する反射源の時間的な位置変化を記録する方法である．心臓の弁や心筋の動きを観察することができる．

④ **カラードプラ法**：**ドップラー効果**を利用して，物体（血流や臓器壁）が探触子に近づいているか，遠ざかっているかを判定し，それぞれの動きを画像上に色（赤～青）で表示することができる．

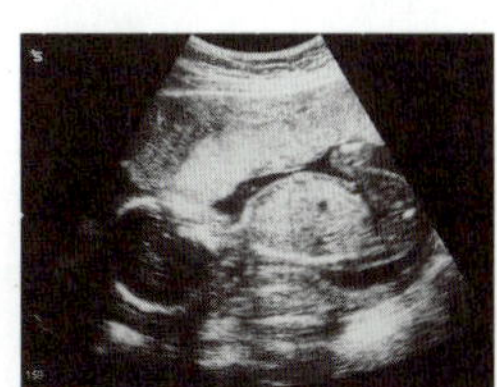

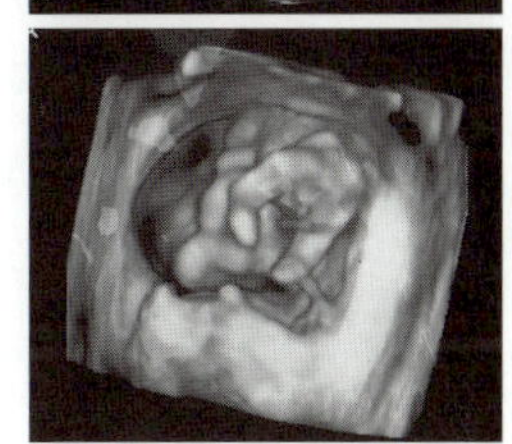

超音波画像：（上）妊娠 19 週目の胎児の様子を 2D モード（B モード法）で撮影，（下）妊娠 14 週目の胎児の様子を 4D モード（3 次元スキャンによる 3D 画像をリアルタイムの動画にしたもの）で撮影．

(4) 超音波造影剤

超音波検査では，**微小気泡**(**マイクロバブル**)が造影剤として用いられる．現在，臨床的に多用されているマイクロバブル製剤の例として，**ガラクトース・パルミチン酸混合物**(999：1)の微粒子があげられる．ガラクトースの結晶を注射用水に溶かすと，結晶の空隙に保持されていた空気が放出されて微小な気泡が発生する．これをパルミチン酸で安定化して白色の懸濁液としたものである．静脈から投与された気泡は超音波照射を受けると共振し，さらに一定以上の音圧では崩壊して大きな音響信号を出す．この性質を利用して，臓器や腫瘍の血流動態やクッパー(Kupffer)細胞への取り込みを画像化することができる．

16.7.5 内視鏡検査

(1) 原　理

内視鏡(endoscope)は人体の内部を観察するための医療機器であり，これを用いる検査が**内視鏡検査**(endoscopy)である．内視鏡検査は，一般的には，食道，胃，十二指腸(口や鼻から内視鏡を挿入する)や大腸(肛門から内視鏡を挿入する)などが対象になるが，泌尿生理器官，気管支の診断にも適用される．内視鏡は本体に光学系を備え，体内に挿入することによって内部の映像を手元で見ることができる．一般的には，屈曲が自由な軟らかく細長い管(ファイバー)の先端にビデオカメラを装着したものである．

(2) 内視鏡の発展としくみ

近代の内視鏡の発展は，1950年代に開発された**胃内視鏡**(**胃カメラ**)に端を発している．小型のカメラと光源を軟性管の先端に取り付けたもので，胃の中へカメラを送り込んで撮影する．1960年代になると，光ファイバーを利用した**ファイバースコープ**(fiberscope)が開発された．カメラを装着することで，体内の情報をリアルタイムで体外から観察することができる．光ファイバーは柔軟で屈曲性に富むガラス線維を数万本も束ねたものであり，ある程度曲がっていても光の**全反射**により先端から逆の先端まで光信号を伝達することができる(図16.17a)．さらに，**CCD**(固体撮像素子)を取り付けた**電子スコープ**(**ビデオスコープ**)が開発された(図16.17b, c)．CCDで取り込んだ信号をモニターテレビ上に映像化して観察する．画像が鮮明で，複数の医療従事者が同時に観察することが可能で，コンピュータへの記録もできるため急速に普及し，現在，主流となっている．

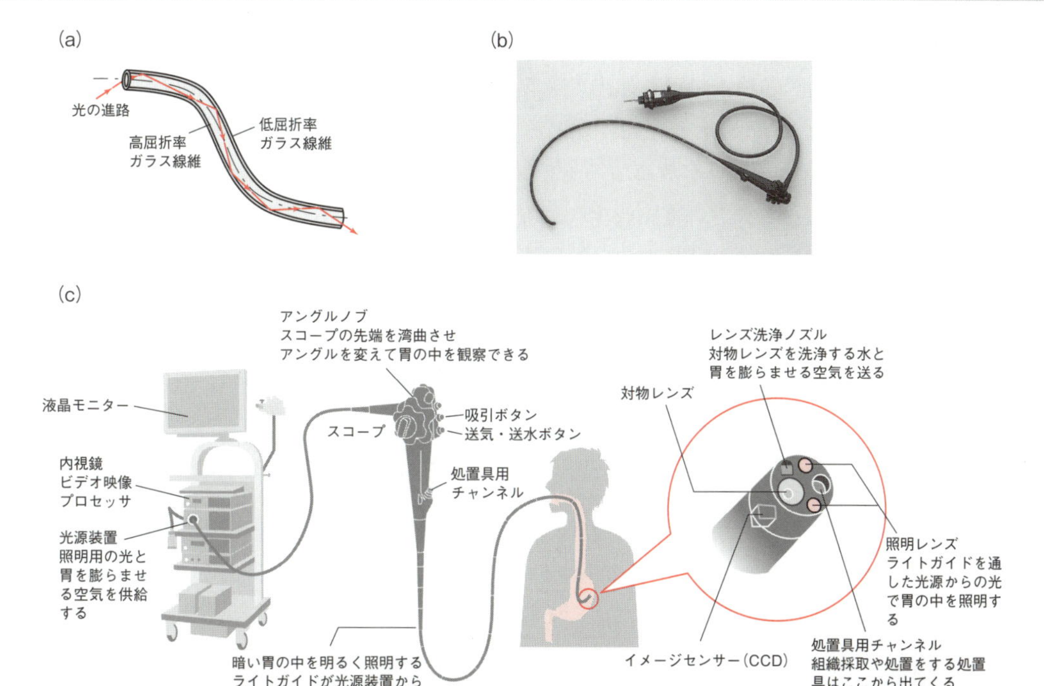

図 16.17 ファイバースコープ(a)および電子スコープ(b, c)

(a)光ファイバー内での光信号の伝達の原理．光ファイバーは，内部が高屈折率ガラス線維(コア)，その周囲を低屈折率ガラス線維(クラッド)が覆う二重構造になっている．光はファイバーの内部で全反射を繰り返し，ファイバーが屈曲していてもほとんど減衰することなく他端から出てくる．(b)電子スコープの外観．オリンパス株式会社提供．(c)電子スコープの構成．オリンパス株式会社提供．

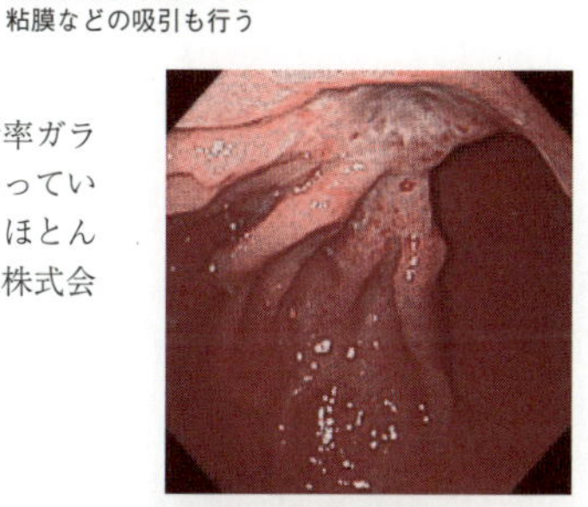

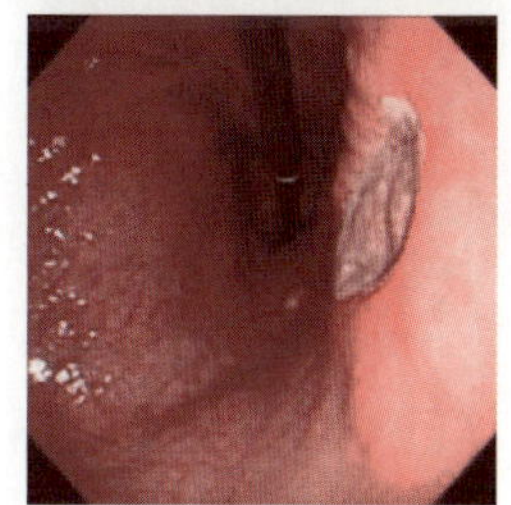

電子スコープによる胃の内視鏡像：(上)胃がん，(下)胃潰瘍．(岩野医院 岩野正宏博士提供)

16.7.6 核医学検査

(1) 原　理

核医学検査は，**放射性同位体**(**放射性同位元素**)(radioisotope, RI)で標識された薬剤(**放射性医薬品**)を被検者に投与し，これに基づく放射線を体外から計測して画像化するものである．X 線 CT や MRI が人体の解剖学的な情報(**形態画像**)を与えるのに対して，放射性医薬品の体内動態，すなわち特定の臓器や病巣への集積，あるいは代謝・排泄による減少の時間的変化などの生体機能を反映した画像(**機能画像**)を得ることができる．画像化の方法としては，X 線写真のような平面像を撮影する**シンチグラフィー**と，X 線 CT や MRI のようにコンピュータを活用して断層像を得る断層撮影が行われている．断層撮影には，**単光子放出核種**(single photon emitter)を用いる**単光子放射コンピュータ断層撮影**(single photon emission computed tomography, **SPECT**)と，**陽電子**(**ポジトロン**, positron)を放出する RI を用いる**陽電子放射断層撮影**(positron emission computed tomography, **PET**)が用いられている．

(2) 標識に用いられる核種と放射壊変の形式

核医学検査では，体内で吸収されず，体外への透過性が高い放射線を放出するRIを薬剤の標識に用いる．このため，α線（ヘリウムの原子核 $^{4}He^{2+}$）やβ線（電子）を放出するものは避けて，γ線やX線のように電荷をもたず透過力の大きい電磁波を放出するRIが用いられる（表16.4，表16.5）．これらの放射線は波長の短い電磁波であると同時に高エネルギーの光子であり，その強さやエネルギーは**γ線検出器**（γ-ray detector）で測定できる．γ線はX線より波長が短いことが多いが，波長のみでは両者は区別できない．X線は原子核の外で発生する光子，γ線は原子核内から発生する光子として定義上区別されている．

シンチグラフィーやSPECTに利用される核種のうち，^{67}Ga，^{111}In，^{123}I，

表16.4 シンチグラフィー，SPECTで用いられる放射性同位体と放射性医薬品

放射性同位体	^{67}Ga	^{99m}Tc	^{111}In	^{123}I	^{131}I	^{201}Tl
壊変形式	EC	IT	EC	EC	β^-	EC
半減期	3.26日	6.01時間	2.81日	13.27時間	8.02日	72.91時間
おもな光子のエネルギー（MeV）	0.0933 0.185 0.300	0.141	0.171 0.245	0.159	0.364	0.167 0.0708（Hg-K_α） 0.0803（Hg-K_β）
利用法	シンチグラフィー SPECT	シンチグラフィー SPECT	シンチグラフィー SPECT	シンチグラフィー SPECT	シンチグラフィー SPECT	シンチグラフィー SPECT
放射性医薬品の例 [検査（対象とする臓器）]	^{67}Ga-クエン酸ガリウム [腫瘍]	^{99m}Tc-HMPAO， ^{99m}Tc-IMP [脳血流] $^{99m}TcO_4^-$ [唾液腺機能，甲状腺機能] ^{99m}Tc-テトロホスミンテクネチウム [心筋血流] ^{99m}Tc-テクネチウムヒト血清アルブミン [心機能，血流] ^{99m}Tc-テクネチウムスズコロイド [肝機能] ^{99m}Tc-DTPA [糸球体ろ過機能（腎臓）] ^{99m}Tc-MDP， ^{99m}Tc-HMDP [骨代謝，骨腫瘍]	$^{111}InCl_3$ [造血機能（骨髄）] ^{111}In-血小板 [血栓]	^{123}I-MIBG [交感神経機能（心臓）] ^{123}I-BMIPP [脂肪酸代謝（心臓）]	^{131}I-ヨウ化メチル-ノルコレステロール [副腎皮質機能] ^{131}I-MIBG [副腎髄質機能]	^{201}TlCl [腫瘍，心筋血流]

HMPAO：エキサメタジムテクネチウム，IMP：*N*-イソプロピル-4-ヨードアンフェタミン，DTPA：ジエチレントリアミン五酢酸テクネチウム，MDP：メチレンジホスホン酸テクネチウム，HMDP：ヒドロキシメチレンジホスホン酸テクネチウム，MIBG：ヨードベンジルグアニジン，BMIPP：15-[(4-ヨードフェニル)-3(*R*,*S*)-メチルペンタデカン酸].

^{201}Tl は**電子捕獲**(electron capture, EC)といわれる**放射壊変**(radioactive decay)を行う．陽子が核外にある軌道電子(多くの場合，K 殻の軌道電子)を取り込んで中性子に変化する壊変であり，原子番号が一つ小さい娘核種を生じる(例：$^{67}_{31}$Ga ⟶ $^{67}_{30}$Zn)．空位になった K 殻に外側の軌道電子が移行するときに娘核種の**特性 X 線**(characteristic X-rays)が放射される．また，このとき γ 線も放射されることが多い．

^{99m}Tc は**核異性体転移**(isomeric transition, IT)で壊変する．基底状態にある不安定核種と同じ原子番号と質量数をもち，励起状態にある比較的寿命の長い核種を**準安定核種**といい(質量数の数字の右側に，〝metastable〞を表す m をつける)，これらの核種は互いに**核異性体**(nuclear isomer)であるという．励起状態の核異性体である $^{99m}_{43}$Tc は γ 線を放出して基底状態の $^{99}_{43}$Tc に変化する．

一方，PET に利用される ^{11}C，^{13}N，^{15}O，^{18}F は，いずれも **β^+壊変**を行い，**半減期**が非常に短いのが特徴である．核内の陽子が陽電子(ポジトロン：正の電荷をもつ電子で，β^+または e^+の記号で表される)を放射して中性子に変化する壊変で，原子番号が一つ小さい娘核種を生じる(例：$^{11}_{6}$C ⟶ $^{11}_{5}$B)．原子核から放射された陽電子は電子(陰電子)と結合して消滅するが，このとき 511 keV の 2 本の γ 線が 180° の 2 方向へ放射される．この γ 線は**消滅放射線**といわれる．PET では，この性質を利用して核種の存在位置をモニターする．

放射壊変
不安定な原子核(親核種)がより安定な原子核(娘核種)に自発的に変化することで，その際に放出されるエネルギーが放射線である．

半減期
ある放射性核種の原子数(あるいは放射能)がもとの 1/2 になるのに要する時間で，放射性核種に固有の値である．ただし，^{99m}Tc を含むいくつかの核種について，化学状態や圧力によりわずかに変化することが知られている．

(3) シンチグラフィー

被検者に γ 線または X 線を放出する放射性医薬品を投与した後，**シンチカメラ**(**ガンマカメラ**)により平面像を撮影する方法である．シンチカメラの検出部の模式図を図 16.18 に示す．

数千～数万の細孔をもつコリメータを通過した γ 線や X 線は，薄板状の NaI(Tl)結晶に当たり，その局所で発光(シンチレーション)が起こる．この発光は二次元的に配置された多数の光電子増倍管で検出され，その強度と位置の関係が計算されてブラウン管に表示される．脳，心臓，肺，腎臓，骨など，多くの部位の診断に用いられている．

(4) SPECT

SPECT は**断層シンチグラフィー**ともいわれ，シンチカメラを被検者の体軸方向に 360° 回転させて断層撮影を行うものである．各回転角度における情報をコンピュータに収集し画像の再構成を行うと，X 線 CT と同様の体軸横断像が得られ，複数の横断像から三次元の形態学診断が可能になる．SPECT 装置は，検出器の台数と配置の異なる各種の形式があるが，図 16.19 に三角配置型の SPECT 装置を示す．

SPECT は，日常的に入手の可能な放射性医薬品(表 16.4)を用いて検査を

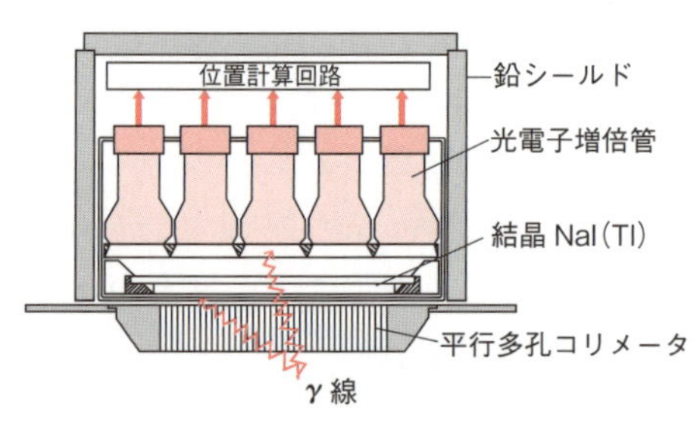

図 16.18 シンチカメラの検出部の模式図
『医療機器事典』，産業調査会事典出版センター(1992)，p.416 の図を改変.

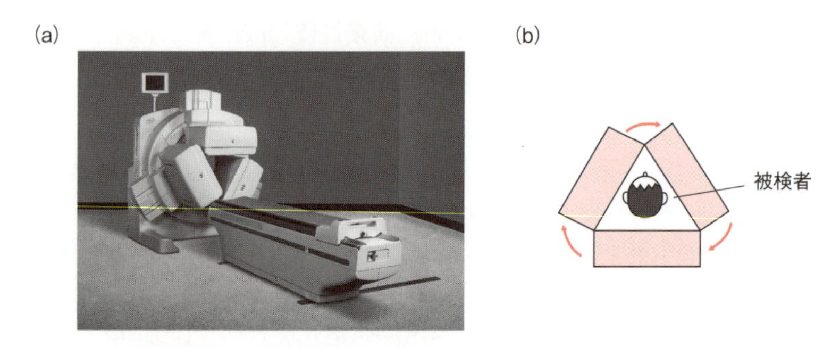

図 16.19 SPECT 装置の外観(a)および検出器の配置(b)
(a) 島津 Marconi：PRISM-IRIX.（株)島津製作所提供，(b) 3 検出器型 SPECT 装置といわれ，三角配置された 3 台の検出器が被検者の体軸を中心に 360° 回転する.

行うことができるため，緊急検査にも対応が可能で，多くの施設で利用されている．とくに，脳や心臓のイメージング検査には有効である．近年，X 線 CT 機能を搭載した SPECT 装置，**SPECT-CT** が開発された．SPECT による機能画像と X 線 CT による形態画像を同時に撮影して重ね合せ画像(融合画像)を作成することでより精度の高い機能情報が得られるようになった.

(5) PET

SPECT と同様に体軸横断像を得る断層撮影法であるが，ポジトロン核種の特性に基づく長所がある．PET 装置(X 線 CT 機能を搭載した PET-CT)の外観と原理を図 16.20 に示す．ポジトロン核種が標識された薬剤(**PET 薬剤**)を被検者に投与し，体内から 180° 方向に同時に発生する消滅放射線〔16.7.6 項(b)〕を，リング状に並べた γ 線検出器を用いて両側から検出することにより核種の存在位置を特定する．複数の検出器の対で同時に検出される信号をコンピュータで処理すると，ポジトロン核種の集積位置を SPECT より正確に知ることが可能で，画像の定量性も SPECT より優れている.

(a)

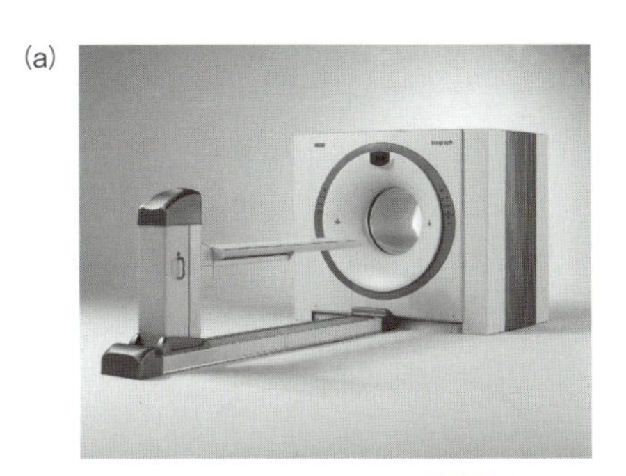

(b)

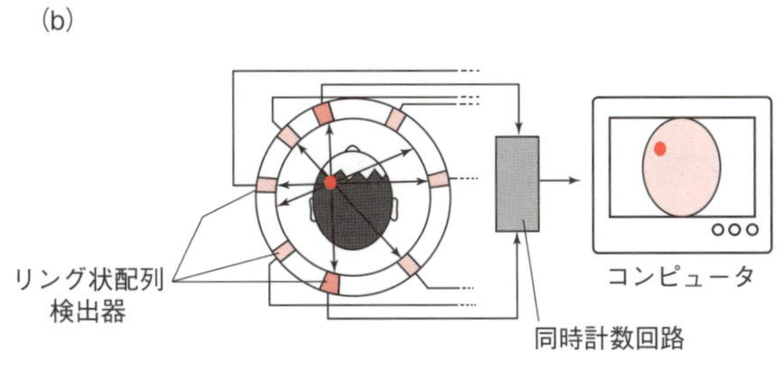

図 16.20 PET 装置の外観(a)および原理(b)
(a) PET・CT"biogragh LSO/Sensation 16", シーメンス旭メディテック(株)提供.

PET による診断は，適切な PET 薬剤の使用が前提条件になる．現在用いられている代表的な PET 薬剤を表 16.5 に示す．グルコースの 2 位ヒドロキシ基を ^{18}F で置換した**フルデオキシグルコース(^{18}F)**(^{18}F-FDG)は，脳のエネルギー代謝のイメージングや腫瘍の診断に用いられている．^{11}C，^{13}N，^{15}O は生体構成元素の同位体であり，さまざまな生体成分の標識に利用できるため，代謝や生合成の追跡など生化学・生理学的研究にも有用である．

ポジトロン核種(表 16.5)は半減期がきわめて短いため，安全性が高い利点はあるが，使用予定に合わせて調製する必要がある．自施設内にサイクロトロンを備えてポジトロン核種を製造し，PET 薬剤を調製している医療機関も少なくない．PET は，がんの早期発見や脳機能の研究にとくに有用な診断法として期待されている．

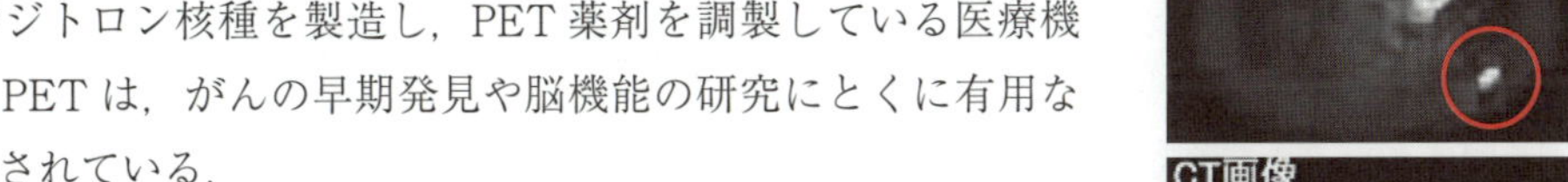

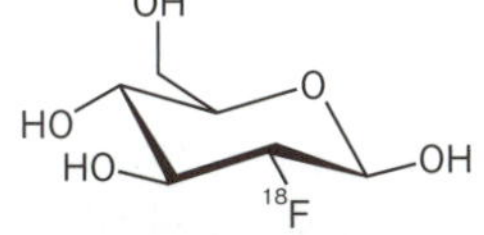

フルデオキシグルコース(^{18}F)(^{18}F-FDG)の構造

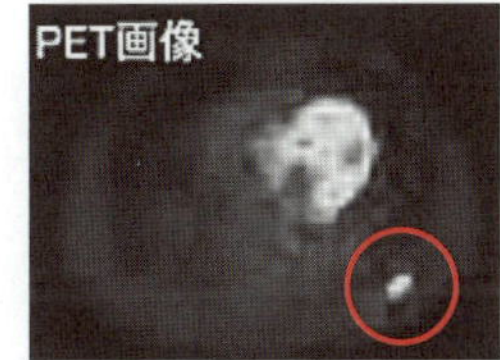

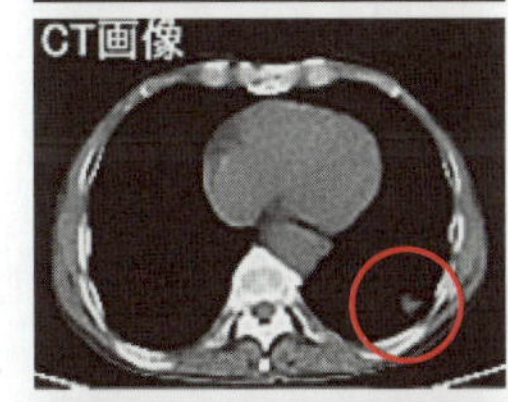

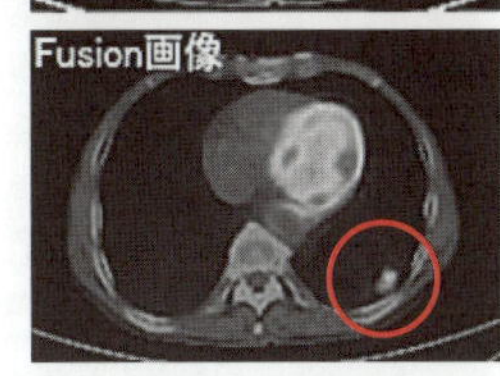

PET-CT による断層像：(上)^{18}F-FDG 投与後の胸部の PET 画像，(中)同じ被検者について同時に撮影した X 線 CT 画像，(下)PET と X 線 CT の融合画像．左肺に結節が見られ(丸印)，肺がんの疑いがある(福島県厚生農業協同組合連合会 白河厚生総合病院提供)．

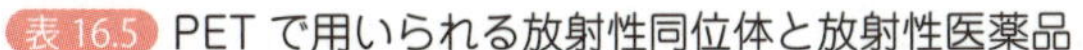

表 16.5 PET で用いられる放射性同位体と放射性医薬品

放射性同位体	^{11}C	^{13}N	^{15}O	^{18}F
壊変形式	β^+	β^+	β^+	β^+
半減期(分)	20.4	9.97	2.04	109.8
おもな光子のエネルギー(MeV)	0.511	0.511	0.511	0.511
利用法	PET	PET	PET	PET
放射性医薬品の例 [検査(対象とする臓器)]	^{11}C-CO [血液量] ^{11}C-メチオニン [アミノ酸代謝] ^{11}C-酢酸 [脂質代謝] ^{11}C-ラクロプライド [ドーパミンD_2受容体]	^{13}N-NH_3 [血流(心筋)]	^{15}O-CO_2 [血流] ^{15}O-H_2O [血流(脳，心筋)] ^{15}O-O_2 [酸素代謝]	フルデオキシグルコース(^{18}F)(^{18}F-FDG) [糖代謝(腫瘍，脳，心筋)]

章末問題

1． 生体試料の前処理に関する次の記述の正誤を判定せよ．

a．水と有機溶媒を用いる溶媒抽出法において，エタノールやアセトンは優れた有機溶媒である．

b．水溶液中の目的成分が弱酸性物質である場合，この水溶液を塩基性にすることで抽出率が向上する．

c．オクタデシル(C18)基を固定化したミニカラムを用いる固相抽出では，物質の保持にはたらく因子として疎水性相互作用が重要である．

d．酸の添加により血清試料の除タンパクを行う場合，過塩素酸やトリクロロ酢酸が塩酸や硫酸より適している．

e．有機溶媒が示す除タンパク効果は，タンパク質分子内の水素結合の切断に基づく．

2． 免疫測定法に関する次の記述の正誤を判定せよ．

a．免疫測定法では，抗原と抗体が不可逆的な結合を形成するため，高い感度が得られる．

b．免疫測定法はタンパク質など高分子化合物の定量に適する方法で，ステロイドやモルヒネのような低分子化合物を定量することはできない．

c．免疫測定法により微量のペプチドホルモンの定量が可能であるが，測定値の大小とそのホルモンの生理活性の大小が相関しないことがある．

d．サンドイッチアッセイでは，抗原に放射性同位体や酵素を標識する．

e．酵素を標識するイムノアッセイには，B/F分離の必要がない方法がある．

f．抗原，抗体のいずれも標識しないイムノアッセイがある．

3． 酵素反応の初速度(v)とミカエリス定数(K_m)は次式で関係づけられる．

$$v = \frac{V_{max}[S]}{K_m + [S]}$$

V_{max} は最大速度，[S]は基質濃度である．次の記述の正誤を判定せよ．

a．上の式はラインウィーバー・バークの式といわれる．

b．ミカエリス定数は，初速度が最大速度の1/2になるときの酵素濃度である．

c．ミカエリス定数が大きいほど，酵素の基質への親和性は大きい．

d．基質濃度がミカエリス定数に比べて十分に大きいとき，酵素反応は0次反応に近づく．

4． 酵素法に関する次の記述の正誤を判定せよ．

a．平衡分析法はエンドポイント測定法ともいわれる．

b．平衡分析法は速度分析法に比べて1試料当たりの分析時間を短縮できる利点がある．

c．速度分析法では，0次反応が成立する条件下で酵素反応を行う．

d．酵素反応は，酵素の失活を防ぐために4℃で行うことが多い．

5． 画像診断技術に関する次の記述の正誤を判定せよ．

a．X線撮影では人体にX線を照射し，反射するX線を検出する．

b．X線撮影では，ヨウ素を含む有機化合物を造影剤として用いることがある．

c．X線CT，MRIのいずれも人体の任意の断面の像を撮影することができる．

d．MRIによる画像の濃淡を決めるパラメータとして，水のプロトンの緩和時間が重要である．

e．MRIでは，テクネチウムTcのキレート化合物が造影剤として用いられる．

f．シンチグラフィー，SPECT，PETでは，投与した放射性医薬品による γ 線やX線を検出して画像化する．

g．^{11}C，^{18}F，^{99m}Tc はいずれもポジトロンを放出する核種であり，PETに利用される．

h．超音波検査では，可聴域よりも周波数の低い音波を人体に照射し，反射波を検出する．

SBO 対応頁

薬学教育モデル・コアカリキュラムのSBO(到達目標)に対応する本書の頁を示す.

索　引

さ

た

ま

や

ら

編者略歴

萩中　淳（はぎなか　じゅん）

1953年　富山県生まれ

1981年　京都大学大学院薬学研究科博士課程修了

現　在　武庫川女子大学バイオサイエンス研究所所長　特任教授

専　門　分析科学

薬学博士

ベーシック薬学教科書シリーズ 2　**分析科学**（**第3版**）

第1版　第1刷　2007年10月20日
第2版　第1刷　2011年10月10日
第3版　第1刷　2016年11月10日
　　　　第6刷　2023年2月10日

検印廃止

編　　者　萩中　淳
発 行 者　曽根　良介
発 行 所　㈱化学同人

〒600-8074　京都市下京区仏光寺通柳馬場西入ル
編集部　TEL 075-352-3711　FAX 075-352-0371
営業部　TEL 075-352-3373　FAX 075-351-8301
振　替　01010-7-5702
e-mail　webmaster@kagakudojin.co.jp
URL　https://www.kagakudojin.co.jp

印刷・製本　㈱太洋社

ISBN978-4-7598-1623-5